JN335148

Joyful Physical Chemistry
Volume 1

Chemical Thermodynamics
and Reaction Kinetics

たのしい物理化学

1

化学熱力学・反応速度論

加納健司　山本雅博
Kenji Kano　Masahiro Yamamoto

講談社

まえがき

本書に頻出するアルベルト・アインシュタイン．彼は，原子論・量子論・相対論のある意味創始者で“大天才”ということになっているが，世にいう“順調な道”を歩んできたわけではない．大学には一浪して入学し，1900年の大学卒業時には，同じ学科の仲間3人は大学の助手として雇われたのに対し，学位論文の研究が実らなかったためか，彼のみ採用されなかった．卒業後2年間は臨時職で生活をつなぎ，その後なんとか特許局に潜り込んだ．また，1901，1903年に学位論文を提出して学位取得を3回試みたものの，いずれも提出先の教授から却下された．それでも，1905年(26歳，現代のD2に相当)の3月から9月の半年間で奇跡の5論文を書き上げて，科学の世界でまさに“革命”を引き起こした．有名な大学に在籍していたわけでもなく，特別の指導者がいたわけでもなく，特許局に3級技術専門職として勤務していただけなのに！

ここで言いたいことは，けっして順風満帆とはいえない彼の履歴ではない．1905年の5論文を出す前に，彼は5報の論文を書いているが，それらはすべて“熱力学”に関するものである［1. 毛管現象からの推論(1900)，2. 金属と完全解離した電解質溶液との電位差における熱力学理論と分子間力を求めるための電気的方法(1902)，3. 熱平衡と熱力学第二法則の運動論(1902)，4. 熱力学の基礎理論(1903)，5. 熱の一般分子論(1904)］．また，1905年の5つの論文でも，光の粒子性(3月)，分子の大きさを求める新手法(4月)，ブラウン運動の理論(5月)，$E = mc^2$ が初めて登場する論文(9月)の4論文については，(研究の継続性から当然であるが)“熱力学”や“統計力学”に関する解析が中心となっている．すなわち，アインシュタインが引き起こした科学革命においても，その“土台”は熱力学だったのである．

熱力学では，日常生活では使わないような新概念を導入し偏微分などの数学を使い，きわめてエレガントな論理展開をするために，その本質の理解は非常に難しい．いや，学生諸君は誰も理解できないのかもしれない(年をとって教壇に立つとわかるようになるといわれるが…)．著者二人も日常の研究・教育では，熱力学をベースとした電気化学関係の分野に携わっており，ある程度は熱力学を“わかったつもり”になっていたが，本書の執筆にあたっては正面から激突することもあった．また，多くの教科書や書物の記述にいくつかの重大な間違いがあることに気づくきっかけにもなった．それでもまだ本書の記述に何らかの根本的間違いがあれば，それは私たち著者が熱力学をいまだ真に理解していない証なのかもしれない．

したがって，読者は一通り黙読しただけで，熱力学を理解できるとは思わないでほしい．できるだけ多くの(ときにはマニアックな)問題を用意したので，まずは手を動かして慣れてほしい．その繰り返しで理解したと“錯覚”

できれば，“楽しく”なるのかもしれない．一見，無味乾燥とも思われる物理化学に対して，単に覚えるのではなく，正面から向かい合い考えることにより，“なるほど”と“なっとく”できたとき，本書のタイトルにある「たのしい」醍醐味を，読者自身が十分に感じとることができると信じている．そしてそのことが礎となり，夢のある美しい“読者の科学”が育つと願っている．

なお，ページ数の都合上，各章末にある演習問題の解答や数学の補足については下記サイトに収めた．また，読者の理解を深めることを目的として，より詳細な説明も本サイトに収めた．該当箇所には本文中に Web マークを付した．ご利用いただければ幸いである．

http://www.chem.konan-u.ac.jp/PCSI/web_material/Pchem/

最後に本書の出版にあたっては，ときには執筆合宿にも同席してくださり，ご協力とご激励をいただきました講談社サイエンティフィクの横山真吾氏に厚く御礼申し上げます．

2016 年 8 月
リオオリンピックの選手たちの表と裏の姿に感動しながら

著　者

高校あるいは大学初学年などで使う化学の教科書や参考書の記述

高校や大学初学年で習う化学の教科書や参考書に書かれている記述をいくつかを挙げた．本書で学習する前に，下記の記述について，不適切と思われる表現があれば訂正してみよう．

1) 化学問題は，暗記と比例計算さえできれば解答できる．
2) 化学に，物理・数学は特に必要ではない．
3) 体積 V の SI 単位は L である．
4) 2.593 ± 0.623　と書かれた数値の有効数字は 4 桁である．
5) 水和プロトンの容量モル濃度を c_{H^+} とするとき，$pH = -\log c_{H^+}$ である．
6) 分子量 M_r（質量 m）の純物質の物質量 n は $n = m/M_r$ である．
7) 温度を書くとき，例えば，絶対温度は 298K と表記とし，摂氏温度は 25°C と表記する．
8) 電圧の記号は V で単位は V とするのがふさわしい．
9) グラフの軸ラベルや表の見出し（ラベル）には，物理量の単位は，v〔m/s〕というように〔　〕（開いた鍵かっこ）あるいは v(m/s)のように丸かっこの中に書く．
10) 音速　△ m，風速　○ m という表現は合理的である．
11) 標準状態における理想気体 1 mol の体積は 22.4 dm^3 である．
12) 標準状態の圧力は 1 気圧である．
13) 物質が原子から構成されることは，ギリシャ時代のデモクリトス以来ずっと信じられてきたことである．
14) 化学反応から発生する熱は比較的少量である．
15) アインシュタインの相対性理論により $E = mc^2$ と示されているので，通常の化学反応で発熱がある場合，反応物全体の質量 m は減少する．
16) 水と氷が共存するときに，水は沸騰しない．
17) いかなる系においても，系のエントロピーは増大の方向に進む．
18) $A + B \rightleftharpoons E + F$ と書き表すことができるどのような化学反応でも，正方向の反応速度は $v_f = k_f c_A c_B$ で表すことができる（k_f：正方向の二次反応速度定数，c_i：化学種 i の濃度）
19) $A \rightleftharpoons B$ の化学平衡があるとき，B の方が安定である場合，すべての A は B に変化する．
20) 化学反応の平衡状態では，常に正方向と逆方向の反応速度が等しい．
21) （希）塩酸は緩衝性がない．
22) 浸透圧 Π は $\Pi = cRT$ で表されるので，20 °C における 0.1 mol dm^{-3} のスクロース水溶液の浸透圧は $0.1 \times 8.314 \times 293 = 244$ Pa である．
23) アニオンは陽極で酸化され，カチオンは陰極で還元される．
24) 原子の回りを電子が高速で回って，電気的な引力は遠心力とつりあっている．
25) 大学受験の化学だけで，ほとんどの化学現象が説明できる．
26) 科学・化学は，教科書にでてくるような偉人がすべてを作り上げてきた．
27) 科学・化学は，理論に基づく純粋な学問であるため，理解が困難となるような結果は無視して簡略化して解釈すべきである．
28) 化学者は，化学物質のハンドリングを間違えることにより被害者となることはあっても，加害者に問われることはない．
29) 化学実験を行うときは，最終的な結果のみを記録すればよい．
30) 分析・測定や映像取得は，予想通りの情報が得られたら，1 回だけの実験で十分である．

心に刻みたい名言集

- 常識とは18歳までに身につけた偏見のコレクションのことをいう．……アルベルト・アインシュタイン
- 学べば学ぶほど，自分がどれだけ無知であるかを思い知らされる．自分の無知に気付けば気付くほど，よりいっそう学びたくなる．……アルベルト・アインシュタイン
- 過去から学び，今日のために生き，未来に対して希望を持つ．大切なことは，何も疑問を持たない状態に陥らないようにすることである．……アルベルト・アインシュタイン
- 私は何ヵ月でも，何年でもひたすら考える．99回目までは答えは間違っている．100回目でようやく，正しい結論にたどり着く．……アルベルト・アインシュタイン
- 挑戦した結果が失敗であれば，そのことを踏まえて新しい方向へ頭を切り替えることができるという利点が発生する．……江崎玲於奈
- すぐれた科学者は一芸に秀でた人間というよりも，むしろあらゆる視野を兼ね備えた教養人である．……江崎玲於奈
- 無知を恐れるな，偽りの知識を恐れよ．……ブレーズ・パスカル
- 発見のチャンスは，準備のできた者だけに微笑む．……ルイ・パスツール
- 実験には2つの結果がある．もし結果が仮説を確認したなら，君は何かを計測したことになる．もし結果が仮説に反していたら，君は何かを発見したことになる．……エンリコ・フェルミ
- けがを怖れる人は大工にはなれない．失敗をこわがる人は科学者にはなれない．科学もやはり頭の悪い命知らずの死骸の山の上に築かれた殿堂であり，血の川のほとりに咲いた花園である．……寺田寅彦
- 「心の窓」はいつでもできるだけ数をたくさんに，そうしてできるだけ広く開けておきたいものだ．……寺田寅彦
- とにかくやってみなはれ．やる前から諦める奴は，一番つまらん人間だ．……西堀栄三郎

ちなみに，前ページに挙げた記述はすべて不適切です Web ．本書で学習して，常識のようにされていたいくつかの考え方・情報を改めてみませんか．

目次

第1章 物理化学で用いる数学の復習

Physical chemistry is difficult because of mathematics, but it is impossibly difficult without it.

publisher of "Physical Chemistry" by D. A. McQuarrie and J. D. Simon

本章では物理化学でよく用いる数学について，高校数学を復習するとともに，少し発展した項目も組み込んで，簡単に説明する．公式は，できる限り基本に戻って，式の意味を理解できるよう心掛けた．Foundations of Science Mathematics, D. S. Sivia, S. G. Rawlings, Oxford Chemistry Primers(注1)に必要最低限の問題があるのでそれを参照されたい．

注1) 和訳：演習で学ぶ　科学のための数学，山本雅博・加納健司(訳)，化学同人，2018.

1.1　指数関数と対数関数

$a > 0$ かつ $a \neq 1$ の定数 a に関して，

$$y = a^x \tag{1.1}$$

を，a を**底**(base)とする x の**指数関数**(exponential function)という(**図 1.1**)．また，a と b を正の数，m と n を有理数とするとき，指数法則は次のようにまとめられる．

1) $a^m \times a^n = a^{m+n}$，　$a^m / a^n = a^{m-n}$，　$\left(a^m\right)^n = a^{mn}$

2) $(ab)^n = a^n b^n$，　$(a/b)^n = a^n / b^n$

3) $a^{m/n} = \sqrt[n]{a^m}$

4) $a^0 = 1$　$\left(\because a^0 = a^{n-n} = a^n / a^n = 1\right)$

一方，$y = a^x$ の逆関数(指数の肩に乗っかった x を得る関数)を

$$y = \log_a x \quad \left(\Leftrightarrow x = a^y\right) \tag{1.2}$$

と書き，a を底とする x の**対数関数**(logarithmic function)という．この対数の基本性質は次のようになる($a > 0$，$a \neq 1$，$b > 0$，$b \neq 1$，$M > 0$，$N > 0$) Web.

1) $\log_a a = 1$，　$\log_a 1 = 0$

2) $\log_a MN = \log_a M + \log_a N$，　$\log_a (M/N) = \log_a M - \log_a N$

　($M = a^x$，$N = a^y$ とおくと証明できる)

3) $\log_a M^p = p \log_a M$　　($M^p = a^q$，$M = a^{(q/p)}$ とおくと証明できる)

4) $\log_a M = \dfrac{\log_b M}{\log_b a}$，　$\log_a b = \dfrac{1}{\log_b a}$　　(**底の交換**)

　($M = a^x$ とおき，$\log_a M$，$\log_b M$ をとると証明できる)

5) $a^{\log_a M} = M$　　(両辺で $\log_a$ をとると証明できる)

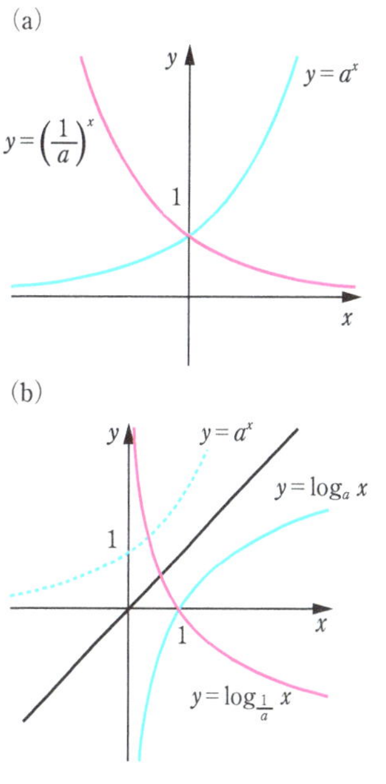

図1.1　$a>0$ の場合の(a)指数関数と(b)対数関数

1.2　ネイピア数と自然対数

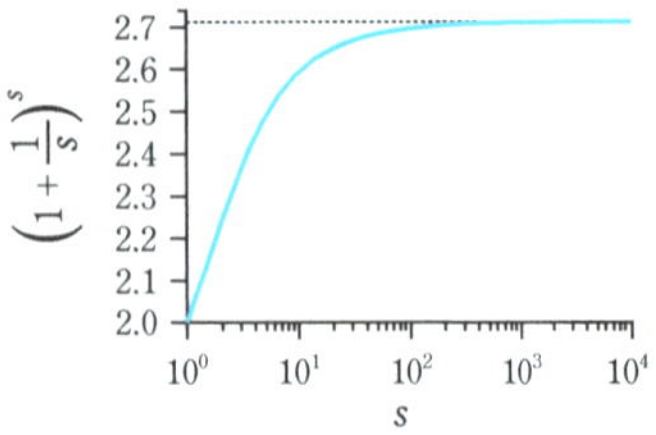

図 1.2　e の定義の説明図

注 1) 記号 ≡ は合同，恒等，定義を表すときに用いられるが，ここでは定義を意味する．

注 2) exp と ln はそれぞれ exponential と natural logarithm に由来する．

$(1+1/s)^2$ は s の増加とともに，**図 1.2** のように変化し収束する．**ネイピア数**(Napier's constant) e は次の収束級数で，重要な数学定数の 1 つである(コラム 1.1)．

$$e=\lim_{s\to\infty}\left(1+\frac{1}{s}\right)^s=2.7182818284\cdots \tag{1.3}$$

e を底とする指数関数は次のように表記されることが多い(注 1)．

$$e^x \equiv \exp(x) \tag{1.4}$$

また，e を底とする対数を**自然対数**(natural logarithm)といい，次のように表記されることが多い(注 2)．

$$\log_e x \equiv \ln x \tag{1.5}$$

したがって $e=\exp(1)$ で $\ln e=1$ となる．また，10 を底とする対数を**常用対数**(common logarithm)といい，自然対数とは次の関係がある．

$$\ln x=\frac{\log_{10} x}{\log_{10} e}=(\ln 10)\log_{10} x=2.303\log_{10} x \tag{1.6}$$

コラム 1.1　利子の連続複利とネイピア数 e

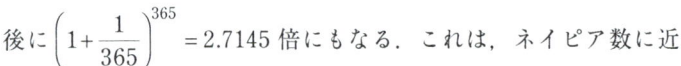

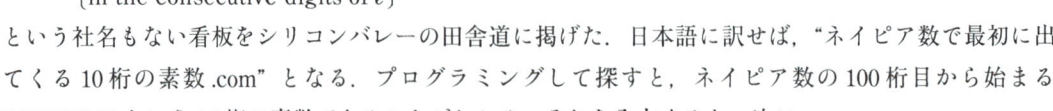

e を金利にたとえて考えてみる．年金利 100 % の商品があるとすると，預けたお金は 1 年後には 2 倍になるはずである．さらにこの商品は，途中解約しても日割り計算してくれるとする(これを利子の連続複利という)．そこで，毎日解約・契約を続けると，1 年後に $\left(1+\frac{1}{365}\right)^{365}=2.7145$ 倍にもなる．これは，ネイピア数に近い金利である．なお，e の数値(2.718281828)は "鮒一箸二箸一箸二箸(ふなひとはしふたはしひとはしふたはし)" と覚えると便利である！

ところで，2004 年に Google 社が求人広告として

$$\left\{\begin{array}{l}\text{first 10-digit prime found}\\ \text{in the consecutive digits of } e\end{array}\right\}\text{.com}$$

という社名もない看板をシリコンバレーの田舎道に掲げた．日本語に訳せば，"ネイピア数で最初に出てくる 10 桁の素数.com" となる．プログラミングして探すと，ネイピア数の 100 桁目から始まる 7427466391 という 10 桁の素数であることがわかる．それを入力すると，次に，

$f(1)=7182818284$，$f(2)=8182845904$，$f(3)=8747135266$，$f(4)=7427466391$，$f(5)=$＿＿＿＿＿＿

と問いかけられる．$f(1)$～$f(4)$ はそれぞれ，ネイピア数の 2 桁目，5 桁目，24 桁目，そして先の 100 桁目からの数字の列である．これらの共通点は，数字を足すと 49 になることに気がついたら，もうゴールは近い．そのような数字の列を探すと，128 桁目から 5966290435 と現れる．これを入力すると，見事に求人サイトにたどり着くという仕掛けになっている．さて，皆さんは Google 社に採用されるだろうか？

式(1.6)は，$x=10^y$ として両辺の自然対数をとり $\ln x = y \ln 10$，また両辺の常用対数をとり $\log_{10} x = y \log_{10} 10 = y$ となることからも，容易に得られる．

1.3　微分

関数 $y=f(x)$ において，次の極限が存在するとき，これを $x=x_1$ における $f(x)$ の**微分係数**(differentical coefficient)といい，$f'(x_1)$ と表す．

$$f'(x_1)=\frac{\mathrm{d}f(x_1)}{\mathrm{d}x}=\lim_{\mathrm{d}x\to 0}\frac{f(x_1+\mathrm{d}x)-f(x_1)}{(x_1+\mathrm{d}x)-x_1}=\lim_{\mathrm{d}x\to 0}\frac{f(x_1+\mathrm{d}x)-f(x_1)}{\mathrm{d}x} \tag{1.7}$$

$f'(x_1)$は，$f(x)$の $x=x_1$ における接線の傾きを表す．式(1.7)を書き換えると

$$f(x_1+\mathrm{d}x)=f(x_1)+f'(x_1)\mathrm{d}x \tag{1.8}$$

となり，**図 1.3** に示すように，傾きがわかると次の点を予測できることを示している．このことは，

$$\text{変化分}\left(f(x_1+\mathrm{d}x)-f(x_1)\right)=\text{傾き}\left(f'(x_1)\right)\times\text{変化幅}(\mathrm{d}x) \tag{1.9}$$

と表現することもできる．

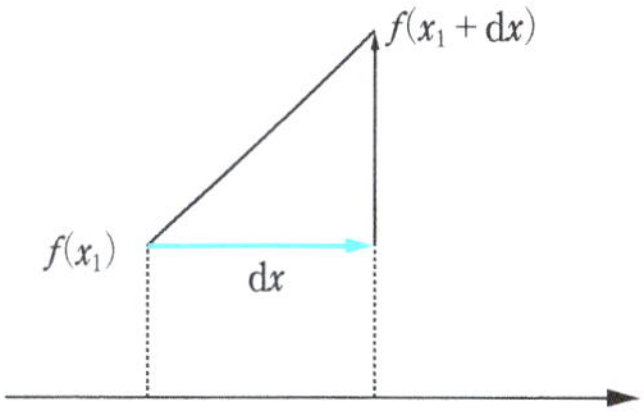

図 1.3　微分の概念図

関数 $y=f(x)$ が，ある区間で**微分**(differential)可能なとき，その区間内の任意の点 x における微分係数 $f'(x)$ もまた x の関数であり，これを関数 $f(x)$ の**導関数**(derivative)といい，$f'(x)$，y'(，$\dfrac{\mathrm{d}y}{\mathrm{d}x}$，$\dfrac{\mathrm{d}}{\mathrm{d}x}f(x)$ などで表す．

以下に，いくつかの導関数を示す．

$$\frac{\mathrm{d}(ax^2)}{\mathrm{d}x}=\lim_{\mathrm{d}x\to 0}\frac{a(x+\mathrm{d}x)^2-ax^2}{\mathrm{d}x}=\lim_{\mathrm{d}x\to 0}\frac{2ax\mathrm{d}x+(\mathrm{d}x)^2}{\mathrm{d}x}=2ax \tag{1.10}$$

$$\frac{\mathrm{d}x^n}{\mathrm{d}x}=\lim_{\mathrm{d}x\to 0}\frac{(x+\mathrm{d}x)^n-x^n}{\mathrm{d}x}=\lim_{\mathrm{d}x\to 0}\frac{nx^{n-1}\mathrm{d}x+\cdots}{\mathrm{d}x}=nx^{n-1} \tag{1.11}$$

$$\begin{aligned}\frac{\mathrm{d}(x^{-n})}{\mathrm{d}x}&=\lim_{\mathrm{d}x\to 0}\frac{\dfrac{1}{(x+\mathrm{d}x)^n}-\dfrac{1}{x^n}}{\mathrm{d}x}=\lim_{\mathrm{d}x\to 0}\frac{\dfrac{x^n-(x+\mathrm{d}x)^n}{(x+\mathrm{d}x)^n x^n}}{\mathrm{d}x}\\&=\lim_{\mathrm{d}x\to 0}\frac{-nx^{n-1}+\cdots}{(x+\mathrm{d}x)^n x^n}=-nx^{-n-1}\end{aligned} \tag{1.12}$$

微分の基本公式の中で，重要となるものをいくつか挙げる．まず，2 つの関数 $f(x)$ と $g(x)$ の積の微分は

$$\frac{\mathrm{d}(fg)}{\mathrm{d}x}=\frac{\mathrm{d}f}{\mathrm{d}x}g+f\frac{\mathrm{d}g}{\mathrm{d}x} \tag{1.13}$$

となる(注 1)．これは**図 1.4** に示すように

$$(f+\mathrm{d}f)(g+\mathrm{d}g)=fg+g\mathrm{d}f+f\mathrm{d}g+\mathrm{d}f\mathrm{d}g\simeq fg+g\mathrm{d}f+f\mathrm{d}g \tag{1.14}$$

となることから

注 1) f と g は，それぞれ $f(x)$ と $g(x)$ を指す．このような独立変数をあらわに表現しない表記法もよく使われる．

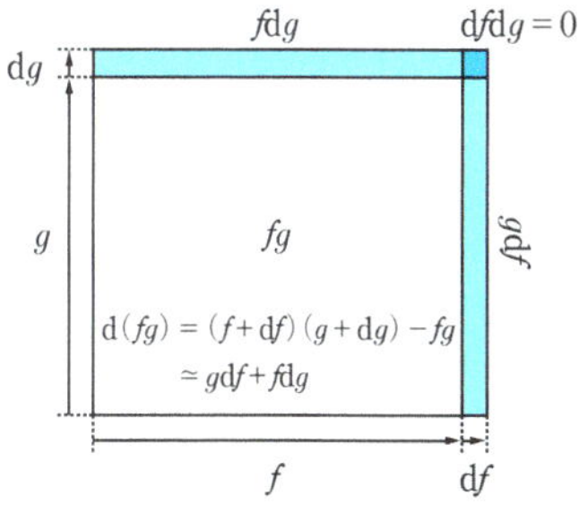

図 1.4　積の関数の微分の概念図

$$d(fg) = (f + df)(g + dg) - fg = g df + f dg \tag{1.15}$$

が得られる．

商の形の関数の場合も同様に考え，以下となる．

$$\frac{d(f/g)}{dx} = \frac{1}{g}\frac{df}{dx} + f\frac{d(1/g)}{dx} = \frac{1}{g}\frac{df}{dx} - \frac{f}{g^2}\frac{dg}{dx} = \frac{f'g - fg'}{g^2} \tag{1.16}$$

式(1.16)の第2辺から第3辺への変形には，合成関数の微分の性質を利用している．これは一般には，$z = u(g(x))$とするとき

$$\frac{dz}{dx} = \frac{dz}{dg}\frac{dg}{dx} = u'(g)g'(x) \tag{1.17}$$

と表される(式(1.16)の変形では，$z = 1/g$)．

1.3.1　e^xの微分

e^xは微分して元に戻る関数である．これは次のように証明できる．

$$\frac{de^x}{dx} = \lim_{\Delta x \to 0}\frac{e^{x+\Delta x} - e^x}{dx} = e^x \lim_{\Delta x \to 0}\frac{e^{\Delta x} - 1}{dx} = e^x \tag{1.18}$$

ここで，式(1.18)の第3辺から第4辺への変形には，次の関係を用いている．すなわち，式(1.3)より$e = \lim_{u \to 0}(1+u)^{\frac{1}{u}}$となることから，その対数をとると

$$\ln e(=1) = \lim_{u \to 0}\ln\left[(1+u)^{\frac{1}{u}}\right] = \lim_{u \to 0}\frac{1}{u}\ln(1+u) \tag{1.19}$$

となる．ここで，$\ln(1+u) = \Delta x$とおくと，

$$\lim_{u \to 0}\frac{1}{u}\ln(1+u) = \lim_{\Delta x \to 0}\frac{\Delta x}{e^{\Delta x} - 1} \tag{1.20}$$

と変形でき，式(1.18)が得られる．この性質は物理化学で頻繁に使われる．また，微分して元の関数に戻る性質はe^xに特有であることは，以下のように示される．

$$\frac{df}{dx} = f \Rightarrow \frac{df}{f} = dx \Rightarrow d(\ln f) = dx \Rightarrow \ln f = x + C \Rightarrow$$
$$f = \exp(x + C) \Rightarrow f = A\exp(x)$$
$$\left(\begin{aligned} d(\ln f) &= \lim_{\Delta f \to 0}[\ln(f + \Delta f) - \ln f] = \lim_{\Delta f \to 0}\ln\left(\frac{f + \Delta f}{f}\right) \\ &= \lim_{\Delta f \to 0}\ln\left(1 + \frac{\Delta f}{f}\right) = \lim_{\Delta f \to 0}\frac{\Delta f}{f} = \frac{df}{f} \\ &(\because \ln(1+x) \simeq x\ (x \ll 1)\quad (\text{cf. 式}(1.54)^{(注1)})) \end{aligned}\right)$$

注1)cf.はラテン語のconfer(英語：compare)の略で，「比較せよ」，「参照せよ」という意味．

このe^xの性質より

$$\frac{d(e^{ax})}{dx} = ae^{ax} \tag{1.21}$$

となる Web．また，これらの関数の性質から，次の2階微分方程式

$$\frac{\mathrm{d}^2 f(x)}{\mathrm{d}x^2} = a^2 f(x) \tag{1.22}$$

の一般解は

$$f(x) = A\exp(-ax) + B\exp(ax) \tag{1.23}$$

となる(注1). 係数 A と B は初期条件あるいは境界条件を入れて決定する. 式(1.22)の形の微分方程式も物理化学でよく現れる.

注1) 式(1.23)を2階微分すると式(1.22)になることから, 式(1.23)が式(1.22)の一般解であることがわかる.

1.3.2 自然対数の微分

自然対数の微分は次のように与えられる.

$$\begin{aligned}\frac{\mathrm{d}(\ln x)}{\mathrm{d}x} &= \lim_{\Delta x\to 0}\frac{\ln(x+\Delta x)-\ln x}{\Delta x} = \lim_{\Delta x\to 0}\frac{\ln\left(1+\frac{\Delta x}{x}\right)}{\Delta x} = \lim_{\Delta x\to 0}\frac{1}{x}\frac{x}{\Delta x}\ln\left(1+\frac{\Delta x}{x}\right)\\ &= \frac{1}{x}\lim_{\Delta x/x\to 0}\ln\left(1+\frac{\Delta x}{x}\right)^{\frac{x}{\Delta x}} = \frac{1}{x}\lim_{u\to 0}\ln(1+u)^{\frac{1}{u}} = \frac{1}{x}\ln e = \frac{1}{x}\end{aligned} \tag{1.24}$$

1.4 積分

与えられた関数 $f(x)$ に対して, 導関数が $f(x)$ に等しい関数を $f(x)$ の**不定積分**(infinite integral)または**原始関数**(primitive function)といい, $\int f(x)\mathrm{d}x$ で表す.

$$\frac{\mathrm{d}}{\mathrm{d}x}\int f(x)\mathrm{d}x = f(x) \tag{1.25}$$

$\int f(x)\mathrm{d}x$ を求めることを**積分する**(integration)という. $f(x)$ の不定積分は無数にあり, その1つを $F(x)$ とすると

$$\int f(x)\mathrm{d}x = F(x) + C \quad \Leftrightarrow \quad F'(x) = f(x) \tag{1.26}$$

と与えられ, C を**積分定数**という.

関数 $f(x)$ が区間 $[a, b]$ で連続であるとき, この区間を幅 Δx で N 等分し, その分点を x_i とするとき,

$$\int_a^b f(x)\mathrm{d}x = \lim_{N\to\infty}\sum_{i=1}^{N} F(x_i)\Delta x = y \tag{1.27}$$

で定まる極限値 y を, 関数 $f(x)$ の a から b までの**定積分**(definite integral)という. **図1.5**は, それぞれ式(1.27)の意味を概念的に表すものである. 図1.5(b)からわかるように, 定積分とは, 短冊の面積の和に相当し, その短冊の幅を極限まで細くすると, 図1.5(a)に示すように, 連続関数 の区間 $[a, b]$ の面積に相当することがわかる(注2). 定積分と不定積分の関係は次のように表される.

$$\int_a^b f(x)\mathrm{d}x = [F(x)]_a^b = F(b) - F(a) \tag{1.28}$$

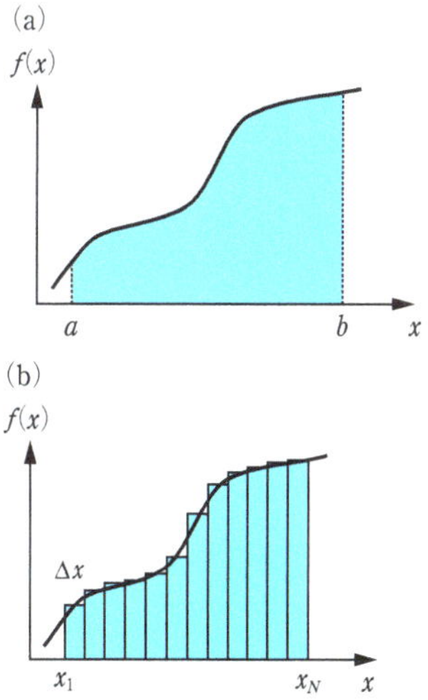

図1.5 定積分の概念図

注2) これを**区分求積法**(division quadrature)という.

1.4.1　置換積分と部分積分

$x=g(t)$とおくと，

$$\int f(x)\mathrm{d}x=\int f(g(t))\frac{\mathrm{d}x}{\mathrm{d}t}\mathrm{d}t=\int f(g(t))g'(t)\mathrm{d}t \tag{1.29}$$

となる．これを**置換積分**(substitution integral)という．定積分の場合，置換積分するとそれに対応して積分範囲も置換される．$x=a$のとき$t=\alpha$，$x=b$のとき$t=\beta$ならば，

$$\int_a^b f(x)\mathrm{d}x=\int_\alpha^\beta f(g(t))g'(t)\mathrm{d}t \tag{1.30}$$

となる．物理化学では，次の変換をよく用いる．

$$\int_{x1}^{x2}\frac{1}{x}\mathrm{d}x=\int_{x1}^{x2}\frac{\mathrm{d}(\ln x)}{\mathrm{d}x}\mathrm{d}x=\int_{\ln x1}^{\ln x2}\mathrm{d}(\ln x)=\ln\frac{x_2}{x_1} \tag{1.31}$$

一方，式(1.13)を積分すると$\int(fg)'(=fg)=\int(gf'+fg')$となることから，

$$\int f(x)g'(x)\mathrm{d}x=f(x)g(x)-\int g(x)f'(x)\mathrm{d}x \tag{1.32}$$

となる．これを**部分積分**(partial integral)という．特に$g(x)=x$のとき，

$$\int f(x)\mathrm{d}x=xf(x)-\int xf'(x)dx \tag{1.33}$$

となり，非常に便利である．例として，$\int\ln x\mathrm{d}x=x\ln(x)-\int x(1/x)\mathrm{d}x=x\ln(x)-x+C$がある．

1.4.2　積分の例

円や球の面積などは“公式”として中学低学年から教育されてきたが，これらを1つずつ導くことによって，高校で習得した微分や積分の考え方が大変有用であることが実感できる(**図1.6**)．

まずは，円周を考える．半径rの円の微少な円弧の長さ$\mathrm{d}L$に相当する中心角$\mathrm{d}\theta$は

$$\mathrm{d}\theta\equiv\mathrm{d}L/r \tag{1.34}$$

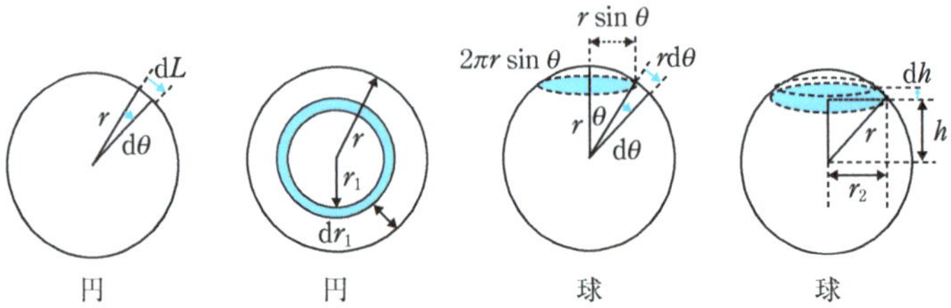

図1.6　円，球に関する積分の適用例

と定義される．ここで，θ は弧度法の角度表記で，厳密には**平面角**とよばれ，SI 組立単位(2.2 節)は rad であり，次元は 1 である(注 1)．円周上でその円の半径と同じ長さの弧を切り取る 2 本の半径がなす角を 1 rad と定義し，度数法の 180° が π rad に相当する(コラム 1.2，(注 2))．

注 1) rad という単位は省略可である．

注 2) 度数法で示す角度の ° は数字と離さない．ただし，摂氏温度表記の場合は 25 °C と数字と単位の間にスペースを入れる(2.1 節)．

式(1.34)を積分すると，円周の長さ L は

$$L=\int_0^L \mathrm{d}L = r\int_0^{2\pi}\mathrm{d}\theta = 2\pi r \tag{1.35}$$

と得られ，その SI 単位は m である．次に円の面積を考える．半径 r_1 の円と半径 $r_1+\mathrm{d}r_1$ で囲まれるリングの面積 $\mathrm{d}S$ は $\mathrm{d}S=2\pi r_1\mathrm{d}r_1$ で与えられるので，これを積分して円の面積は

$$S=\int_0^S \mathrm{d}S = 2\pi\int_0^r r_1\mathrm{d}r_1 = \pi r^2 \tag{1.36}$$

と得られる．SI 単位は m^2 になる．

球の表面積を求めるにあたっては，まず，中心角が θ と $\theta+\mathrm{d}\theta$ で囲まれる帯状の面積 $\mathrm{d}S$ を考える．これは球を上からみた円周 $2\pi r\sin\theta$ と横からみた帯の幅 $r\mathrm{d}\theta$ の積となるから $\mathrm{d}S=2\pi r\sin\theta\times r\mathrm{d}\theta$ で与えられる．これを積分して

$$S=2\pi r^2\int_0^{\pi}\sin\theta\,\mathrm{d}\theta = -2\pi r^2(\cos\pi-\cos 0)=4\pi r^2 \tag{1.37}$$

が得られる．最後に球の体積を考える．半径 r_2 の円と高さ $\mathrm{d}h$ からなる円盤の体積 $\mathrm{d}V$ は $\mathrm{d}V=\pi r_2\mathrm{d}h=\pi\left(r^2-h^2\right)\mathrm{d}h$ で与えられるから，これを積分し，

コラム 1.2　円周率 π

円周率 π は，周辺・地域・円周などを意味するギリシャ語 $\pi\varepsilon\rho\iota\phi\acute{\varepsilon}\rho\varepsilon\iota\alpha$(ペリフェレイア)の頭文字であり，幾何学的には，円周の長さ L と直径 $2r$ の比として，$\pi=\dfrac{L}{2r}$ と定義される．π は無理数であり超越数でもあるが，古来より多くの式が与えられている．例えば，ライプニッツの公式 $\left(\dfrac{\pi}{4}=\sum_{n=0}^{\infty}\dfrac{(-1)^n}{2n+1}\right)$ や，オイラーの等式($e^{\pi i}+1=0$)があるが，そのほかにもガウス積分(1.7 節)やスターリングの近似(1.9 節)にも現れるきわめて重要な数学定数の 1 つである．ところで，円周率 30 桁の覚え方には，次のものがある．“産医師(314)異国に(1592)向こう(65)産後(35)厄なく(8979)産婦(32)みやしろに(38462)虫さんざん(6433)闇に鳴く(83279)”．日本語の数字の読み方は多種あり，こういう語呂合わせには便利である．2016 年現在，1 億桁がノートパソコンを使って 9.3 秒で数値計算できることが報告されている(Chudnovsky の式と高速フーリエ変換)．小学校で円周率を 3 にしましょうということがあったが，手計算で有効数字 1 桁の計算をすることが誤解されたようである．ちなみに 3 月 14 日は(ホワイトデーとしても知られていますが)円周率の日および数学の日として定められている．そしてこの日は，本書で何度も登場するアインシュタインの誕生日でもある！　何とも不思議である．

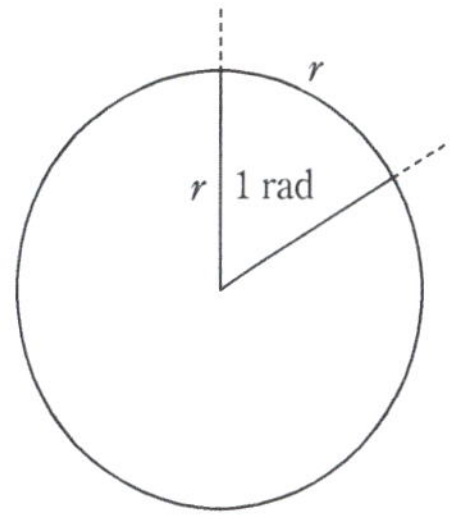

球の体積は

$$V=\int_0^V \mathrm{d}V=\pi\int_{-r}^{r}\left(r^2-h^2\right)\mathrm{d}h=\pi\left[r^2h-h^3/3\right]_{-r}^{r}=4\pi r^3/3 \qquad (1.38)$$

と得られる．もちろんこの SI 単位は m^3 である．

このように，微分と積分を用いると，熱力学的現象や動力学的現象も，厳密かつ容易に記述できる．

1.5　全微分と偏微分

関数 $z(x, y)$ の**全微分**（total defferential）は

$$\mathrm{d}z=\left(\frac{\partial z}{\partial x}\right)_y \mathrm{d}x+\left(\frac{\partial z}{\partial y}\right)_x \mathrm{d}y \qquad (1.39)$$

で与えられる．ここで，$\left(\frac{\partial z}{\partial x}\right)_y$ は，y を定数とみなして，z を x だけの関数とみなしたときの導関数で，**偏微分導関数**（partial defferential derivative）という．同様に，$\left(\frac{\partial z}{\partial y}\right)_x$ は x を定数とみなした偏微分導関数である（注 1）．

注 1）∂はラウンドデルタ，ラウンドデル，あるいはデルと読む．多変数関数に対して，1 つの変数以外の変数を定数として扱い，その 1 つの変数のみに関する微分を**偏微分**という

この全微分，偏微分の関係は，**図 1.7** に示すように 3 次元的に考えるとわかりやすい．1.6 節で述べる完全微分の場合を例にとると，偏微分導関数とは，x 軸方向および y 軸方向の傾きであるので，$\left(\frac{\partial z}{\partial x}\right)_y$ = 傾き $\overrightarrow{\mathrm{OE}}$ = 傾き $\overrightarrow{\mathrm{FD}}$，$\left(\frac{\partial z}{\partial y}\right)_x$ = 傾き $\overrightarrow{\mathrm{OF}}$ = 傾き $\overrightarrow{\mathrm{ED}}$ に相当し，微分量は $\mathrm{d}z=|\overrightarrow{\mathrm{BD}}|$，$\left(\frac{\partial z}{\partial x}\right)_y \mathrm{d}x=|\overrightarrow{\mathrm{AE}}|=|\overrightarrow{\mathrm{BC}}|$，$\left(\frac{\partial z}{\partial y}\right)_x \mathrm{d}y=|\overrightarrow{\mathrm{GF}}|=|\overrightarrow{\mathrm{CD}}|$ となる．$|\overrightarrow{\mathrm{BD}}|=|\overrightarrow{\mathrm{BC}}|+|\overrightarrow{\mathrm{CD}}|$ より，式(1.39)が得られる．

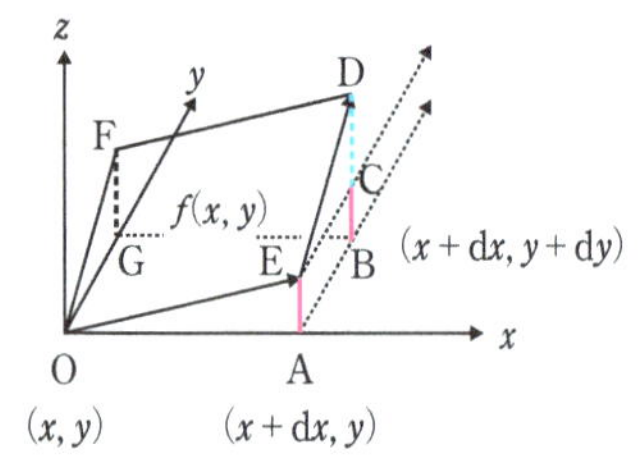

図 1.7　全微分と偏微分の説明図
$f(x, y)$ は面 OEDF を表す．

1.6　完全微分と不完全微分

関数 $z(x, y)$ の**交差微分導関数**（cross derivation）に対して

$$\left[\frac{\partial}{\partial y}\left(\frac{\partial z}{\partial x}\right)_y\right]_x=\left[\frac{\partial}{\partial x}\left(\frac{\partial z}{\partial y}\right)_x\right]_y \qquad (1.40)$$

の関係が成り立つとき，微分量 dz が**完全微分**（exact defferential）であるとよぶ．また式(1.40)を**オイラーの交換関係式**（Euler's exchange relationship）とよぶ．式(1.40)を，図 1.7 を用いて厳密に誘導してみる．まず，OED のルートを考えると

$$
\begin{aligned}
\mathrm{d}z &= \left(\frac{\partial z}{\partial x}\right)_y \mathrm{d}x + \left(\frac{\partial z}{\partial y}\right)_{x+\mathrm{d}x} \mathrm{d}y \\
&\simeq \left(\frac{\partial z}{\partial x}\right)_y \mathrm{d}x + \left\{\left(\frac{\partial z}{\partial y}\right)_x + \left[\frac{\partial}{\partial x}\left(\frac{\partial z}{\partial y}\right)_x\right]_y \mathrm{d}x\right\}\mathrm{d}y \\
&= \left(\frac{\partial z}{\partial x}\right)_y \mathrm{d}x + \left(\frac{\partial z}{\partial y}\right)_x \mathrm{d}y + \left[\frac{\partial}{\partial x}\left(\frac{\partial z}{\partial y}\right)_x\right]_y \mathrm{d}x\mathrm{d}y
\end{aligned}
\tag{1.41}
$$

となる．ここで，$(\cdots)_{x+\mathrm{d}x}$ に式(1.8)を用いた．一方，OFD のルートを考えると

$$
\begin{aligned}
\mathrm{d}z &= \left(\frac{\partial z}{\partial y}\right)_x \mathrm{d}y + \left(\frac{\partial z}{\partial y}\right)_{y+\mathrm{d}y} \mathrm{d}x \\
&\simeq \left(\frac{\partial z}{\partial y}\right)_x \mathrm{d}y + \left\{\left(\frac{\partial z}{\partial x}\right)_y + \left[\frac{\partial}{\partial y}\left(\frac{\partial z}{\partial x}\right)_y\right]_x \mathrm{d}y\right\}\mathrm{d}x \\
&= \left(\frac{\partial z}{\partial y}\right)_x \mathrm{d}y + \left(\frac{\partial z}{\partial x}\right)_y \mathrm{d}x + \left[\frac{\partial}{\partial y}\left(\frac{\partial z}{\partial x}\right)_y\right]_x \mathrm{d}x\mathrm{d}y
\end{aligned}
\tag{1.42}
$$

ここでも，$(\cdots)_{y+\mathrm{d}y}$ に式(1.8)を用いた．式(1.41)と式(1.42)の比較から，式(1.40)が得られる．この交差微分導関数の関係が成り立たない場合を**不完全微分**(incomplete defferential)という．これを**オイラーの判定基準**(Euler's judgement criteria)という．また，完全微分の場合，$\oint \mathrm{d}z = 0$ となる(注1)．

注1) $\oint$ は**周回積分**(contour integral)あるいは**閉路積分**(closed-circuit integral)とよばれ，出発と終点が同じ区間の積分を意味する．

1.7 ガウス積分

図 1.8 に示すように，指数関数 e^{-ax} は，$x=0$ で 1 であり，x の増加とともに 0 に向かって減衰する(注2)．一方，e^{-ax^2} は**ガウス関数**(Gaussian function)とよばれ，$x=0$ で頂点となるベル型となる．ガウス関数の実数全体にわたる積分を**ガウス積分**(Gaussian integral)という．

注2) $a(>0)$ が大きいほど，減衰が大きい．

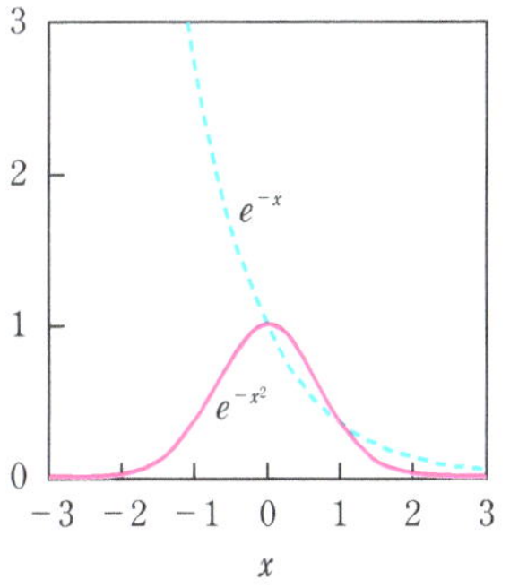

図 1.8 ガウス関数と指数関数の比較

例えば，次のガウス積分は自己拡散や正規分布を扱う場合などに，頻繁に応用される．a を正の定数とするとき，

$$
I_0 \equiv \int_{-\infty}^{+\infty} \exp\left(-ax^2\right)\mathrm{d}x = \sqrt{\frac{\pi}{a}}
\tag{1.43}
$$

これは，次のように重積分を用いて証明できる．

$$
\begin{aligned}
I_0^2 &= \int_{-\infty}^{+\infty} \exp\left(-ax^2\right)\mathrm{d}x \int_{-\infty}^{+\infty} \exp\left(-ay^2\right)\mathrm{d}y \\
&= \int_{-\infty}^{+\infty}\int_{-\infty}^{+\infty} \exp\left(-ax^2-ay^2\right)\mathrm{d}x\mathrm{d}y
\end{aligned}
\tag{1.44}
$$

とおく．ここで，$\mathrm{d}x\mathrm{d}y$ は直交座標系における面積要素 $\mathrm{d}A$ を表している．$x = r\cos\theta$，$y = r\sin\theta$ と置換し，r–θ 極座標系に変換すると，**図 1.9** に示すように $\mathrm{d}A$ は $r\mathrm{d}r\mathrm{d}\theta$ で与えられるので(演習問題 1.10，1.11)，

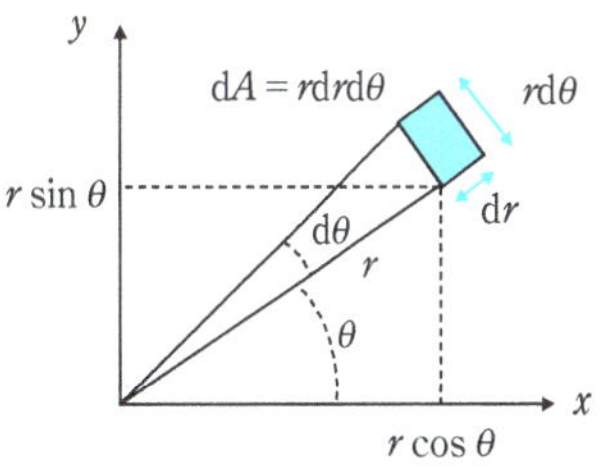

図 1.9 直交座標系と r–θ 極座標系

$$
I_0^2 = \int_{r=0}^{\infty}\int_{\theta=0}^{2\pi} \exp\left(-ar^2\right) r\mathrm{d}\theta\mathrm{d}r = 2\pi\int_0^{\infty} r\exp\left(-ar^2\right)\mathrm{d}r
\tag{1.45}
$$

となる．ここで，$s=r^2$ とおくと，$\mathrm{d}s = 2r\mathrm{d}r$ となるので，次のように変形できる．

$$I_0^2 = \pi \int_0^{\infty} \exp(-as)\mathrm{d}s = -\frac{\pi}{a}\left[\exp(-as)\right]_0^{\infty} = \frac{\pi}{a} \tag{1.46}$$

$I_0 > 0$ より，式(1.43)が得られる．

また，次のガウス積分も物理化学でよく使われる．

$$\int_{-\infty}^{+\infty} x^2 \exp\left(-ax^2\right)\mathrm{d}x = \frac{1}{2}\sqrt{\frac{\pi}{a^3}} \tag{1.47}$$

式(1.47)は以下のように証明できる．まず左辺を次のように変形する(注 1)．

$$I_2 \equiv \int_{-\infty}^{+\infty} x^2 \exp\left(-ax^2\right)\mathrm{d}x = \int_{-\infty}^{+\infty} x\left[x\exp\left(-ax^2\right)\right]\mathrm{d}x$$
$$= -\frac{1}{2a}\int_{-\infty}^{+\infty} x\left[-2ax\exp\left(-ax^2\right)\right]\mathrm{d}x \tag{1.48}$$

これを部分積分すると

$$I_2 = -\frac{1}{2a}\left[x\exp\left(-ax^2\right)\right]_{-\infty}^{+\infty} - \left(-\frac{1}{2a}\right)\int_{-\infty}^{+\infty} \exp\left(-ax^2\right)\mathrm{d}x$$
$$= 0 + \frac{1}{2a}\sqrt{\frac{\pi}{a}} = \frac{1}{2}\sqrt{\frac{\pi}{a^3}} \tag{1.49}$$

が得られる．

注 1) $E(x) = \exp(-ax^2)$ のように，$E(-x) = E(x)$ という性質をもつものを**偶関数**(even function)という．また，$O(x) = x$ あるいは $O(x) = \sin(x)$ のように，$O(-x) = -O(x)$ の性質をもつものを**奇関数**(odd function)という．偶関数と奇関数の積の積分の性質を使うと便利である．

$$\int_{-a}^{a} E\mathrm{d}x = 2\int_0^a E\mathrm{d}x$$

$$\int_{-a}^{a} EO\mathrm{d}x = 0$$

$$\int_{-a}^{a} E_1E_2\mathrm{d}x \neq 0$$

$$\int_{-a}^{a} O_1O_2\mathrm{d}x \neq 0$$

1.8 テイラー級数展開とマクローリン級数展開

$f(x)$ は $|x-a| \ll 1$ のとき，

$$f(x) = a_0 + a_1(x-a) + a_2(x-a)^2 + a_3(x-a)^3 + \cdots + a_n(x-a)^n \tag{1.50}$$

と書くことができる．$f(x)$ が n 回微分可能であり，$\lim_{n\to\infty}\frac{f^{(n)}(c)}{n!}(x-a)^n = 0$ のとき

$$\begin{aligned} f'(x) &= a_1 + 2a_2(x-a) + 3a_3(x-a)^2 + \cdots + na_n(x-a)^{n-1} \\ f''(x) &= 2a_2 + 3\times 2a_3(x-a) + \cdots + n(n-1)a_n(x-a)^{n-2} \\ &\vdots \\ f^{(n)}(x) &= n!a_n \end{aligned} \tag{1.51}$$

となり，$x=a$ を代入すると

$$\begin{aligned} a_1 &= f'(a) \\ a_2 &= f''(a)/2! \\ &\vdots \\ a_n &= f^{(n)}(a)/n! \end{aligned} \tag{1.52}$$

となる．したがって式(1.50)は

$$f(x) \simeq f(a) + \frac{f'(a)}{1!}(x-a) + \frac{f''(a)}{2!}(x-a)^2 + \cdots + \frac{f^{(n)}(a)}{n!}(x-a)^n \tag{1.53}$$

となる．式(1.53)を，関数 $f(x)$ を $x=a$ で展開した**テイラー級数展開**(Tayler expansion)という(**図 1.10**)．また，特に $a=0$ のとき，

$$f(x) \simeq f(0) + \frac{f'(0)}{1!}x + \frac{f''(0)}{2!}x^2 + \cdots + \frac{f^{(n)}(0)}{n!}x^n \tag{1.54}$$

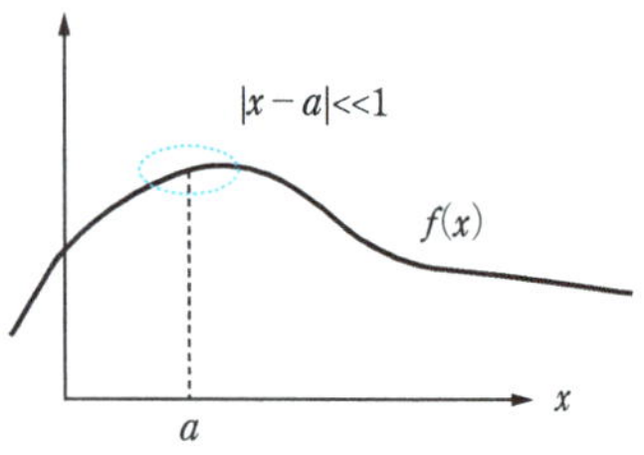

図 1.10 テイラー級数展開の説明図

となる．これを**マクローリン級数展開**(Maclaurin expansion)といい，物理化学で頻繁に用いる近似である．

1.9 スターリングの公式

階乗の漸近近似として**スターリングの公式**(Stirling's formula)が知られており，物理化学でも非常に有効である．

$$\ln N! \simeq N\ln N - N \quad (N \gg 1) \tag{1.55}$$

これは近似的に次のように導くことができる．まず，階乗の対数は対数の和に等しいので

$$\ln N! = \sum_{k=1}^{N} \ln k \tag{1.56}$$

と与えられる．**図 1.11**(a)に示す短冊の面積の和を，積分で近似し，それを部分積分すると

$$\begin{aligned}\sum_{k=1}^{N} \ln k &\simeq \int_1^N \ln x \, \mathrm{d}x = [x\ln x - x]_1^N \\ &= (N\ln N - N) - (\ln 1 - 1) \simeq N\ln N - N\end{aligned} \tag{1.57}$$

と近似でき，式(1.55)が得られる．図 1.11(b)に示すように，Nが大きい場合，式(1.55)は非常によい近似であることがわかる．

より厳密には，スターリングの公式は次のように書かれる Web．

$$\lim_{N\to\infty} \frac{N!}{\sqrt{2\pi N}\,(N/e)^N} = 1 \tag{1.58}$$

あるいは

$$N! = \sqrt{2\pi N}\,(N/e)^N \left(1 + \frac{1}{12N} + \frac{1}{288N^2} + \cdots\right) \tag{1.59}$$

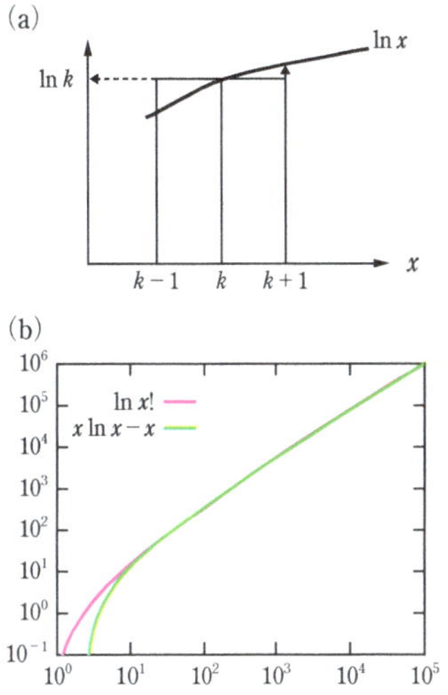

図1.11 スターリングの公式の導出の観念図と近似の程度

1.10 二項分布

二項定理(binominal theorem)は，nを正の整数とし，$r = 0, 1, 2, \ldots, n$とするとき

$$(a+b)^n = \sum_{r=0}^{n} {}_n\mathrm{C}_r a^{n-r} b^r \tag{1.60}$$

で与えられる．ここで，${}_n\mathrm{C}_r$は相異なるn個のものからr個をとる**組合せ**(combination)の数で

$${}_n\mathrm{C}_r \equiv \frac{n!}{r!(n-r)!} \tag{1.61}$$

である．式(1.61)の右辺を**二項係数**といい，科学の多くの場面で現れる．

式(1.60)は次のように帰納法で証明できる．$n=1$のとき，式(1.60)が成り立つのは自明である．次に，$n=m-1$のとき，式(1.60)が成り立つと仮定す

ると $(a+b)^{m-1}=\sum_{r=0}^{m-1}{}_{m-1}\mathrm{C}_r a^{m-r-1}b^r$ となり，この両辺に $(a+b)$ を掛けると，

$$(a+b)^m=(a+b)\sum_{r=0}^{m-1}{}_{m-1}\mathrm{C}_r a^{m-r-1}b^r \tag{1.62}$$

となり Web，それを展開すると，$a^{m-r}b^r$ という形の項が現れ，その係数は ${}_{m-1}\mathrm{C}_r+{}_{m-1}\mathrm{C}_{r-1}$ となるが，

$${}_{m-1}\mathrm{C}_r+{}_{m-1}\mathrm{C}_{r-1}={}_m\mathrm{C}_r \tag{1.63}$$

であるので，$n=m$ のときも式(1.60)が成り立つ．これより，式(1.60)が一般に成り立つことになる．

さて，成功する確率を p，失敗する確率を $q(=1-p)$ とするとき，n 回の試行のうち r 回成功する確率は $p^r q^{n-r}$ となる．さらに，n 回のうち r 回現れる組合せは ${}_n\mathrm{C}_r$ となるので，n 回独立に試行した場合，成功する確率は

$$b(n,r)={}_n\mathrm{C}_r\,p^r q^{n-r} \tag{1.64}$$

と表される．この離散確率分布を**二項分布**(binominal distribution)とよぶ．二項分布の**期待値**(expected value)は np で，**分散**(dispersion)は npq である(cf. 演習問題 1.9)．

1.11　同次関数についてのオイラーの定理

以下の性質をみたす関数を p 次の**同次関数**(homogeneous function)という．

$$f(\lambda x_1,\lambda x_2,\ldots,\lambda x_n)=\lambda^p f(x_1,x_2,\ldots,x_n) \tag{1.65}$$

例えば，$f(x,y,z)=xy+yz+zx$ ならば，$f(\lambda x,\lambda y,\lambda z)=(\lambda x)(\lambda y)+(\lambda y)(\lambda z)+(\lambda z)(\lambda x)=\lambda^2 f$ となり 2 次の同次関数である．関数 f が $f(x,y,z)=xyz+y^3e^z/x$ となる場合は，x と y については 2 次の項の和であるから，独立変数 z をあえて隠してしまえば，$f(\lambda x,\lambda y)=\lambda^2 f(x,y)$ と書け，2 次の同次関数とみなせる．

p 次の同次関数に関する**オイラーの定理**(Euler's theorem)は，次のように与えられる．

$$pf(x,y)=\frac{\partial f}{\partial x}x+\frac{\partial f}{\partial y}y \tag{1.66}$$

ここでは簡単のため，偏微分係数において，ほかの変数を固定する記号を省略している．式(1.66)は次のように証明できる．

$u=\lambda x$，$v=\lambda y$ として，$f(x)$ を合成関数 $f(u(\lambda),v(\lambda))$ とみなし，λ で偏微分すると，

$$\frac{\partial f}{\partial \lambda}=\frac{\partial f}{\partial u}\frac{\partial u}{\partial \lambda}+\frac{\partial f}{\partial v}\frac{\partial v}{\partial \lambda}=\frac{\partial f}{\partial u}x+\frac{\partial f}{\partial v}y \tag{1.67}$$

となる．また，$f(x)$がp次の同次関数だから

$$f(u(\lambda),v(\lambda))=\lambda^p f(x,y) \tag{1.68}$$

と書くことができる．式(1.68)をλで偏微分すると，

$$\frac{\partial f}{\partial \lambda}=p\lambda^{p-1}f \tag{1.69}$$

となる．式(1.67)と式(1.69)より

$$p\lambda^{p-1}f=\frac{\partial f}{\partial u}x+\frac{\partial f}{\partial v}y \tag{1.70}$$

が得られる．式(1.70)は任意のλについて成り立つので，$\lambda=1$とすると，$u=x$，$v=y$となり，式(1.66)が得られる．オイラーの定理は，熱力学では，化学ポテンシャル(5.8節)やギブズ-デュエム式(6.6節 参考6.2)の導出に用いられる．

級数の和については Web を参照されたい．

説明問題

1.1 完全微分と不完全微分の判定について説明しなさい.

1.2 科学できわめて重要なガウス積分(式(1.43))を導きなさい.

1.3 マクローリン級数展開とスターリングの公式を説明しなさい.

1.4 二項分布について説明しなさい.

演習問題

1.5 放射に伴う物体の温度変化は, その物体と周囲との温度の差に比例する(**ニュートンの冷却の法則**: $-\dfrac{\mathrm{d}T}{\mathrm{d}t}=k(T-T_0)$). いま, 100 °C に熱せられた銅球が, 時間 $t=0$ において $T_0=30$ °C の水に入れ, 3 min 後に, 球の温度は 70 °C となった. 球の温度 T が 31 °C になる時間を求めなさい. ただし, 外部の水は十分あり, その温度は変わらないものとする.

1.6 実在気体の理想気体からのずれを表す状態方程式の 1 つに**ファン・デル・ワールスの式**(van der Waals equation)が知られている Web.

$$P=\frac{nRT}{V-nb}-\frac{n^2a}{V^2}$$

ここで, a, b は実験的に得られる気体に特有な値である. $P=P(T, V)$ であることに注目して, $\mathrm{d}P$ が完全微分であることを示しなさい.

1.7 $0<x\ll 1$ のとき, $\ln(1+x)$ は一次近似でどのように表されるか.

1.8 e^x をマクローリン級数展開し, ネイピア数の近似値を有効数字 3 桁まで求めなさい.

1.9 1.10 節で述べたように, 1 回の試行で事象 A の起こる確率を p とするとき, この試行を独立に n 回繰り返した場合, 事象 A の起こる回数を確率変数 x とする. $x=r$ となる確率 $b(n, r)$ は式(1.64)で与えられ, 期待値 $E(x)$ は

$$E(x)\equiv\sum_{r=0}^{n} rb(n,r)=\sum_{r=0}^{n} r\,{}_n\mathrm{C}_r\,p^r q^{n-r} \tag{1}$$

となる($q=1-p$). 一方, 式(1.60)より

$$(q+px)^n=\sum_{r=0}^{n} {}_n\mathrm{C}_r\,(px)^r q^{n-r} \tag{2}$$

となる. このことから, 式(2)を x で微分して $x=1$ を代入し, 式(1)と比較し, 二項分布の期待値が $m=np$ となることを証明しなさい.

また式(2)の微分に x をかけ, さらに x で微分することにより

$$np\{(n-1)p+1\}=\sum_{r=0}^{n} r^2 b(n,r) \tag{3}$$

を得て, 標準偏差が $\sigma=\sqrt{npq}$ となることを証明しなさい.

1.10 独立変数 x, y から独立変数 u, v に変数変換するとき, それぞれの面積素片 $\mathrm{d}x\mathrm{d}y$ と $\mathrm{d}u\mathrm{d}v$ は一般に等しくなく, $\mathrm{d}u\mathrm{d}v=|J|\mathrm{d}x\mathrm{d}y$ という関係が成立する. この式を図を書いて証明しなさい. ここで, $|J|$ はヤコビアンといわれる行列式で以下のように定義される.

$$|J| = \frac{\partial(u,v)}{\partial(x,y)} = \begin{vmatrix} \frac{\partial u}{\partial x} & \frac{\partial u}{\partial y} \\ \frac{\partial v}{\partial x} & \frac{\partial v}{\partial y} \end{vmatrix}$$

1.11 ①直交座標 x, y から平面極座標変数 r, θ への変換で $\mathrm{d}x\mathrm{d}y = r\mathrm{d}r\mathrm{d}\theta$ となることと，②直交座標 x, y, z から球面極座標変数 r, θ, ϕ への変換で $\mathrm{d}x\mathrm{d}y\mathrm{d}z = r^2\mathrm{d}r\sin\theta\mathrm{d}\theta\mathrm{d}\phi$ となることを，ヤコビアンを使って示しなさい．

1.12 熱力学でよく使う $\frac{\partial(u_1, u_2, u_3, \ldots, u_n)}{\partial(x_1, x_2, x_3, \ldots, x_n)} = \frac{\partial(u_1, u_2, u_3, \ldots, u_n)}{\partial(y_1, y_2, y_3, \ldots, y_n)} \frac{\partial(y_1, y_2, y_3, \ldots, y_n)}{\partial(x_1, x_2, x_3, \ldots, x_n)}$ を証明しなさい．ここで，n 変数の $x_i (i = 1, 2, 3, \ldots, n)$ の関数 u_i が n 個ある $[u_i(x_1, x_2, x_3, \ldots, x_n)\ (i = 1, 2, 3, \ldots, n)]$．また，$\{u_i\}$ は $\{y_i\}$ を媒介して $\{x_i\}$ の関数とし，$\{u_i\}$，$\{y_i\}$，$\{x_i\}$ は独立であるとする．

1.13 u が独立変数$(x, y, z, \ldots)$の関数 $u(x, y, z, \ldots)$であるとき，$\left(\frac{\partial u}{\partial x}\right)_{y,z,\ldots} = \frac{\partial(u, y, z, \ldots)}{\partial(x, y, z, \ldots)}$ を証明しなさい．ここで，$(x, y, z, \ldots)$ は独立であるので，$\partial x/\partial x = 1, \partial x/\partial y = 0, \partial x/\partial z = 0, \partial y/\partial y = 1, \partial y/\partial z = 0, \partial z/\partial z = 1, \ldots$ の関係が成立する．

第2章 物理量と単位と物理法則

You know, you and I are very lucky. Because whatever else is going on, we've always got our physics.

Feynman to Wolfram (1982)

物理量と**単位**は，**国際単位系**(Le Système International d'Unitès(英訳：The International System of Units)，**SI**)で決められている．この単位系の使い方や普及に関しては**国際純正・応用化学連合**(International Union of Pure and Applied Chemistry, **IUPAC**)から刊行されている通称グリーンブック(Quantities, Units and Symbols in Physical Chemistry, Third Edition, IUPAC 2007, RSC Publishing，和訳：物理化学で用いられる量・単位・記号，第3版，日本化学会(監修)，講談社，2009)に詳しく書かれている．英語版は，以下のサイトから入手可能である．(http://www.iupac.org/fileadmin/user_upload/publications/e-resources/ONLINE-IUPAC-GB3-2ndPrinting-Online-Sep2012.pdf) 日本では，残念ながら科学系教科書の多くはこの規則に従っていない．その上，物理量や単位に関する教育もけっして十分とはいえず，論文執筆などで混乱を招く一因となっている．本章では，物理量や単位の取り扱いについて重要な点をまとめるとともに，その根底にあるいくつかの重要な物理法則をまとめた Web．

2.1 物理量と単位

物理量 P は必ずアルファベットかギリシャ文字(**表 2.1**)の大文字あるいは小文字の1文字で表記する．文字はイタリック体(斜体)とする(注1)．また，その値は，数値 $\{P\}$ と単位 $[P]$ の積で表される(注2)．

$$P = \{P\}[P] \tag{2.1}$$

例えば，速度 v に対して，$v = 10\ \mathrm{m\ s^{-1}}$ といったように，特定の数値を与えたときに単位も一緒に表記しなければならない．また，数値と単位はすべて代数演算の規則に従う．このため，P の計算には数値だけでなく単位も記載し，必要に応じて単位の換算をする．v を例にあげると，次のような単位の換算ができる．

$$v = 10\ \mathrm{m\ s^{-1}} = \left(10\ \frac{\mathrm{m}}{\mathrm{s}}\right)\times\left(10^{-3}\ \frac{\mathrm{km}}{\mathrm{m}}\right)\times\left(3600\ \frac{\mathrm{s}}{\mathrm{h}}\right) = 36\ \mathrm{km\ h^{-1}} \tag{2.2}$$

物理量を単位で割ると数値だけとなる($P/[P] = \{P\}$)．このことが，①グラフの縦軸や横軸を数値だけの目盛にできることと，②表の中には数値だけを記載できることの根拠となっている．また，このことはグラフの縦軸や横軸の軸ラベルや表の行や列の見出し(ラベル)は $P/[P]$ と記載すべきであることを示している(注3)．物理量の表記は数学的に等価であることに留意するかぎり，各種の表現が考えられる．絶対温度 $T = 333\ \mathrm{K}$ を例にとると，その

注1) 必要であれば，物理量に添字をつけることができる．この場合，添字が物理量あるいは数を表す場合には，イタリック体にし，それ以外はローマン体(立体)にする．例えば，定圧熱容量は C_P，i 番目の物質の分圧は P_i，運動エネルギーは E_K(Kはkineticを意味する)，物質Aの体積は V_A と表記する．

注2) 単位はローマン体にする．数値と単位の間には半角スペースを入れる．温度を例にあげると25 °Cや300 Kと記載する．$\mathrm{m\ s^{-1}}$ のような商の組立単位の場合，スラッシュを用いた表現(m/s)は避けた方がよい．また単位と単位の間には半角スペースを入れる．例えば，メートル秒はm sと書くべきであり，msはミリ秒を意味する．気体定数 $R = 8.314\ \mathrm{J\ mol^{-1}\ K^{-1}}$ のように2つ以上の単位で割る場合，J/mol/Kといった多重スラッシュの使用は禁止されている(J/(mol K)なのか，(J/mol)/Kなのか判断できない)．なお，分子量や比誘電率のような無次元の物理量の場合，その次元は1であるので，単位を表記しない．

注3) 速度の軸ラベルを例にあげると，学問分野や高校の教科書によっては v(m/s) あるいは v[m/s] といった表記法がいまだに使われているが，厳密には $v/\mathrm{m\ s^{-1}}$ と記載するべきである．ただし，v/m/s というような多重スラッシュを使ってはいけない．

逆数は $1/T = 0.003\ \mathrm{K}^{-1}$，$\mathrm{K}/T = 0.003$，$10^3\ \mathrm{K}/T = 3$，$\mathrm{kK}/T = 3$，あるいは $10^3\ (T/\mathrm{K})^{-1}$ といった表現が可能になる(注1)．

対数の引数は無次元にすべきである．したがって，物理量の対数の引数としては，無次元の物理量を用いるか，標準状態の値 $P^{\ominus}$ を用いて $\log(P/P^{\ominus})$ として単位を消去しなければならない(注2)．

表2.1　ギリシャ文字：数式・物理定数でよく使われる(注3)

小文字	丸形	大文字	読み方	英語読み方	ラテン文字	記号の使用例
α	-	-	アルファ	alpha	A	分極率，体膨張係数，スピン波動関数
β	-	-	ベータ	beta	B	圧力係数，熱エネルギーの逆数，スピン波動関数
γ	-	Γ	ガンマ	gamma	G	ポアソン比，活量係数，表面張力，表面過剰量
δ	-	Δ	デルタ	delta	D	化学シフト，厚さ，変化量
ϵ	ε	-	イプシロン	epsilon	E	誘電率，モル吸光係数，軌道エネルギー
ζ	-	-	ゼータ	zeta	Z	界面動電位(ゼータ電位)，摩擦係数
η	-	-	イータ	eta	Ae, Ä, Ee	粘性率，過電圧
θ	ϑ	Θ	シータ	theta	Th	角度，表面被覆率，熱力学温度
ι	-	-	イオータ	iota	I	
κ	-	-	カッパ	kappa	K	圧縮率，透過係数
λ	-	Λ	ラムダ	lambda	L	波長，絶対活量，モル伝導率，減衰定数
μ	-	-	ミュー	mu	M	化学ポテンシャル，双極子モーメント，移動度
ν	-	-	ニュー	nu	N	化学量数，振動数，動粘性率
ξ	-	Ξ	クザイ	xi	X	反応進行度，大分配関数
o	-	O	オミクロン	omikron	O	
π	ϖ	Π	パイ	pi	P	円周率，浸透圧
ρ	-	-	ロー	rho	R	密度，抵抗率
σ	ς	Σ	シグマ	sigma	S	伝導率．表面張力，和
τ	-	-	タウ	tau	T	寿命，緩和時間，トムソン係数
υ	-	Υ	ウプシロン	u(y)psilon	U, Y	
ϕ	φ	Φ	ファイ	phi	Ph	電位，波動関数，体積分率，極座標
χ	-	-	カイ	chi	Ch	電気陰性度，原子軌道，磁化率，感受率
ψ	-	Ψ	プサイ	psi	Ps	波動関数，外部電位
ω	-	Ω	オメガ	omega	Oo	角振動数，立体角．統計的重率

(a と α)，(B と β)，(r と γ)，(γ と Γ)，(δ と Δ)，(e と $\epsilon, \varepsilon,$)，(g と η)，(θ と Θ)，(k と κ)，(λ と Λ)，(ξ と Ξ)，(π と Π)，(ϕ と φ と Φ)，(ψ と Ψ)，(ω と Ω)，(x と χ)，(v と ν)，(ξ と ζ)，(ϕ，φ，Φ と ψ，Ψ)の違いに十分気を使うこと．

注1) 秒速とは速度×秒という意味で，$v\,\mathrm{s}$ と書き替えることができるから，「秒速10 m」という表現($v\,\mathrm{s} = 10\ \mathrm{m}$)は正しい．しかし，風速とはあくまで$v$であるから，「風速10 m」という表現は科学的に間違いであり，「風の速さは秒速10 m」といったように表現しなければならない．

注2) $^{\ominus}$記号を**プリムソル**(primsoll)とよぶ．熱力学の物理量にこれをつけたら，標準状態の物理量であることを示す．$^{\ominus}$の代わりに，°印が使われる場合もある．本来，プリムソル・マークとは満載喫水線をさす．靴底とズックの境目の線がプリムソル・マークに似ていることから，ゴム底ズック靴やスニーカーのことをprimsollとよぶ．

注3) ギリシャ文字をきちんと読めない学生さんが少なくない．左の表にあるように，物理定数・数学記号にギリシャ文字が多く使われている．理系の仕事に関わっている限り一生ついてくるので文字および読み方をできる限り記憶していただきたい．2100文字あまりの常用漢字の読み書きをできないと仕事にならないのと同じ意味ですかネ！(板書で漢字を忘れて英語でごまかす教員もいますが…)

pH はプロトンの容量モル濃度 c_{H^+} ではなく，無次元の活量 a_{H^+}（5.9 節）を用いて定義され，

$$\mathrm{pH} = -\log(a_{H^+}) \tag{2.3}$$

と書くことができる（注 1）．モル濃度 c を用いて対数表現する場合には，標準状態の値 $c^{\ominus}$ をその都度定義して $\log(c/c^{\ominus})$ と書く．ただし，標準状態が明確に定義されている場合には $\log c$ と簡略表記することもある．

注 1）pH は物理量であるがローマン体で表記する．ドイツ語読みの「ペーハー」ではなく，英語読みの「ピーエイチ」と発音する．

2.2 基本物理量と組立物理量

すべての物理量は，固有の次元をもつ 7 つの**基本物理量**によって組み立てられる．**表 2.2** に基本物理量をまとめた．基本物理量は **SI 単位**とよばれる次元で表される Web．

これ以外の物理量は**組立物理量**とよばれ，物理法則に従い基本物理量から誘導される．したがって，単位にも物理法則が隠されている．組立物理量の次元は **SI 組立単位**で表されることもある．例えば，力 F の SI 単位表記は $\mathrm{kg\,m\,s^{-2}}$ であるが，$\mathrm{N}(=\mathrm{kg\,m\,s^{-2}}$，ニュートン）という SI 組立単位を使う場合もある．容量モル濃度 c は SI 単位表記では $\mathrm{mol\,m^{-3}}$（あるいは $\mathrm{mol\,dm^{-3}}$）となる．多くの書物や教科書には，現在でも M（モル）という非 SI 組立単位が使われているが，IUPAC ではこの単位の使用を認めていない．本書でもこの単位は使わない．やむを得ず M を使う場合には，$1\,\mathrm{M} = 10^{-3}\,\mathrm{mol\,m^{-3}} = 1\,\mathrm{mol\,dm^{-3}}$ というようにその都度定義しなければならない．また，$\mathrm{dm^{-3}}$ と同じ意味をもつ L（リッター）も，定義なしに使用することは避けるべきである．

表 2.2　SI 基本物理量

物理量	SI 単位の名称	物理量の記号	SI 単位の記号
長さ	メートル（meter）	l	m
質量	キログラム（kilogram）	m	kg
時間	秒（second）	t	s（注 1）
電流	アンペア（ampere）	I	A
熱力学的温度	ケルビン（kelvin）	T	K
物質量	モル（mole）（注 2）	n	mol
光度	カンデラ（candela）	I_V	cd

注 1）秒の単位は sec ではなく，s を用いる．ちなみに，時間に関する他の記号は，min（分），h（時間），d（日），a（年）である．
注 2）物質量のことを "モル数" とよんではならない．

2.3 接頭語と分率

単位の大きさが実用上扱いにくい場合には，**表 2.3** に示すような 10 進法（あるいは 1000 進法）の **SI 接頭語**の使用が認められている．接頭語は 2 つ以上重ねてはならない．

ある成分が全体に均一に存在するとき，その成分の全体に対する割合を**分**

表 2.3　SI 接頭語

大きさ	SI 接頭語	記号	大きさ	SI 接頭語	記号
10^{-1}	デシ(deci)	d	10	デカ(deca)	da
10^{-2}	センチ(centi)	c	10^{2}	ヘクト(hecto)	h
10^{-3}	ミリ(milli)	m	10^{3}	キロ(kilo)	k
10^{-6}	マイクロ(micro)	μ	10^{6}	メガ(mega)	M
10^{-9}	ナノ(nano)	n	10^{9}	ギガ(giga)	G
10^{-12}	ピコ(pico)	p	10^{12}	テラ(tera)	T
10^{-15}	フェムト(femto)	f	10^{15}	ペタ(peta)	P
10^{-18}	アット(atto)	a	10^{18}	エクサ(exa)	E

率(fruction)として表すことがある．慣用の分率として，百分率％：percent, 1/100，千分率‰：permillage(パーミル)，1/1000，百万分率 ppm：parts per million, $1/10^{6}$，十億分率 ppb：parts per billion, $1/10^{9}$，1 兆分率 ppt：parts per trillion, $1/10^{12}$ がある．質量百分率は w/w％(あるいは wt％)，体積百分率は v/v％(あるいは vol％)として使うこともある．質量 / 体積分率は分母と分子で単位が異なるので厳密には分率ではないが，実用的に w/v％などとして使うこともある．なお，分率も無次元量を示す単位として数字との間に半角スペースを入れる(注 1)．しかし，分率はその定義が曖昧であるので，使わないようにすべきである．このような場合には，例えば，μmol/mol, μg/g，あるいは mg/cm^{3} と書けば曖昧さがなくなる．

注 1) 表や図では見出しを *x*/％とはせず，100*x* と書くべきである．なお，現在でも，多くの出版社が，数字と分率の間にスペースを入れない編集方針を採用している．

2.4　ニュートンの運動の法則

質量(mass) m の物体が**速度**(velocity) v で運動するときの**運動量**(momentum)は mv で表される．**力**(force) F とは，物体(あるいは場)と物体の間で行われる相互の運動量の交換を示す．より厳密には，**力積**(impulse) I(≡ Ft, t：時間)の微小変化は物体の運動量の変化量に等しい．

$$\mathrm{d}I \equiv F\mathrm{d}t = \mathrm{d}(mv) \tag{2.4}$$

これを**運動量の原理**(the principle of momentum)という．これより**ニュートンの運動の法則**(Newton's law of motion)が得られる．質量 m は一定とすると，

$$F = m\frac{\mathrm{d}v}{\mathrm{d}t} = ma \tag{2.5}$$

と表される．ここで，$a\left(\equiv \frac{\mathrm{d}v}{\mathrm{d}t}\right)$ は**加速度**(acceleration)である．式(2.5)は，運動が変化することと，力が作用することとは等価であることを示している．力の単位は N(ニュートン)で $\mathrm{N} = \mathrm{kg\,m\,s^{-2}}$ である．

Isaac Newton(1642－1727)
イングランドの自然哲学者，数学者．ニュートン力学を確立し，古典力学や近代物理学の祖となった(主著：Philosophiae Naturalis Principia Mathematica(和訳：自然哲学の数学的諸原理(プリンキピア)，1687)の中で，万有引力の法則と，運動方程式について述べ，古典数学を完成させ，古典力学(ニュートン力学)を創始．古典力学は自然科学・工学・技術の分野の基礎となり，近代科学文明の成立に影響を与えた．1705 年に，アン女王から自然哲学で初めてナイトの称号を授けられた．近代化学の発展は近代物理学に比べて 100 年近く遅れたこともあり，ニュートンは錬金術(Alchemy)に真剣に取り組んだ．
1600 年ぐらいから始まった近代物理学は，コペルニクス，ティコ・ブラーエ，ケプラー，ガリレオの測定からニュートンにつながっているとされるが，ガリレオから 250 年さかのぼる時代に惑星の軌道計算を丹念に行って「地動説を否定することはもはや不可能である」と明言したニコル・オレームが，最近「14 世紀のアインシュタイン」として再評価されている(東京新聞，*B* 面科学史 2016 年 4 月 18，25 日号)．オレームは，宗教上の圧力のためか，観測データが非常に限定的だったためか，地動説を最終結論として主張できなかった．

2.5　バネと振動

物体の変形の力は，**バネの力**(force of the spring)とよばれ，**フックの法則**(Hooke's law)で記述される．

$$\mathrm{d}F = k\mathrm{d}r \qquad (\text{積分形は } F = kr) \tag{2.6}$$

ここで k は**バネ定数**(spring constant)とよばれ(SI 組立単位表記では $\mathrm{N\ m^{-1}}$)，$\mathrm{d}r$ はバネ長さの微小変化量を表す．この法則は分子の振動を記述するうえでもきわめて重要になる．分子内の原子は平衡位置の周りで振動している．この振動を記述する最も単純なモデルが**調和振動子**(harmonic oscillator)である(**図 2.1**)．この場合，分子運動をバネにみたて，その**復元力**(restoring force)で表す．

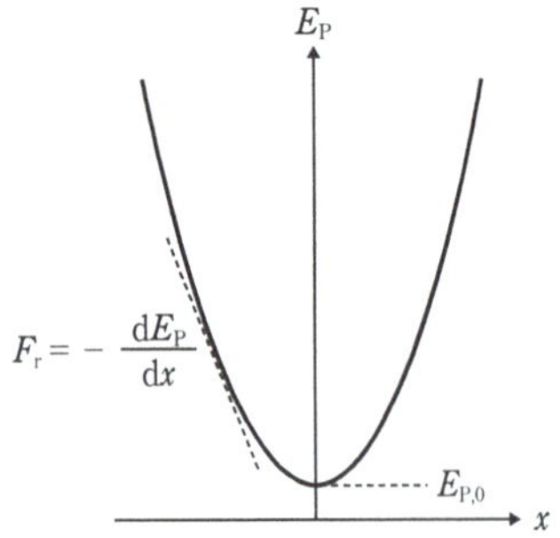

図 2.1　調和振動子のエネルギーと距離の関係

$$F_r = -k_f x \tag{2.7}$$

ここで，x は振動している分子の平衡点からの位置(変位)で，k_f は**力の定数**(force constant)とよばれる．分子のポテンシャルエネルギーを E_P とすると，

$$F_r = -\frac{\mathrm{d}E_P}{\mathrm{d}x} \tag{2.8}$$

と表される(注 1)．$x < 0$ のときは圧縮状態で，正の復元力が大きくなり，$x > 0$ のときは伸びた状態で，負の復元力が大きくなる．これを積分して

$$E_P = -\int_0^x F_r \mathrm{d}x = \int_0^x k_f x \mathrm{d}x + E_{P,0} = \frac{k_f x^2}{2} + E_{P,0} \tag{2.9}$$

と得られる($E_{P,0}$：$x = 0$ におけるポテンシャルエネルギー)．物理化学でポテンシャル曲線を描くとき，放物線型とするのは，この理由による．

注 1) エネルギーの定義から，距離あたりのエネルギー勾配が力となる(cf. 式(2.27))．ただし，符号は観測している対象に依存する．

2.6　向心力と遠心力

物体が一定速度で円周上を動く運動を**等速円運動**(uniform circular motion)という．この円運動をしている物体の速度の向きは**図 2.2**(a)に示すように，円の接線方向である．速度のスカラーは

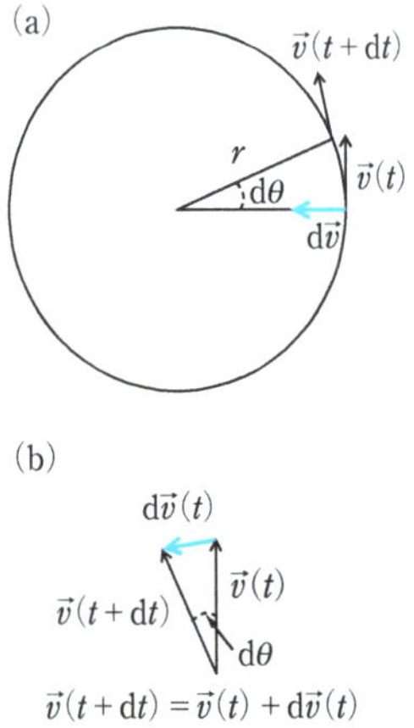

図 2.2　等速円運動の速度と加速度

$$v \equiv \frac{\mathrm{d}L}{\mathrm{d}t} = \frac{r\mathrm{d}\theta}{\mathrm{d}t} = r\omega \tag{2.10}$$

と与えられる(L：移動した円弧の長さ，r：半径，θ：弧度法の角［1.4.2 節］)．ここで，

$$\omega \equiv \frac{\mathrm{d}\theta}{\mathrm{d}t} \tag{2.11}$$

は**角速度**(angular velocity)とよばれる(注 2)．円運動において v は一定であるが，$\vec{v}$ の向きは絶えず変化している．すなわち，

$$\vec{v}(t+\mathrm{d}t) = \vec{v}(t) + \mathrm{d}\vec{v}(t) \tag{2.12}$$

注 2) 回転速度は rpm という単位で表現されることが多い．これは revolution per minute または rotation per minute の略で $1\ \mathrm{rpm} = (2\pi/60)\ \mathrm{rad\ s^{-1}}$ となる．

となる．これは$\vec{v}$を平行移動して起点を重ねるとわかりやすい(図 2.2(b))．$\mathrm{d}\vec{v}$は$\vec{v}$と直交しており，円の中心に向いている(図 2.2(a))．円の中心に向かう加速度を**向心加速度**(centripetal acceleration)$\vec{a}$という．

$$\vec{a} \equiv \frac{\mathrm{d}\vec{v}}{\mathrm{d}t} = \frac{\vec{v}(t+\mathrm{d}t) - \vec{v}(t)}{\mathrm{d}t} \tag{2.13}$$

$\vec{v}(t+\mathrm{d}t)$と$\vec{v}(t)$の角度は $\mathrm{d}\theta$ であるから(図 2.2(b))，加速度のスカラーは

$$a \equiv \frac{\mathrm{d}\vec{v}}{\mathrm{d}t} = \frac{v\mathrm{d}\theta}{\mathrm{d}t} = r\omega^2 \tag{2.14}$$

となる．また，ニュートンの運動の法則より，**向心力**(centripetal force)$\vec{F}$は

$$\vec{F} = m\vec{a} \tag{2.15}$$

で与えられ，スカラーは

$$F = ma = mr\omega^2 \tag{2.16}$$

である．張力や万有引力がこの向心力に相当する．

円運動の場合，静止している観測者から円運動をみる場合(**慣性系**)は，上述の向心力を考えればよい．しかし，円運動する物体と一緒に円運動している観測者からみた場合(**非慣性系**，回転座標系)は，みかけ上，向心力と同じ大きさで向きだけが反対の力，つまり**慣性力**が物体に働いて，つり合っている．このことは，車でカーブを曲がるとき，車の中にいると外向きの力を受けるように感じることに相当する．円運動におけるこの慣性力を**遠心力**(centrifugal force)とよぶ．慣性力は(例えば回転座標系のように)数学的に出てきたものであって，実体のものではないことに注意されたい．

フーコーの振り子で有名な**コリオリの力**(Coriolis force)も同様である．北極点の真上で振り子が振れるのを地球外からみれば，振り子の振動面は変化しないがそれを観測している人が 1 日かけて 1 周回っている．北極点にいて自転している地球に立つ観測者は，振り子の振動面が逆に動いているようにみえ，それを動かす仮想的な力をコリオリの力とよんでいる．

2.7　万有引力と重力

万有引力(universal gravitation)とは質量 m_1 と質量 m_2 の間に働く力であり，**ニュートンの万有引力の法則**(Newton's low of universal gravitation)として知られている．

$$F(\text{universal gravitation}) = G\frac{m_1 m_2}{r^2} \tag{2.17}$$

ここで，$G(= 6.6738 \times 10^{-11}\ \mathrm{N\ m^2\ kg^{-2}})$ は**万有引力定数**(gravitational constant)で，r は物質間の距離である．

重力(gravity)とは，近似的には，質量 m_1 の物質と地球との間に働く万有引力である．

$$F(\text{gravity}) = m_1 g \tag{2.18}$$

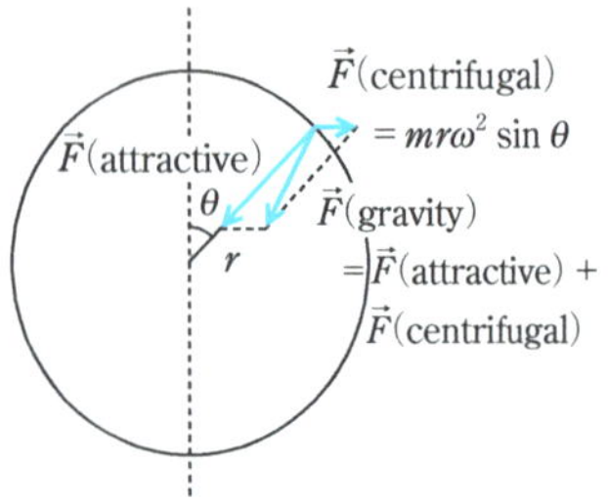

図2.3　重力のベクトル表示

ここで，g は**重力加速度**(acceleration of gravity)とよばれ，m_E を地球の質量，r_E を地球の半径とすると，

$$g = 9.80665\ \text{m s}^{-2} \simeq G\frac{m_E}{r_E^2} \tag{2.19}$$

と与えられる．しかし，厳密には，**図2.3** に示すように，重力とは，万有引力と遠心力(地球の自転とともに移動する回転座標系)のベクトル和である．したがって，重力加速度と重力は緯度に依存する．

2.8　圧力

圧力(pressure)P は単位表面積あたりの力として定義されている．

$$P \equiv F/A \tag{2.20}$$

ここで A は表面積である．圧力の SI 組立単位は Pa(パスカル)であり，1 Pa $= 1\ \text{kg m}^{-1}\text{s}^{-2} = 1\ \text{N m}^{-2} = 1\ \text{J m}^{-3}$ となる(J はエネルギーの SI 組立単位で 1 J = 1 N m である(2.10 節))．圧力には多くの非 SI 単位がある(**表 2.4**)．1 bar(バール) = 10^5 Pa で，気象用語で以前使われていた mbar は，現在用いられている hPa に相当する．1 気圧は標準大気圧のことで，水銀柱 760 mm の圧力に相当し，その単位は atm(アトム)という．Torr(トル)は標準圧力の 1/760 である(注 1)．

注 1) トリチェリー(Torricelli)に由来するから，torr と書いてはならない．

表2.4　圧力換算因子

	Pa	bar	atm	Torr
1 Pa =	1	10^{-5}	9.86923×10^{-6}	7.50062×10^{-3}
1 bar =	10^5	1	0.986923	750.062
1 atm =	1.01325×10^5	1.01325	1	760
1 Torr =	133.322	1.33322×10^{-3}	1.31579×10^{-3}	1

2.9　分子質量，モル質量，分子量

物質量(amount of substance)n とは，対象要素(原子・分子(コラム2.1))の数を N とし，**アボガドロ定数**(Avogadro's constant)(コラム2.2)を N_A とするとき，

$$n \equiv N/N_A \tag{2.21}$$

で定義され，SI 単位は mol である．ここで N_A(= $6.022\times10^{23}\ \text{mol}^{-1}$)とは，^{12}C が 12 g 中に含まれる N である．1 原子の質量を**原子質量**(mass of atom)といい，記号は m_a である．この値は非常に小さいので，^{12}C の原子質量 m_a(^{12}C)の 1/12 を**原子質量定数**(あるいは**統一原子質量単位**，atomic mass constant) m_u と定義して，m_a を m_u の倍数として表現するのが便利である．m_u の単位は u あるいは Da (ダルトン) でも表される(注 1)．

$$m_u \equiv \frac{m_a(^{12}C)}{12} = \frac{12.000\ g\ mol^{-1}}{12N_A} = \frac{1.000\times10^{-3}\ kg\ mol^{-1}}{6.022\times10^{23}\ mol^{-1}}$$
$$= 1.660\times10^{-27}\ kg \equiv 1\ u \equiv 1\ Da \tag{2.22}$$

例えば，$m_a(^4He) = 4.0\ m_u$ と表記できる．**原子量** A_r は**相対原子質量**ともよばれ，

$$A_r \equiv m_a/m_u \tag{2.23}$$

で定義され，無次元量である．周期表にある原子量は同位体比を考慮した平均的な値である．

1 分子の質量は**分子質量** (molecular mass, formula unit) m_f とよばれ，これも原子質量定数 m_u の倍数で表すことが多い．例えば $m_f(H_2O) = 18.01\ m_u = 18.01\ u = 18.01\ Da$ と表記できる．

分子量 (molecular weight) M_r は**相対分子質量**とよばれ，

$$M_r \equiv m_f/m_u \tag{2.24}$$

で定義され，無次元量である．

モル質量定数 (molar mass constant) M_u は次のように定義される．

$$M_u \equiv m_u N_A = 1.000\ g\ mol^{-1} \tag{2.25}$$

注 1) Da をモル質量の単位とする書物も多いが，これは誤りである．

コラム 2.1 元素の誕生

ビッグバン直後には水素原子 ^1H と中性子 n だけが存在し，その核融合によって，^4He までが誕生した ($^1H + n \longrightarrow {}^2H$, $^2H + n \longrightarrow {}^3H$, $^3H \longrightarrow {}^3He + e^-$ (β 崩壊), $^3He + n \longrightarrow {}^4He$)．したがって，宇宙のほとんどの元素は ^1H と ^4He である(注 2)．

恒星内での核融合により，^4He の核融合を経てより重い元素が生成される ($^4He + {}^4He \longrightarrow {}^8Be$, $^8Be + {}^4He \longrightarrow {}^{12}C$, $^{12}C + {}^4He \longrightarrow {}^{16}O$, …)．しかし，太陽程度の小さい恒星内での核融合では ^{56}Fe までしか生成できない．

生命は Co, Ni, Cu, Zn, Se, Mo, W などの Fe より重い元素も利用している．Fe より重い元素は，太陽より巨大な恒星の超新星爆発の際の核融合により生成される．このように，生命の中にも大宇宙の歴史が刻まれているのである．このうち，^{238}U は現在の地球に天然に存在する元素の中で最も重い原子核である．^{238}U より重い原子核も超新星爆発で生成されるが，その核分裂寿命は地球の年齢 (約 46 億年) よりかなり短く，すでに消滅してしまっている．

注 2) ただし，宇宙に占める ^1H と ^4He の割合は 4% 程度で，残りは，人類が見知ることができる物質とはほとんど反応しない暗黒物質 (ダークマター) やダークエネルギーが占めているとされている．また，このダークエネルギーは宇宙の膨張のエネルギーではないかとも考えられているが，よくわかってない．

コラム2.2 アボガドロ定数

原子・分子の実在に関しては，アボガドロ定数が強い状況証拠を与えるが，1900年ごろには原子・分子の実在に関して激しい論争がなされていた．決定打はアインシュタインのブラウン運動に関する1905年の論文とそれを実験的に詳細に調べたペランの実験（1906～1909）である（cf. 14.3節）．ペランの著書『原子』（岩波文庫，原著は1913年，第2版1948年）では，4種類のブラウン運動の実験からアボガドロ定数を $6.5 \sim 6.9 \times 10^{23}\ \mathrm{mol^{-1}}$ と求め，ほかの9種類の実験から求めた値もよく一致したとして，原子論の勝利を高らかに宣言した．アボガドロ数はとてつもなく大きい数であるが，アボガドロの名前もとてつもなく長い（Conte Lorenzo Romano Amedeo Carlo Avogadro di Quaregna e Cerreto）．

Jean Baptiste Perrin（1870－1942）
フランスの物理学者．1926年ノーベル物理学賞受賞．科学研究担当国務次官も務めた．小惑星ジャン・ペランは彼の名前に由来する．

1 molの分子の質量を**モル質量**（molar mass）M とよぶ．モル質量，分子質量，分子量の関係は次のように与えられる．

$$M \equiv m_\mathrm{f} N_\mathrm{A} = M_\mathrm{r} m_\mathrm{u} N_\mathrm{A} = M_\mathrm{r} M_\mathrm{u} = M_\mathrm{r}\ \ \mathrm{g\ mol^{-1}} \tag{2.26}$$

つまり，①原子質量定数 m_u（あるいはuまたはDa単位）で表した分子質量 m_f の数値と②モル質量定数 M_u で表したモル質量 M の数値は，分子量 M_r に等しい（注1）．例えば H_2O の場合，分子量は18.01，分子質量は18.01 u（あるいは18.01 Da），モル質量は18.01 g mol^{-1} となる．

注1）質量 m の純物質の物質量 n を求める場合，分子量 M_r ではなくモル質量 M を用いて $n = m/M$ としなければならない．容量モル濃度 c も，$c = m/(MV)$ と表記すべきである（V：溶液体積）．

2.10 力学的エネルギー

仕事（work）w は，力 F と距離 r の積として次のように定義される．

$$\delta w \equiv F\mathrm{d}r \qquad (\text{積分形では } w = Fr) \tag{2.27}$$

このエネルギーのSI組立単位は1 J（ジュール）= N m = kg m^2 s^{-2} である（注2）．

注2）1 mNは 10^{-3} Nのことを指し，1 N mとはまったく異なる．スペースの有無にも注意されたい．

力学的エネルギーにはさまざまなよび方があるが，すべて式(2.27)に従って記述される．まず，**位置エネルギー**（potential energy）E_G について考える．一定の重力 mg が働く物体を高さ h だけ持ち上げると，位置エネルギーは mgh 増加することになる．一般的に記述すると

$$E_\mathrm{G} = mg\int_0^h \mathrm{d}h = mgh \tag{2.28}$$

となる．次に，**運動エネルギー**（kinetic energy）E_K は

$$\begin{aligned} E_\mathrm{K} &= \int_0^h F\mathrm{d}r = m\int_0^h a\mathrm{d}r = m\int_0^h \frac{\mathrm{d}v}{\mathrm{d}t}\mathrm{d}r \\ &= m\int_0^v \frac{\mathrm{d}r}{\mathrm{d}t}\mathrm{d}v = m\int_0^v v\mathrm{d}v = \frac{mv^2}{2} \end{aligned} \tag{2.29}$$

となる．

ここで，**図 2.4** に示すように，物体の落下を例に，位置エネルギーと運動エネルギーの変換について考えよう．高さ h にある質量 m の静止物質の位置エネルギーは $E_G = mgh$，運動エネルギーは $E_K = 0$ となる．これが地面に落下したとき，位置エネルギーは $E_G = 0$ となる．一方，落下速度は

$$v = \int g\mathrm{d}t = gt \tag{2.30}$$

であるから，落下距離は

$$h = \int v\mathrm{d}t = \int gt\mathrm{d}t = gt^2/2 \tag{2.31}$$

となる．これを考慮すると，運動エネルギーは

$$E_K = \frac{mv^2}{2} = \frac{mg^2t^2}{2} = mgh \tag{2.32}$$

となる．つまり，

$$E_G + E_K = mgh \tag{2.33}$$

となり，**エネルギー保存則**(energy conservation law)を示すことができる．

他に，**弾性エネルギー**(elastic energy)E_{ela} は，バネの力(2.5 節)を考え，

$$E_{ela} = \int_0^r F\mathrm{d}r = k\int_0^r r\mathrm{d}r = \frac{kr^2}{2} \tag{2.34}$$

となる．また，**気体のエネルギー**(energy of gas)E_{PV} は，P 一定とすると，

$$E_{PV} = \int_0^V P\mathrm{d}V = PV \tag{2.35}$$

となる．$PV = \left(\frac{F}{A}\right) \times (rA) = Fr$ と書き換えられることからも，PV が力学的エネルギーであることがわかる．

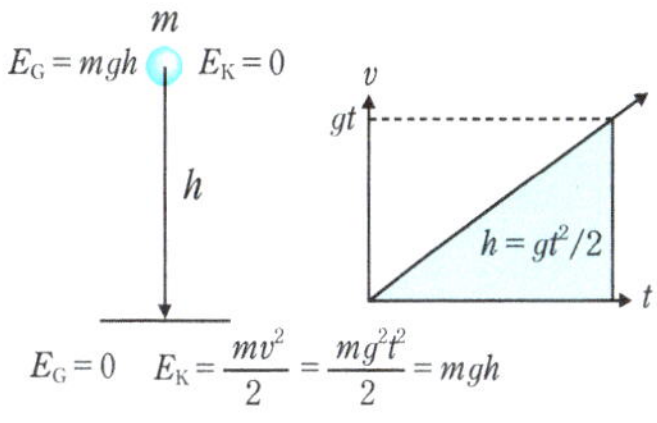

図 2.4　位置エネルギーと運動エネルギーの変換

2.11　状態方程式と標準状態

すべての物質の圧力 P は物質量 n，体積 V，および温度 T の関数で決まるので，一般的な**状態方程式**(equation of state)として

$$P = f(n, V, T) \tag{2.36}$$

と書き表すことができる(コラム 2.3)．ほとんどの物質の状態方程式は不明であるが，低圧であれば，すべての気体に対して

$$P = \frac{nRT}{V} \tag{2.37}$$

と表すことができる．ここで，$R(\equiv k_BN_A = 8.314\ \mathrm{J\ mol^{-1}\ K^{-1}})$ は**気体定数**(gas constant)，k_B は**ボルツマン定数**(Boltzmann constant)とよばれる．式(2.37)で記述できる気体を**理想気体**(ideal gas)あるいは**完全気体**(perfect gas)とよぶ．物質間の相互作用と物質の体積が無視できるような条件で成り立つ．

コラム2.3　近代化学の祖：ロバート・ボイル

気体の状態方程式の実験としては，アイルランド出身のボイル(Robert Boyle, 1627−1691)の実験(1661年)が有名である．“温度一定の条件下では”と明示しなかったようだが，圧力と体積は反比例の関係にあることを示した．それまでは化学＝錬金術(Alchemy)の世界であった状況の中で，合理的実証的な方法で事象を検討すべきであるとして，化学の世界に初めて正確な測定を応用したという大きな意義もある．Alchemy の Al は冠詞の the であるが，それを外して Chemistry，Chemist という造語をつくったのはボイルである．

熱力学では**標準状態**(standard state)の定義がきわめて重要である．現在では固体，液体，気体のすべてに対して，**標準圧力**(standard pressure)を $P^{\ominus} = 1.000 \times 10^5$ Pa(= 1000 hPa = 1.000 bar)と定めている．

5.8節で述べるように，(気体以外の)液体または固体の純相，混合相，溶媒，そして溶質を扱う場合には，標準状態として，標準圧力以外に標準温度も定めなければならない．**標準温度**を T = 298.15 K(= 25.0 °C)とする条件を**標準環境温度と圧力**(standard ambient temperature and pressure，**SATP**)とよぶ．

これに対して標準温度を T = 273.15 K(= 0.0 °C)とする条件を**標準温度と圧力**(standard temperature and pressure，**STP**)という．しかし，温度も規定する場合は，主に SATP が用いられている．理想気体 1 mol の標準状態での体積は，SATP では 24.79 dm^3，STP では 22.71 dm^3 となる(注 1)．

注 1)1997年より以前は，標準圧力として，$P^{\ominus}$ = 1 atm = 101325 Pa が用いられていた．現在でも教科書を含めて多くの書物で，標準状態の理想気体 1 mol の体積の記述に対して，1997年以前の STP($P^{\ominus}$ = 1 atm，T = 273.15 K(= 0.0 °C))における量として 22.41 dm^3 を掲載しているものがある．しかし，現在ではこの標準状態を用いないので，22.41 dm^3 という量は使うべきではない．

2.12　気体運動論による圧力の理解

気体分子は乱雑な運動をする．これを**熱運動**(thermal motion)とよぶ．このような熱運動を引き起こす運動エネルギーを**熱エネルギー**(thermal energy)とよぶ．気体が容器の壁に及ぼす圧力は，気体の分子と壁との衝突によるものである．そこで，**気体運動論**(kinetic theory of gases)の手法で，この圧力を分子論的に理解してみよう．

力はベクトル量であるが，簡単のため，まず x 軸方向だけ考える．このことを強調するため，以下では下付きの x をつける．ニュートンの運動の法則により，質量 m，速度 v_x の分子が受ける力 f_x は運動量 mv_x の時間変化に等しい(式(2.5))．

$$f_x = \frac{\mathrm{d}(mv_x)}{\mathrm{d}t} \tag{2.38}$$

時間 $t = t_1$ において，一辺が a の立方体の一方の壁に位置する分子が，x 方向に進行し壁にあたって，$t = t_2$ で元の位置に戻ったとする(**図 2.5**)．この運動量変化は

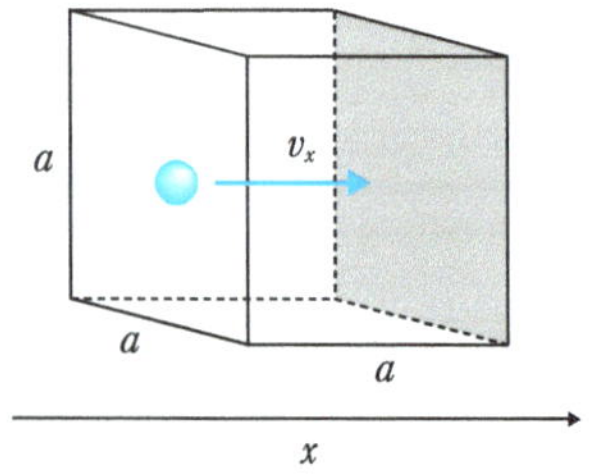

図2.5　気体分子運動論の説明図

$$\int_{t_1}^{t_2} f_x \mathrm{d}t = -mv_x - (mv_x) = -2mv_x \tag{2.39}$$

となる．壁に作用する力は，1分子であれば瞬間的であるが，例えばアボガドロ数(N_A)個といったマクロなレベルでは，ある一定の平均値とみなせる．そこで $t_2 - t_1 = \Delta t = 2a/v_x$ の間に，N 個の分子が受ける力の時間平均 $\overline{F}_x$ を考えると Web，

$$\overline{F}_x = \frac{N\int_{t_1}^{t_2} f_x \mathrm{d}t}{\Delta t} = -\frac{2Nmv_x}{2a/v_x} = -\frac{Nm{v_x}^2}{a} \tag{2.40}$$

となる．分子の衝突により壁が受ける平均的な力 $\overline{F}_x^{\mathrm{wall}}$ は，分子が受ける力と符号だけが反対であるので，

$$\overline{F}_x^{\mathrm{wall}} = -\overline{F}_x = \frac{Nm{v_x}^2}{a} \tag{2.41}$$

である．ここで N 個の平均二乗速度を考える．

$$\left\langle {v_x}^2 \right\rangle \equiv \frac{{v_{x_1}}^2 + {v_{x_2}}^2 + {v_{x_3}}^2 + \cdots + {v_{x_n}}^2}{N} \tag{2.42}$$

x，y，z 軸方向は等価であるので

$$\left\langle {v_x}^2 \right\rangle = \left\langle {v_y}^2 \right\rangle = \left\langle {v_z}^2 \right\rangle \tag{2.43}$$

でなければならない．さらに，どの分子の速度も

$$\left\langle v^2 \right\rangle = \left\langle {v_x}^2 \right\rangle + \left\langle {v_y}^2 \right\rangle + \left\langle {v_z}^2 \right\rangle \tag{2.44}$$

を満足するので，

$$\left\langle {v_x}^2 \right\rangle = \frac{\left\langle v^2 \right\rangle}{3} \tag{2.45}$$

となる．体積 $V = a^3$ の立方体の N 個の分子の衝突による x 軸に垂直な面の圧力 P は，式(2.20)，式(2.41)，式(2.45)より，

$$P \equiv \frac{\overline{F}_x^{\mathrm{wall}}}{A} = \frac{Nm\left\langle {v_x}^2 \right\rangle / a}{a^2} = \frac{Nm\left\langle v^2 \right\rangle}{3V}$$

となる．書き換えると

$$PV = \frac{Nm\left\langle v^2 \right\rangle}{3} \tag{2.46}$$

となる．式(2.46)が気体運動論の基本となる．

ここで，式(2.29)に示すように，並進の**運動エネルギー**(translational energy)の平均値は1分子あたりでは

$$\varepsilon_\mathrm{K} = \frac{m\left\langle v^2 \right\rangle}{2} \tag{2.47}$$

で与えられ，1 mol あたりでは

$$E_\mathrm{K} = N_\mathrm{A}\varepsilon_\mathrm{K} = \frac{N_\mathrm{A} m\left\langle v^2 \right\rangle}{2} \tag{2.48}$$

となる．式(2.37)，式(2.46)，式(2.48)より，理想気体1 mol では

$$RT = P\overline{V} = \frac{2}{3}\overline{E}_{\mathrm{K}} \tag{2.49}$$

1分子あたりでは

$$k_{\mathrm{B}}T = \frac{2}{3}\varepsilon_{\mathrm{K}} \quad あるいは \quad \frac{k_{\mathrm{B}}T}{2} = \varepsilon_{\mathrm{K},x} = \frac{m\langle v_x{}^2\rangle}{2} \tag{2.50}$$

が得られる．式(2.49)は，理想気体の並進運動エネルギーは，Tだけに依存することを示している(注1)．さらに，$N_{\mathrm{A}}m = M$(M：モル質量)と式(2.37)を考慮すると，式(2.46)は

$$v_{\mathrm{rms}} \equiv \sqrt{\langle v^2\rangle} = \sqrt{\frac{3PV}{M}} = \sqrt{\frac{3RT}{M}} \tag{2.51}$$

と書き換えられる．このv_{rms}を気体の**根平均二乗速度**(root-mean-square speed)とよぶ．

注1) 理想気体の並進運動エネルギーは内部エネルギーUに等しい．したがって理想気体のUはTだけの関数で，PやVに依存しない．これを式で表すと，$U = U(T)$，$\left(\frac{\partial U}{\partial P}\right)_T = \left(\frac{\partial U}{\partial V}\right)_T = 0$ となる(5.5節 参考5.1)．

2.13 電気に関する物理量と単位

IUPACでは電気に関する物理量として，**電流**Iを定めている(SI単位はA：アンペア)．**電気量**Qは電流Iの時間積分で与えられ，

$$Q \equiv \int I\mathrm{d}t \quad (Q = It) \tag{2.52}$$

となり，そのSI組立単位はC = A sである(C：クーロン)．水流のエネルギーは水圧×水量で与えられるように，**電気エネルギー**(w_{elec}：電気的仕事)も**電圧**Eと電気量Qの積で与えられる．

$$\mathrm{d}w_{\mathrm{elec}} \equiv E\mathrm{d}Q \qquad (積分形は\ w_{\mathrm{elec}} = EQ) \tag{2.53}$$

したがって，EのSI組立単位はV = J C^{-1} = J A^{-1} s^{-1}となる(V：ボルト)(注2)．

電力(あるいは仕事率)Pは

$$P \equiv w_{\mathrm{elec}}/t = EQ/t = EI \tag{2.54}$$

で，そのSI組立単位はW = J s^{-1}である(W：ワット)．したがって，電力量w_{elec}が電気エネルギーに相当し

$$w_{\mathrm{elec}} = \int P\mathrm{d}t \tag{2.55}$$

で与えられる．

距離rだけ離れた2つの電荷Q_1とQ_2の間に働く**静電気力**(**クーロン力**)Fは，**クーロンの法則**(Coulomb's law)で与えられる(コラム2.5)．

$$F = \frac{1}{4\pi\varepsilon}\frac{Q_1Q_2}{r^2} \tag{2.56}$$

ここで，εは誘電率であり，外部から電場を与えたとき，物質中の原子(あるいは分子)が誘電分極する程度を表すものである．別の見方では，平板コンデンサーの電荷Qは電圧Eと**静電容量**Cの積($Q = CV$)と表されるが，C

注2) 中学や高校の教科書では電圧の物理量の記号に対してVを用いているが，IUPACでは電圧の単位はVと定められている．物理量と単位に対して同じ文字をあてることは混乱を招くだけであり，電圧の記号にVを用いることは避けるべきである．

表 2.5 さまざまな溶媒の比誘電率(20 °C)

溶媒	シクロペンタン	ベンゼン	アセトン	エタノール	メタノール	ニトロベンゼン	グリセリン	水
ε_r	1.9687	2.28	21.01	25.3	33.0	35.6	46.54	81.16

は面積 S に比例し，距離 d に反比例する．この係数が誘電率となる．

$$C = \varepsilon S/d \tag{2.57}$$

また，ε はしばしば，無次元の比誘電率 ε_r(**表 2.5**)と真空の誘電率 ε_0 $(= 8.854\times10^{-12}\ \mathrm{F\ m^{-1}})$の積で表される(注 1)．

注 1) F は静電容量 C を表す SI 組立単位でファラッド(farad)と読む．静電容量 C のコンデンサーの電気量 Q と電圧 E の関係は $Q = CE$ で与えられるから，$\mathrm{F} = \mathrm{C\ V^{-1}}$ である．

$$\varepsilon = \varepsilon_r \varepsilon_0 \tag{2.58}$$

真空は誘電体ではないが，真空の誘電率(あるいは誘電定数ともよばれる)ε_0 を定義するのは，クーロン力を SI 単位系に組み込むために必要となった人工的な値である．

さて，ここで，クーロンの法則をエネルギー単位で表してみよう．点電荷 Q_2 を無限遠から，点電荷 Q_1 からの距離 r まで運ぶのに要するポテンシャルエネルギー U は，電荷間のクーロン力に逆らって動かすことを考えると，

$$U = \int_{+\infty}^{r} (-F)\mathrm{d}r = -\frac{Q_1 Q_2}{4\pi\varepsilon}\int_{+\infty}^{r}\frac{\mathrm{d}r}{r^2} = \frac{Q_1 Q_2}{4\pi\varepsilon}\int_{0}^{1/\mathrm{r}} \mathrm{d}\left(\frac{1}{\mathrm{r}}\right)$$
$$= \frac{Q_1 Q_2}{4\pi\varepsilon r} = E_1 Q_2 \tag{2.59}$$

となる．ここで

$$E_1 \equiv \frac{Q_1}{4\pi\varepsilon r} \tag{2.60}$$

は，点電荷 Q_1 がつくる電位(**クーロンポテンシャル**(Coulomnb potential))である．

その他，電気エネルギーの単位として，eV(エレクトロンボルト，電子ボルト)を用いる場合もある．これは電気素量 e をもつ粒子が真空中で 1 V で加速されて得られるエネルギーである．電気素量は陽子あるいは 1 個の電荷に等しく，電子の電荷の符号を変えた量で，次のように定義される(F：ファラデー定数(Faraday constant)，N_A：アボガドロ定数)(コラム 2.4)．

$$e \equiv F/N_A = 1.602\times10^{-19}\ \mathrm{C} \tag{2.61}$$

しがって，

$$1\ \mathrm{eV} \equiv (F/N_A)\times(1\ \mathrm{V}) = 1.602\times10^{-19}\ \mathrm{J} \tag{2.62}$$

となる．eV は非 SI 単位である．

コラム2.4 造語の達人：ファラデー

1833年にファラデーが発見した**電気分解の法則**(Faraday's low of electrolysis)は次のように記述される．

$$Q \equiv \int I\mathrm{d}t = |z| F \frac{m}{M}$$

ここで，m はモル質量 M の元素のイオンを含む溶液中に電気量 Q を通したとき電極で生じる元素の質量で，F を**ファラデー定数**(Faraday constant, 96485 C mol^{-1})とよぶ．また $|z|F$ を**電気化学当量**(electrochemical equivalent)ということもあり，**化学当量**(chemical equivalent)に等しい値である．

Michael Faraday (1791–1867)
イギリスの化学者・物理学者で，電磁場の基礎理論を確立し，電磁誘導の法則，反磁性，電気分解の法則などを発見した．今日の電気を使ったテクノロジーの多くが彼の業績に端を発している．

ファラデーは陽極に対して cathode，陰極に対して anode という造語をつくった．これは，地磁気を構成するには地球のコアで東から西に回転電流が流れればよいという(電磁誘導の法則を発見した)彼らしい発想から，電解質溶液中を流れる電流をこの東から西に流れる電流と同じ方向にとるように定義したのである(現在は電子の流れと電流の流れの方向は逆であることがわかっている)．そして日の昇る東側の電極を anode(ギリシャ語 “anodos” は ana-(up の意)と hodos(way の意)が合体し “way up” の意)とし，日の沈む西側の電極を cathode(ギリシャ語 “kathodos” は，kata-(down の意)と hodos が合体し “way down” の意)とした．さらに，anode に集まる陰イオンをギリシャ語の ión(ienai 行く ＋ ón 現在分詞語尾＝進行中)を用いて，anion と命名し，逆に陽イオンを cation と命名した．さらにアニオン(anion)，カチオン(cation)をまとめて，それらの単語の末尾からイオン(ion)とよぶことを提唱した．私たちにとって使い慣れたこうした単語は天才ファラデーの造語なのである．

古来より，ヨーロッパの人々が，このようにギリシャ語に対して敬意を払っていたことがわかる(日本人が漢文に対して敬意をはらっていたことと類似している)．オリンピックの第1回開催や，EU のギリシャ問題への対処も，こうした歴史的背景がある．一方で，シェークスピアは，“ちんぷんかんぷん” といった感情に対して，ちょっと皮肉交じりに，“It's all Greek to me.” といった．この表現は，現在でも使われている．

コラム2.5 地球の誕生とクーロン力

地球は宇宙の塵(ちり)が集まって凝集したといわれている．万有引力もクーロン力も類似の式表現ではあるが，微粒子は質量が小さく万有引力では凝集できない．宇宙に漂う微粒子間相互作用力のうち，最も大きいのはクーロン力であり，この力により微粒子が集まり，凝集体となり成長するのである．この結果，質量が大きくなると，万有引力によって小惑星同士が衝突して惑星は成長する．地球の水のほとんどは，宇宙空間に存在する水を蓄えた小惑星の衝突によってもたらされた

ものとされている．一方，この衝突による運動エネルギーは熱エネルギーに変換され，核分裂，水蒸気による高温化により岩石の融解が起こり，マグマが誕生する．高密度物質による地球のコアが形成されるのである．その後，小惑星衝突回数が減少し，地球は冷却化し，大量の雨により海が形成された．

重力は引力のみであるのに対し，クーロン力は引力も斥力もある．当然のことながら，Q_1 と Q_2 が異符号の場合引力となり，同符号の場合は斥力となる．地球誕生にもきわめて重要な役割をしたクーロン力は，化学結合の主体でもある．ただし，それを理解するには，常識ではなかなか納得しがたい量子力学の考え方が基礎となる．また，クーロン力は生体分子の相互作用の主体としても大変重要な役割をしている．

2.14 光子エネルギー

エネルギーは，**電磁放射**(electromagnetic radiation)という形でも存在する．**電磁波**は，真空中を**光速**(speed of light)$c = 2.998 \times 10^8\ \mathrm{m\ s^{-1}}$ で伝播する電場と磁場の波である(**図 2.6**)．一般に，波は**振幅**(amplitude)A，**振動数**(frequency)ν，**波長**(wavelength)λ で特徴づけられる．ν の SI 単位は Hz(ヘルツ)で $1\ \mathrm{Hz} = 1\ \mathrm{s^{-1}}$ であり，電磁波の ν は λ と次の関係にある．

$$c = \lambda \nu \tag{2.63}$$

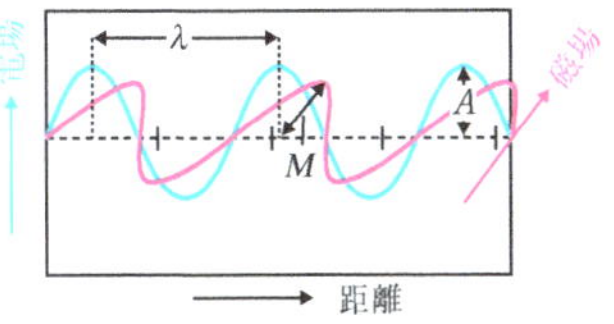

図 2.6 電磁波の概念図
電磁波と磁場は直交して進行する．
A は電磁波の振幅，M は磁場の振幅．

電磁波のエネルギーは**光子**(photon)という波束の形で伝播し，その光子 1 個あたりのエネルギー E は**プランクの式**(expression of Planck)で表される．

$$E = h\nu \tag{2.64}$$

ここで，$h (= 6.626 \times 10^{-34}\ \mathrm{J\ s})$ は**プランク定数**(Plank constant)である．式(2.63)と式(2.64)から

$$E = hc/\lambda \tag{2.65}$$

と書くこともできる．

式(2.64)における $h\nu$ が量子の最小ユニットとなり，電磁波の波束のエネルギーは，$h\nu$ の整数倍のとびとびの値で変化し，非連続的である．これを**プランクの量子仮説**(Plank's quantum hypothesis)という．アインシュタインにより，光は質量をもたないが，運動量 p をもつことも示されている(発展 2.1)．

$$p = h\nu/c = h/\lambda \tag{2.66}$$

式(2.66)は電磁波が粒子の性質とともに波の性質をもつことを示している．のちにド・ブロイ(Louis Victor de Broglie, 1892–1987, 1929 年ノーベル物理学賞受賞)により，式(2.64)，式(2.66)は，電磁波に限らず，電子，陽子，中性子はもとより，本質的には原子，分子などの物質全般にもあてはまることが示された(注 1)．

Max Karl Ernst Ludwig Planck (1858–1947)
ドイツの物理学者で量子論の提唱者の一人．当初はボルツマンの確率論的解釈に反対していたが，黒体放射に関して，彼の考えを取り入れて，説明することに成功し，ボルツマンを深く尊敬するようになった．1900 年に提出したこの黒体放射に関するプランクの法則に対して，1918 年にノーベル物理学賞を受賞し，"量子論の父" ともよばれている．第二次世界大戦後，彼を記念してそれまでのカイザー・ヴィルヘルム研究所はマックス・プランク研究所と改名され現在に至っている．

注 1)(光子に質量はないが)光速 c で運動している質量 m の物体の運動量は $p = mc$ となる．これに式(2.76)と式(2.65)を代入すると $p = h/\lambda$ となり，式(2.66)と一致する．

物質は電磁波を吸収し，核遷移，原子遷移あるいは分子遷移する．逆に励起状態から基底状態に戻る場合，電磁波を放出することもある．分子のエネルギー準位の間隔は分子内の原子配置により規定されるから，こうした遷移に関与する電磁波の振動数を測定すれば，分子構造や反応性を研究することができる．**図 2.7** に電磁波の波長とスペクトル領域の名前および，その電磁波を利用した分析法を示す．光子のエネルギー E は波長 λ が減少すると大きくなる(式(2.65))ので，光と物質の相互作用のエネルギーも，λ が減少するとともに大きくなる．例えば，ラジオ波は核スピン遷移，マイクロ波は電子スピン遷移や回転，赤外線は振動，可視・紫外は電子遷移，X 線は内核電子遷移と関係する．

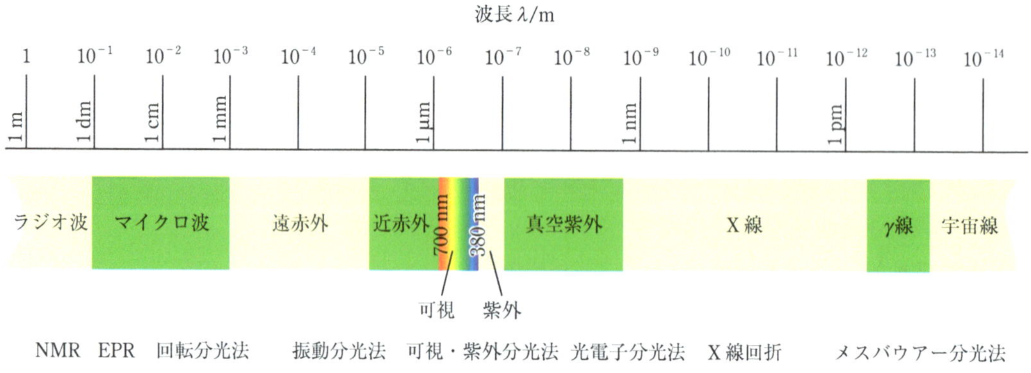

図2.7　電磁波の波長と名称の関係と，それを用いる分光法の例

発展2.1　光子の運動量

光子は質量がないのに，運動量をもつというのは一見矛盾する話である．しかし，空気のない月面に立てた旗が太陽光の圧力ではためくことからも光子が運動量をもつことがわかる．2016 年 4 月に理論物理学者のホーキング(Stephen William Hawking, 1942–)らが超小型の宇宙船「ナノクラフト」計画を発表した．これは地球からレーザービームを照射し，光速の 1/5 という超高速で移動できるものである．これも光子の運動量を利用している．そこで，光子が運動量をもつことをエネルギーの観点から導いてみましょう(注 1)．

光を完全に反射する内壁をもつ立方体(一辺：L)に閉じ込められた N 個の光子の集合(**光子ガス**, photon gas)を考える．完全反射かつ，波の性質から

$$2L = n\lambda \tag{2.67}$$

と与えられ(n = 1, 2, ...)，式(2.64)，式(2.65)より

$$\nu(=c/\lambda) = \frac{nc}{2L} \tag{2.68}$$

となる．また，エネルギー E の光子からなる光子ガスの内部エネルギー U は

$$U = NE = Nh\nu \tag{2.69}$$

で与えられる．光子の運動はランダムで x, y, z 方向で等価である．つまり $N/3$ だけ x 軸方向に運動していると考えることができる．この光子の運動量を p とすると，光子が $x = L$ にある面で跳ね返ると，面は $2p$ の力積を受けることになる(2.12 節)．また $\mathrm{d}t$ 間に光子は $c\mathrm{d}t$ 移動するので，この面には $c\mathrm{d}t/(2L)$ 回衝突する．$\mathrm{d}t$ 間に面が受ける力積を考えると，

$$F\mathrm{d}t = \frac{N}{3}\left(2p\frac{c\mathrm{d}t}{2L}\right)$$

が得られる．つまり力 F は

$$F = \frac{N}{3}\frac{pc}{L} \tag{2.70}$$

と与えられる．式(2.70)より圧力 P は

$$P \equiv \frac{F}{L^2} = \frac{N}{3}\frac{pc}{V} \tag{2.71}$$

と得られる．

ここで，光子ガスの圧力により，x 軸に垂直な壁が $\mathrm{d}L$ 移動したとすると，体積は $\mathrm{d}V = L^2\mathrm{d}L$ 膨張する．これにより光子ガスは外部に対して

$$-\delta w_{PV} = P\mathrm{d}V = \frac{N}{3}pc\frac{\mathrm{d}V}{V} \tag{2.72}$$

だけ仕事をしたことになる(式(3.2))．式(2.68)より，この膨張で，光子の振動数 ν は以下のように減少する．

$$\mathrm{d}\nu = \left(\frac{nc}{2}\right)\mathrm{d}\left(\frac{1}{L}\right) = -\left(\frac{nc}{2L^2}\right)\mathrm{d}L = -\nu\frac{\mathrm{d}L}{L} = -\nu\frac{\mathrm{d}V}{V} \tag{2.73}$$

$\mathrm{d}\nu$ の減少により内部エネルギー U も減少する．式(2.73)を用いて変換すると

$$\mathrm{d}U = \frac{N}{3}h\mathrm{d}\nu = -\frac{N}{3}h\nu\frac{\mathrm{d}V}{V} \tag{2.74}$$

となる．ここで，この膨張は断熱過程($\delta q = 0$)(3.10 節)であるので，熱力学第一法則(式(3.22))より，

$$\mathrm{d}U = \delta q + \delta w_{PV} = \delta w_{PV} \tag{2.75}$$

となる．式(2.72)と式(2.74)を式(2.75)に代入すると，式(2.66)が得られる．この考え方はアインシュタインの業績である(発展 2.2)．また，光子ガスの内部エネルギー U は $U = Nh\nu = Npc = 3PV$ となり，これは(実験と一致しないという意味で)量子力学が誕生したきっかけとなった黒体輻射の理論で重要な役割を果たした．

注 1) 新・物理入門(増補改訂版)，山本義隆著，駿台文庫，2004，7.8節を参照．

Albert Einstein(1879－1955)
ドイツ生まれのユダヤ人の理論物理学者．特殊相対性理論および一般相対性理論，ブラウン運動の起源を説明する揺動散逸定理，光量子仮説による光の粒子と波動の二重性など，ノーベル賞級の業績を数多く残し，20 世紀最大の物理学者，あるいは現代物理学の父とよばれる．1921 年に，光電効果の理論的解明の業績に対してノーベル物理学賞を受賞した．1999 年 12 月 31 日の TIME 誌で，“Person of the Century”として賞賛された．一般相対性理論では重力波が予言されているが，約 100 年たった 2016 年に，米国チームが重力波の観測に成功した．

発展2.2 質量とエネルギーの等価性

アインシュタインの相対性理論(Einstein's special relativity)によって，質量 m とエネルギー E の等価性を示すものとして

$$E = mc^2 \tag{2.76}$$

が導かれている($c = 2.9979 \times 10^8\ \mathrm{m\ s^{-1}}$，光速)．通常は核反応のような大きなエネルギーの算出に用いられるが，通常の化学反応に対しても適用できる．しかし，c^2 項が非常に大きいため，通常の化学反応では質量変化は事実上観測できないのである．

式(2.76)はアインシュタイン自身によって，以下のように，初心者にわかりやすく導かれている(注1)．**図2.8**(a)のように，ある(x, y)静止座標系において，質量 m の静止物体に，左右から振動数 ν の光子を同時にあてて光を吸収させる．光子のエネルギー E と運動量 p はそれぞれ式(2.64)と式(2.66)で与えられる．左右からくる2つの光子の運動量のベクトル和は0となるので物体は動かないが，光子があたることにより

$$\Delta E = 2E \tag{2.77}$$

だけエネルギーを吸収することになる．

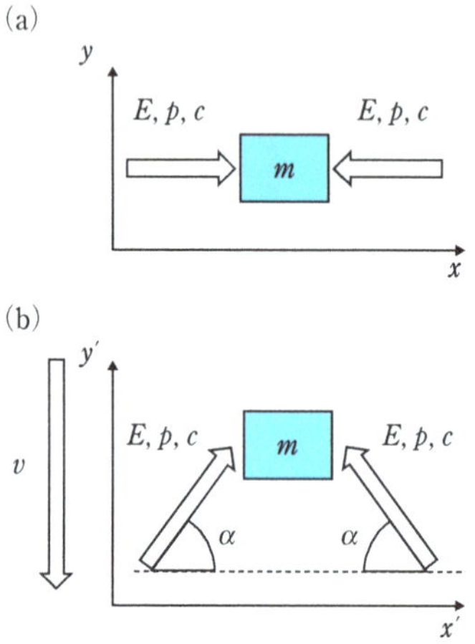

図2.8 質量とエネルギーの簡易な説明図

この現象を図2.8(b)のように，$-y$ 方向に一定の速さ v で動いている(x', y')座標系で行っても物理的本質は変わらないはずである．それは，物理法則はどの慣性系でみても同一であるという相対性原理があるからである．この系では図のように，光子は同じ角度 α で吸収されることになるが，1つの光子は y' 方向に運動量成分 $p_{y'}$ をもつことになる．その大きさは，式(2.66)を用いて，

$$p_{y'} = p \sin \alpha = p\frac{v}{c} = \frac{Ev}{c^2} \tag{2.78}$$

となる．したがって，式(2.77)を考慮すると，物体の運動量は

$$\Delta p = 2p_{y'} = \frac{2Ev}{c^2} = \frac{\Delta Ev}{c^2} \tag{2.79}$$

だけ増加することになる．一方(x', y')座標系で，この物体は y' 方向に速さ v で動いているので，その運動量の増加は質量の増加に起因させなければならない．つまり，

$$\Delta p = \Delta mv \tag{2.80}$$

となる．式(2.80)に式(2.79)を代入して $\Delta E = \Delta mc^2$ となることから，式(2.76)が得られる．難しいことをこんなに簡単に示すことができるアインシュタインはやはり天才である．

注1) A. Einstein, *Technical Journal*, **5**, 16(1946)［和訳：アインシュタイン選集1，湯川秀樹(監修)，共立出版，1971，pp.51-53］を参照．

2.15 ボルツマン分布

分子のエネルギー準位は，量子化されたある特定の値しかとることができない．このエネルギー準位は原子・分子の構造や環境に依存する．**図 2.9** に 4 つの主なエネルギー準位を示す．電子エネルギー準位の間隔が最も大きく，振動，回転，並進と極端に小さくなる．このエネルギー準位と図 2.7 の電磁波のエネルギーが等しいとき，物質と電磁波の相互作用が起こる．並進運動のエネルギー準位は非常に込み合っているから連続とみなすこともある（参考 2.1）．

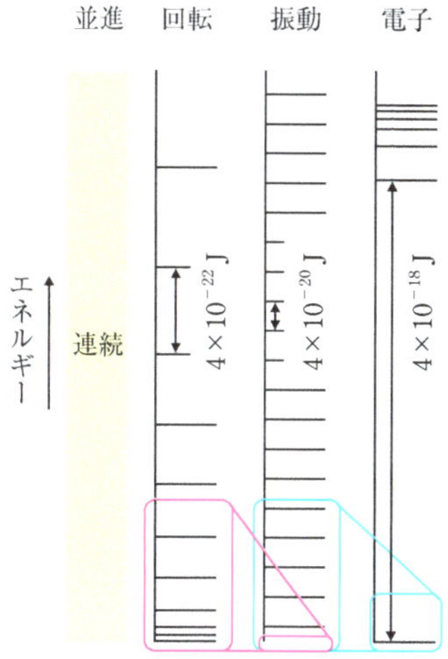

図 2.9 分子に関する主なエネルギー準位

分子の**熱運動**（thermal motion）とは，分子が行う乱雑な運動を指し，そのためのエネルギーを**熱エネルギー**（thermal energy）という．その大きさは，1 分子あたり $k_B T$ 程度（1 mol あたり RT 程度）である．量子化されている各準位 i を占有する分子数 N_i は，エネルギー準位 ε_i に依存し，エネルギーが高くなるにつれ，N_i は指数関数的に減少する．これを**ボルツマン分布則**（Boltzmann distribution law）とよび，科学で最も重要な法則の 1 つである．

ここでは簡単のため，分子（原子）間の相互作用がない場合についてその特性を述べる．分子の全エネルギー E と全分子数 N が一定の場合，

$$E \equiv \sum \varepsilon_i N_i \tag{2.81}$$

$$N \equiv \sum N_i \tag{2.82}$$

となり，2 つの準位間の占有分子数の比は

$$\frac{N_2}{N_1} = \exp\left(-\frac{\varepsilon_2 - \varepsilon_1}{k_B T}\right) \tag{2.83}$$

と与えられる（参考 2.2）．ここで，ε_1，ε_2 は，それぞれの準位の分子あたりのエネルギーである．また，分子の**分配関数**（distribution function, partition function）q を次のように定義すると，

$$q \equiv \sum \exp(-\varepsilon_i/(k_B T)) \tag{2.84}$$

となり，あるエネルギー準位 i の占有率 p_i は

$$p_i \equiv \frac{N_i}{N} = \frac{\exp(-\varepsilon_i/(k_B T))}{\sum \exp(-\varepsilon_i/(k_B T))} = \frac{\exp(-\varepsilon_i/(k_B T))}{q} \tag{2.85}$$

と与えられる．系全体の分配関数は Q で表され，q の定義にある ε_i は巨視的エネルギー E_i に置き換えられる．

式（2.85）は次のことを示している．**図 2.10**（a）に示すように，①エネルギー準位間の差が大きいほど，高エネルギー準位を占める割合が少ない．また，図 2.10（b）（c）に示すように，②温度 T が高いほど高エネルギー準位の占有率が増加する（コラム 2.6）．エネルギー準位の差が規定されている場合には，T は分子のエネルギー分布を決める唯一のパラメータとなる．極低温では，分子はほとんど基底状態だけを占めるが，温度上昇とともに高いエネルギー状態をも占めるようになる．このため，図 2.10（c）に示すように，低

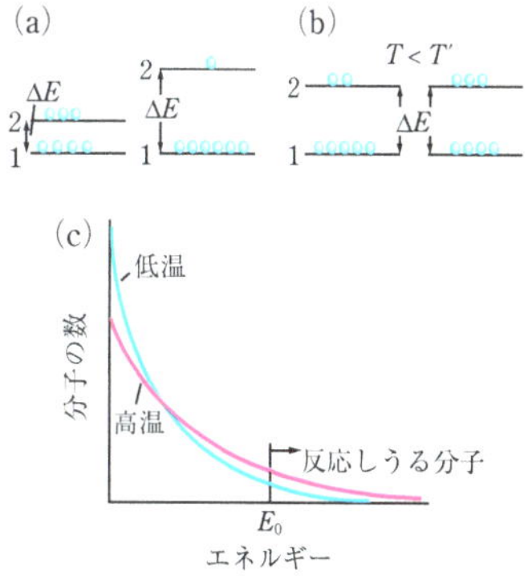

図 2.10 ボルツマン分布則の概念図

温では，分子間の反応はほとんど進行しないのに対し，温度上昇とともに活性エネルギーを超える分子数が増え，分子間での反応が進行しやすくなる．さらに超高温ではどのエネルギー準位も同じように占有するようになる．

このボルツマン分布はマクロとミクロをつなぐきわめて重要な概念である．ボルツマン分布の考え方を使うと，式(2.51)を導くことができるほか，**マクスウェル–ボルツマン分布**(Maxwell–Boltzmann distribution)とよばれる，速度vをもつ分子の分布確率を計算することもできる(発展2.3)．また，**統計熱力学**(statistical thermodynamics)という学問体系にも組み込まれ，3，4章で紹介する各種の熱力学量も，分子論を基礎にして導くことができる(発展2.4)．

参考2.1 ミクロとマクロ

シュレーディンガー方程式(Schrödinger equation)により，一辺aの立方体の中の粒子の1次元波動関数Ψを計算すると，エネルギーは

$$\varepsilon_n = \frac{n^2 h^2}{8ma^2} \tag{2.86}$$

(h：プランク定数，m：質量，$n(=1, 2, \ldots)$：量子数)と表される．nの増加に伴う波動関数の変化の様子を**図2.11**に示す．距離aで許される波とは，節が両端にあるときだけであり，往復の間の波数が量子数となる．このように波動関数はnによって量子化されていることが示される．ここで，aあるいはmが増加するとエネルギー準位間の差は小さくなり，量子化効果は目立たなくなる．このため，マクロ的には連続体として取り扱うことができ，ニュートン力学と矛盾しないのである．

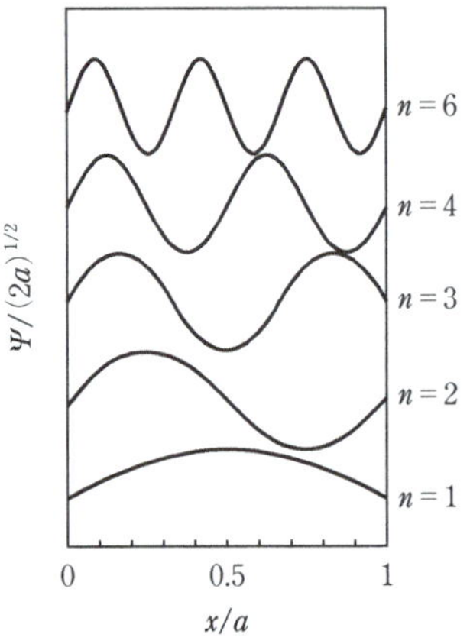

図2.11 1次元波動関数の量子数による変化の様子

コラム2.6 サイコロの目でみるボルツマン分布

ボルツマン分布では，図2.10(c)に示すように，エネルギー準位が低くなるとそこを占める分子数の割合は増大することを示している．しかし，このことは，分子が低いエネルギー準位におちこむという性質があることを示しているわけではない．あくまで，そのようになる“確率”が大きいということを示しているだけである．粒子数が一定，全エネルギーが一定の条件では，ある分子だけが高いエネルギー準位を占めると，残りの分子は低いエネルギー準位を占めて，エネルギーを分け合わねばならない．そのように小さいエネルギーのかけらに分け合う組合せの数が小さくなり，結果として，ある分子だけが高いエネルギーを有するというケースは起こ

りにくいことを示しているのである．

これをサイコロの目で考えてみましょう．いま，5 個のサイコロを振り，出た目の合計が 7 になる場合について考えてみる．サイコロの個数は全分子数に相当し，サイコロの目はエネルギー準位に相当すると考えると，出た目の合計は全エネルギーに相当する．5 つのサイコロのうち 1 つだけを赤色にして，これに注目する．出た目の合計が 7 以外のときは，「あり得ない」ということで除外する．その意味で，赤のサイコロの目が 4 以上の場合は(他の 4 つのサイコロがたとえ 1 であっても合計が 8 以上となるので)除外される．赤目が 3 の場合は，残りの 4 つはすべて 1 でなければならないので組合せの数は ${}_4C_0 = 1$．赤目が 2 の場合は，残りのサイコロの 1 つだけが 2 で他は 1 である．よって，組合せの数は ${}_4C_1 = 4$．赤目が 1 の場合は，4 つのサイコロのうち 2 つが 2 で他が 1 になるか，1 つが 3 で他が 1 という場合が許される．したがって，組合せの数は ${}_4C_2 + {}_4C_1 = 10$．この結果を**表 2.6** にまとめる．表には，組合せ総数に対する比率を p_i として記載した．このように，サイコロの個数と出た目の和を規定すると，小さい目が多く許容されることがわかる．このことは図 2.10 で示した性質と同じである．

次に，出た目の和を 10 にする場合を考えましょう．これは温度を上昇させて全エネルギーを増大させたことに対応する．この場合，表 2.6 のように，6 という目も許されるようになる．しかし，この場合も赤目の数が減少するとともに，許される組合せの比率は増加する．一方で，赤目以外のサイコロがすべて 1 となる場合の比率は，(出た目の和が 7 の場合のそれに比べて)小さくなる．このことは図 2.10

表 2.6　赤のサイコロの目に対する場合の数

目合計	7				10			
赤目	パターン	組合せの数		p_i	パターン	組合せの数		p_i
6			0	0	1,1,1,1	${}_4C_0 = 1$	1	0.007
5			0	0	2,1,1,1	${}_4C_1 = 4$	4	0.029
4			0	0	3,1,1,1	${}_4C_1 = 4$	10	0.074
					2,2,1,1	${}_4C_2 = 6$		
3	1,1,1,1	${}_4C_0 = 1$	1	0.067	4,1,1,1	${}_4C_1 = 4$	28	0.206
					3,2,1,1	${}_4C_1 \times {}_3C_1 = 12$		
					2,2,2,1	${}_4C_3 = 4$		
2	2,1,1,1	${}_4C_1 = 4$	4	0.267	5,1,1,1	${}_4C_1 = 4$	35	0.257
					4,2,1,1	${}_4C_1 \times {}_3C_1 = 12$		
					3,3,1,1	${}_4C_2 = 6$		
					3,2,2,1	${}_4C_1 \times {}_3C_2 = 12$		
					2,2,2,2	${}_4C_0 = 1$		
1	3,1,1,1 2,2,1,1	${}_4C_1 = 4$ ${}_4C_2 = 6$	10	0.666	6,1,1,1	${}_4C_1 = 4$	58	0.427
					5,2,1,1	${}_4C_1 \times {}_3C_1 = 12$		
					4.3,1,1	${}_4C_1 \times {}_3C_1 = 12$		
					4,2,2,1	${}_4C_1 \times {}_3C_2 = 12$		
					3,2,2,1	${}_4C_2 \times {}_3C_1 = 18$		
合計			15	1			136	1

(c)と一致する．

ところで，(このように温度上昇させ)出た目の和を 10 にすると，取り得る組合せの数(場合の数)が増える．これは，3.9 節で述べる，温度上昇によるエントロピーの増大に対応している．

ここで，サイコロの目は奇数だけ許されると限定したとする．このことは，図 2.10(a)のようにエネルギー準位間の幅を大きくしたことに相当する．いま，出た目の和が 7 とするときの場合の数を考えると，赤目が 3 のとき他はすべて 1 で $_4C_0 = 1$ 通り，赤目が 1 のとき他は 3 が 1 つで 1 が 3 つしか許されないから $_4C_1 = 4$ 通りで，合計 5 通りしか許されない．つまり場合の数は 5 となる．このようにエネルギー準位間の幅が大きくなると，場合の数が減少するのである．これはエントロピーの減少に相当する．熱容量が小さい物質とはエネルギー準位間の幅が大きいものである．熱容量の小さい物質は，熱を吸収すると高温になりやすく，熱容量が大きいものはその逆である(3.9 節)．

水は，常温・常圧の液体・固体の中で最大の熱容量(75.15 J mol^{-1} K^{-1}(298 K))を示す．この性質は水素結合によるとされている．実際，水の水素結合は変形などによりさまざまな結合様式ができ，エネルギー準位の間隔が狭く，熱容量が大きくなるのである．氷も水素結合しているが，その熱容量(34.83 J mol^{-1} K^{-1}(250 K))は水に比べて小さい．これは，氷の水素結合は強固で，その振動に相当する程度の大きなエネルギー準位の間隔となっているためである．水蒸気となるともはや水素結合はなくなるから，熱容量は水より小さくなる(37.10 J mol^{-1} K^{-1}(380 K, 1 atm))．熱容量が大きいという水の性質のおかげで，生物が外界との熱移動をしても，温度変化は小さく抑えられる．しかし，この水の性質は，地球の温暖化とも関係している．

参考 2.2　ボルツマンの功績

ドルトン(John Dalton, 1766–1844)の原子説の提唱(1803 年)以後，約 100 年にわたって，原子・分子の存在に対して論争が続いた．19 世紀末，原子論派のボルツマンは，実証主義で反原子論派のマッハ(Ernst Waldfried Josef Wenzel Mach, 1838–1916)やオストワルド(Friedrich Wilhelm Ostwald, 1853–1932)らと対立し、激しい論争を繰り広げた．その後，確率論を基礎にエントロピーの本質を明らかにし，統計力学の道を開いた．不幸にも，こうした彼の研究は，反原子論派から批判され続け，一般にその価値が十分受け入れられる前に，入水自殺という悲しい結末となった．現在では有名なエントロピーの式，ボルツマン定数 k_B，ボルツマン分布というように，彼の名前はよく知られ，“近代科学の父” と称されている．

Ludwig Eduard Boltzmann(1844–1906)
オーストリア・ウィーン出身の物理学者でウィーン大学教授．原子を実在の対象と考えた最初の科学者であり，統計力学の端緒を開いた功績で知られている．“量子論の祖父” ともよばれる．一方，反原子論派との論争を繰り返す間に次第に哲学にも多大なる興味をもつようになった．そしてそのことにより，重圧が増していった．
ウィーンの中央墓地にあるボルツマンの墓にはエントロピーの式($S = k \log W$)が彫り込まれている．この式は，ボルツマンの死後，彼のアイデアをもとにプランクが数式化したものである．

ボツルマン分布の考え方は，体積一定の系で，あるエネルギー ε_j の量子状態 j にある粒子数(あるいは分子数)の確率を求めることにある．2 つのエネルギー状態 ε_1，ε_2 にある粒子数の比は，

$$N_2/N_1 = f(\varepsilon_1 - \varepsilon_2) \tag{2.87}$$

というようにエネルギー差の関数になっているはずである．同様に，

$$N_3/N_2 = f(\varepsilon_2 - \varepsilon_3) \tag{2.88}$$

$$N_3/N_1 = f(\varepsilon_1 - \varepsilon_3) \tag{2.89}$$

と書ける．ここで，

$$N_3/N_1 = (N_2/N_1)(N_3/N_2) \tag{2.90}$$

であるから，

$$f(\varepsilon_1 - \varepsilon_3) = f(\varepsilon_1 - \varepsilon_2) f(\varepsilon_2 - \varepsilon_3) \tag{2.91}$$

を満足させなければならない．これは指数関数の性質：$e^{x+y} = e^x e^y$ にほかならないから，

$$N_i = C \exp(-\beta\varepsilon_i) \tag{2.92}$$

とおけばよいことになる．

ここで式(2.84)の分配関数 q を用いると，みている全体の数は

$$\sum_i N_i (\equiv N) = C \sum_i \exp(-\beta\varepsilon_i) = Cq \tag{2.93}$$

と書ける．ここで，確率の総和を 1 とするためには規格化定数を $1/q$ とすればよい．したがって，エネルギー準位 ε_i にある確率は

$$p_i \equiv \frac{N_i}{N} = \frac{\exp(-\beta\varepsilon_i)}{q} \tag{2.94}$$

と与えられる．またいろいろな考察(発展 2.4)から

$$\beta = \frac{1}{k_B T} \tag{2.95}$$

となるので，式(2.85)が得られる．式(2.85)の指数項表現は，平衡定数や反応速度はもとより，物理，化学，生物のあらゆるところでみかけることになる．ボルツマン分布がいかに重要な概念であるかを，おわかりいただけるだろう．

分配関数から種々の熱力学関数を求めることができる．この学問体系を統計熱力学(発展 2.4)とよぶ．ε_i は力学(量子力学)から求めることができるので，統計力学は力学(量子力学)と熱力学をつなぐ学問なのである．さて，ボルツマンの考えの基礎となっているのは飛び飛びのエネルギー状態を想定したことである．それは，それまでの連続的な事象を考えるニュートン力学とは大きな差があり，当時はなかなか受け入れられなかった．しかし，統計熱力学の実績の重要性が次第に認識され，この不連続なエネルギーの考え方あるいは確率論は，エントロピーの解釈や量子力学の基礎となって，大きく発展してきた．逆にいえば，古典的ニュートン力学は巨視的であり，小さなエネルギー差を無視して連続的に表現したものと考えることができる．

発展2.3 マクスウェル–ボルツマン分布

式の導出は省くが Web，x 成分の速度領域 v_x から $v_x + \mathrm{d}v_x$ に分子が存在する確率 $f(v_x)$ は

$$f(v_x) = \sqrt{\frac{m}{2\pi k_\mathrm{B} T}} \exp\left(-\frac{m v_x^2}{2 k_\mathrm{B} T}\right) \tag{2.96}$$

と与えられる．したがって，平均速度 $\langle v_x \rangle$ は次のようになる．

$$\langle v_x \rangle = \int_0^\infty v_x f(v_x) \mathrm{d}v_x = \sqrt{\frac{m}{2\pi k_\mathrm{B} T}} \int_0^\infty v_x \exp\left(-\frac{m v_x^2}{2 k_\mathrm{B} T}\right) \mathrm{d}v_x = \sqrt{\frac{k_\mathrm{B} T}{2\pi m}} \tag{2.97}$$

これを 1 次元の**マクスウェル–ボルツマン分布**とよぶ(**図 2.12**(a))．これを導く際の条件の 1 つに，気体運動論から得られる式(2.50)を用いている．実際，式(1.47)のガウス積分を用いると

$$\langle v_x^2 \rangle = \sqrt{\frac{m}{2\pi k_\mathrm{B} T}} \int_{-\infty}^\infty v_x^2 \exp\left(-\frac{m v_x^2}{2 k_\mathrm{B} T}\right) \mathrm{d}v_x = \frac{k_\mathrm{B} T}{m} \tag{2.98}$$

となる．

この確率分布の式の形は，14.3 節 発展 14.1 で述べる正規分布 $\left(G_{0,\sigma}(x) = \dfrac{1}{\sqrt{2\pi}\sigma} \exp\left(\dfrac{-x^2}{2\sigma^2}\right)\right)$ と同じで，上の議論は標準偏差(平均値から変曲点までの距離)が

$$\sigma = \sqrt{\frac{k_\mathrm{B} T}{m}} \tag{2.99}$$

となることに相当する．

式の導出は省略するが，この考えを 3 次元に拡張すると次のマクスウェル–ボルツマン分布が得られる．

$$F(v) = 4\pi \left(\frac{m}{2\pi k_\mathrm{B} T}\right)^{3/2} v^2 \exp\left(-\frac{m v^2}{2 k_\mathrm{B} T}\right) \tag{2.100}$$

また平均速度 $\langle v \rangle$ は次のように与えられる(導出は省略)．

$$\langle v \rangle = \int_0^\infty v F(v) \mathrm{d}v = \sqrt{\frac{8 k_\mathrm{B} T}{\pi m}} \tag{2.101}$$

式(2.101)の妥当性は，のちに実験的にも確かめられている．この速度分布は高校の教科書でも目にしたことがあるように，図 2.12(b)のようになる．なお，平均速度 $\langle v \rangle$ に比べ，気体運動論の根平均二乗速度 v_rms (式(2.51))は $\sqrt{\dfrac{3}{(8/\pi)}} = 1.085$ だけ大きな値となる．

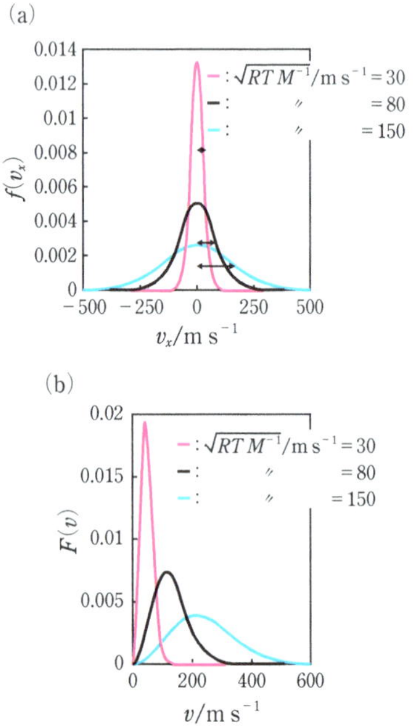

図2.12 (a)1次元および(b)3次元のマクスウェル–ボルツマン分布

発展2.4 統計熱力学

分配関数を使った**統計熱力学**の世界をちょっと覗いてみましょう．ここでは，まず分子の1次元(例えばx方向)の並進運動を考える．x方向の並進運動に対する分配関数は式(2.93)にならって

$$q_{\mathrm{tr},x} \equiv \sum_i \exp\left(-\beta\varepsilon_{x,i}\right) \tag{2.102}$$

となる．また，x方向の平均運動エネルギー$\langle\varepsilon_x\rangle$は，次式で与えられる．

$$\langle\varepsilon_x\rangle = \frac{\sum_i \varepsilon_{x,i}\exp\left(-\beta\varepsilon_{x,i}\right)}{q_{\mathrm{tr},x}} \tag{2.103}$$

運動エネルギー($\varepsilon_{x,i} = mv^2_{x,i}/2$)と運動量($p_{x,i} = mv_{x,i}$)の関係から，

$$\varepsilon_{x,i} = \frac{p_{x,i}^2}{2m} \tag{2.104}$$

となる．式(2.104)を式(2.102)と式(2.103)に代入し，平均運動エネルギー$\langle\varepsilon_x\rangle$を運動量で表現し，$x$方向の連続的に変化する運動量を積分に置き換え，さらにガウス積分(式(1.47))を用いて変形すると，

$$\langle\varepsilon_x\rangle = \frac{\sum\left(p_{x,i}^2/2m\right)\exp\left(-\beta p_{x,i}^2/2m\right)}{\sum\exp\left(-\beta p_{x,i}^2/2m\right)} \simeq \frac{\int_{-\infty}^{+\infty} p_{x,i}^2 \exp\left(-\beta p_{x,i}^2/2m\right)\mathrm{d}p_{x,i}}{2m\int_{-\infty}^{+\infty}\exp\left(-\beta p_{x,i}^2/2m\right)\mathrm{d}p_{x,i}} = \frac{1}{2\beta} \tag{2.105}$$

となる．ここで，気体運動論で得られる関係$\langle\varepsilon_x\rangle = \frac{1}{2}k_{\mathrm{B}}T$ (式(2.50))を式(2.105)に代入すると，非常に重要な関係が得られる．

$$\beta = \frac{1}{k_{\mathrm{B}}T} \tag{2.106}$$

こうして，ボルツマン分布則(式(2.85))が求められる．

また，一定の体積のもとで$q_{\mathrm{tr},x}$の対数をβで偏微分すると

$$\left(\frac{\partial\left(\ln q_{\mathrm{tr},x}\right)}{\partial\beta}\right)_V = \frac{1}{q_{\mathrm{tr},x}}\left(\frac{\partial q_{\mathrm{tr},x}}{\partial\beta}\right)_V = -\frac{\sum_i \varepsilon_{x,i}\exp\left(-\beta\varepsilon_{x,i}\right)}{q_{\mathrm{tr},x}} \tag{2.107}$$

となる．これを式(2.103)に代入すると

$$\langle\varepsilon_x\rangle = -\left(\frac{\partial\left(\ln q_{\mathrm{tr},x}\right)}{\partial\beta}\right)_V \tag{2.108}$$

という関係が得られる．3次元に拡張しても同様であり，また，理想気体の場合，平均運動エネルギーは内部エネルギーU(3.4.1節)であると考えると，Uを分配関数で表せることがわかる．

$$U = -\left(\frac{\partial\left(\ln q_{\mathrm{tr}}\right)}{\partial\beta}\right)_V \tag{2.109}$$

また，$\ln(q_{\mathrm{tr},x})$をTで偏微分すると$\frac{\partial(\ln q_{\mathrm{tr}})}{\partial T} = \left(\frac{\partial(\ln q_{\mathrm{tr}})}{\partial\beta}\right)_V\left(\frac{\partial\beta}{\partial T}\right)_V = (-U)\left(-\frac{1}{k_{\mathrm{B}}T^2}\right)$となり，

$$U = k_{\mathrm{B}}T^2\left(\frac{\partial\left(\ln q_{\mathrm{tr}}\right)}{\partial T}\right)_V \tag{2.110}$$

という重要な関係が得られる．3，4章で説明するエントロピーも分配関数から導くことができる(4.2.2

節).

分配関数は量子論的な考えとも一致する．一辺 a の立方体の中の粒子の1次元(x 方向)のエネルギーは $\varepsilon_{n,x}=\dfrac{n^2h^2}{8ma^2}$ (式(2.86))であるから，これを式(2.102)に代入して，各量子数について総和を積分に置き換え，ガウス積分(式(1.47))を用いると，

$$q_{\mathrm{tr},x}=\sum_n \exp\left(-\frac{\beta n^2h^2}{8ma^2}\right)\simeq\int_0^\infty \exp\left(-\frac{\beta n^2h^2}{8ma^2}\right)\mathrm{d}n=\frac{a}{h}\sqrt{\frac{2\pi m}{\beta}} \tag{2.111}$$

となる．これを β で偏微分すると，

$$\left(\frac{\partial q_{\mathrm{tr},x}}{\partial\beta}\right)_V=-\frac{1}{2}\beta^{-3/2}\left(\frac{a}{h}\sqrt{2\pi m}\right)=-\frac{q_{\mathrm{tr},x}}{2\beta} \tag{2.112}$$

となり，式(2.108)に代入すると

$$\langle\varepsilon_x\rangle=\frac{1}{q_{\mathrm{tr},x}}\left(\frac{\partial q_{\mathrm{tr},x}}{\partial\beta}\right)_V=\frac{1}{2\beta} \tag{2.113}$$

という関係が得られる．気体運動論で得られる関係 $\langle\varepsilon_x\rangle=\dfrac{1}{2}k_{\mathrm{B}}T$ を考えると，式(2.106)が得られ，上で述べた議論と矛盾のないことがわかる．これが量子論との整合性である．

説明問題

2.1 グラフや表で物理量を示す場合，数字だけを示すことの妥当性を示しなさい．

2.2 ニュートンの運動の法則から，位置エネルギー，運動エネルギー，弾性エネルギー，気体のエネルギーを導きなさい．

2.3 分子のポテンシャルエネルギーは，原子間距離に対して2次曲線となることを，調和振動子のモデルで説明しなさい．

2.4 分子量，分子質量，モル質量の違いを説明しなさい．

2.5 電磁放射線と電磁スペクトルの主な特徴を説明しなさい．

2.6 物質の温度について分子論的に説明しなさい．

演習問題

2.7 次の問いに答えなさい．

a) 容量モル濃度 x mol dm^{-3} を mmol cm^{-3} の単位で表しなさい．

b) 水の蒸発熱 5.7×10^2 cal g^{-1} を J mol^{-1} の単位で表しなさい．ただし，熱の仕事当量を 4.184 J cal^{-1}，水のモル質量 M を 18 g mol^{-1} とする．

c) 水銀の密度 13.6 g cm^{-3} を kg m^{-3} 単位で表しなさい．

d) 1 kWh を J 単位で表しなさい．

2.8 次の表現には間違いがある．適切に修正しなさい．

① J/mol/K　② 25°C　③ v/m s^{-1}　④ 3 mμm

2.9 物質量 n と質量 m を関係づける物理量は何か．

2.10 気圧(atm)は，トリチェリーの真空の実験に由来して定義されたものであり，非SI単位である．これは，重力加速度 g = 9.80665 m s^{-2} の条件で，密度 ρ = 1.35951×10^4 kg m^{-3}(0 °C)，高さ h = 0.760 m の水銀柱の底面に加わる圧力として定義されている．1 atm は何 Pa になるか．

2.11 理想気体 1.000 mol の体積は，SATP 基準(1000 hPa，298.15 K)で 24.79 dm^3 である．この事実から，気体定数 R を求めなさい．

2.12 物理化学の標準状態の圧力 $P^{\ominus}$ は $P^{\ominus}$ = 1000 hPa である．CGS 単位系では力は 1 dyn = 1 g cm s^{-2}，圧力は 1 bar = 10^6 dyn cm^{-2} と表される．$P^{\ominus}$ を mbar 単位で表しなさい．

2.13 1 N とは，地球上では何 g の質量に相当するか(重力加速度は 9.80 m s^{-2} とする)．

2.14 質量 m = 1.00 kg の物体が距離 r = 1 mm 離れているとき，両者の間に働く引力を求めなさい．

2.15 浸透圧 Π は $\Pi = cRT$ で表される(cf. 6.10 節)．ここで，c は容量モル濃度である．20 °C における 0.1 mol dm^{-3} のスクロース水溶液の浸透圧は何 hPa か．

2.16 力 F の N(ニュートン)，仕事 w の J(ジュール)，仕事率(あるいは電力) P の W(ワット)，電気量 Q の C(クーロン)，電位(あるいは電位差) E の V(ボルト)，抵抗 R の Ω(オーム)の単位を各物理量の定義に基づき，SI 基本単位で表しなさい．

2.17 加圧気体の容器として 40 dm^3 のボンベが多用されている．300 K で 150 atm のヘリウムを充填したときの物質量と質量を求めなさい(M_{He} = 4.0 g mol^{-1})．

2.18 電子または1価のイオンが1V移動したときの電気エネルギーは，理想気体で何度の温度変化に相当する熱エネルギーか．ただし，ファラデー定数を 96485 C mol^{-1}，気体定数を 8.314 J mol^{-1} K^{-1} とする．

2.19 100 万 kW の熱源がある場合，毎分何 t(トン)の熱水が蒸発するか．ただし，水の蒸発熱を 5.7×10^2 cal g^{-1}，ジュール定数(熱の仕事当量)J を 4.184 J cal^{-1} とする．

2.20 T = 298 K における窒素分子(M_{N_2} = 28.0 g mol^{-1}：モル質量)の根平均二乗速度 v_{rms} はいくらになるか．

2.21 真空中で z = + 1 の点電荷から 200 pm 離れた位置の静電ポテンシャルは何 V か．また，LiH 分子の Li 核から 200 pm，H 核から 150 pm の距離における静電ポテンシャルは何 V か．

2.22 真空中で 10 Å 離れている Na^+ と Cl^- 間の静電相互作用によるポテンシャルエネルギー U を求めなさい．また，比誘電率が ε_r = 80(20 °C)の水中では，U は真空中のそれに比べてどれだけ減少するか．

2.23 (窒息しないように酸素を 1/5 程度含む)ヘリウム(M_{He} = 4.0 g mol^{-1})を吸ったとき，声が高くなる．共鳴振動数 f は $f=\dfrac{v}{2L}$ (v：音速，L：長さ)で与えられ，v の増加により，声帯の f が増加するからである．ヘリウム中の音速は窒素中(M_{N_2} = 28.0 g mol^{-1})のそれに比べ，約何倍になるか．気体分子運動論をもとに予測しなさい．

2.24 理想気体に関する次の**問 1**～**問 6** に答えなさい．

問 1 理想気体の密度 ρ をモル質量 M と圧力 P で表しなさい．

問 2 地球の重量の場のもとで，一定温度 T にあると仮定した円筒柱の理想気体を考える．微小厚さ dh の薄層の理想気体の密度を ρ とするとき，この薄層の上下の圧力差は $\mathrm{d}P=-\rho g\mathrm{d}h$ で与えられる(g：重力加速度)．このとき，高度 h での圧力は $P=P_0\exp(-Mgh/RT)$ で表されることを示しなさい(P_0：h = 0 における圧力)．

問 3 空気を理想気体とし，P_0 = 1 atm とするとき，273 K における h = 8 km での P は何 atm になるか．ただし，空気の平均モル質量は，$(4M_{N_2}+M_{O_2})/5 \simeq 28.8$ g mol^{-1} とする．

問 4 h = 0 での大気の密度を ρ_0 とするとき，すべての高さでの ρ が ρ_0 に等しいと仮定した大気の厚さを h_0 とする($P_0h_0 \equiv \int_0^\infty P(h)\mathrm{d}h$)．また，h = 0 における温度を T_0 とすると，$h_0=\dfrac{RT_0}{Mg}$ となることを示しなさい．

問 5 大気の温度は $T=T_0\exp(-h/h_0)$ に従って，高度 h とともに減少するものとする．このとき，気圧 P の高度依存性は $P=P_0\exp\{1-\exp(h/h_0)\}$ となることを，**問 4** で得た関係を用いて示しなさい．

問 6 **問 5** の結果を利用して，P_0 = 1 atm，T_0 = 273 K，h = 8 km での P を求めなさい．

2.25 波長 λ = 400 nm の光子のもつエネルギーは何 eV か．また，この光子が 1 mol 集まった波束のエネルギーは何 J か．

2.26 ウラン 235($^{235}_{92}$U)の代表的な核分裂に $^{235}_{92}\mathrm{U}+\mathrm{n}\longrightarrow{}^{95}_{39}\mathrm{Y}+{}^{139}_{53}\mathrm{I}+2\mathrm{n}$ と $^{235}_{92}\mathrm{U}+\mathrm{n}\longrightarrow{}^{92}_{36}\mathrm{Kr}+{}^{141}_{56}\mathrm{Ba}+3\mathrm{n}$ がある．この核分裂により質量数(陽子と中性子の総和)は変わらないが質量欠損して，1 原子あたり 200 MeV のエネルギーが放出される(このエネルギーは核内の核子の結合エネルギーに相当する)．欠損した質量は電子のそれ m_e の何倍に相当するか(光速 c = 2.9979×10^8 m s^{-1}，m_e = 9.10938×10^{-31} kg，1 eV = 1.602×10^{-19} J)．
また，この核分裂で 100 万 kW(10^9 J s^{-1})のエネルギーを生み出すには，1 s あたり何 mg の $^{235}_{92}$U を核分裂する必要があるか(N_A = 6.022×10^{23} mol^{-1})．

2.27 ある高分子にはランダムコイルと完全に伸びた形があり，後者の方が 3.5 kJ mol^{-1} だけエネルギーが高いとする．25 °C における両方のコンホメーションの存在比はいくらか．

2.28 図 2.12(b)のマクスウェル–ボルツマン分布において，ピークに相当する速度を最大確率速度 α という．式(2.100)から α を温度 T とモル質量 M で表しなさい．また，300 K におけるアルゴンの α はいくらか(M_{Ar} = 39.95 g mol^{-1})．

第3章 熱力学入門

Classical thermodynamics ... is the only physical theory of universal content which I am convinced ... will never be overthrown.

Albert Einstein

科学の論述や説明は，究極的にはエネルギーという物理量で考察することに帰着する．19世紀には，原子や分子モデルに依存しないマクロな古典熱力学が発展した．当初は熱や仕事という体験的概念が先行した中で混沌とした議論がなされていた．その後，エネルギーの概念が提唱され，後にアインシュタインが絶賛した熱力学理論がまとめあげられていった．現代人はエネルギーという言葉に対して違和感なく頻繁に用いている．しかし，エネルギーの概念は崇高で，その物理的意味を明確に理解することは必ずしも容易ではない．エネルギーにはいろんな形態があり，保存される（熱力学第一法則）ということは比較的理解しやすい考え方のように思われるが，自明のことではない．実際，熱の総量が同じであれば，熱は低温から高温に移動してもよいことになる．しかし現実はそうではない．同様に，濃い溶液を薄い溶液に入れると，自然に拡散して均一になる．こうした現実を説明するためには，エントロピーという概念と熱力学第二法則が必要となる．本章では熱力学で用いる言葉の定義と法則について簡単に紹介する．

3.1 熱力学系

対象とする“**系**(system)”を考える場合，当然のことながら，その系と“**境界**(boundary)”をはさんだ“**外界**(surroundings)”も考えなければならない．このように，境界をはさんだ系と外界での**物質**(substance)，**熱**(heat)，あるいは**仕事**(work)の動きを巨視的に記述する学問が**熱力学**(thermodynamics)である．物質，熱，あるいは仕事の動き方によって，**開放系**(open system)，**閉鎖系**(closed system)，および**孤立系**(isolated system)の3つに分類される(**図3.1**)．開放系とは，街，細胞，蓋をしていない反応容器に代表されるように，物質，熱，仕事がすべて境界を通過できる系である．閉鎖系とは，スペースシャトルあるいは蓋をした反応容器のように，熱と仕事は境界を通過できるが物質は通過できない系である．孤立系とは，宇宙あるいは蓋をしたジュワー瓶(断熱材で覆った反応容器)のように，物質，熱，仕事のどれもが境界を通過できない系である．

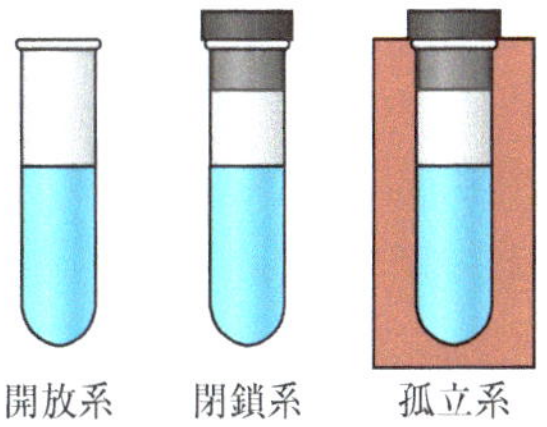

図3.1　3つの系の概念図

3.2 示強変数と示量変数

系の状態を表す物質量のうち，質量や物質量によらないものを**示強変数**(intensive variable)といい，比例するものを**示量変数**(extensive variable)という．温度，圧力などは示強変数で，体積，エントロピー，エネルギー，電気量などは示量変数である．圧力×体積＝エネルギーといったように，示強変数と示量変数は対となり，その積は新たな示量変数となる．

3.3 仕事と熱

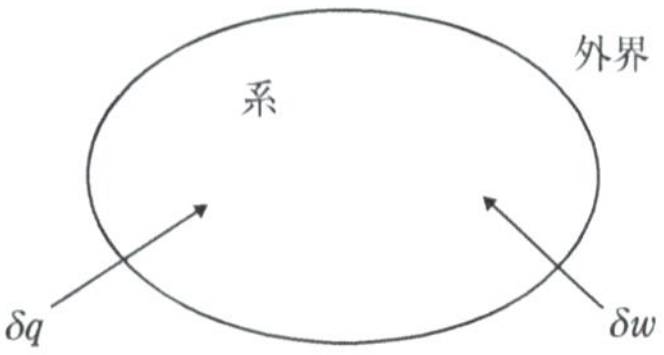

図3.2 熱の仕事の定義の概念図

仕事と熱も，1つの系から他の系へのエネルギーの移動を記述する重要な概念である．熱力学では，**仕事** w も**熱** q も系に与えた量を正とする（**図3.2**）．双方とも，その単位はエネルギーと同じであるが，エネルギーの"形"ではなく"移動様式"である．

仕事とは，一様な動きを外界に対して与えたり，外界から受けたりするエネルギーの移動様式である．力学系の仕事は古典力学系で明確に定義できる．例えば，**図3.3**のようにピストンの中にある気体が**外圧**（external pressure）P_{ex} に逆らって膨張すると，系は外界に対して正の仕事 w_{surr} をする．力学的エネルギーの定義により，

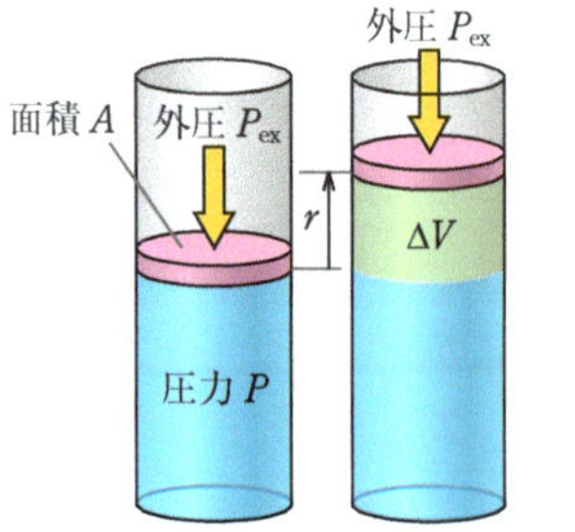

図3.3 外圧 P_{ex} に逆らって膨張する場合の仕事

$$\delta w_{surr} \equiv F\mathrm{d}r = (F/A)(A\mathrm{d}r) = P_{ex}\mathrm{d}V \tag{3.1}$$

となる（F：外力，r：距離，A：表面積，V：体積）．気体の膨張により系に与えた仕事 w_{PV} は $w_{PV} = -w_{surr}$ と符号だけが反対になるから

$$\delta w_{PV} = -P_{ex}\mathrm{d}V \qquad (\text{積分形：} w_{PV} = -P_{ex}\Delta V) \tag{3.2}$$

となる（注1）．式(3.2)でマイナス符号が付くことに留意されたい．下付きの PV は気体の膨張によることを強調している．δ は経路による微分量（不完全微分）であることを強調している（参考3.1）．

注1）δw の符号のつけ方は書物によるが，本書では，系に加えた量を正とする．

仕事には電気的仕事（$\mathrm{d}w_{elec} = E\mathrm{d}Q$，$E$：電圧，$Q$：電気量）のような PV 仕事以外のものも多くある．このような体積変化によらない仕事をまとめて，w_{non-PV} と記述すると，系に与えた全仕事 w は次のようになる．

$$\delta w = \delta w_{PV} + \delta w_{non-PV} \qquad (w = w_{PV} + w_{non-PV}) \tag{3.3}$$

熱とは，温度差によって乱雑な動きを外界に対して与えたり，外界から受けたりするエネルギーの移動様式である．物質を加熱すると，通常は温度が上がる．その温度上昇は，次の物質の**熱容量**（heat capacity）C に依存する．

$$C \equiv \frac{\delta q}{\mathrm{d}T} \tag{3.4}$$

熱容量はエネルギーを蓄える尺度と考えることができる．熱容量を物質量で割った部分モル量（3.4.6節）を**モル熱容量** $\bar{C}$（$\equiv C/n$，n：物質量）とよぶ（注2）．熱容量は，熱と同様，条件によって異なる経路関数である（参考3.1）．したがって，熱容量を定義する場合，熱移動の条件を規定する必要がある．例えば，圧力が一定のときは**定圧熱容量**（constant pressure heat capacity）C_P あるいは**定圧モル熱容量**（constant pressure molar heat capacity）$\bar{C}_P$ といい，体積が一定のときは**定容熱容量**（constant volume heat capacity）C_V あるいは**定容モル熱容量**（constant volume molar heat capacity）$\bar{C}_V$ という．

注2）単位質量あたりの熱容量を**比熱容量**（specific heat capacity）という．1 gあたりの比熱容量を特に**比熱**（specific heat）とよぶこともある．15 °Cの水の比熱容量を1 cal g^{-1} K^{-1} と定義し，一部の分野ではエネルギー単位として，いまでもcalが使われている．SI単位では4.1855 J g^{-1} K^{-1} となる．（比）熱容量は温度に依存するので，これらの値を示すときには必ず温度を定義しなければならない．

ここで熱容量について分子論的に考えてみる．いま，**図3.4**のような間隔の異なる2つのエネルギー準位ε_iを考える．ある温度T_0を指定すると，エネルギー準位間隔の大小には関係なく，式(2.85)のボルツマン分布則(2.15節)に従って，各エネルギー準位の占有率が指数関数で与えられる．この状態で，外部から一定の熱$q(>0)$を系に加えたとする．図3.4(a)のように，エネルギー準位の間隔が広い場合，総数Nが一定であるため，このqを分配するためには，高い準位に存在する確率を増やさなければならない．結果としてTは大きく増加する．これは熱容量Cが小さい場合に相当する．逆に図3.4(b)のように，エネルギー準位の間隔が狭い場合，中間のエネルギー準位が多数あるので，それらの準位を占める確率を少し増やすだけで，qを十分分配できる．結果として，Tの上昇は少なくなる($T_B < T_A$)．これは熱容量Cが大きい場合に相当する．水は水素結合のネットワーク(クラスター)を形成しており，いろいろな分子間振動モードがあるため，エネルギー準位が密集し，熱容量が大きい．このことは，生物が環境の温度変化に適応できる理由の1つである．

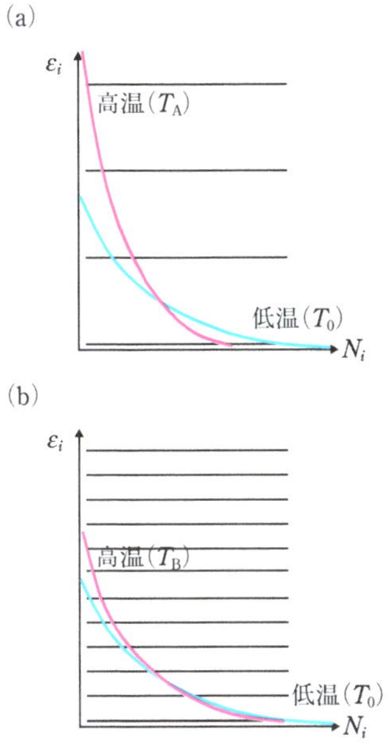

図3.4　ボルツマン分布を用いた熱容量の説明

さて，マイヤー(Julius Robert von Mayer, 1814–1878)は仕事を熱に変換できることを示し，後に，ジュール(Joule)が，仕事と熱の等価性(1849年)としてまとめた．これは**ジュールの第一法則**(Joule's first low)ともよばれる．水中に沈めた抵抗Rに電気的仕事w_{elec}を与えたとき，抵抗から外部に出された熱q_{surr}とw_{elec}の関係は次のように与えられる(I：電流，R：抵抗，t：時間)．

$$w_{elec} = I^2Rt = IEt = Pt = q_{surr} = -q \tag{3.5}$$

式(3.5)は，電気的仕事を熱に完全変換できることを示している(このとき，抵抗は事実上温度一定と考えるから内部エネルギー変化はゼロ($\Delta U = 0$))．また，ジュールは1878年に再度羽根車による実験(挿絵参照)を行い，位置エネルギーで生まれる仕事を熱に変えることにより，現在の正しい**仕事当量**(mechanical equivalent of work)$J = 4.1855\ \mathrm{J\ cal^{-1}}$に非常に近い値を出した．こうした仕事から熱への完全変換はできても，その逆，つまり熱から仕事への完全変換はできないことには留意すべきである．このことが，3，4章で述べるエントロピーや熱力学第二法則で記述されることとなる．

James Prescott Joule (1818–1889)
イギリスの物理学者．正規の教育を受けず，大学教授などの職につくこともなく，家業の醸造業を営むかたわら，自宅の一室を改造した研究室で生涯を1人の実験家として生き，科学史に残る偉業を行った．エネルギーの単位ジュールは，彼の名前に由来する．

3.4　熱力学的状態関数

体積Vや内部エネルギーUのように経路に依存せず，系の性質や状態を表す関数を**状態関数**(state function)という．言い換えると，状態関数の変化量は始めと終わりの状態のみで決まる．内部エネルギーを例にとると次のように表される．

$$\Delta U = \int_{U_1}^{U_2} \mathrm{d}U = U_2 - U_1 \tag{3.6}$$

別の表現を使うと，閉じた道筋で1周すると変化量はゼロとなる．

$$\oint \mathrm{d}U = 0 \tag{3.7}$$

数学的には，状態関数の微分形は完全微分(1.6節)となる．熱力学的状態関数には内部エネルギーU，エンタルピーH，エントロピーS，ギブズエネルギーGなどがある(参考3.1，コラム3.1)．

参考3.1 状態関数と経路関数

いくつかの物理量に対してオイラーの判定基準(式(1.40))を適用してみよう．まず，理想気体の体積は$V=nRT/P$となるので，TとPの関数として書くことができ，そのとき，この全微分は

$$\mathrm{d}V(T,P) = \left(\frac{\partial V}{\partial T}\right)_P \mathrm{d}T + \left(\frac{\partial V}{\partial P}\right)_T \mathrm{d}P = \frac{nR}{P}\mathrm{d}T - \frac{nRT}{P^2}\mathrm{d}P \tag{3.8}$$

となる．ここでオイラーの判定基準により交差微分導関数を比較すると，

$$\left[\frac{\partial}{\partial P}\left(\frac{nR}{P}\right)\right]_T = -\frac{nR}{P^2} = \left[\frac{\partial}{\partial T}\left(-\frac{nRT}{P^2}\right)\right]_P \tag{3.9}$$

となるので，$\mathrm{d}V$は完全微分であり，Vは状態を表す物理量(状態関数)であるとわかる．

次に，(単原子分子の)理想気体の運動エネルギーを取り上げてみる．この運動エネルギーは$E_\mathrm{K} = \frac{3}{2}PV$と与えられるので(式(2.49))，$P$と$V$の関数と書くことができる(注1)．この全微分は

$$\mathrm{d}E_\mathrm{K}(P,V) = \left(\frac{\partial E_\mathrm{K}}{\partial P}\right)_V \mathrm{d}P + \left(\frac{\partial E_\mathrm{K}}{\partial V}\right)_P \mathrm{d}V = \frac{3P}{2}\mathrm{d}V + \frac{3V}{2}\mathrm{d}P \tag{3.10}$$

であるから，オイラーの判定基準を適用すると

$$\left[\frac{\partial}{\partial P}\left(\frac{3P}{2}\right)\right]_V = \frac{3}{2} = \left[\frac{\partial}{\partial V}\left(\frac{3V}{2}\right)\right]_P \tag{3.11}$$

となり，$\mathrm{d}E_\mathrm{K}$は完全微分であり，E_Kも状態関数であることがわかる．

しかし，体積変化の仕事w_{PV}は事情が異なる．いま，簡単のため可逆な(つまり$P = P_\mathrm{ex}$の条件での)体積変化$\delta w_{PV,\mathrm{rev}}$を考える．可逆系に関する式(3.2)に，式(3.8)を代入すると

$$\delta w_{PV,\mathrm{rev}} = -P\mathrm{d}V = -nR\mathrm{d}T + \frac{nRT}{P}\mathrm{d}P \tag{3.12}$$

$$\left[\frac{\partial}{\partial P}(-nR)\right]_T = 0 \neq \left[\frac{\partial}{\partial T}\left(\frac{nRT}{P}\right)\right]_P = \frac{nR}{P} \tag{3.13}$$

となる．式(3.13)に示すように，オイラーの判定基準により$\delta w_{PV,\mathrm{rev}}$は不完全微分であることがわかり，$w_{PV,\mathrm{rev}}$は経路に依存する性質を有する，つまり**経路関数**(pathway function)であると結論づけられる．実際，可逆過程でも等温膨張と断熱膨張では$w_{PV,\mathrm{rev}}$は異なる．

注1)理想気体では$\mathrm{d}(PV) = R\mathrm{d}T$であるから$T$だけの関数ということと同義である．

コラム3.1 登山からみた状態関数と経路関数

六甲山の山頂に登るという状況を例えに，状態関数と経路関数を示してみる．徒歩で登っても，タクシーで登っても，あるいはロープウェーで登っても，山頂に達したときの標高は同じである．つまり獲得した位置エネルギーは同じということになり，状態関数となる．しかし，疲れ方と経費は，「山登りの中途だけど，疲れたからタクシー乗っちゃおうよ！」というように相互にやりとりするもので，経路に依存する．熱と仕事も相互にやりとりする経路に依存した関数なので，この関係とそっくりである．

3.4.1 内部エネルギー

内部エネルギー(internal energy)の記号は U である(注1)．単原子分子の理想気体の場合は，U は運動エネルギー U_K に等しく($U = E_K = \frac{3}{2}PV = \frac{3}{2}RT$)，温度 T だけの関数となる(式(2.49))．U_K は**並進運動エネルギー**(translation energy) E_{trans} ともよばれる．実在気体には分子間相互作用があるので，**ポテンシャルエネルギー**(potential energy) E_p が加わる．

注1) E と書く書物もある．

よく知られているポテンシャルエネルギーは**レナード–ジョーンズポテンシャル**(Lenard–Jones potential) U_P である．導出は省略するが，1分子あたりのエネルギー $u(\equiv U_P/N_A)$ を距離 r の関数として書くと，

$$u(r) = 4\varepsilon\left[\left(\frac{\sigma}{r}\right)^{12} - \left(\frac{\sigma}{r}\right)^{6}\right] \tag{3.14}$$

と与えらえる．ここで，式(3.14)で $r=\sigma$ とするとわかるように，σ は $u=0$ となる距離であり，分子の大きさの目安となる．また，ε は最安定エネルギー u_{min} に相当し，分子間引力の大きさを示している．この様子を**図3.5**に示す．また，式(3.14)の右辺第1項は短距離の反発を表し，第2項は長距離の引力を表している．

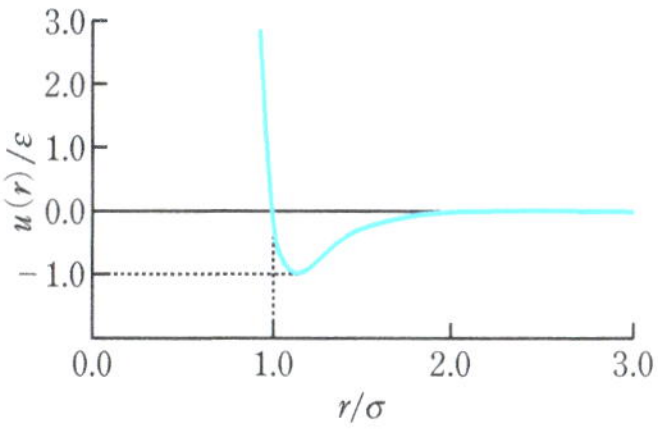

図3.5 レナード–ジョーンズポテンシャル

多原子分子となると**振動エネルギー**(vivration energy) E_{viv} や**回転エネルギー**(rotation energy) E_{rot} をもつことになる(2.15節)．

3.4.2 エンタルピー

エンタルピー(enthalphy)の記号は H であり，次のように定義される(注2)．

$$H \equiv U + PV \qquad (\text{微分形：} dH = dU + VdP + PdV) \tag{3.15}$$

つまり，エンタルピー変化は内部エネルギー変化と体積変化によるエネルギー変化を考慮した物理量である．これは圧力 P 一定のもとでの熱 q_P に等

注2) Enthalpy はギリシャ語の "*enthalpein* (*ἐνθάλπειν*)" に由来し，"*en-*" は "to put into"「入る」を，"*thalpein*" は "heat"「熱」を意味し，あわせて「入る熱」ということを表している．発音記号は［en'θælpɪ］で，カタカナでは，むしろ "エンサルピー" と書いた方が本来の発音に近い．

しい(3.6節)．化学反応は，定圧下で行われることが多いので，いわゆる“反応熱”は ΔH で表される．ただし，吸熱反応ではエンタルピーが増加するので $\Delta H > 0$ となる．発熱反応はその逆である．つまり，熱化学方程式の熱量の符号と反対であることに留意されたい(**図3.6**)．

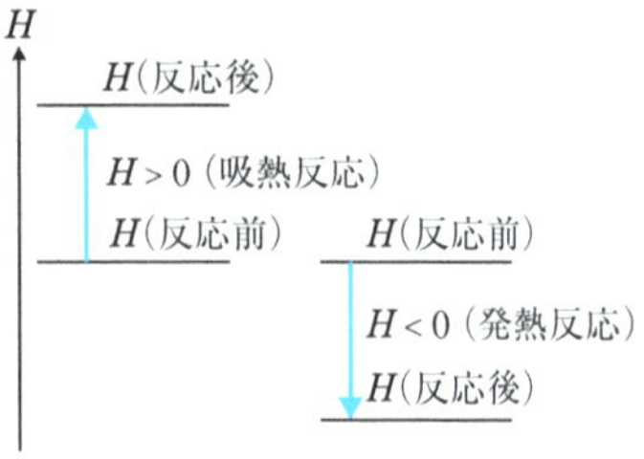

図3.6　エンタルピーの符号

3.4.3　エントロピー

エントロピー(entropy)の記号は S であり，可逆過程で系が受けた熱量を q_{rev} とするとき，次のように定義される(注1，注2)．

$$\mathrm{d}S \equiv \frac{\delta q_{\mathrm{rev}}}{T} \qquad \left(\Delta S \equiv \frac{q_{\mathrm{rev}}}{T}\right) \tag{3.16}$$

経路関数である q_{rev} を T で割ることにより状態関数が生まれることに留意されたい．ボルツマンが，このエントロピーに対して微視的状態の数を W，ボルツマン定数を k_{B} とするとき，

$$\mathrm{d}S \equiv k_{\mathrm{B}}\mathrm{d}(\ln W) \qquad (S = k_{\mathrm{B}} \ln W) \tag{3.17}$$

と表されることを，分配関数を用いて証明した(4.2.2節)．このため，エントロピーはしばしば，ランダムさを表す状態関数ともよばれる．この分子論的な解釈の成功により，エントロピーは量子力学の誕生に深く関わることになった．

注1)エントロピーのトロピーという言葉は，ギリシャ語で「変換」を意味するトロペー(τροπή)に由来する．

注2)**可逆**(reversible)とは平衡状態を意味し，圧力は，$P = P_{\mathrm{ex}}$ となる．可逆的な変化(準静的過程)とは，平衡状態を保ちながら，無限の時間をかけて微小量変化させることを意味し，系の変化としては仮想的なものである．逆に，系における現実的な熱量変化はすべて**不可逆**(irreversible)過程である．一方，外界のように無限の大きさをもつ対象に対して熱移動することは，微小量変化に相当するので，外界の熱量変化はすべて可逆過程である．
なお，電気化学では，電極過程を可逆(reversible)と非可逆(irreversible)という言葉で区別する．観測時間内に電極界面で平衡が成り立つ系を可逆，一方向の反応しか進行しない系を非可逆といい，熱力学的な定義とは異なり，その区別は観測時間に依存する．

3.4.4　ヘルムホルツエネルギー

ヘルムホルツエネルギー(Helmholtz energy)の記号は A であり，次のように定義される(注3)．

$$A \equiv U - TS \qquad (\text{微分形：} \mathrm{d}A = \mathrm{d}U - S\mathrm{d}T - T\mathrm{d}S) \tag{3.18}$$

5.1節で詳しく示すように，T，V 一定のもとでの $w_{\mathrm{non}-PV}$ の最小値(外部に対する仕事としては最大値)に相当する．T，V 一定のもとでの閉鎖系(あるいは宇宙)のエントロピー S_{total} と次の関係にある(cf. 演習問題3.22)．

$$\mathrm{d}A = -T\mathrm{d}S_{\mathrm{total}} \tag{3.19}$$

T，V 一定のもとでの平衡条件は $\mathrm{d}A(= \mathrm{d}U - T\mathrm{d}S) = 0$ である．

注3)A の代わりに F を使う場合もある．以前は，ヘルムホルツ自由エネルギーといわれたが，現在は「自由」はつけない．

3.4.5　ギブズエネルギー

ギブズエネルギー(Gibbs energy)の記号は G であり，次のように定義される(注4)．

$$G \equiv H - TS \qquad (\text{微分形：} \mathrm{d}G = \mathrm{d}H - S\mathrm{d}T - T\mathrm{d}S) \tag{3.20}$$

5.2節で詳しく示すように，T，P 一定のもとでの $w_{\mathrm{non}-PV}$ の最小値(外部に対

注4)G のことをギブズ自由エネルギーとよぶ書物もあるが，IUPACでは正式名をギブズエネルギーとしており，ギブズ自由エネルギーという表現は使わない．ただし，本書では，ヘルムホルツエネルギーとギブズエネルギーを総称して，**自由エネルギー**(free energy)とよぶことにする．

する仕事としては最大値)に相当する．T，P一定のもとでの閉鎖系(あるいは宇宙)のエントロピーS_{total}と次の関係にある(cf. 演習問題3.22)．

$$\mathrm{d}G = -T\mathrm{d}S_{\mathrm{total}} \tag{3.21}$$

T，P一定のもとでの平衡条件は$\mathrm{d}G(= \mathrm{d}H - T\mathrm{d}S) = 0$である．

3.4.6 部分モル量

示量変数は物質量に比例するので，しばしば1 molあたりの熱力学量として**部分モル量**を定義することが多い．例えば，**部分モル体積**(partial molar volume)は$\bar{V} \equiv \dfrac{V}{n}$，**部分モルエンタルピー**(partial molar enthalpy)は$\bar{H} \equiv \dfrac{H}{n}$，**部分モルエントロピー**(partial molar entropy)は$\bar{S} \equiv \dfrac{S}{n}$というように，物理量の上にバーをつける．**部分モルギブズエネルギー**は$\mu \equiv \bar{G} \equiv \dfrac{G}{n}$のように，$\bar{G}$よりも$\mu$を用いることが多く，特にこれを**化学ポテンシャル**(chemical potential)という(cf. 5章)．

3.5 熱力学法則

3.5.1 熱力学第一法則

熱力学第一法則(the first law of thermodynamics)は，系の内部エネルギーが系に固有で，内部エネルギーの変化量は熱の変化(δq)と仕事(δw)の和であることを述べたものであり，次のように表される．

$$\mathrm{d}U = \delta q + \delta w \qquad (\text{積分形：} \Delta U = q + w) \tag{3.22}$$

言い換えると，孤立系($\delta q = 0$，$\delta w = 0$)のエネルギーの総量は一定という**エネルギー保存則**(low of the concervation of energy)を示している．また，δqやδwは経路に依存するが，それを足した$\mathrm{d}U$という物理量は経路に依存しない状態関数になることにも留意されたい(参考3.2)．

3.5.2 熱力学第二法則

熱力学第二法則(the second law of thermodynamics)は，次のように表される．

$$\frac{\delta q_{\mathrm{rev}}}{T} (\equiv \mathrm{d}S) \geq \frac{\delta q}{T} \qquad (\text{あるいは} q_{\mathrm{rev}} \geq q) \tag{3.23}$$

式(3.23)は，**クラウジウスの不等式**(the Inequality of Clausius)とよばれ，熱移動は可逆過程で最大で，不可逆過程ではそれより小さくなることを述べた

参考3.2　内部エネルギーで議論する意味

熱力学第一法則が示していることは，「熱と仕事は互いにやりとりするので経路に依存(経路関数)し，それぞれは保存されないが，その熱と仕事を加えた内部エネルギーは状態関数となり，エネルギー保存則に従う」というものである(コラム3.1)．非常に美しい概念であり，一見して簡単に思われる．しかし，歴史的には，熱と仕事の関係は，非常に多くの研究者によって議論され，最終的にクラウジウスが，熱力学第一法則として完全な形で論じたものである．人間が最初に直感的に定義した熱や仕事というものは，実はその量を特定しにくい経路関数であり，その微分量は不完全微分の性質(1.6節)をもっている．この熱と仕事の関係は，まず，ジュールの仕事と熱の等価性の発見(3.3節)または仕事当量としてよく知られているように，仕事から熱への完全変換ができることがわかった．その後，蒸気機関の発明で，熱の一部が仕事に変わりうることも見出され，内部エネルギーが定義されたのである．経路関数である熱と仕事を足し合わせると状態関数としての内部エネルギーとなり，その微分量は完全微分となる．このことは，内部エネルギーこそが自然な量であり，本来，熱問題は，熱や仕事ではなく，内部エネルギーで議論すべきであることを示しているのである．

ものである(参考3.3，4.2.1節参考4.1)．

ここで，断熱壁で囲まれた孤立系を考える．孤立系では外部との熱のやりとりがないので $\delta q_{\mathrm{total}} = 0$ である．したがって，孤立系内のエントロピー変化は

$$\mathrm{d}S_{\mathrm{total}} \geq 0 \tag{3.24}$$

となる．つまり，孤立系(＝宇宙)の自発的過程ではエントロピーは必ず増大し，平衡で $\mathrm{d}S_{\mathrm{total}} = 0$ となることを示している．式(3.24)は，宇宙のすべての反応の自発的変化の方向性と平衡条件を決めるきわめて重要なものである．生命も非生命も，宇宙にあるいかなる物的存在も，このエントロピーの強大な拘束力から抜け出ることはできない．

Rudolf Julius Emmanuel Clausius (1822–1888)
ドイツの物理学者．熱力学第一，第二法則を定式化し，エネルギーとエントロピーの概念を導入し，熱力学の基礎を築いた．当時すでに，化石燃料の枯渇を予見し，自然エネルギーへ移行することの重要性を指摘しており，現代的課題に対する先見性があることでもよく知られている．

3.5.3　熱力学第三法則

格子欠陥や不純物のない完全結晶は，$T = 0$ において分子全部が同じ最低の状態に入るはずで，微視的状態の場合の数は $W = 1$ となる．式(3.17)より，完全結晶は $T = 0$ において $S = 0$ となる(注1)．これを**熱力学第三法則**(the third law of thermodynamics)という．このことは，U，H あるいは G とは異なり，S の場合には相対値ではなく実際の値を決定できることを意味している．熱力学第三法則は**ネルンストの熱定理**(Nernst heat theorem，有限回の操作ではけっして絶対零度には到達することができないという定理)と同等である．

注1) 分子を異なる配列で揃えたとき，例えば，2原子分子ABで…ABABAB…の配列と…ABBAAB…の配列をつくったとき，それらの配向の間においてエネルギー差がないという場合でも，$T = 0$ で $W > 1$ となる．このような物質は**残余エントロピー**(residual entropy)をもつという．

参考3.3　等温膨張・圧縮における可逆と不可逆過程

理想気体の等温体積変化であるから $\mathrm{d}U = 0$ となる．また，ここでは PV 仕事以外は考えないので $\delta w_{\mathrm{non-}PV} = 0$ となる．熱力学第一法則と式(3.2)より

$$\delta q = \mathrm{d}U - \delta w_{PV} = -\delta w_{PV} = P_{\mathrm{ex}}\mathrm{d}V \tag{3.25}$$

が得られる．

この条件で，まず，**可逆膨張過程**(reversible expansion)を考える．これは，**図3.7**の点A(P_1, V_1)から $PV = nRT$ の双曲線上を無限の時間をかけて点B(P_2, V_2)まで膨張する過程である．その過程で得た熱($q_{\mathrm{rev,\,exp}}$)は青色の面積に相当する．

$$q_{\mathrm{rev,exp}} = \int_{V_1}^{V_2} P_{\mathrm{ex}}\mathrm{d}V = \int_{V_1}^{V_2} P\mathrm{d}V = nRT\int_{V_1}^{V_2}\frac{\mathrm{d}V}{V} = nRT\int_{\ln V_1}^{\ln V_2}\mathrm{d}(\ln V) = nRT\ln\frac{V_2}{V_1} > 0 \tag{3.26}$$

等温過程では $\mathrm{d}U = 0$ であるから，外界からもらった熱 $q_{\mathrm{rev,\,exp}}$ はすべて外界に対する PV 仕事($-w_{PV}$)として使われる．一方，**不可逆膨張過程**(irreversible expansion)は無限の経路が考えられる．そのうち，実線矢印のように点A→点C→点Bの経路で $P_{\mathrm{ex}} = P_2$ という条件で膨張した過程を考える(これは，おもりのある蓋付き円筒の中の気体を，おもりを取り除くことにより，パッと膨張した状態変化に相当する．ただし，等温で！)．その過程で得た熱($q_{\mathrm{irrev,\,exp}}$)は図3.7の点C, Bと(V_1, 0)および(V_2, 0)で囲まれた長方形の面積に相当する．

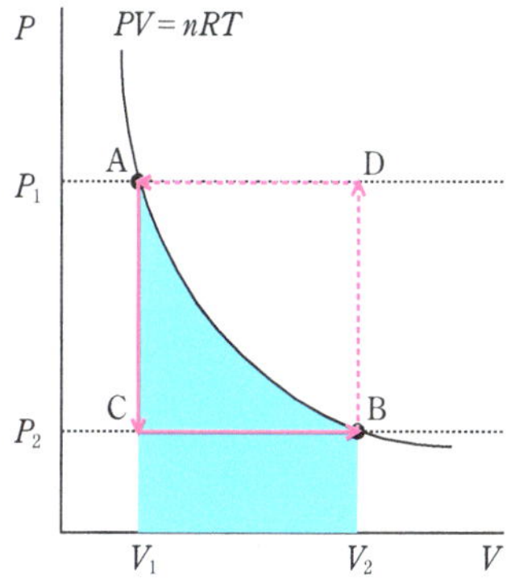

図3.7　気体の膨張・圧縮の経路

$$q_{\mathrm{irrev,exp}} = \int_{V_1}^{V_2} P_{\mathrm{ex}}\mathrm{d}V = P_2\int_{V_1}^{V_2}\mathrm{d}V = P_2(V_2 - V_1) > 0 \tag{3.27}$$

この2つの過程を比べると，明らかに熱力学第二法則が示すように $q_{\mathrm{rev,exp}} > q_{\mathrm{irrev,exp}}(> 0)$ となる．不可逆膨張過程では外に向かって仕事する量(図3.7の積分値)が減少したので，等温ではそれを等量補う熱の入りも小さくなったということになる．

可逆圧縮過程(reversible compression)は，膨張過程の逆で，点B(P_2, V_2)から $PV = nRT$ の双曲線上を無限の時間をかけて点A(P_1, V_1)まで圧縮する過程である．この過程では熱は放出される($q_{\mathrm{rev,comp}} < 0$)が，絶対値は青色の面積に相当する($q_{\mathrm{rev,comp}} = nRT\ln\dfrac{V_1}{V_2} < 0$)．一方，**不可逆圧縮過程**(irreversible compression)も無限の経路があるが，例えば，図3.7の点線矢印のように点B→点D→点Aの経路で $P_{\mathrm{ex}} = P_1$ という条件で圧縮した過程を考える(これは，円筒内の気体を，ピストンを押して圧縮した状態変化に相当する．これも等温で！)．その過程で放出した熱($-q_{\mathrm{irrev,comp}}$)は図3.7の点A，Dと(V_1, 0)および(V_2, 0)で囲まれた長方形の面積に相当する($q_{\mathrm{irrev,comp}} = P_1(V_1 - V_2) < 0$)．こうした圧縮過程でも，明らかに$(0 >) > q_{\mathrm{rev,comp}} > q_{\mathrm{irrev,comp}}$ となる．不可逆圧縮過程では，外から仕事をされる量(図3.7の積分値)が増えたので，等温ではそれを等量補う熱の出が増えたということになる．

この議論は熱力学第二法則($q_{\mathrm{rev}} > q_{\mathrm{irrev}}$)の証明ではないが，理解しやすい事象として紹介した．

3.6　定圧条件下の反応熱 q_P はエンタルピー変化 ΔH

反応熱を考える場合には，$\delta w_{\mathrm{non-}PV} = 0$ が前提となっている．ここで，$\mathrm{d}P = 0, P = P_{\mathrm{ex}}$ の条件で熱力学第一法則（式(3.22)）と式(3.2)を考えると，式(3.15)は

$$\begin{aligned}\mathrm{d}H &= \mathrm{d}U + (P\mathrm{d}V + V\mathrm{d}P) = (\delta q_P + \delta w) + P\mathrm{d}V \\ &= \delta q_P - P_{\mathrm{ex}}\mathrm{d}V + P\mathrm{d}V = \delta q_P\end{aligned} \tag{3.28}$$

となり，定圧条件下における反応熱はエンタルピー変化に等しいことがわかる．

$$\Delta H = q_P \tag{3.29}$$

言い換えれば，P 一定のもとでの相転移や化学反応の反応熱(q_P)とは，内部エネルギー変化(ΔU)と体積変化のための仕事($P\Delta V$)の和である．

$$q_P = \Delta H = \Delta U + P\Delta V \tag{3.30}$$

ただし，発熱反応は $\Delta H < 0$ となる(参考3.4)．

同様の論法で，V 一定（定容）条件下における反応熱(q_V)は内部エネルギー変化(ΔU)に等しい．

$$\mathrm{d}U = \delta q_V + \delta w = \delta q_V \qquad (\Delta U = q_V) \tag{3.31}$$

3.7　標準反応エンタルピーと標準モル生成エンタルピー

エンタルピー H は示量性状態関数であり，経路に依存しないし，加成性がある．したがって，1つの過程を複数に分けたときのそれぞれの過程の ΔH の総和は，全過程の ΔH に等しい．これを**ヘスの熱加成性の法則**(Hess's law)という．いま，標準状態($P^\ominus = 1.00 \times 10^5$ Pa（= 1 bar ≃ 1 atm）にある

参考3.4　エンタルピー変化の符号と熱化学方程式の反応熱との相違

熱力学では系に入る熱を正とするので，発熱反応では $q < 0$ となる．高校化学で用いる熱化学方程式は，エネルギー保存則を意識した表現となっており，発熱反応の反応熱を正とすることから，熱力学の定義と符号が反対となる．

$$C(s) + O_2(g) = CO_2(g) + 394\ \mathrm{kJ\ mol^{-1}}$$

$$H_2(g) + 1/2O_2(g) = H_2O(l) + 286\ \mathrm{kJ\ mol^{-1}}$$

$$H_2O(l) = H_2O(g) - 45\ \mathrm{kJ\ mol^{-1}}$$

$$NH_4NO_3(s) + aq = NH_4NH_3, aq - 25.7\ \mathrm{kJ\ mol^{-1}}$$

熱力学では，こうした熱化学方程式の表記法は使わない．

純物質 1 mol あたりのエンタルピーを**標準モルエンタルピー**($\bar{H}^{\ominus}$)とするとき，化学反応式に現れる**化学量論係数**(stoichiometric coefficient)ν の重みをつけたうえでの反応物と生成物の $\bar{H}^{\ominus}$ の差を，**標準反応エンタルピー**(standard enthalpy of reaction)$\Delta_r H^{\ominus}$ という(注 1，注 2)．

$$\Delta_r H^{\ominus} = \sum \nu \Delta \bar{H}^{\ominus}{}_{\text{product}} - \sum \nu \Delta \bar{H}^{\ominus}{}_{\text{reactant}} \tag{3.32}$$

ただし，$\bar{H}^{\ominus}$ の絶対値は求めることができない．そこで基準状態にある元素から生成した物質 1 mol あたりの標準エンタルピーを**標準モル生成エンタルピー**(standard molar enthalphy of formation)$\Delta_f H^{\ominus}$ とおくと，$\Delta_r H^{\ominus}$ は

$$\Delta_r H^{\ominus} = \sum \nu \Delta_f H^{\ominus}{}_{\text{product}} - \sum \nu \Delta_f H^{\ominus}{}_{\text{reactant}} \tag{3.33}$$

と与えられる(**図 3.8**)．元素の基準状態とは，例えば SATP の基準($P^{\ominus} = 1.00 \times 10^5$ Pa($= 1$ bar $\simeq 1$ atm)，298.15 K(25 °C)，2.11 節)を設定したとき，そのときの元素の最も安定な状態を指す．つまり，炭素は固体(s)のグラファイト C(s)であり，水素は気体(g)の分子 H_2(g)である．ただし，イオンの場合は水和したプロトン H^+(aq)を基準としている．巻末表の $\Delta_f H^{\ominus}$ のうち，$\Delta_f H^{\ominus} = 0$ となっているものが基準状態に相当する．

図 3.9 の反応では，ヘスの法則により，

$$\Delta_r H^{\ominus} = \Delta_r H_1^{\ominus} + \Delta_r H_2^{\ominus} \tag{3.34}$$

となる．化合物 A ～ D の標準モル生成エンタルピーを $\Delta_f H_A^{\ominus}$ ～ $\Delta_f H_D^{\ominus}$ とすると，図 3.9 の化学反応の標準反応エンタルピーは次のように表すことができる．

$$\Delta_r H_1^{\ominus} = -(a\Delta_f H_A^{\ominus} + b\Delta_f H_B^{\ominus}) \tag{3.35}$$

$$\Delta_r H_2^{\ominus} = c\Delta_f H_C^{\ominus} + d\Delta_f H_D^{\ominus} \tag{3.36}$$

$$\Delta_r H^{\ominus} = c\Delta_f H_C^{\ominus} + d\Delta_f H_D^{\ominus} - (a\Delta_f H_A^{\ominus} + b\Delta_f H_B^{\ominus}) = \Delta_r H_1^{\ominus} + \Delta_r H_2^{\ominus} \tag{3.37}$$

具体例として演習問題 3.15，3.16 などを参照されたい．

ギブズエネルギーに対しても，エンタルピーと同じように，基準状態にある元素(イオンの場合は水和したプロトン)を基準として**標準モル生成ギブズエネルギー**(standard molar Gibbs energy of formation)$\Delta_f G^{\ominus}$ が定義されている(巻末表参照)．また式(3.33)の $\Delta_f H^{\ominus}$ を $\Delta_f G^{\ominus}$ に置き換えた形で，**標準反応ギブズエネルギー**(standard reaction Gibbs energy)$\Delta_r G^{\ominus}$ が定義される(5.3 節)．これに対して物質のエントロピーは，熱力学第三法則があるため基準を設ける必要はなく，熱容量 C を $T = 0$ まで測定し，C/T を T に対して積分することにより，固有の絶対値として求めることができる(3.9 節)．SATP の基準の標準物質 1 mol の絶対エントロピーを**標準モルエントロピー**(standard molar entropy)$\bar{S}^{\ominus}$ という．ただし，イオンの $\bar{S}^{\ominus}$ については，H^+(aq)のそれを基準とするため，負の値もある(巻末表参照)．式(3.33)の $\Delta_f H^{\ominus}$ を

注 1) 添字 r は reation を示す．このように，Δ のあとの添字で過程を示す．例えば，生成(formation)は f，燃焼(combustion)は c，蒸発(vaporization)は vap，昇華(sublimation)は sub，融解(fusion)は fus，混合(mixing)は mix，吸着(adsorption)は ads を使う．

注 2) 部分モル量であるが，慣例として，上付きバーは省略する．

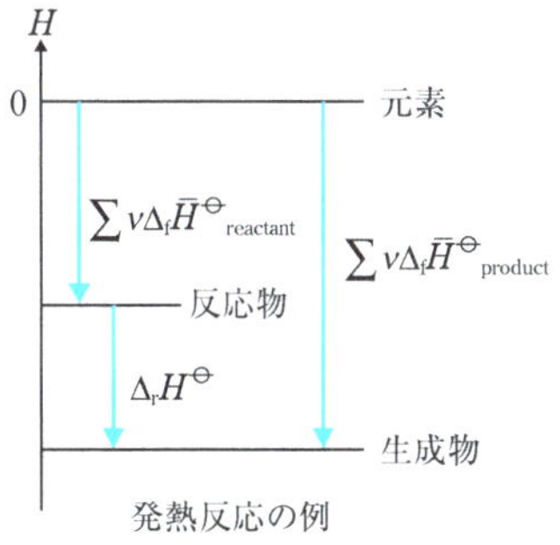

図 3.8 $\Delta_f H^{\ominus}$ から $\Delta_r H^{\ominus}$ を求める方法の考え方

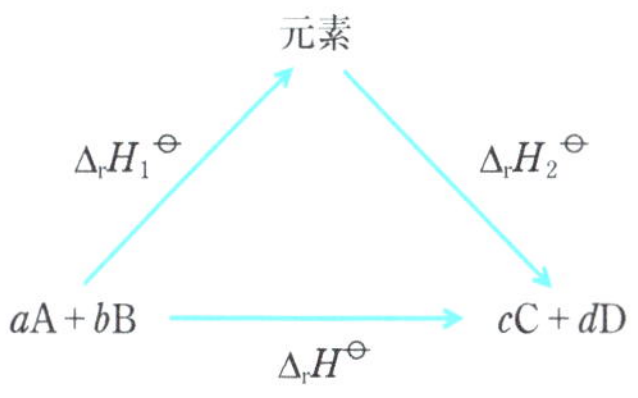

図 3.9 反応を分解して $\Delta_r H^{\ominus}$ を求める方法の考え方

$\bar{S}^{\ominus}$ に置き換えた形で，**標準反応エントロピー**(standar reaction entropy) $\Delta_r S^{\ominus}$ を求めることができる(cf. 4.6 節).

3.8 エンタルピーと内部エネルギーの温度変化

P 一定の場合，式(3.4)と式(3.28)より，定圧モル熱容量は

$$\bar{C}_P \equiv \left(\frac{\partial \bar{q}}{\partial T}\right)_P = \left(\frac{\partial \bar{H}}{\partial T}\right)_P \tag{3.38}$$

と与えられる．書き直すと

$$\mathrm{d}\bar{H} = \bar{C}_P \mathrm{d}T \qquad \left(\text{積分形：} \Delta\bar{H} = \int_{T_1}^{T_2} \bar{C}_P \mathrm{d}T\right) \tag{3.39}$$

となる．$\bar{C}_P$ は温度とともに上昇するので，$\bar{H}$ は T とともに，単調に上昇する(**図 3.10**，演習問題 3.30).

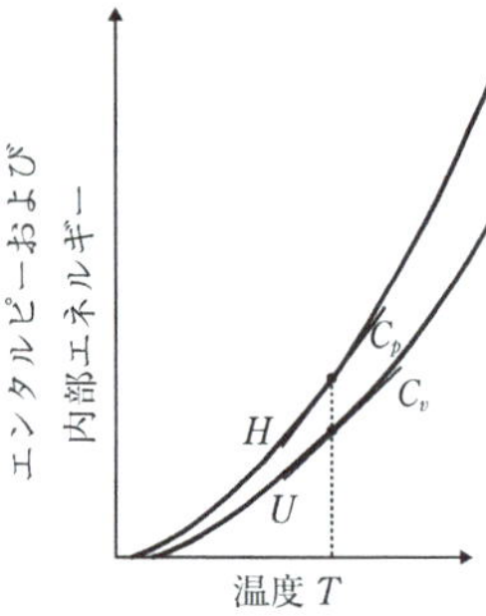

図3.10 気体のエンタルピーと内部エネルギーの温度依存性

また，V 一定の場合，式(3.31)より，定容モル熱容量は

$$\bar{C}_V \equiv \left(\frac{\partial \bar{q}}{\partial T}\right)_V = \left(\frac{\partial \bar{U}}{\partial T}\right)_V \tag{3.40}$$

と与えられる．理想気体では

$$\mathrm{d}\bar{H} = \mathrm{d}\bar{U} + \mathrm{d}(P\bar{V}) = \mathrm{d}\bar{U} + R\mathrm{d}T \tag{3.41}$$

となる．式(3.41)を $\mathrm{d}T$ で割り

$$\bar{C}_P = \bar{C}_V + R \tag{3.42}$$

が得られる．式(3.42)を**マイヤーの関係式**(Mayer's relation)という．このように，気体の場合，T に対する H の上昇率は U のそれに比べて大きい．これは定圧の場合，系の膨張に必要な仕事(PV)が余分に加わることに由来する．ただし，液体や固体では $\bar{C}_P \simeq \bar{C}_V$ となる(参考3.5).

3.9 エントロピーの温度変化と標準モルエントロピー

式(3.16)のエントロピーの定義に，式(3.28)と式(3.38)を代入して，定圧条件では

$$\Delta S = \int_{q_1}^{q_2} \frac{\delta q_P}{T} = \int_{H_1}^{H_2} \frac{\mathrm{d}H}{T} = \int_{T_1}^{T_2} \frac{C_P}{T} \mathrm{d}T = \int_{\ln T_1}^{\ln T_2} C_P \mathrm{d}(\ln T) \tag{3.43}$$

と与えられる($C_P = n\bar{C}_P$)．同様に，式(3.31)と式(3.40)を使うと，定容条件では

$$\Delta S = \int_{q_1}^{q_2} \frac{\delta q_V}{T} = \int_{U_1}^{U_2} \frac{\mathrm{d}U}{T} = \int_{T_1}^{T_2} \frac{C_V}{T} \mathrm{d}T = \int_{\ln T_1}^{\ln T_2} C_V \mathrm{d}(\ln T) \tag{3.44}$$

となる($C_V = n\bar{C}_V$)(演習問題 3.33)．熱力学第三法則により絶対零度における完全結晶物質のエントロピーはゼロであるので，絶対エントロピーは，定圧の例として示すと，次のように求めることができる(**図 3.11**).

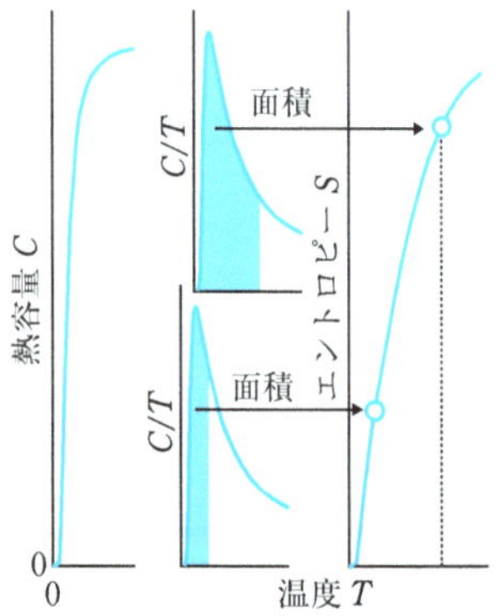

図3.11 エントロピーの求め方

$T = 0$ まで熱容量を測定し，C/T vs. T プロットしたとき，$T = 0$ K から 298.15 K までの面積が絶対エントロピー $S^{\ominus}$ に相当する．T_1 における S (T_1) が既知の場合，T_1 から T_2 までの面積を S (T_1) に足せば，S (T_2) が得られる．

参考3.5 示差走査熱量測定

C_P を測定する装置として**示差走査熱量計**(differential scanning calorimeter, DSC)がある．これは**図 3.12** のように試料と参照物質を別々の試料室に入れ，双方で温度が厳密に等しくなるように保ちながら，加熱する装置である．このため，試料が吸熱変化する場合，過剰な熱 $q_P(>0)$ を与えることになる．DSC は，C_P を T に対して記録する．タンパク質のような高分子は熱変性(融解)し，そのときのサーモグラム(C_P vs. T 曲線)は，図 3.12 のようなピークを与える．このタンパク質は 40 °C 以下では**ネイティブ構造**(native structure)を保つが，それ以上では吸熱的な構造変化を引き起こし，**ランダム構造**(random structure)に**転移**(transition)する．この結果，高分子内部に埋もれていた疎水基と水との相互作用などにより吸熱反応が起こり，図 3.12 の点線のように緩衝液の熱容量 C_P,s は増加する．したがって，高分子の転移エンタルピーは，$\Delta_t H = \int_{T_1}^{T_2} (C_P - C_P,\mathrm{s})\mathrm{d}T$ で与えられ，C_P,s を補正したピーク面積から $\Delta_t H$ を求めることができるのである．

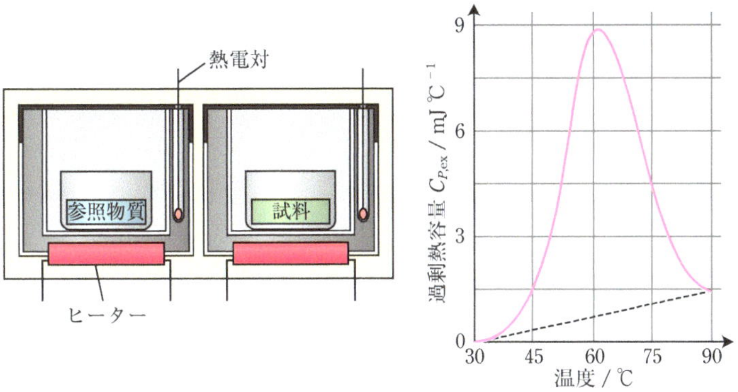

図3.12 (左)示差走査熱量計のセルと(右)タンパク質のサーモグラム

$$S = \int_0^T \frac{C_P}{T}\mathrm{d}T \tag{3.45}$$

このように，物質のエントロピーは温度とともに増大する．

3.10 理想気体の断熱可逆膨張・圧縮

断熱過程だから内部エネルギー U に注目することで容易に理解できる．まず，U を T の関数として表してみる．断熱可逆状態では $\delta q = 0, P = P_{\mathrm{ex}}$ であり，いまの議論では $\delta w_{\mathrm{non}-PV} = 0$ であるから，熱力学第一法則より

$$\mathrm{d}U = \delta w_{PV} = -P_{\mathrm{ex}}\mathrm{d}V = -P\mathrm{d}V = -\frac{nRT}{V}\mathrm{d}V = -nRT\mathrm{d}(\ln V) \tag{3.46}$$

となる．式(3.46)は，膨張により気体が外界に対して仕事をするため，内部エネルギーが減少することを示している(圧縮の場合はその逆)．次に，U を T の関数として表し，式(3.46)の dU がどれだけの温度変化に相当するか考えてみる．実在気体の U は T と V の関数であるが，理想気体の場合は，分子間力をゼロと考えるので(注 1)，U は T だけの関数となる．

注 1) 5.5節で述べるように，分子間力がゼロということは，内部圧がゼロであること $\left(\frac{\partial U}{\partial V}\right)_T = 0$ と同義である．

$$dU = \left(\frac{\partial U}{\partial T}\right)_V dT + \left(\frac{\partial U}{\partial V}\right)_T dV = \left(\frac{\partial U}{\partial T}\right)_V dT \tag{3.47}$$

膨張による温度変化を知るために，定容温度変化を考えると，$dV = 0$ のとき $\delta w_{PV} = 0$ であるから，気体に与えた熱はすべて内部エネルギー変化となる($\delta q_V = dU$)．したがって，式(3.40)で示したように，内部エネルギー変化は

$$dU = C_V dT = n\bar{C}_V dT \tag{3.48}$$

で与えられる．

式(3.46)と式(3.48)より，

$$(dU =) n\bar{C}_V dT = -nRT\, d(\ln V) \tag{3.49}$$

$$\frac{\bar{C}_V}{R}\frac{dT}{T}\left(= \frac{\bar{C}_V}{R} d(\ln T)\right) = -d(\ln V) \tag{3.50}$$

$$\frac{\bar{C}_V}{R}\int_{\ln T_1}^{\ln T_2} d(\ln T) = -\int_{\ln V_1}^{\ln V_2} d(\ln V) \tag{3.51}$$

$$\frac{\bar{C}_V}{R}\ln\frac{T_2}{T_1} = \ln\frac{V_1}{V_2},\quad \left[\left(\frac{T_2}{T_1}\right)^{\bar{C}_V/R} = \frac{V_1}{V_2}\right] \tag{3.52}$$

となる．断熱可逆膨張($V_2 > V_1$)の場合，外部から熱をもらわずに，外に仕事をするので，気体の運動エネルギー(内部エネルギー)は減少し，温度は下がる(**図 3.13**(b))．図 3.13(a)のように，P–V 断熱膨張線が等温膨張線より下に位置するのは，$P = nRT/V$ からわかるように，同体積なら温度が低い方が，圧力が低くなるからである．逆に，断熱可逆圧縮($V_2 < V_1$)すると温度は上昇する(コラム3.2)．

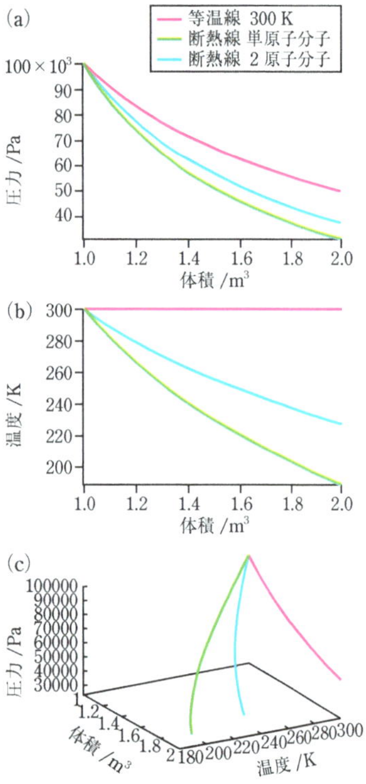

図3.13　等温および単原子ならびに2原子分子の断熱膨張・圧縮の様子(a)P–V図，(b)T–V図，(c)P–V–T図

注 1)式(3.55)の最後の項への変換は，マイヤーの関係式(式(3.42))を利用した．

式(3.52)は，次のように書き換えることができる．

$$\left(\frac{T_2}{T_1}\right)^{\bar{C}_V} = \left(\frac{V_1}{V_2}\right)^R \tag{3.53}$$

状態方程式を用いて P と V の関係式に書き直すと，

$$\left(\frac{P_2V_2}{P_1V_1}\right)^{\bar{C}_V} = \left(\frac{V_1}{V_2}\right)^R \tag{3.54}$$

$$\left(\frac{P_2}{P_1}\right)^{\bar{C}_V} = \left(\frac{V_1}{V_2}\right)^R\left(\frac{V_1}{V_2}\right)^{\bar{C}_V} = \left(\frac{V_1}{V_2}\right)^{R+\bar{C}_V} = \left(\frac{V_1}{V_2}\right)^{\bar{C}_P} \tag{3.55}$$

となる(注 1)．ここで**熱容量比**(heat capacity ratio)を

$$\gamma \equiv \frac{\bar{C}_P}{\bar{C}_V} \tag{3.56}$$

とおくと，

$$PV^\gamma = 一定 \tag{3.57}$$

という関係が得られる．これを断熱過程における**ポアソンの関係式**(Poisson relashionship)とよぶ．式(3.57)に状態方程式を代入すると

$$TV^{\gamma-1} = 一定 \quad (3.58)$$

が得られる．式(3.58)から断熱膨張・圧縮による温度変化を計算できる．

自由度1(1次元)の並進運動の1 molあたりのエネルギーは$RT/2$であり，単原子分子ではx, y, zの3次元の並進運動を考えればよいので，内部エネルギーは$U = \frac{3}{2}RT$と表されるので(2.12節)，式(3.40)より．

$$\bar{C}_V = \frac{3}{2}R \quad (3.59)$$

となる．また，マイヤーの関係式(式(3.42))により

$$\bar{C}_P = \frac{3}{2}R + R = \frac{5}{2}R \quad (3.60)$$

と与えられるから，熱容量比は$\gamma = \frac{5}{3}$である．

一方，2原子分子の場合，並進運動の自由度3に加え，**図3.14**でy軸回りの回転とz軸回りの回転の2つの自由度が加わり計5となる(注1)．このため，

$$\bar{C}_V = \frac{5}{2}R, \quad \bar{C}_P = \frac{7}{2}R, \quad \gamma = \frac{7}{5} \quad (3.61)$$

となる．自由度が大きくなることにより，熱容量比が1に近づき，断熱膨張による温度降下は小さくなる(図3.13)．

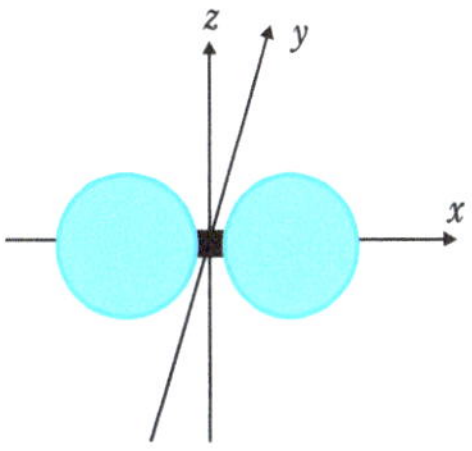

図3.14　2原子分子の回転運動モデル(剛体回転子)

注1)x軸回りでの回転エネルギーは考えなくてよい．2原子分子の場合，3×2＝6の自由度が予想される．並進の自由度3で回転の自由度2であることがわかったが，残りの1つの自由度は振動(分子軸方向の伸び縮みの振動運動)である．しかし，この振動エネルギーは他のエネルギーに比べてはるかに大きいことから，ここではそれを無視して振動しない剛体と仮定して考えている．

コラム3.2　身の回りの断熱膨張と断熱圧縮

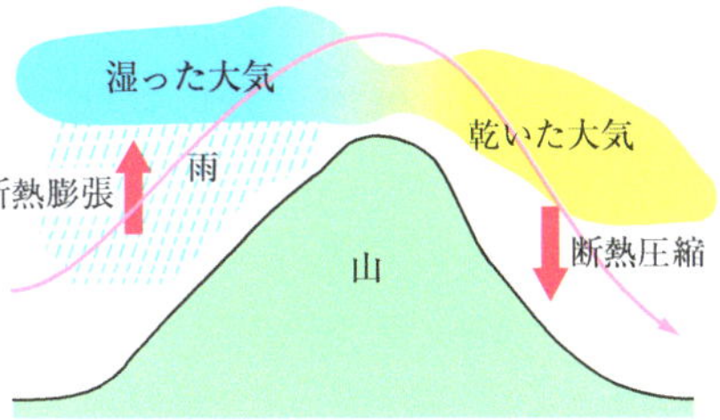

断熱膨張($V_2 > V_1$)では，$T_1 > T_2$となり温度が低下し，内部エネルギーUが減少する．これは積乱雲ができる理由でもある．強い上昇気流で気圧が下がり断熱膨張すると温度が低下し，雨滴が形成され，雨になる．逆に断熱圧縮($V_2 < V_1$)では，$T_1 < T_2$となり，Uが増加しTが上昇する．フェーン現象は，この2つが組み合わさったものである．例えば，湿気の多い空気が太平洋側から列島山脈へ吹き上がったとき，気圧の低下で断熱膨張し山側で雨になる．山を超えた空気が日本海側へ吹き下ろされるとき，断熱圧縮で温度が高くなる．このとき，空気中の湿度はすでにかなり低下しているので，太平洋側のときの空気よりはるかに高温になるのである．これが日本海側でよくみられるフェーン現象である．空気ポンプで圧縮すると，筒が熱くなるのも断熱圧縮のためである．空気ポンプの中に脱脂綿を入れておけば発火する．これはディーゼルエンジンの発火原理である．

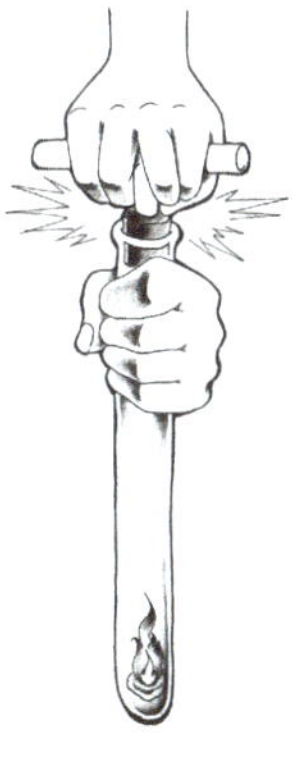

説明問題

3.1 内部エネルギーの概念の意義について述べなさい．

3.2 水の熱容量や蒸発熱が他の液体に比べて非常に大きい理由は何か．また，このことが環境および生体に及ぼす効果(cf. コラム2.6)を考えなさい．

3.3 定圧条件における反応熱はどのように表されるか．発熱反応の場合の符号はどのようになるか．また，自由エネルギーとは何か．

3.4 標準モル生成エンタルピーおよび標準モル生成ギブズエネルギーの基準物質は何か．

3.5 エンタルピーとエントロピーの温度変化について説明しなさい．理想気体を等温膨張させるとき，気体が外部に対してする仕事に用いるエネルギーをどのように獲得するのか述べなさい．

3.6 理想気体を断熱膨張させるとき，温度が下がるのはなぜか．また，多原子分子気体は，単原子分子気体に比べて，温度が下がりにくいのはなぜか．

演習問題

3.7 次の系は開放系，閉鎖系，孤立系のどれに相当するか．

a)宇宙，b)太陽系，c)地球，d)太陽光があたっているときの周回中のスペースシャトル，

e)合成実験するフラスコ，f)植物の種，g)細胞

3.8 溶液の溶質濃度は，示強変数か，示量変数か？

3.9 レナード-ジョーンズポテンシャルで，$\varepsilon = -u_{\min}$ となることを示しなさい．

3.10 理想気体の 1 mol の内部エネルギーは $U = (3/2)PV$ で，可逆過程では $\delta q_{\mathrm{rev}} = \mathrm{d}U - \delta w_{PV,\mathrm{rev}} = \mathrm{d}U + P\mathrm{d}V$ であることから $\delta q_{\mathrm{rev}} = \frac{3}{2}P\mathrm{d}V + \frac{3}{2}V\mathrm{d}P + P\mathrm{d}V = \frac{5}{2}P\mathrm{d}V + \frac{3}{2}V\mathrm{d}P$ となる．これをもとにオイラーの判定基準により，δq_{rev} は不完全微分，$\delta q_{\mathrm{rev}}/T$ は完全微分であることを示しなさい．

3.11 1 atm(= 1.013×10^5 Pa)，273 K のもとにある 1 mol の理想気体を，外圧を 0.5 atm にして等温的に膨張させた．この過程に対する q，w，ΔU，ΔH は何 J か．また，1 atm から 0.5 atm まで等温可逆的に膨張させた場合，q，w，ΔU，ΔH は何 J か．

3.12 100 °C，1 atm での H_2O の蒸発熱は，40.6 kJ mol^{-1} で，蒸発の部分モル体積変化は $\Delta_{\mathrm{vap}}\bar{V} = 3.01\times10^4$ cm^3 mol^{-1} である．蒸発の部分モル内部エネルギー変化を求めなさい．

3.13 α-D-グルコース(s)(M = 180.16 g mol^{-1})の試料 0.746 g をある熱量計内で燃焼させたところ，温度が 1.09 K 上昇した．同一の熱量計で安息香酸(M = 122.12 g mol^{-1}, $\Delta_c H^\ominus = -3226$ kJ mol^{-1})の試料を 0.953 g 燃焼させたところ，2.36 K 上昇した．α-D-グルコース(s)の**標準モル燃焼エンタルピー**を求めなさい．また，このグルコース燃焼に伴う温度上昇と同じ温度上昇をこの熱量計で行うには，100 V，10 A の電流をどれだけ流せばよいか．

3.14 ある物質の $\Delta_{\mathrm{sub}}H^\ominus$，$\Delta_{\mathrm{fus}}H^\ominus$，$\Delta_{\mathrm{vap}}H^\ominus$ の意味を考え，それぞれの関係を式で表しなさい．

3.15 一酸化炭素の酸化反応($2CO(g) + O_2(g) \longrightarrow 2CO_2(g)$)の $\Delta_r H^\ominus$ を，巻末表の $\Delta_f H^\ominus$ を値から求めなさい．

3.16 ベンゼン C_6H_6(g)，シクロヘキセン C_6H_{10}(g)，シクロヘキサン C_6H_{12}(g)の標準モル生成エンタルピー $\Delta_f H^\ominus$ は，それぞれ，82.93 kJ mol^{-1}，−7.11 kJ mol^{-1}，−123.1 kJ mol^{-1} である．次の反応 1)，2)の標準反応エンタルピー $\Delta_r H_1^\ominus$，$\Delta_r H_2^\ominus$ を求めなさい．

1) $C_6H_6(g) + 3H_2(g) \longrightarrow C_6H_{12}(g)$

2) $C_6H_{10}(g) + H_2(g) \longrightarrow C_6H_{12}(g)$

さらに，$\Delta_r H_1^{\ominus}$ と $3\Delta_r H_2^{\ominus}$ を比較し，ベンゼンの共鳴エネルギーについて考察しなさい．

3.17 SATP 基準（1 bar, 25 °C）における固体グリシルグリシン（GG, $NH_2CH_2CONHCH_2COOH$，M = 132.12 g mol^{-1}）1 g の燃焼エンタルピーを求めなさい．生成物は尿素(s)，$CO_2(g)$ と水(l)である．

3.18 C(s)，$H_2(g)$，$C_2H_5OH(l)$ の標準モル燃焼エンタルピーをそれぞれ $\Delta_c H^{\ominus}(C(s)) = -393.51$ kJ mol^{-1}，$\Delta_c H^{\ominus}(H_2(g)) = -285.83$ kJ mol^{-1}，$\Delta_c H^{\ominus}(C_2H_5OH(l)) = -1366.82$ kJ mol^{-1} とするとき，エタノールの標準モル生成エンタルピー変化とエタノール生成に伴う標準内部エネルギー変化を求めなさい．

3.19 10 Ω の抵抗が，十分量の冷却水で 25 °C に保たれている．この抵抗に 10 A の電流を 10 s 流したとき，抵抗および冷却水のエントロピー変化を求めなさい．

3.20 式(3.23)と式(3.26)から理想気体の体積変化に伴うエントロピー変化は $\Delta S \equiv \dfrac{q_{rev}}{T} = nR\ln\left(\dfrac{V_2}{V_1}\right) > 0$ と与えられる．式(3.16)，式(3.22)，式(3.2)から $\left(\dfrac{\partial S}{\partial P}\right)_T$ を求め，状態方程式を使って，S の V 依存性の式を求めなさい．

3.21 温度 T にある理想気体 n mol を，V_1 dm^3 から V_2 dm^3 まで断熱可逆膨張させたとする（$V_2 > V_1$）．このとき，系，外界，および宇宙のエントロピー変化を求めなさい．また，真空中で断熱膨張させた場合には，不可逆となることを示しなさい．

3.22 系の自由エネルギーの微小量を $\delta q - TdS$ と定義するとき，「孤立系（＝宇宙）の内部エネルギー U_{total}（$\equiv U + U_{surr}$）は常に保存されるが，系の自由エネルギーは減少する」ということを熱力学第一法則と第二法則で説明しなさい．

3.23 シュレーディンガーは，著書 “What is life?” のなかで，「生物が生きるための手段として環境から “負エントロピー(negentropy)” を絶えず摂取している」と述べている．このことについてどのように考えるか．

3.24 1 mol の理想気体が V_1 から V_2 へ断熱自由膨張したとき，系の内部エネルギー，エンタルピー，エントロピー，ギブズエネルギーはどれだけ変化するか．**自由膨張**(free expansion)とは外圧(P_{ex}) = 0 での膨張を指す．

3.25 アルコール発酵：$C_6H_{12}O_6(aq) \longrightarrow 2C_2H_5OH(l) + 2CO_2(g)$ の反応（T，P 一定条件）に関する次の問いに対して，グルコース 1 mol あたりの値を答えなさい．酵母が利用したエネルギーは無視すること（“体積膨張以外何も仕事をせず” という表現と同義）として答えなさい．反応式に現れる化合物の標準モル生成エンタルピーと部分モルエントロピーは下記の表の値を用い，温度は 25 °C とする．

① 系が体積変化に費やすエネルギーはいくらか？
② 体積膨張以外何も仕事をせず反応が進行したとき，外界に出る熱はどれだけか？
③ 化学結合の組み換えで系が失う内部エネルギーはどれだけか？
④ 上の熱移動で外界のエントロピーはどれだけ変化するか？
⑤ この反応で系のエントロピーはどれだけ変化するか？
⑥ この反応により外部で利用できる最大のエネルギーはどれだけか？

化合物	$C_6H_{12}O_6(aq)$	$C_2H_5OH(l)$	$CO_2(g)$
$\Delta_f H^{\ominus}$/kJ mol^{-1}	−1263	−278	−393
$S^{\ominus}$/J mol^{-1} K^{-1}	264	161	214

3.26 単原子理想気体の 1 mol のエンタルピーを温度の関数で表しなさい．また，内部エネルギーと比較し，式(3.42)を導きなさい．

3.27 1 bar における水の沸点は 99.6 °C で，沸点における部分モル蒸発エンタルピーを $\Delta_{vap}\bar{H}_{99.6\,°C} = 40.657\ kJ\ mol^{-1}\ K^{-1}$ とするとき，巻末表の $H_2O(g)$ と $H_2O(l)$ の定圧モル熱容量 $\bar{C}_P$ を用いて，20 °C の水の部分モル蒸発エンタルピー $\Delta_{vap}\bar{H}_{20\,°C}$ を求めなさい．

3.28 理想気体に対して，$\left(\frac{\partial H}{\partial V}\right)_T = 0$ となることを示しなさい．また，$dU(T, V)$ が完全微分であることに注目して，$\left(\frac{\partial C_V}{\partial V}\right)_T = 0$ となることを示しなさい．

3.29 定容モル熱容量が $\bar{C}_V = 20.8\ J\ mol^{-1}\ K^{-1}$ の理想気体 0.5 mol を，1 atm で 298 K から 393 K まで加熱したときの，q，$\Delta H, \Delta U, w$ はどれだけか．

3.30 ある反応の T_2 における標準反応エンタルピー $\Delta_r H^{\ominus}(T_2)$ を，基準温度 T_1 の $\Delta_r H^{\ominus}(T_1)$ と $\bar{C}_P$ から求める方法を式で表しなさい．ただし，$\bar{C}_P$ は温度に依存しないものとする（一般には温度差 100 K 以内）．

3.31 $H_2(g)$ と $O_2(g)$ は火花などにより爆発的に反応し $H_2O(g)$ ができる．100 °C，1 bar での 2 mol の $H_2O(g)$ ができるときのエントロピー変化 $\Delta_c S_{373}$ を求めなさい．

3.32 理想気体の定容モル熱容量を $\bar{C}_V$ とするとき，1 mol の理想気体を定容条件で 0 °C から 100 °C まで，可逆的に温度変化させた場合と，100 °C の熱源に接して不可逆的に急速に増加させた場合の，系と外界のエントロピー変化 ΔS を求め，比較しなさい．

3.33 相転移が起こらない範囲内で温度 T_1 から T_2 の間のいくつかの温度で，定圧のもとで，定圧熱容量 C_P を求めたとき，この温度変化によるエントロピー変化の求め方について述べなさい．

3.34 25 °C の 2 原子分子気体を体積 1/20 に断熱圧縮したとき，気体の温度は何 °C になるか．

3.35 $\left(\frac{\partial U}{\partial V}\right)_T = 0$ であれば $\left(\frac{\partial U}{\partial P}\right)_T = 0$ となることを，ヤコビアンを用いた変数変換で示しなさい．この式は，理想気体の内部エネルギーは温度だけの関数であることを示している．

第4章 エントロピー

Question: *What appealed to you about naming the album for* "The 2nd Law"?
Answer: ... *The laws of thermodynamics are basically about how energy functions and fluctuates throughout the universe. To try and understand that is to try and understand what this all is. In the case of the second law, it's the idea that being an isolated solar system like we are, there's no new energy coming in and that energy is gradually declining. It seems like evolution and life itself is in some ways a battle against this sort of inevitable consequence of how energy functions. And I came to this idea that there's something intrinsic to life that is really contrary to the sometimes dark, cold truth of the laws of thermodynamics.*

Matt Bellamy of Rock band Muse by Ed Masley, azcentral.com

熱力学第一法則は，エネルギー保存則を謳(うた)っているが，変化の方向性については何も語っていない．自然界では，水の蒸発のように，吸熱反応も進行する．つまり，化学反応の方向性は反応熱だけで決まるものではない．熱移動，拡散，純水への固体の溶解なども，変化の方向性が決まっており，逆は起こらない．このような変化の方向を記述するための状態関数としてエントロピーという物理量が発見され，熱力学第二法則が誕生した．すべての物質はこのエントロピーがもつ制約のもとに振る舞い，宇宙のエントロピーは増大する．この原理をもとに，系の自由エネルギーは減少するという結論が導き出され，反応の方向性を明確に記述できるようになった．一方，このエントロピーを，確率論を基礎に分子論的に記述することに成功し，熱力学全体を分子論で解釈できるようになった．この考え方は量子力学へと大きく展開していった．エントロピーは，マクロな熱力学とミクロな量子力学を結びつけただけでなく，現代科学において，きわめて重要な物理量として位置づけられている Web．

4.1 カルノーサイクル

サディー・カルノーは，蒸気エンジンの熱効率(熱を仕事に変える効率)を考えるにあたって，最高の熱効率をもつ仮想上の(準静的な)循環過程をもつ熱機関(熱エンジン(注1))を考えた．これを**カルノーサイクル**(Carnot circle)という．**図4.1**(a)に示すように，このサイクルは，①温度 T_H の高温源における等温可逆膨張［$(V_1, P_1) \to (V_2, P_2)$］，②断熱可逆膨張［$(V_2, P_2) \to (V_3, P_3)$］(この断熱膨張により温度は $T_H \to T_L$ に低下)，③温度 T_L における等温可逆圧縮［$(V_3, P_3) \to (V_4, P_4)$］，④断熱可逆圧縮［$(V_4, P_4) \to (V_1, P_1)$］(この断熱圧縮により温度は $T_L \to T_H$ に増加)の4つの可逆過程を含む．この循環過程で熱エンジンは，図4.1(b)に示すように，①の過程で高温源から熱 $q_{H,rev}(>0)$ を受け取り，外部に対して $-w_{rev}(>0)$ の仕事をし，③の過程で残りの熱 $-q_{L,rev}(>0)$ を低温源に渡し，元の状態に戻る．これは可逆過程であるから，最大効率の熱エンジンとなる．

注1) ワット(James Watt, 1736–1819)の蒸気機関の発明により，産業革命が起こりイギリスは急速に栄えた．このためエンジンに関わる技術者は非常に重要な立場にあった．現在でも，工学者，工学に対して engineer, engineering という言葉が使われているのはこの理由による．ところでこの産業革命前で，世界で最も人口の多かった都市はカンボジア北西部にあるアンコールであった．ジャヤーヴァルマン7世に代表されるクメール王朝の王は，高度な技術で水路を確保し，乾季でも水耕を可能にし，三期作や四期作を実現した．また，宗教の違いを超えた寛容と共存の平和社会を築き，交通・文化の要所として栄えた．現代人は，このアンコールの人たちの生き方にならうべきことが非常に多いのではないだろうか．

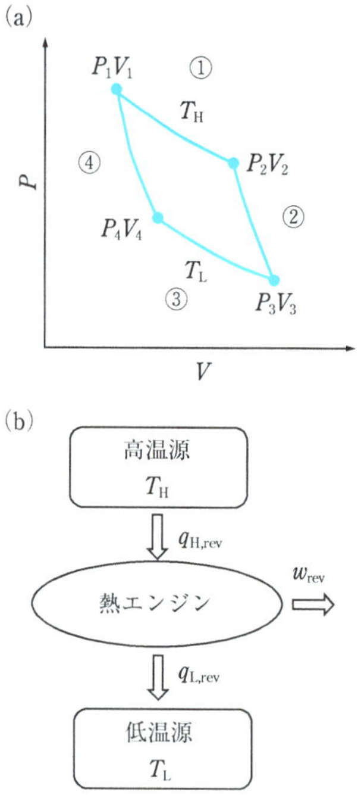

図4.1　カルノーの可逆熱エンジンの基本形態と作業経過

①〜④の各過程での熱と仕事を考えると，以下のようになる．

①は系が得た $q_{H,rev}$ の熱を外部に対する PV 仕事($-w_1$)に完全変換する過程である．$-w_1$ は(V_1, P_1)，(V_2, P_2)，(V_2, 0)，(V_1, 0)を囲む面積に相当する．

$$\Delta U = 0,\quad q_1(= q_{H,rev}) = -w_1 = nRT_H \ln\frac{V_2}{V_1} > 0 \tag{4.1}$$

②の断熱膨張により外部に対して PV 仕事($-w_2$)をした分，内部エネルギー(温度)が低下する．$-w_2$ は(V_2, P_2)，(V_3, P_3)，(V_3, 0)，(V_2, 0)を囲む面積に相当する．

$$q_2 = 0,\quad w_2 = \Delta U = n\bar{C}_V\int_{T_H}^{T_L} dT = n\bar{C}_V(T_L - T_H) < 0 \tag{4.2}$$

また式(3.52)より

$$\frac{V_3}{V_2} = \left(\frac{T_H}{T_L}\right)^{\bar{C}_V/R} \tag{4.3}$$

③は，外部から得た PV 仕事(w_3)をすべて外部へ熱($-q_{L,rev}$)として放出する過程である．w_3 は(V_3, P_3)，(V_4, P_4)，(V_4, 0)，(V_3, 0)を囲む面積に相当する．

$$\Delta U = 0,\quad q_3(= q_{L,rev}) = -w_3 = nRT_L \ln\frac{V_4}{V_3} < 0 \tag{4.4}$$

④の断熱圧縮により外部から PV 仕事(w_4)をされた分，内部エネルギー(温度)が増加する．w_4 は(V_4, P_4)，(V_1, P_1)，(V_1, 0)，(V_4, 0)を囲む面積に相当する．

$$q_4 = 0,\quad w_4 = \Delta U = n\bar{C}_V\int_{T_L}^{T_H} dT = n\bar{C}_V(T_H - T_L) = -w_2 > 0 \tag{4.5}$$

また

$$\frac{V_4}{V_1} = \left(\frac{T_H}{T_L}\right)^{\bar{C}_V/R} = \frac{V_3}{V_2} \tag{4.6}$$

つまり，この可逆熱機関は高熱源から低熱源への可逆な熱移動により，

$$w_{rev} = w_1 + w_2 + w_3 + w_4 = w_1 + w_3 < 0 \tag{4.7}$$

の仕事をされた，あるいは外部に対して $-w_{rev}$ の仕事(図中のひし形の内部の面積)をしたことになる．①〜④は循環過程であるため，全過程では $\Delta U = 0$ であるから(注1)，熱力学第一法則により

注1) この系において $\oint \delta q \neq 0$，$\oint \delta w \neq 0$ であるが，$\oint dU = \oint \delta q + \oint \delta w = 0$ となることがわかる．

$$\Delta U = q_{H,rev} + q_{L,rev} + w_{rev} = q_{H,rev} + q_{L,rev} + w_1 + w_3 = 0 \tag{4.8}$$

$$w_{rev} = w_1 + w_3 = -nRT_H \ln\frac{V_2}{V_1} - nRT_L \ln\frac{V_4}{V_3}$$
$$= -nR(T_H - T_L)\ln\frac{V_2}{V_1} = -(q_{H,rev} + q_{L,rev})(< 0) \tag{4.9}$$

となる．別の見方をすると，この熱機関は $q_{H,rev}$ の熱をもらい，それを $-(q_{L,rev}$

$+ w_{\rm rev}$)としてすべて放出したと考えることもできる．放出された熱($-q_{\rm L,rev}$)は利用できないので，この熱機関の最大エネルギー変換効率は

$$\varepsilon_{\rm max} \equiv \frac{-w_{\rm rev}}{q_{\rm H,rev}} = \frac{q_{\rm H,rev}+q_{\rm L,rev}}{q_{\rm H,rev}} = \frac{nR(T_{\rm H}-T_{\rm L})\ln\frac{V_2}{V_1}}{nRT_{\rm H}\ln\frac{V_2}{V_1}} = \frac{T_{\rm H}-T_{\rm L}}{T_{\rm H}} < 1 \qquad (4.10)$$

となる．すなわち，熱を仕事に変換するには，可逆系の最大効率としても($T_{\rm L}=0$ か $T_{\rm H}=\infty$ でない限り)1以下となる．マイヤーやジュールが提唱した仕事から熱への完全変換(仕事と熱の等価性，3.3節)とは異なり，熱から仕事への変換には限界があることをカルノーは示したのである(コラム4.1)．

ところで，現実の熱機関は不可逆である．①と③の等温過程を不可逆とし，そのときの熱をそれぞれ $q_{\rm H,irrev}$，$q_{\rm L,irrev}$ とすると，

$$q_{\rm H,rev} > q_{\rm H,irrev} > 0 > q_{\rm L,rev} > q_{\rm L,irrev} \qquad (4.11)$$

となる(3.5.2節 参考3.3)．すなわち，符号・大きさを含めて $q_{\rm irrev} < q_{\rm rev}$ である．このことから，

$$\begin{aligned} 1 &> q_{\rm H,irrev}/q_{\rm H,rev} > 0 > q_{\rm L,rev}/q_{\rm H,rev} > q_{\rm L,irrev}/q_{\rm H,rev} \\ &= (q_{\rm L,irrev}/q_{\rm H,irrev})\underbrace{(q_{\rm H,irrev}/q_{\rm H,rev})}_{0<,\ \ <1} > q_{\rm L,irrev}/q_{\rm H,irrev} \end{aligned}$$

すなわち

$$q_{\rm L,irrev}/q_{\rm H,irrev} < q_{\rm L,rev}/q_{\rm H,rev} < 0 \qquad (4.12)$$

が得られ，不可逆のエネルギー変換効率 $\varepsilon_{\rm irrev}$ は $\varepsilon_{\rm irrev} < \varepsilon_{\rm max}$ となることが示される．

$$\varepsilon_{\rm irrev} \equiv \frac{-w_{\rm irrev}}{q_{\rm H,irrev}} = 1+\frac{q_{\rm L,irrev}}{q_{\rm H,irrev}} < 1+\frac{q_{\rm L,rev}}{q_{\rm H,rev}} = \frac{-w_{\rm rev}}{q_{\rm H,rev}} \equiv \varepsilon_{\rm rev}\,(=\varepsilon_{\rm max}) \qquad (4.13)$$

コラム4.1　革命後のパリで，1人で苦悩し考え出したカルノーの原理が，科学革命を引き起こした!

18世紀後半，フランス革命に続き，ナポレオン(Napoléon Bonaparte, 1769−1821)が台頭してきた頃，サディー・カルノー(Nicolas Léonard Sadi Carnot，1796−1832)は，父ラザール(Lazare Nicolas Marguerite Carnot, 1753−1823)の長男として生まれた．ラザールはフランス革命で，フランス軍の軍制改革を主導し，ナポレオンの才能を見抜いた穏健派共和主義者だった．当時，700年間にわたる宿敵イギリスとの覇権戦争に敗れたフランスの地位はきわめて低くなり，革命の混乱の中にあった．一方のイギリスは産業革命を達成しており，熱機関の研究が盛んに行われていた．サディーは，熱機関こそが国の興亡を左右する鍵であると考え，熱機関の本質的性質，あるいは絶対法則を見出そうと，1人苦悩し続けた．

そして，後にカルノーサイクルとよばれる準静的な循環過程を思考モデルとし，「熱の流れから引き出すことのできる動力の量には限界があり，それを超えることができない．またその限界は温度だけで決まる」という原理を導き出した．エントロピーの発見につながる，熱から仕事へは完全に変換できないことを示したのである．彼は，その内容を，父逝去の翌 1824 年，『火の動力』として私費出版した．しかし，カルノーの原理はほとんど理解されることなく，サディーは 1832 年の六月暴動の 2 ヶ月後，コレラに倒れてしまった．悲しいことに，疫病対策の理由で，貴重なノートや原稿はほとんど焼却されてしまったのである．

それから約半世紀たった 1878 年，奇跡的に焼却を免れた遺稿を，弟のイッポリート(Lazarre Hyppolite Carnot, 1801－1888)がみつけて公表した．そこには，なんと，エネルギー保存則や，仕事と熱の等価性，熱の仕事当量などの概念がすでに書かれていたのである．マイヤーの仕事と熱の等価性(3.3 節)の発表の 20 年も前のことである．

長い間忘れ去れていたカルノーの原理の重要性に初めて気づいたのがクラペイロン(Benoît Paul Émile Clapeyron, 1799－1864)であった．しかし，その意見もまた無視されてしまう．さらに 10 年経って，次はトムソン(William Thomson, 1st Baron Kelvin, 1824－1907)が，カルノーの原理を高く評価し，サディーの原著を直接読むことにより，エネルギー論の基盤を築き上げていったのである．しかし，トムソンは，①仕事を熱に完全変換できることを示したマイヤーやジュールの仕事と熱の等価性と，②カルノーの熱を仕事には完全変換できないとするカルノーの原理という，一見相容れない 2 つの概念を統一できず苦悩していた．この矛盾を見事に解決したのが，クラウジウス(Rudolf Julius Emmanuel Clausius, 1822－1888)であり，熱力学第一，第二法則として，エネルギーおよびエントロピーの概念を確立したのである(3.5 節)．

その後，ボルツマン(Ludwig Eduard Boltzmann, 1844－1906)が，エントロピーに対して分子論的な解釈を加えることに成功した．そして，この考え方が，量子論へと展開していくのである．このように，カルノーの原理は，まさに現代科学の大改革の引き金となったのである．

4.2　2つの顔をもつエントロピー

4.2.1　クラウジウスが考えたエントロピー（巨視的エントロピー）

可逆循環系であるカルノーサイクルで $\frac{q}{T}$ を考えると，式(4.10)より

$$\frac{q_{\mathrm{H,rev}}}{T_{\mathrm{H}}}+\frac{q_{\mathrm{L,rev}}}{T_{\mathrm{L}}}=0 \tag{4.14}$$

が得られる．$\frac{q_{\mathrm{H,rev}}}{T_{\mathrm{H}}}$ は前節の①の過程に相当し，$\frac{q_{\mathrm{L,rev}}}{T_{\mathrm{L}}}$ は③の過程に相当し，和はゼロである．また②および④の過程について $\frac{q}{T}$ を考えると，$q_2 = q_4 = 0$ であるためともにゼロとなる．したがって，①～④の過程の $\frac{q}{T}$ を加えるとゼロになる．ところでエントロピーは

$$\mathrm{d}S \equiv \frac{\delta q_{\mathrm{rev}}}{T}$$

と定義されるので(q_{rev}：可逆過程の熱)，カルノーの可逆循環系では

$$\Delta S = \Delta S_{①} + \Delta S_{②} + \Delta S_{③} + \Delta S_{④} = \frac{q_{\mathrm{H,rev}}}{T_{\mathrm{H}}} + \frac{q_{\mathrm{L,rev}}}{T_{\mathrm{L}}} = 0 \tag{4.15}$$

と書くことができる．一般には

$$\oint \frac{\delta q_{\mathrm{rev}}}{T} \equiv \oint \mathrm{d}S = 0 \tag{4.16}$$

となる．式(4.16)はエントロピーSは状態関数であることを示している．

しかし，現実の系は不可逆であり，符号・大きさを含めて$\delta q_{\mathrm{rev}} > \delta q_{\mathrm{irrev}}$となる(式(4.11)，3.5.2節 参考3.3)．これより，次の**クラウジウスの不等式**が得られる．

$$\mathrm{d}S \geq \frac{\delta q}{T}$$

ここで，不可逆系を含む孤立系のエントロピーは増大すること(式(3.24))を，カルノーサイクルに似た循環系を含む孤立系で考えてみる．カルノーサイクルは可逆(準静的)循環系であるので，外界のエントロピー変化は

$$\Delta S_{\mathrm{surr,rev}} = -\frac{q_{\mathrm{H,rev}}}{T_{\mathrm{H}}} - \frac{q_{\mathrm{L,rev}}}{T_{\mathrm{L}}} = 0 \tag{4.17}$$

となる．式(4.16)を考えると，可逆な孤立系全体のエントロピー変化は$\Delta S_{\mathrm{total,rev}} = \Delta S + \Delta S_{\mathrm{surr,rev}} = 0$となる．一方，カルノーサイクルの①と③に相当する過程が不可逆のときは，式(4.11)の関係より

$$\Delta S_{\mathrm{surr,irrev}} = -\frac{q_{\mathrm{H,irrev}}}{T_{\mathrm{H}}} - \frac{q_{\mathrm{L,irrev}}}{T_{\mathrm{L}}} > -\frac{q_{\mathrm{H,rev}}}{T_{\mathrm{H}}} - \frac{q_{\mathrm{L,rev}}}{T_{\mathrm{L}}} (=0) \tag{4.18}$$

となる．一方，エントロピーは状態関数であるので，循環系が可逆，不可逆にかかわらず系のエントロピーは式(4.15)で与えられる．したがって，不可逆系を含む孤立系のエントロピーは増大する．

$$\Delta S_{\mathrm{total,irrev}} = \Delta S + \Delta S_{\mathrm{surr,irrev}} > 0 \tag{4.19}$$

このことは次のように言い換えることができる．現実の不可逆な循環エンジンでは，$q_{\mathrm{H,rev}} > q_{\mathrm{H,irrev}} > 0$だから，高温源からは，可逆系より少ない熱$q_{\mathrm{H,irrev}}$しか受け取ることができない．一方，$0 > q_{\mathrm{L,rev}} > q_{\mathrm{L,irrev}}$だから，低温源へは，可逆系の場合以上に多くの熱を渡すことになる．結果として，4.1節で述べたように，$\varepsilon_{\mathrm{rev}}$より低い$\varepsilon_{\mathrm{irrev}}$という効率で熱が仕事に変換されることになる．このとき，不可逆エンジンをとりまく外界のエントロピーは増大する．結果として孤立系全体のエントロピーも増大することになる(参考4.1)．

参考4.1　熱は高温源から低温源へ移動する

図4.2 のように断熱壁に囲まれた孤立系内に，観測系をおく．観測系と外界には理想気体があり，体積変化はないものとする($\delta w = 0$)．外界から系への δq の準静的(可逆的)な熱移動を考える．観測系のエントロピー変化は $\mathrm{d}S = \dfrac{\delta q}{T}$，外界のエントロピー変化は $\mathrm{d}S_{\mathrm{surr}} = -\dfrac{\delta q}{T_{\mathrm{surr}}}$ と与えられる．こうして，孤立系(宇宙)の全エントロピー変化 $\mathrm{d}S_{\mathrm{total}}$ は

$$\mathrm{d}S_{\mathrm{total}} = \mathrm{d}S + \mathrm{d}S_{\mathrm{surr}} = \frac{\delta q}{T} - \frac{\delta q}{T_{\mathrm{surr}}} = \delta q\left(\frac{1}{T} - \frac{1}{T_{\mathrm{surr}}}\right) \tag{4.20}$$

となる．熱力学第二法則により孤立系では $\mathrm{d}S_{\mathrm{total}} \geq 0$ であり，平衡状態では $\mathrm{d}S_{\mathrm{total}} = 0$ となるので $T_{\mathrm{surr}} = T$ となる．また，不可逆状態では $\mathrm{d}S_{\mathrm{total}} > 0$ となるので，$\delta q > 0$ とすると $T_{\mathrm{surr}} > T$ となり，高温体(外界)から低温体(観測系)へ熱移動が起こる．一方，$\delta q < 0$ とすると $T_{\mathrm{surr}} < T$ となり，やはり高温体(観測系)から低温体(外界)へ熱移動が起こる．これは私達が日頃感じ取っていることと一致している．そして，その逆は起こらない．厳密にいうと，エントロピーとは確率の問題なので，低温から高温への熱移動は確率論的に否定されるというべきである．

ところでエントロピーの定義より

$$\frac{\mathrm{d}S}{\delta q_{\mathrm{rev}}} = \frac{1}{T} \tag{4.21}$$

となり(注1)，**図4.3** に示すように，物質の S と q の関係における傾き($1/T$)は上に凸となる．これは場合の数が少ない低温(T_{L})状態に熱を与えるとエントロピーは大きく上昇するのに対し，すでに場合の数が多くなっている高温(T_{H})状態に同じだけの熱を加えてもエントロピー上昇は少ないことを意味する．このことから，高温(T_{H})から低温(T_{L})へ δq(>0)熱移動させた場合，全体のエントロピーは増加することがわかる．

$$\mathrm{d}S_{T_{\mathrm{L}}} + \mathrm{d}S_{T_{\mathrm{H}}} = \frac{\delta q}{T_{\mathrm{L}}} - \frac{\delta q}{T_{\mathrm{H}}} > 0 \tag{4.22}$$

その逆の熱移動は全体のエントロピーが減少するので，確率的に起こらないということを意味している．

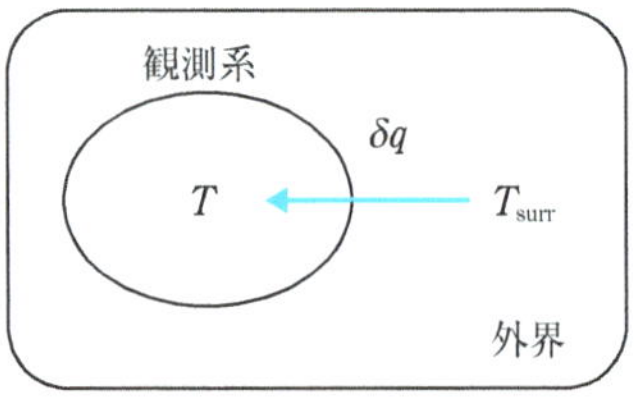

図4.2　孤立系の中での熱移動

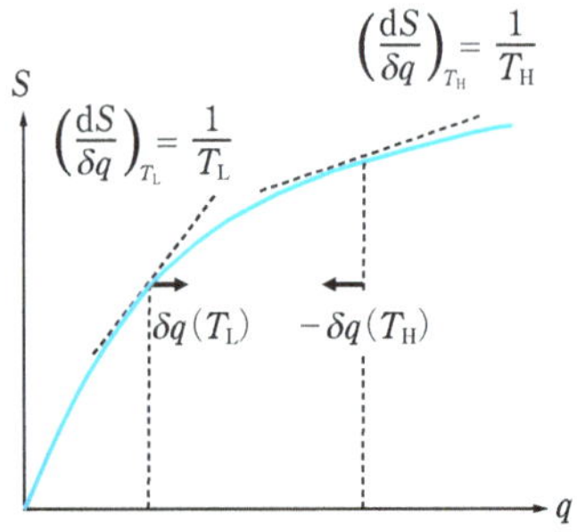

図4.3　高温源から定温源へ熱移動した場合のエントロピー変化

注1) 3.6節で述べたように，$\delta q_V = \mathrm{d}U$, $\delta q_P = \mathrm{d}H$ であるから，定容時の q は U，また定圧時の q は H であるので $\left(\dfrac{\partial q_{\mathrm{rev}}}{\partial S}\right)_T = T$ に代入すると，$T = \left(\dfrac{\partial H}{\partial S}\right)_P = \left(\dfrac{\partial U}{\partial S}\right)_V$ が得られる．これは5.5節で述べるマクスウェルの関係式の1つである．

4.2.2 ボルツマンが考えたエントロピー（分子論的エントロピー）

エントロピーの導入により，熱機関の熱力学を見事に説明することができた．しかし，このエントロピーの分子論的意味を明らかにしたのは，ボルツマンであり，統計熱力学的に，次のように与えられる（発展 4.1）．

$$S = k_B \ln W \qquad (\text{微分形は } dS = k_B d(\ln W)) \tag{4.23}$$

ここで W は微視的状態の数である．ここでは，別の観点から式(4.23)を考えてみる．

エントロピー S と微視的状態の数 W に関係があると考える．このとき S は相加的 $(S = S_1 + S_2 + \cdots = \sum S_i)$ であるのに対して，W は相乗的 $(W = W_1 W_2 \cdots = \prod W_i)$ であり，S と W を結びつけるためには，$S = a \ln W + b$ とおけばよい．実際，2 つのエントロピーを足すと

$$S_1 + S_2 = a(\ln W_1 + \ln W_2) + 2b = a \ln W_1 W_2 + 2b \tag{4.24}$$

となる．さらに，$S_1 = S_2$ のときには，

$$S_1 + S_1 = a \ln W_1 W_1 + 2b = 2(a \ln W_1 + b) = 2S_1 \tag{4.25}$$

となり，S の加成性と W の相乗性が結びつく．

ここで，気体の膨張を微視的状態の数という統計的視点から考える．まず，気体 1 分子$(N = 1)$が入ることができる（仮想的な）単位格子が W_1 個ある体積 V_1 を想定するとき，ここに 1 分子が格子に入る場合の数は W_1 となる．単位格子の数は体積に比例するので，全体積を V_2/V_1 倍にした場合，その 1 分子が入る微視的状態の数の比は $W_2/W_1 = V_2/V_1$ となる．したがって，この膨張によるエントロピー変化は，

$$\Delta S_{N=1} = a[\ln W_2 - \ln W_1] = a \ln\left(\frac{V_2}{V_1}\right) \tag{4.26}$$

と与えられる．アボガドロ数 N_A 個の分子で考えると，

$$\Delta S_{N=N_A} = N_A \Delta S_{N=1} = a N_A \ln \frac{V_2}{V_1} \tag{4.27}$$

で与えられる（参考 4.2）．

一方，この膨張に関する 1 mol あたりのエントロピー変化を等温可逆膨張から求めると，可逆膨張過程で得た熱(q_{rev})は，$q_{rev} = RT \ln \dfrac{V_2}{V_1}$（式(3.26)）となる．したがって，

$$\Delta S \equiv \frac{q_{rev}}{T} = R \ln \frac{V_2}{V_1} \tag{4.28}$$

となる．式(4.27)と式(4.28)より

$$a = \frac{R}{N_A} = k_B$$

が得られる．さらに，熱力学第三法則により $T = 0$ における単原子分子は $W = 1$ であり，$S = 0$ であるので $b = 0$．したがって，統計的視点より式(4.23)が得られる．

参考4.2 膨張によるエントロピー増加の分子論的解釈

膨張によるエントロピーの増加をボルツマン分布で考えてみる．1次元の並進運動エネルギーは $\varepsilon_n = \dfrac{n^2h^2}{8ma^2}$（式(2.86)）で与えられるので，例えば，幅 a を2倍に膨張させると，各量子数 n に相当する ε_n は1/4になるから，**図4.4** のようにエネルギー準位の間隔が狭くなる．温度はボルツマン分布を決める唯一のパラメータであるから（式(2.85)），青で示したように，膨張にかかわらずある温度では同じ分布となる．しかし，膨張後は，とりうるエネルギー準位の数（青線の下に位置するエネルギー準位の数），すなわち微視的状態の数 W が急激に増加する．これが膨張による S の増加の統計熱力学的な説明である．

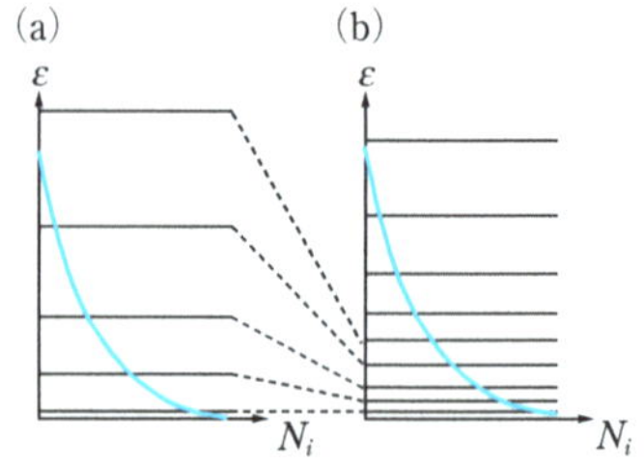

図4.4 膨張によるエントロピー増加

発展4.1 統計熱力学的なエントロピーの導出

ボルツマン分布で導かれる全エネルギー E（式(2.81)）を内部エネルギー U に置き換えると，

$$U \equiv \sum \varepsilon_i N_i = N \sum \varepsilon_i p_i \tag{4.29}$$

となる．体積一定の場合，加熱しても量子化された並進運動のエネルギー準位 ε_i は変化しない．また，このとき PV 仕事はゼロ（$w_{PV} = 0$）であるから，可逆的な熱移動は内部エネルギー変化となる．したがって，

$$\delta q_{\mathrm{rev}} = (\mathrm{d}U)_V = \sum \varepsilon_i \mathrm{d}N_i = N \sum \varepsilon_i \mathrm{d}p_i \tag{4.30}$$

となる．つまり，熱吸収により高いエネルギー状態の分子数が増加する．また，クラウジウスの定義（式(3.16)）によるとエントロピー変化は

$$\delta S \equiv \frac{\delta q_{\mathrm{rev}}}{T} = \frac{N}{T} \sum \varepsilon_i \mathrm{d}p_i \tag{4.31}$$

と与えられる．一方，エネルギー U の状態の数 W は

$$W = \frac{N!}{\prod_i N_i!} \tag{4.32}$$

と与えられる．スターリングの公式（式(1.55)）を用いると

$$
\begin{aligned}
\ln W &\simeq (N\ln N - N) - \left(\sum_i N_i \ln N_i - \sum_i N_i\right) \\
&= N\ln N - N - \sum_i N_i \ln(p_i N) + N \qquad (\because \text{式}(2.82),\ \text{式}(2.85)) \\
&= N\ln N - \sum_i N_i \ln p_i - \ln N \sum_i N_i \\
&= -\sum_i N_i \ln p_i
\end{aligned}
\tag{4.33}
$$

が得られる．式(4.33)を微分すると，

$$
\begin{aligned}
\mathrm{d}(\ln W) &= -\sum_i \ln p_i \mathrm{d}N_i - \sum_i N_i \mathrm{d}(\ln p_i) \\
&= -\sum_i \ln p_i \mathrm{d}N_i - \sum_i N_i \frac{\mathrm{d}p_i}{p_i} \\
&= -\sum_i \ln p_i \mathrm{d}N_i \qquad (\because \sum_i \mathrm{d}p_i = 0)
\end{aligned}
\tag{4.34}
$$

が得られる（参考4.3）．式(4.34)に式(2.85)の対数表示($\ln p_i = -\dfrac{\varepsilon_i}{k_\mathrm{B}T} - \ln q$)を代入すると，

$$
\begin{aligned}
\mathrm{d}(\ln W) &= \sum_i \frac{\varepsilon_i}{k_\mathrm{B}T}\mathrm{d}N_i + \ln q \sum_i \mathrm{d}N_i \\
&= \sum_i \frac{\varepsilon_i}{k_\mathrm{B}T}\mathrm{d}N_i \qquad (\because \sum_i \mathrm{d}N_i = 0) \\
&= \frac{\delta q_\mathrm{rev}}{k_\mathrm{B}T} \qquad (\because \text{式}(4.30)) \\
&= \frac{\mathrm{d}S}{k_\mathrm{B}}
\end{aligned}
\tag{4.35}
$$

となる．これより，ボルツマンのエントロピーの式(4.23)が得られる．

内部エネルギーU，圧力P，エントロピーS，ヘルムホルツエネルギーAなどは，分配関数を用いて表現することができ，その分子論的意味もよくわかるようになる．一例として，ヘルムホルツエネルギーAを考える．内部エネルギーUということは，アボガドロ数的なマクロな数の分子を取り扱う場合，分子のエネルギーの期待値は平均値Uとなる（確率論でいう中心極限定理）．そして，その縮退した状態数がWであると考えればよい．そうすると系の分配関数

$$
Q \equiv \sum_i \exp\left(-\frac{E_i}{k_\mathrm{B}T}\right) \tag{4.36}
$$

は

$$
Q \simeq W \exp\left(-\frac{U}{k_\mathrm{B}T}\right) \tag{4.37}
$$

と表される．これより

$$
\ln Q = \ln W - \frac{U}{k_\mathrm{B}T} \tag{4.38}
$$

となる．式(4.38)と式(4.23)より，ヘルムホルツエネルギーAは

$$
A(\equiv U - TS) = -k_\mathrm{B}T \ln Q \tag{4.39}
$$

という非常に簡単な式で表すことができる．

このように，分配関数は力学（量子力学）と熱力学の間の橋渡しをしてくれるのである．自由エネルギーの熱力学量を分配関数から求めることができれば，その微分量である化学ポテンシャルも分子論的に論じることができる．以上が統計熱力学の一例の簡単な紹介である．

参考4.3　ボルツマン分布の再導入

系のエントロピーが最大になるとき，$dS = k_B d(\ln W) = 0$ となるはずである．いま，エネルギー一定（式(2.81)，$dE = \sum_i \varepsilon_i dN_i = 0$）で，全分子数一定（式(2.82)，$dN = \sum_i dN_i = 0$）とすると，式(4.34)は

$$d(\ln W) = -\sum_i \ln p_i dN_i - \alpha \sum_i dN_i - \beta \sum_i \varepsilon_i dN_i = -\sum_i (\ln p_i + \alpha + \beta\varepsilon_i) dN_i = 0 \tag{4.40}$$

となる．これを満足する条件は，

$$\ln p_i = -\alpha - \beta\varepsilon_i \tag{4.41}$$

であるから，

$$p_i = A\exp(-\beta\varepsilon_i) \tag{4.42}$$

と表されることになる．これは式(2.92)と同義である．このようにボルツマン分布はエントロピーの分子論的解釈に不可欠な考え方であることがわかる．この方法は，数学的には，**ラグランジュの未定乗数法**とよばれる Web．

4.3　可逆的体積変化の熱移動とエントロピー変化

理想気体の内部エネルギー U は T だけの関数である $\left(\left(\frac{\partial U}{\partial V}\right)_T = 0\right)$ ので，次のように書き表すことができる．

$$dU = \left(\frac{\partial U(T)}{\partial T}\right)_V dT \tag{4.43}$$

つまり，定容（$dV = 0$）のとき，気体に与えた熱はすべて内部エネルギー変化となる（$\delta q_V(T) = dU(T)$）．したがって，$\left(\frac{\partial U(T)}{\partial T}\right)_V$ は定容熱容量（C_V）に等しい（式(3.40)）．

$$dU(T) = C_V dT \tag{4.44}$$

ここで，可逆的体積変化がある場合（$dV \neq 0$）の熱移動 $\delta q_{rev}(T, V)$ を考える．可逆であるから $P = P_{ex}$ で，熱力学第一法則より

$$\delta q_{\text{rev}}(T,V)=\delta U(T)-\delta w_{\text{rev}}=C_V\text{d}T+P\text{d}V$$
$$=C_V\text{d}T+\frac{nRT}{V}\text{d}V=C_V\text{d}T+nRT\text{d}(\ln V) \tag{4.45}$$

となる．式(4.41)は，定容での熱移動 $\delta q_V(T)$ に比べて，PV 変化がある場合の熱移動 $\delta q_{\text{rev}}(T, P)$ には，体積膨張に必要なエネルギー $P\text{d}V$ が余分に加わることを示している．また，この可逆的熱移動におけるエントロピー変化は

$\text{d}S\equiv\dfrac{\delta q_{\text{rev}}}{T}$ であるから

$$\text{d}S(T,V)=\frac{\delta q_{\text{rev}}(T,V)}{T}=\frac{C_V}{T}\text{d}T+\frac{nR}{V}\text{d}V$$
$$=C_V\text{d}(\ln T)+nR\text{d}(\ln V) \tag{4.46}$$

となる（参考4.4）．

いま，(T, V)から$(T+\Delta T, V+\Delta V)$へ可逆的に変化させるルートとして，A→B→DとA→C→Dの２つを考える（**図4.5**）．前者の場合の熱 $q_{\text{rev,ABD}}$ は

$$q_{\text{rev, ABD}}=q_{\text{rev, AB}}+q_{\text{rev, BD}}=C_V\Delta T+nR(T+\Delta T)\ln\left(\frac{V+\Delta V}{V}\right) \tag{4.47}$$

後者の場合の熱 $q_{\text{rev,ACD}}$ は

$$q_{\text{rev, ACD}}=q_{\text{rev, AC}}+q_{\text{rev, CD}}=nRT\ln\left(\frac{V+\Delta V}{V}\right)+C_V\Delta T \tag{4.48}$$

となる．$q_{\text{rev,ABD}}\neq q_{\text{rev,ACD}}$ であるから，可逆過程でも，熱移動は経路に依存することがわかる．

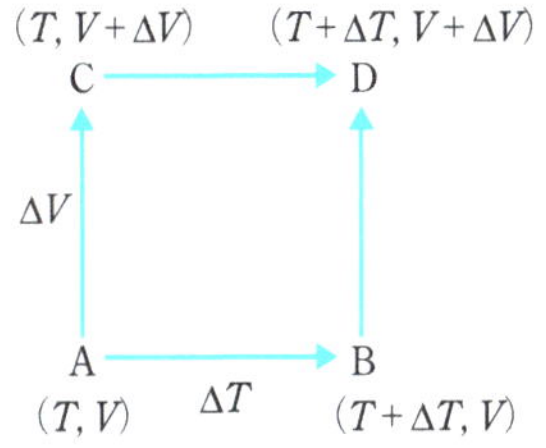

図4.5　可逆変化の２つの経路

一方，この２つの経路でのエントロピー変化を考えると

$$\Delta S_{\text{ABD}}=\Delta S_{\text{AB}}+\Delta S_{\text{BD}}=C_V\ln\left(\frac{T+\Delta T}{T}\right)+nR\ln\left(\frac{V+\Delta V}{V}\right) \tag{4.49}$$

$$\Delta S_{\text{ACD}}=\Delta S_{\text{AC}}+\Delta S_{\text{CD}}=nR\ln\left(\frac{V+\Delta V}{V}\right)+C_V\ln\left(\frac{T+\Delta T}{T}\right) \tag{4.50}$$

となり，ΔS は経路に依存しないことがわかる．この論法はオイラーの判定基準の積分による言い換えでもある（参考4.5）．

参考4.4　理想気体の可逆的体積変化によるエントロピー変化

理想気体の可逆的体積変化によるエントロピー変化は，

$$\text{d}S(T,V)=n\bar{C}_V\text{d}(\ln T)+nR\text{d}(\ln V) \tag{4.51}$$

積分形では

$$\Delta S=n\bar{C}_V\ln\frac{T_2}{T_1}+nR\ln\frac{V_2}{V_1} \tag{4.52}$$

となる．定容加温の場合は第１項，等温膨張の場合は第２項で与えられる．断熱可逆膨張（$\delta q_{\text{rev}}=0$）の場合は当然 $\Delta S=0$ となるので，この条件から $\dfrac{\bar{C}_V}{R}\ln\dfrac{T_2}{T_1}=\ln\dfrac{V_1}{V_2}$（式(3.52)）が得られる．

参考4.5 1/Tは不完全微分$\delta q_{\rm rev}$を完全微分に変える積分因子

$\delta q_{\rm rev}(T, V)$に対してオイラーの判定基準を使うと,

$$\left(\frac{\partial}{\partial V}\left(\frac{\partial q_{\rm rev}}{\partial T}\right)_V\right)_T=\left(\frac{\partial C_V}{\partial V}\right)_V=0\neq\left(\frac{\partial}{\partial T}\left(\frac{\partial q_{\rm rev}}{\partial V}\right)_T\right)_V=\left(\frac{\partial(nRT/V)}{\partial T}\right)_V=\frac{nR}{V} \tag{4.53}$$

となり, $\delta q_{\rm rev}(T, V)$が不完全微分であることがわかる. 一方, dSに対してオイラーの判定基準を使うと,

$$\left(\frac{\partial}{\partial V}\left(\frac{\partial S}{\partial T}\right)_V\right)_T=\left(\frac{\partial}{\partial V}\left(\frac{C_V}{T}\right)\right)_V=0=\left(\frac{\partial}{\partial T}\left(\frac{\partial S}{\partial V}\right)_T\right)_V=\left(\frac{\partial(nR/V)}{\partial T}\right)_V \tag{4.54}$$

となり, dSは完全微分であることがわかる. $\delta q_{\rm rev}$に対する$1/T$のように, 不完全部分を完全微分に変換する因子のことを**積分因子**(integrating factor)という. 数学的には, **カラテオドリの原理**(Carathéodory's theorem)により, 一般に, $\mathrm{d}Q = A(x, y)\mathrm{d}x + B(x, y)\mathrm{d}y$が不完全でも, $\dfrac{\mathrm{d}Q}{T(x,y)}=\dfrac{A(x,y)}{T(x,y)}\mathrm{d}x+\dfrac{B(x,y)}{T(x,y)}\mathrm{d}y$を完全微分にする関数$T(x, y)$が必ず存在することが示されている. この関数$T(x, y)$を**積分分母**(integrating denominator)とよぶ.

4.4 カルノーサイクルの逆回転

カルノーサイクルは, 高温源から熱を受け取り, 外部に対して仕事をし, 残りの熱を低温源に渡す可逆循環機関であることは, 4.1節で述べたとおりである. この循環過程で, 熱は保存されることなく, 一部は外部に対する仕事として消費されている($\Delta U = q_{\rm H,rev} + q_{\rm L,rev} + w_{\rm rev} = 0$). 一方, エントロピーに注目すると$\Delta S_{\rm H}=\dfrac{q_{\rm H}}{T_{\rm H}}$, $\Delta S_{\rm L}=\dfrac{q_{\rm L}}{T_{\rm L}}$であるから, 循環過程で$\Delta S_{\rm H} + \Delta S_{\rm L} = 0$となっている. つまり, エントロピーという"宇宙の支配者"が高温の熱とともに熱機関に運びこまれ仕事をして, 同じだけのエントロピーが低温の熱とともに熱機関から運び出されたことになる.

さて, この熱機関は可逆系であることに留意すれば, 逆回転させた場合, 符号が変わるだけで, 全体としては同じ議論ができるはずである. つまり, 熱機関に$w_{\rm rev} > 0$の仕事をしたら, 低温源から$q_{\rm L,rev} > 0$を受け取り, 高温源に$-q_{\rm H,rev} > 0$の熱を渡す(熱を汲み上げる)ことができることを意味している(参考4.6). これは低温から高温の熱源へ熱移動させるヒートポンプの基本概念であり, クーラーなどに使われている(注1), 参考4.7)(cf. 演習問題4.7).

注1) クーラーでは, コンプレッサーで, 動力を使って代替フロンガス(冷媒)を圧縮して液化させ, 温度上昇させる. この熱を高温源へ運ぶ. 次に, 液化された冷媒を気化膨張させ, 温度を低下させる. このとき, 冷媒は低温源から熱を奪い, またコンプレッサーに戻る. こうして動力により低温源の温度を下げ, 高温源の温度を上げるという仕組みである.

参考4.6 カルノーサイクルの逆回転の別の考え方

カルノーサイクルの逆回転と一般のサイクルとを連結させて, 1)カルノーサイクルが種々の熱機関の中で最高効率であること, 2)効率がカルノーサイクルよりも小さい熱機関は不可逆であること, 3) $\dfrac{\delta q}{T}\leq \mathrm{d}S$であることを示すことができる Web.

参考4.7　エンジンの熱効率の向上の試み

大学の工学部機械系では，内燃機関（エンジン）が研究対象となっているので，熱力学を学ぶことはきわめて重要である．ディーゼルエンジン（断熱圧縮→定圧膨張（燃料注入後，自然発火）→断熱膨張→定容冷却→），4ストロークガソリンエンジン（オットーサイクル：断熱圧縮→定容加熱（スパーク点火）→断熱膨張→定容冷却→）の効率も理想化した熱力学サイクルから計算できる．ディーゼルエンジンでは，高圧縮比のもとで作動させるためエンジンの効率は高いが，高温で燃焼させることと燃料ガスの不均一性により，窒素酸化物やすすが出るのが問題となる．最近，日本の自動車会社が，これまでのガソリンエンジンに2つの過程を加えたアトキンソンサイクル（断熱圧縮→定容加熱→定圧膨張→断熱膨張→定容冷却→定圧冷却→）を実用化して，熱効率を10％近く向上させることに成功した．

4.5　混合エントロピー

図4.6 のような2成分系を考え，はじめ仕切りがあり，ともに圧力 P にあるとき，物質量 n_1, n_2 の理想気体の体積をそれぞれ V_1, V_2 とする（$n \equiv n_1 + n_2$，$V \equiv V_1 + V_2$）．ここでしきりを外すと，成分1は体積 V_1 から V まで存在範囲が膨張する．このとき，成分1のエントロピー変化は式(4.28)により

$$\Delta S_1 = n_1 R \ln \frac{V}{V_1} = -n x_1 R \ln x_1 > 0 \tag{4.55}$$

となり増大する．ここで x_1 は成分1の**モル分率**（mole fraction）である $\left(x_1 \equiv \frac{n_1}{n} = \frac{V_1}{V} \right)$．成分2も同様にそのエントロピーは増大する．したがって，混合による系全体のエントロピー変化（**混合エントロピー**）は次のように表される．

$$\Delta_{\mathrm{mix}} S = -nR(x_1 \ln x_1 + x_2 \ln x_2) \tag{4.56}$$

図4.6　成分気体の混合の概念図

図4.7 のように成分 i の混合を考える場合も同様に扱うことができる．$V \equiv \sum_i V_i$，$n \equiv \sum_i n_i$，$x_i \equiv \frac{n_i}{n} = \frac{V_i}{V}$ とすると，成分 i のエントロピー変化は

$$\Delta S_i = n_i R \ln \frac{V}{V_i} = -n x_i R \ln x_i > 0 \tag{4.57}$$

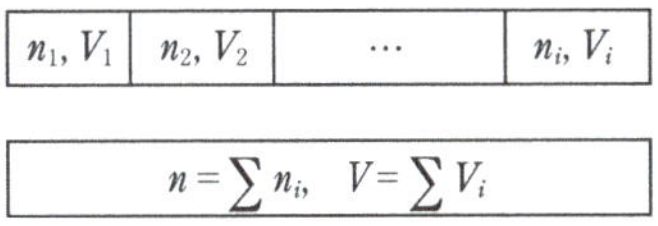

図4.7　気体の混合の概念図

となる．したがって，気体の混合による系全体のエントロピー変化（$\Delta_{\mathrm{mix}} S$）は

$$\Delta_{\mathrm{mix}} S = \sum_i \Delta S_i = -nR \sum_i x_i \ln x_i > 0 \tag{4.58}$$

となる．この関係は，気体に限らず，液体や固体にも成り立つ．この混合によるエントロピーの増加（エネルギーの減少）は，拡散や化学平衡の決定要素としてもきわめて重要である．

理想気体では内部圧は $\left(\frac{\partial U}{\partial V} \right)_{T, n_i} = 0$ であるため（5.5節 参考5.1），T 一定では混合による内部エネルギー変化は $\Delta_{\mathrm{mix}} U = 0$ である．また，**ダルトンの分圧の法則**（Dalton's law of partial pressure）により，分圧 P_i はモル分率 x_i に

比例する(P：全圧)．

$$P_i = x_i P \tag{4.59}$$

理想気体の混合による体積変化は $\Delta_{\mathrm{mix}}V = 0$ であるから，P 一定のときの，混合によるエンタルピー変化は

$$\Delta_{\mathrm{mix}}H = \Delta_{\mathrm{mix}}U + P\Delta_{\mathrm{mix}}V = 0 \tag{4.60}$$

となる．したがって，T, P 一定のもとでは，混合によるギブズエネルギー変化($\Delta_{\mathrm{mix}}G$，**混合ギブズエネルギー**)は

$$\Delta_{\mathrm{mix}}G = \Delta_{\mathrm{mix}}H - T\Delta_{\mathrm{mix}}S = -T\Delta_{\mathrm{mix}}S < 0 \tag{4.61}$$

と与えられ，混合により安定化することがわかる．**図 4.8** には 2 成分系の $\Delta_{\mathrm{mix}}G$ を示す．$\Delta_{\mathrm{mix}}G$ は $x_1 = 1/2$ で最小になる．このとき，場合の数が最大になる(参考4.8)．また，$-\Delta_{\mathrm{mix}}G$ は混合の駆動力となる．

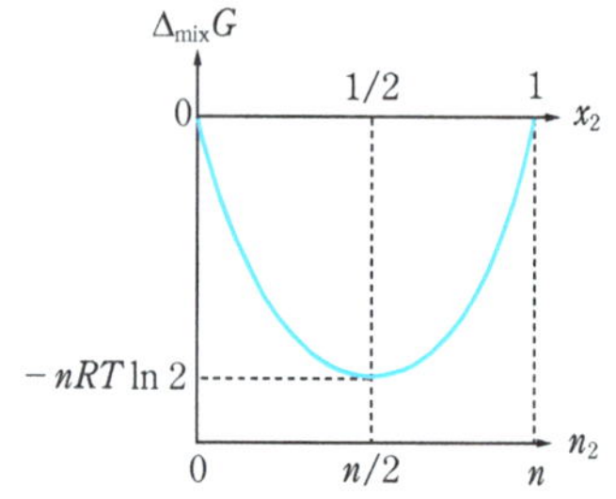

図4.8　2成分の混合ギブズエネルギー
$n = n_1 + n_2$，$x_2 = n_2/n = 1 - x_1$．

参考4.8　混合エントロピーの統計熱力学的解釈

図 4.9 のように，5 つの孔があり，そこに白を 3 個と青を 2 個並べるとする．混合前の状態とは，白と青を別々に並べることであり，その並べ方は 1 通りしかない．混合とは，青と白をランダムに並べることで，その並べ方は ${}_5\mathrm{C}_3 = \dfrac{5!}{3!2!} = 10$ 通りある．同様に，孔の数が N 個，白 N_1 個，青 N_2 個($N = N_1 + N_2$)並べることを考えると，その並べ方は ${}_N\mathrm{C}_{N_1} = \dfrac{N!}{N_1!N_2!}$ 通りになる．この状況から，2 成分からなる n mol($= N/N_{\mathrm{A}}$)の混合エントロピーを考えると

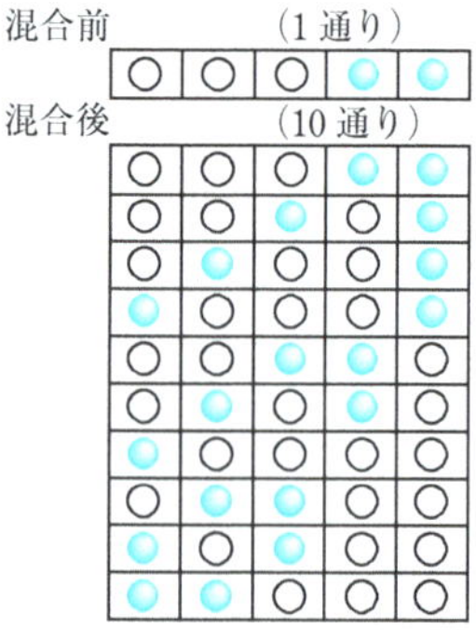

図4.9　混合エントロピーの分子論的解釈

$$\begin{aligned}\Delta_{\mathrm{mix}}S &= S_{\mathrm{after}} - S_{\mathrm{before}} = k_{\mathrm{B}}\ln W_{\mathrm{after}} - k_{\mathrm{B}}\ln W_{\mathrm{before}}\\ &= k_{\mathrm{B}}\ln\frac{N!}{N_1!N_2!} - k_{\mathrm{B}}\ln 1\\ &= k_{\mathrm{B}}[N(\ln N - 1) - N_1(\ln N_1 - 1) - N_2(\ln N_2 - 1)]\end{aligned} \tag{4.62}$$

となる．ここで式(4.62)の最後の式変形にはスターリングの公式(式(1.55))を用いた．式(4.62)を整理すると

$$\Delta_{\mathrm{mix}}S = -k_{\mathrm{B}}\left(N_1\ln\frac{N_1}{N} + N_2\ln\frac{N_2}{N}\right) = -k_{\mathrm{B}}N(x_1\ln x_1 + x_2\ln x_2) = -nR(x_1\ln x_1 + x_2\ln x_2) \tag{4.63}$$

が得られる$\left(x_1 = \dfrac{N_1}{N},\ x_2 = \dfrac{N_2}{N},\ R = k_{\mathrm{B}}N_{\mathrm{A}}\right)$ Web．この $\Delta_{\mathrm{mix}}S$ に $-T$ を乗じたものが，図 4.8 となる．エントロピーの増大とは確率の増大であるが，その数が大きくなると，このでたらめになろうとするエネルギーはとてつもなく大きくなるのである Web.

4.6 標準反応エントロピー

ボルツマンのエントロピーの考え方に基づけば，化学反応に伴うエントロピー変化の符号は，直観によって予想できることがある．例えば，燃焼の場合のように，気体が発生する場合は，エントロピーの増大が予想できる．逆に，光合成や窒素固定の場合のように，気体を消費する反応ではエントロピーの減少が予想できる．しかし，電解質の電離や中和反応のようなイオンの溶媒和が関与するような場合のように，化学反応式から予想される物質の数の変化だけからエントロピー変化を予測できない場合がほとんどである．

3.9 節で述べたように，各物質に対して，標準モルエントロピーとよばれる絶対エントロピーを実験的に求めることができる．ただし，厳密には，温度が上昇すると相変化が起こるので，C/T vs. T プロットを積分する際，相転移に伴うエントロピー変化を加える必要がある（**図 4.10**）．こうして得られた SATP の基準（$P^{\ominus} = 1.00 \times 10^5$ Pa（= 1 bar ≃ 1 atm），298.15 K（25 °C）における標準モルエントロピー $\bar{S}^{\ominus}$ を巻末表にまとめた．化学反応式に現れる**化学量論係数**（stoichiometric coefficient）ν の重みをつけたうえでの反応物と生成物の $\bar{S}^{\ominus}$ の差を，**標準反応エントロピー**（$\Delta_r S^{\ominus}$）という．

$$\Delta_r S^{\ominus} = \sum \nu \bar{S}^{\ominus}{}_{\text{product}} - \sum \nu \bar{S}^{\ominus}{}_{\text{reactant}} \tag{4.64}$$

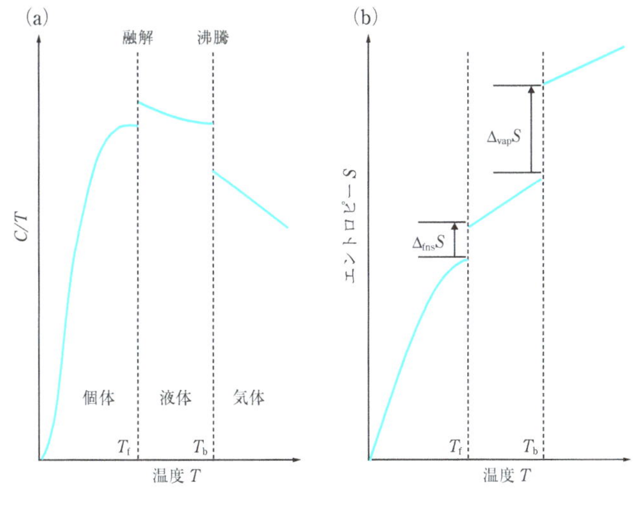

図4.10 標準状態で気体の絶対エントロピーの求め方
T = 0 K から 298.15 K まで熱容量 C を実験的に求め，各相で，C/T vs. T プロットを積分し，さらに相転移に関係するエントロピーを加算する．

説明問題

4.1 カルノーサイクルの意義について述べなさい．

4.2 巨視的エントロピーと分子論的エントロピーの考え方の違いと，内容の同一性について述べなさい．

4.3 リサイクルについて，熱力学的に考察しなさい．

4.4 ヒートポンプの原理について述べなさい．

4.5 相互作用しない 2 成分を混合させたときのエントロピー変化とギブズエネルギー変化について述べなさい．

演習問題

4.6 カルノーサイクルの可逆熱機関が，高温源から熱 q_H を吸収したことによるエントロピー変化を $\Delta S_\mathrm{H}\left(\equiv \dfrac{q_\mathrm{H}}{T_\mathrm{H}}\right)$ とするとき，外部からされた仕事は $w_\mathrm{rev} = -\Delta S_\mathrm{H}(T_\mathrm{H} - T_\mathrm{L})$ で表されることを示しなさい．

4.7 カルノーサイクルの逆回転の可逆熱ポンプにおいて，低温源から熱 $q_\mathrm{L,rev} > 0$ を汲み上げるために，熱ポンプに $w_\mathrm{rev} > 0$ の仕事をし，高温源に $-q_\mathrm{H,rev} > 0$ の熱を放出したとき，効率 $\varepsilon_\mathrm{max} \equiv q_\mathrm{L,rev}/w_\mathrm{rev}$ を温度の関数として求めなさい．

4.8 巻末表を用いて，①エタノールの燃焼と②水の自己解離の標準反応エントロピー $\Delta_\mathrm{r}S^\ominus$ を求めなさい．

4.9 定温，定圧の条件における化学反応において，外界の標準反応エントロピー $\Delta S^\ominus{}_\mathrm{surr}$ を求める方法について述べなさい．また，その反応が自発的に進行するかどうかを判断する方法について述べなさい．

4.10 空気の容積成分が N_2 79 %，O_2 20 %，Ar 1 % として，1 mol あたりの混合エントロピーと 25 °C における混合ギブズエネルギーを求めなさい．

4.11 C_2H_2(g)，C_2H_4(g)，C_2H_6(g) の標準モルエントロピー $\bar{S}^\ominus/\mathrm{J\ K^{-1}\ mol^{-1}}$ は，それぞれ 201, 220, 230 である．$\bar{S}^\ominus$ と分子構造の関係について，分子振動の様式の数という観点で考察しなさい．

4.12 希ガスの標準モルエントロピー $\bar{S}^\ominus/\mathrm{J\ K^{-1}\ mol^{-1}}$ は下記のようになる．

希ガス	He(g)	Ne(g)	Ar(g)	Kr(g)	Xe(g)
$\bar{S}^\ominus/\mathrm{J\ K^{-1}\ mol^{-1}}$	126.2	146.3	154.8	164.1	169.7

上記から，$\bar{S}^\ominus$ とモル質量 M との関係について考察しなさい．また，その分子論的意味について考えなさい．

4.13 アセトンとトリメチレンオキシドの標準モルエントロピー $\bar{S}^\ominus/\mathrm{J\ K^{-1}\ mol^{-1}}$ はそれぞれ 298 と 274 である．$\bar{S}^\ominus$ と分子構造の関係について考察しなさい．

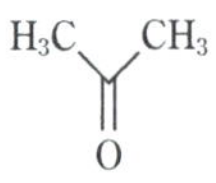

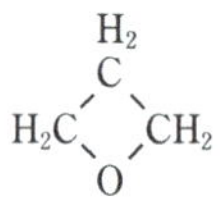

4.14 疎水的な分子の水への**溶解**(dissolution)する過程は通常 $\Delta_\mathrm{diss}S^\ominus < 0$ で，溶解しにくい．この状態を**疎水的水和**(hydrophobic hydration)とよぶ．例えば，プロパン($CH_3CH_2CH_3$)の場合，$\Delta_\mathrm{diss}H^\ominus = -8\ \mathrm{kJ\ mol^{-1}}$，$\Delta_\mathrm{diss}S^\ominus = -80\ \mathrm{J\ K^{-1}\ mol^{-1}}$，$\Delta_\mathrm{diss}G^\ominus = 16\ \mathrm{kJ\ mol^{-1}}$ となる．一方，**両親媒性**(amphiphilic)の物質を水に溶解させると，クラスターを形成し，$\Delta_\mathrm{diss}S^\ominus > 0$ となり，溶解しやすくなる．例えば，ブタノール($CH_3(CH_2)_3OH$)の場合，$\Delta_\mathrm{diss}H^\ominus = 9\ \mathrm{kJ\ mol^{-1}}$，$\Delta_\mathrm{diss}S^\ominus = 65\ \mathrm{J\ K^{-1}\ mol^{-1}}$，$\Delta_\mathrm{diss}G^\ominus = -10\ \mathrm{kJ\ mol^{-1}}$ となる．このクラスター形成を駆動する作用を**疎水性相互作用**(hydrophobic interaction)とよぶ．疎水的水和と疎水性相互作用の $\Delta_\mathrm{diss}S^\ominus$ の違いができる理由を考察しなさい．

4.15 携帯保冷剤には，硝酸アンモニウムや尿素が使われ，水に溶解すると冷却できる．この溶解の熱力学特性について考察しなさい．

第5章 自由エネルギーと化学ポテンシャル

そうですね．例えば，よく聞かされたのは，熱力学というのはただ聞いただけでは分からないもので，教えて初めて分かるものだと言われましたね．確かにこれはある程度真実を突いていて，自分で実際の現象と突き合わせながら，人に教えてみたり追体験することで本当に理解できるということだと思います．

米谷民明（東大総合文化），数理科学　2008年5月号　No.539，特集：物理と数学の難所

熱機関に対する鋭い洞察によってエントロピーが発見され，熱力学第一および第二法則が完成すると，ヘルムホルツエネルギーあるいはギブズエネルギーという自由エネルギーが導き出された．智慧（ちえ）の結晶ともいえるこの物理量を用いることにより，容易にかつ厳密に，変化の方向性と平衡状態を記述できる．自由エネルギーの概念は，宇宙全体に対して普遍的であり，蒸気機関といった物理の世界だけでなく，化学，生物の世界の記述にも大変有用である．化学反応や生物反応の方向性や平衡状態は厳密に熱力学で予測できるのである．科学の中で最高の理論といわれる所以である．本章では，熱力学の中核をなす自由エネルギーとその部分モル量である化学ポテンシャルについて詳細に説明する．

5.1 *T*，*V* 一定のときのヘルムホルツエネルギー *A* と w_{non-PV}

V 一定のときは，例えば電池がする仕事のように，系が外界に対してする**有効仕事**$(-w_{non-PV})$は $-w$ に等しい．したがって，T，V が一定の場合，dA と δw_{non-PV} の関係は，熱力学第二法則をもとに，次のように与えられる．

$$\delta q - TdS \le 0$$
$$(dU - \delta w) - TdS \le 0 \quad (\because dU = \delta q + \delta w)$$
$$dA + SdT \le \delta w \quad (\because dA = dU - TdS - SdT)$$
$$dA \le \delta w \quad (\because dT = 0)$$
$$dA \le \delta w_{non-PV} \tag{5.1}$$

$-dA(\ge -\delta w_{non-PV} \ge 0)$は，$T$，$V$ 一定のとき，系が外界に対してする最大の仕事(生物や機械が手に入れることができる自由エネルギー)の微少量に相当する．一方，$\delta w_{non-PV} = 0$ とすると，$dA \le 0$ となり，T，V 一定のときの反応の方向性を示す尺度となる．**図 5.1** のように，$dA < 0$ のとき，自発的変化が起こり，$dA = 0$ で平衡になる．$dA > 0$ のときは逆反応が自発的に起こる（注1）．

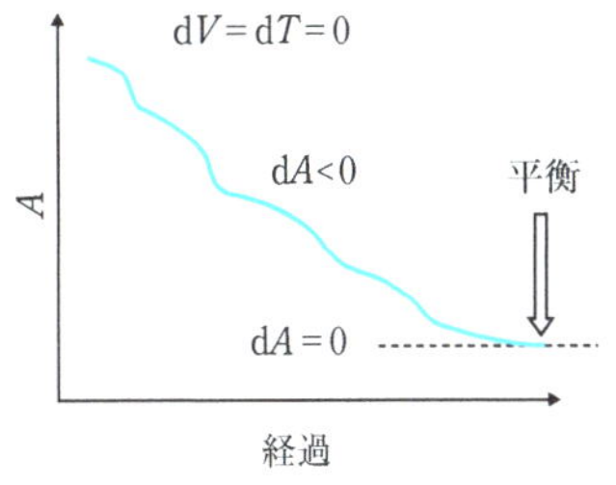

図5.1　*T*，*V* 一定のときの自発変化と平衡状態の *A* の変化の様子

注1) 熱力学第二法則により孤立系では $dS_{total} \ge 0$ である．目的とする系と外界からなる孤立系を考えると $dS_{total} = dS + dS_{surr}$．$dV = 0$ では，$dU = \delta q_V = -TdS_{surr}$．さらに $dT = 0$ では，$dA = dU - TdS = -TdS_{surr} - TdS = -TdS_{total} \le 0$ が得られる．分配関数を用いた定義については4.2.2節 発展4.1 を参照．

5.2　T, P一定のときのギブズエネルギー G と w_{non-PV}

P が一定のときは，系が外界に対してする PV 仕事以外の有効仕事 ($-w_{non-PV}$) は $-(w - w_{PV})$ に等しい．したがって，T，P 一定のときの dG と δw_{non-PV} の関係は次のように与えられる．

$$
\begin{aligned}
&\delta q - T\mathrm{d}S \le 0 \\
&\mathrm{d}U - \delta w - T\mathrm{d}S \le 0 \quad (\because \mathrm{d}U = \delta q + \delta w) \\
&\mathrm{d}U - \delta w_{PV} - \delta w_{non-PV} - T\mathrm{d}S \le 0 \quad (\because \delta w = \delta w_{PV} + \delta w_{non-PV}) \\
&\mathrm{d}U + P\mathrm{d}V - \delta w_{non-PV} - T\mathrm{d}S \le 0 \quad (\because \delta w_{PV} = -P_{ex}\mathrm{d}V) \\
&\mathrm{d}H - V\mathrm{d}P - \delta w_{non-PV} - T\mathrm{d}S \le 0 \quad (\because \mathrm{d}H = \mathrm{d}U + P\mathrm{d}V + V\mathrm{d}P) \\
&\mathrm{d}H - \delta w_{non-PV} - T\mathrm{d}S \le 0 \quad (\because \mathrm{d}P = 0) \\
&\mathrm{d}G + S\mathrm{d}T \le \delta w_{non-PV} \quad (\because \mathrm{d}G = \mathrm{d}H - T\mathrm{d}S - S\mathrm{d}T) \\
&\mathrm{d}G \le \delta w_{non-PV} \quad (\because \mathrm{d}T = 0)
\end{aligned}
\tag{5.2}
$$

つまり $-\mathrm{d}G(\ge -\delta w_{non-PV})$ は，T，P 一定のとき，系が外界に対してする最大の仕事の微少量に相当する．9章で示すように，電池の場合には G は起電力と関係づけられる．

一方，$\mathrm{d}A$ の議論と同様に，$\delta w_{non-PV} = 0$ とすると，$\mathrm{d}G \le 0$ となり，T，P 一定のときの反応の方向性を示す尺度となる．**図 5.2** のように，$\mathrm{d}G < 0$ のとき，自発的変化が起こり，$\mathrm{d}G = 0$ で平衡になる．このため，$-\mathrm{d}G$ は変化の**駆動力**(driving force) とよばれる (注 1)．$\mathrm{d}G > 0$ のときは逆反応が自発的に起こる．

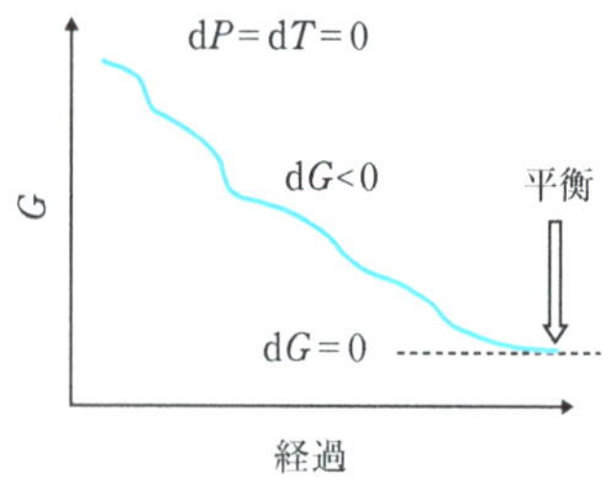

図5.2　T, P一定のときの自発変化と平衡状態の G の変化の様子

注 1) 熱力学第二法則により孤立系では $\mathrm{d}S_{total} \ge 0$ である．目的とする系と外界からなる孤立系を考えると，$\mathrm{d}S_{total} = \mathrm{d}S + \mathrm{d}S_{surr}$．$\mathrm{d}P = 0$ では，$\mathrm{d}H = \delta q_P = -T\mathrm{d}S_{surr}$．さらに $\mathrm{d}T = 0$ では $\mathrm{d}G = \mathrm{d}H - T\mathrm{d}S = -T\mathrm{d}S_{surr} - T\mathrm{d}S = -T\mathrm{d}S_{total} \le 0$ が得られる Web．

5.3　標準モル生成ギブズエネルギーと標準反応ギブズエネルギー

G は H と同様，示量性状態関数であり，ヘスの熱加成性の法則が成り立つ．H と同様，基準状態にある元素から生成した物質 1 mol あたりの標準ギブズエネルギーを**標準モル生成ギブズエネルギー**(standard molar Gibbs energy of formation) $\Delta_f G^\ominus$ という (注 2)．イオンの場合は，標準状態の H^+(aq) を基準とする．巻末表には，SATP の基準 ($P^\ominus = 1.00 \times 10^5$ Pa (= 1 bar ≃ 1 atm)，298.15 K (25 °C)) の $\Delta_f G^\ominus$ をまとめた．

また，化学反応式に現れる化学量論係数 ν の重みをつけたうえでの反応物と生成物の $\Delta_f G^\ominus$ の差を，**標準反応ギブズエネルギー**(standard reaction Gibbs energy) $\Delta_r G^\ominus$ という (演習問題 5.17)．

$$\Delta_r G^\ominus = \sum \nu \Delta_f G^\ominus{}_{product} - \sum \nu \Delta_f G^\ominus{}_{reactant} \tag{5.3}$$

Josiah Willard Gibbs (1839–1903)
アメリカの数学者，物理学者，物理化学者．エール大学 (イェール大学，ロゴにある "Lux et Veritas" は，ラテン語で「光と真実」) を愛し終生そこに留まり，熱力学，統計力学を完成させた．ノーベル賞授与が始まってすぐに亡くなり，授与されることがなかった．しかし，彼の功績は非常に大きく，現在に至るまで，ギブズ熱力学に間違いはないとされている．論文をまったく書かなかったため 41 歳までイエール大学では無給であったが，39 歳のときに地元のアカデミー紀要 (義兄が出版人) に公表された大論文がマクスウェルの目にとまり，オストワルドにより書籍の形でドイツ語翻訳されて広く認められるようになった．

注 2) 部分モル量であるが，慣例として，上付きバーは省略する．

5.4　共役反応

$-w_{\text{non-}PV}$ は有効仕事に使われるエネルギーである．その有効仕事には，自動車の動力，つまり外部の力学的エネルギーとなる場合もあり，電灯やモータの電気エネルギーとなる場合もある．それ以外に化学反応を駆動する場合もある．ある化学反応1が正方向に進行する要件は $\Delta_r G_1 < 0$ である．いま，$\Delta_r G_2 > 0$ となる化学反応2を考えよう(**図 5.3**)．この状態で化学反応2は単独では，正反応は進行しない(ただし，逆反応は進行する)．さて，$\Delta_r G_1 + \Delta_r G_2 < 0$ となる条件では，化学反応1で生まれるエネルギーを使って，化学反応2を駆動することができる．このような場合，反応1と反応2は**共役**(couple)しているという(注1)．酸塩基反応は酸と塩基の半反応が共役している(8章)．酸化還元反応も同様である(9章)．2つの反応が共役した場合，反応エンタルピーも反応エントロピーもそれぞれの和になる．

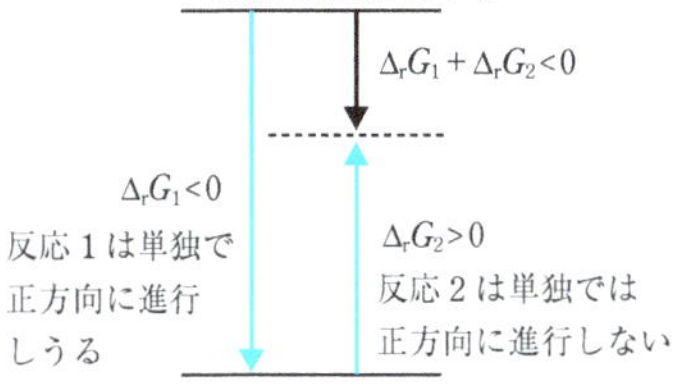

図 5.3　共役反応(coupled reaction)のギブズエネルギー

こうした化学反応の共役は生体内でも非常に重要な働きをしている．例えば，呼吸鎖の酸化的リン酸化反応では $\Delta_r G_1^{\ominus} \ll 0$ の反応1と，$\Delta_r G_2^{\ominus} \gg 0$ の反応2が共役している(注2)．

$$\text{反応 1：NADH(aq)} + \frac{1}{2}\text{O}_2\text{(g)} + \text{H}^+\text{(aq)} \longrightarrow \text{NAD}^+\text{(aq)} + \text{H}_2\text{O(l)}$$

$$\text{反応 2：ADP}^{3-}\text{(aq)} + \text{HPO}_4^{\ 2-}\text{(aq)} + \text{H}^+\text{(aq)} \longrightarrow \text{ATP}^{4-}\text{(aq)} + \text{H}_2\text{O(l)}$$

これらの反応で $\Delta_r H_2^{\ominus} \gg 0$ であるが，$\Delta_r H_1^{\ominus} + \Delta_r H_2^{\ominus} < 0$ となり，わずかな発熱を伴うだけで，反応1のエネルギーを反応2に対してエネルギー変換できる(コラム5.1)．しかし，**褐色脂肪細胞**(brown adipocyte)のように，細胞内に**脱共役物質**(uncoupler)が存在すると，反応2は反応1と共役でなくなる．このとき，反応2は進行せず，反応1の $\Delta_r H_1^{\ominus} \ll 0$ による大きな発熱を伴う．赤ん坊の体温が高いことや，冬眠中の哺乳類がある程度の体温を保つことができるのは，この理由による．

一方，$\Delta_r G_1 + \Delta_r G_2 = 0$ のとき，2つの系は全体として平衡になる．これは，例えば，電池の電圧を電位差計で測定している状況に相当する．電池反応1は当然 $\Delta_r G_1 < 0$ である．これを電位差計2で電気的に $\Delta_r G_2 > 0$ として電流を流さないようにする．結果として $\Delta_r G_1 + \Delta_r G_2 = 0$ の条件が満たされる．

注1)「きょうやく」と読む．「きょうえき」は間違いである．「えき」は兵役，労役，前九年の役などでのみで使う．

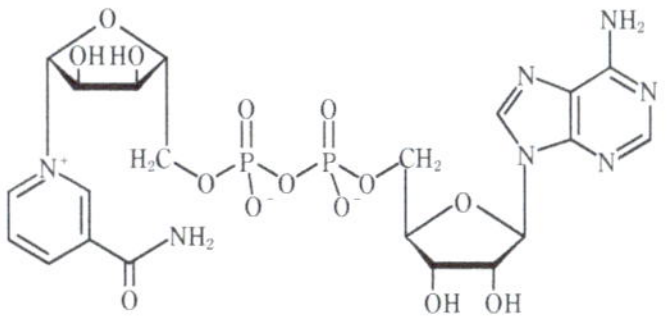

NAD^+ (nicotinamide adenine dinucreotido)
NAD^+ はすべての生物が有するニコチンアミド補酵素の1つで，酸化還元酵素の電子受容体として働く．還元型はNADHとよばれ，電子供与体として働く．

注2) 厳密には生化学的標準状態で議論すべきで，$\Delta_r G^{\ominus}$ ではなく，$\Delta_r G^{\oplus}$ を用いる(cf. 7.7節)．

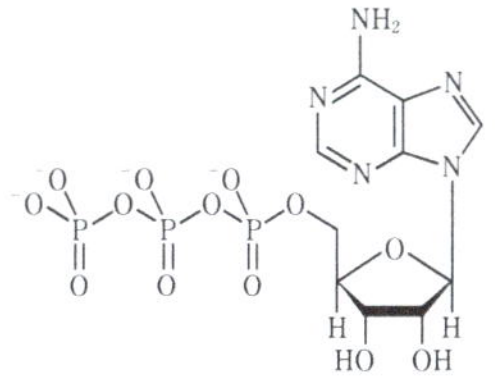

ATP^{4-} (adenoshine triphosphase)
ATPはすべての生物において，エネルギー通貨として振る舞い，リン酸無水物結合の加水分解により，中性付近で大きなエネルギーを生み出す．

コラム5.1　褐色脂肪細胞

哺乳類の脂肪組織には褐色脂肪細胞とよばれる細胞がある．この細胞上の $\beta 3$ 受容体にノルアドレナリンが結合すると，UCP1(脱共役タンパク質，uncoupler protein)が生成され，ATP生成反応2はNADH酸化反応1と共役しなくなり，$\Delta_r H_1^{\ominus} \ll 0$ による大きな発熱を伴うようになる．赤ん坊や冬眠中の哺乳類にはこの脂肪が豊富にある．そのため，特に運動しなくても，赤ん坊の体温は高く，冬眠中の哺乳類も体温を保つことができるのである．ヒトのUCP1は40歳を超えると急激にその数が減少し，基礎代謝が減少する．そのため，若いときのような食生活を続けると肥満になるのである．最近では，ダイエット効果を狙い，褐色脂肪細胞を増やし脂肪を燃焼させようという試みもなされている．

5.5 熱力学基本式とマクスウェルの関係式

James Clerk Maxwell (1831–1879)
イギリスの理論物理学者．気体分子運動論・熱力学・統計力学・土星の環などの研究のほか，電磁気学でも功績がある．39 歳でケンブリッジ大学キャヴェンディッシュ研究所の初代教授となるが，48 歳で亡くなった．アインシュタインは，自身の講演でマクスウェルから学ぶことが多かったとしている．彼の土星研究に対する敬意として，B 環と C 環の境界を "マクスウェルの空隙" とよんでいる．

熱力学第一法則と第二法則を結合すると，状態関数の性質がより明らかになる．ここでは可逆過程を考える．可逆過程では熱力学第二法則により $\delta q_{\mathrm{rev}} = T\mathrm{d}S$ で与えられ，$P_{\mathrm{ex}} = P$ である．また，体積変化以外の仕事は考えない（$\delta w_{\mathrm{non}-PV} = 0$）場合，$\delta w_{\mathrm{rev}} = -P_{\mathrm{ex}}\mathrm{d}V = -P\mathrm{d}V$ が得られる．これを熱力学第一法則（$\mathrm{d}U = \delta q_{\mathrm{rev}} + \delta w_{\mathrm{rev}}$）に代入すると

$$\mathrm{d}U = T\mathrm{d}S - P\mathrm{d}V \tag{5.4}$$

が得られる．これをエンタルピーの定義式（$\mathrm{d}H \equiv \mathrm{d}U + P\mathrm{d}V + V\mathrm{d}P$）に代入すると

$$\mathrm{d}H = T\mathrm{d}S + V\mathrm{d}P \tag{5.5}$$

が得られる．さらにギブズエネルギーの定義式（$\mathrm{d}G \equiv \mathrm{d}H - T\mathrm{d}S - S\mathrm{d}T$）に式(5.5)を代入すると

$$\mathrm{d}G = V\mathrm{d}P - S\mathrm{d}T \tag{5.6}$$

という非常に重要な関係式が得られる．また，ヘルムホルツエネルギーの定義式（$\mathrm{d}A = \mathrm{d}U - T\mathrm{d}S - S\mathrm{d}T$）に式(5.4)を代入すると

$$\mathrm{d}A = -S\mathrm{d}T - P\mathrm{d}V \tag{5.7}$$

となる（コラム5.2）．式(5.4)～式(5.7)は**熱力学基本式**とよばれ，4 つのエネルギーの状態量 U，H，G，A に対して，**自然な変数**（natural variable）が何であるかを明確に示している．自然な変数とは，平衡の判定条件を簡単に記述でき，かつ一定にできる変数である．例えば，5.2 節で述べたように，T，P 一定の場合 $\mathrm{d}G_{T,P} = 0$ が平衡条件であるから，G に対しては T と P が自然な変数に相当する．また 5.1 節で述べたように，T，V が一定の場合 $\mathrm{d}A_{T,V} = 0$ が平衡条件であり，T と V が自然な変数となる．同様に，V，S 一定の場合 $\mathrm{d}U_{V,S} = 0$，また S，P 一定の場合 $\mathrm{d}H_{S,P} = 0$ が平衡条件となる．

式(5.4)～式(5.7)と，各物理量の偏微分導関数から，いくつかの重要な関係が得られる．G を例にとると，G は（組成変化がない場合）T と P の関数であることがわかるので，その全微分は，

$$\mathrm{d}G = \left(\frac{\partial G}{\partial T}\right)_P \mathrm{d}T + \left(\frac{\partial G}{\partial P}\right)_T \mathrm{d}P \tag{5.8}$$

と書ける．偏微分導関数（式(5.8)）と熱力学基本式（式(5.6)）の係数比較より

$$\left(\frac{\partial G}{\partial P}\right)_T = V \tag{5.9}$$

$$\left(\frac{\partial G}{\partial T}\right)_P = -S \tag{5.10}$$

という関係が得られる．同様に，

$$V = \left(\frac{\partial G}{\partial P}\right)_T = \left(\frac{\partial H}{\partial P}\right)_S \tag{5.11}$$

$$-S = \left(\frac{\partial G}{\partial T}\right)_P = \left(\frac{\partial A}{\partial T}\right)_V \tag{5.12}$$

$$T = \left(\frac{\partial H}{\partial S}\right)_P = \left(\frac{\partial U}{\partial S}\right)_V \tag{5.13}$$

$$-P = \left(\frac{\partial U}{\partial V}\right)_S = \left(\frac{\partial A}{\partial V}\right)_T \tag{5.14}$$

となる．

また，例えば式(5.4)について考えると，dUは完全微分であるから，交差微分導関数に関するオイラーの交換関係式(1.6節)を適用すると，

$$\left(\frac{\partial T}{\partial V}\right)_S = -\left(\frac{\partial P}{\partial S}\right)_V \tag{5.15}$$

が得られる．同様に，式(5.5)～式(5.7)に対しても，オイラーの交換関係式を適用すると，次の関係が得られる．

$$\left(\frac{\partial T}{\partial P}\right)_S = \left(\frac{\partial V}{\partial S}\right)_P \tag{5.16}$$

$$\left(\frac{\partial V}{\partial T}\right)_P = -\left(\frac{\partial S}{\partial P}\right)_T \tag{5.17}$$

$$\left(\frac{\partial P}{\partial T}\right)_V = \left(\frac{\partial S}{\partial V}\right)_T \tag{5.18}$$

式(5.15)～式(5.18)は**マクスウェルの関係式**(Maxwell relations)として知られ，多くの場で利用されている(参考5.1，参考5.2，参考5.3，cf. 演習問題5.10)．これらの関係は，熱力学量の対称性が非常によいことを示している．

コラム5.2 状態関数の全微分式の覚え方

上記の状態関数と関連する変数を**図**のようにおくと，状態関数の全微分式を覚えやすい．図のように3つの四角形の角と大きい四角形の辺に，*UP-THAS-VG*(up thus very good!)という順に変数を配置する．角に位置するもの(U, H, A, G)はエネルギーである．辺に位置する示量変数(V, S)は，対面する辺に位置する示強変数(P, T)と対になる($T \Leftrightarrow S$，$P \Leftrightarrow V$)．あるエネルギーの全微分は，隣に位置する辺の上の変数とその対となる変数の微小量の積の和である．このとき隣の変数が上または右にあるときは正とし，下または左にあるときは負とする．例えば，Gの上隣はVでその対の示量変数はPであるから$+V\mathrm{d}P$．左隣はSでその対の示強変数はTであるから$-S\mathrm{d}T$．あわせて$\mathrm{d}G = V\mathrm{d}P - S\mathrm{d}T$が得られるWeb．

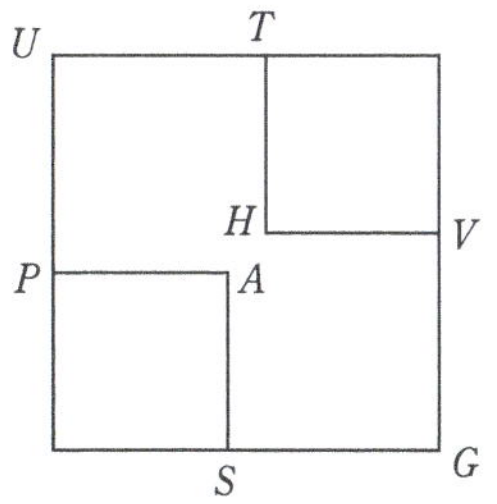

参考 5.1 理想気体の内部圧はゼロである

$\left(\dfrac{\partial U}{\partial V}\right)_T$ は内部圧(π_T)とよばれ，圧力の単位をもち，分子間力の尺度である．これまで示してきたように，内部エネルギー $U(S, V)$ は

$$\mathrm{d}U = \left(\frac{\partial U}{\partial S}\right)_V \mathrm{d}S + \left(\frac{\partial U}{\partial V}\right)_S \mathrm{d}V$$

と表されるので，これを V で微分すると内部圧は

$$\pi_T \equiv \left(\frac{\partial U}{\partial V}\right)_T = \left(\frac{\partial U}{\partial S}\right)_V \left(\frac{\partial S}{\partial V}\right)_T + \left(\frac{\partial U}{\partial V}\right)_S \left(\frac{\partial V}{\partial V}\right)_T = T\left(\frac{\partial S}{\partial V}\right)_T - P = T\left(\frac{\partial P}{\partial T}\right)_V - P$$

と与えられる．式変形には式(5.13)と式(5.18)を用いている．ここで理想気体を考えると，

$$\left(\frac{\partial P}{\partial T}\right)_V = \frac{nR}{V}$$

であるから，$\pi_T = 0$ となり，分子間力がゼロであることを証明できる．

参考 5.2 黒体放射に関するステファン・ボルツマンの式

太陽が輝いていること，鉄や炭が高温で赤く光ることなど，私達は物体が光を放つことを知っている．このように，物体が高温で電磁波を発する現象を**熱放射**とよぶ．この放射エネルギーと温度の関係は $K = \sigma T^4$ で表される(σ：ステファン・ボルツマン定数)．これを**ステファン・ボルツマンの式**(Stefan–Boltzmann's equation)とよび，量子力学の発展において欠かせない関係式である．この関係を熱力学的に導いてみよう．

ある容器の中にある物質が電磁波を放ち，それが容器の壁に衝突し，また物質がそれを吸収し，全体として熱平衡の状態を考える．容器が光子という気体で満たされ，平衡になっていると考えるのである(注 1)．この光子の衝突による圧力 P とエネルギー密度 u との関係は

$$u \equiv \left(\frac{\partial U}{\partial V}\right)_T = 3P \tag{5.19}$$

と与えられる(注 2)．ここで，式(5.4)を $\mathrm{d}V$ で偏微分し，式(5.18)を用いて変形すると

$$\left(\frac{\partial U}{\partial V}\right)_T = T\left(\frac{\partial S}{\partial V}\right)_T - P = T\left(\frac{\partial P}{\partial T}\right)_V - P \tag{5.20}$$

となる．式(5.20)に式(5.19)の関係 $\left(\left(\dfrac{\partial U}{\partial V}\right)_T = u,\ P = \dfrac{u}{3},\ \left(\dfrac{\partial P}{\partial T}\right)_V = \dfrac{1}{3}\dfrac{\mathrm{d}u}{\mathrm{d}T}\right)$ を代入すると

$$u = \frac{T}{3}\frac{\mathrm{d}u}{\mathrm{d}T} - \frac{u}{3} \tag{5.21}$$

となる．式(5.21)を書き直すと

$$\frac{\mathrm{d}u}{u} = 4\frac{\mathrm{d}T}{T} \tag{5.22}$$

となるから，積分して

$$\ln u = \ln T^4 + C$$

となる．$T = 0$ のとき，$u = 0$ となるので，

$$u = \alpha T^4 \tag{5.23}$$

が得られる．現実には熱放射されるときは平衡ではないので，エネルギー密度 u ではなく，単位面積から単位時間あたりに放出されるエネルギーの量 K に書き換えると，

$$K = \sigma T^4 \tag{5.24}$$

となる．σ はプランクの法則により $\sigma = 5.67 \times 10^{-8}\ \mathrm{W\ m^{-2}\ K^{-4}}$ と得られる．

この関係を用いると太陽の表面温度もわかる．太陽の半径を $r_S (= 6.95 \times 10^8\ \mathrm{m})$ とすれば，太陽が放つ総エネルギー放射速度 E_S は

$$E_S = 4\pi r_S{}^2 \sigma T^4 \tag{5.25}$$

となる．これが放射線状に広がり，距離 $R_{ES} (= 1.496 \times 10^{11}\ \mathrm{m})$ 離れた地球上でのエネルギー照射速度の面密度は，$r_S{}^2/R_{ES}{}^2$ 倍に弱まり

$$K_E = r_S{}^2 \sigma T^4 / R_{ES}{}^2 \tag{5.26}$$

となる．K_E の観測値 $1.37 \times 10^3\ \mathrm{W\ m^{-2}}$ を代入して，$T \simeq 5780\ \mathrm{K}$ が得られる．

注1) 光子ガス(2.14節)を参照.

注2) 理想気体の気体分子運動論からは $PV = \frac{2}{3}E_K$ と導かれ，$P = \frac{2}{3}\frac{E_K}{V}$ となり，2倍異なる．これは単一速度を有する光子と速度分布をもつ理想気体の違いによる．ちなみに静止エネルギーは $E = mc^2$，運動エネルギーは $E = mv^2/2$ で与えられる．

参考5.3 気体の液化に使われるジュール–トムソン膨張

ジュール(Joule)とトムソン(Thomson)は，**図5.4**のように，断熱壁をもつ筒の中に，多孔質の隔壁をはさみ，左室のピストンで，圧力 P_1 で気体を押して，圧力 $P_2 (P_2 < P_1)$ の右室へ移動させると気体の温度が下がることをみつけた．これを**ジュール–トムソン**(JT)**過程**(Joule–Thomson process)とよぶ．左室の体積変化は $-\mathrm{d}V_1$，右室のそれは $\mathrm{d}V_2$ であることに注意して，この過程が断熱過程($\delta q = 0$)であることを考えると，熱力学第一法則($\mathrm{d}U = \delta q + \delta w = -P_{ex}\mathrm{d}V$)から，

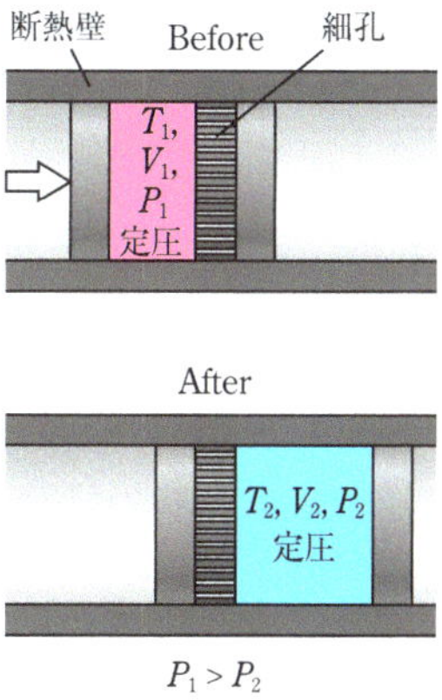

図5.4 ジュール–トムソン膨張のピストン

$$\mathrm{d}U = \mathrm{d}U_2 - \mathrm{d}U_1 = -P_2\mathrm{d}V_2 - P_1(-\mathrm{d}V_1) = P_1\mathrm{d}V_1 - P_2\mathrm{d}V_2$$
$$\mathrm{d}U_1 + P_1\mathrm{d}V_1 = \mathrm{d}U_2 + P_2\mathrm{d}V_2$$
$$\mathrm{d}H_1 = \mathrm{d}H_2 \tag{5.27}$$

となり，エンタルピーは変化しないことがわかる(これを**等エンタルピー過程**とよぶ)．理想気体の場合，$\mathrm{d}U = P\mathrm{d}V = nR\mathrm{d}T = 0$ であるから，この膨張によって温度は変化しない．しかし，実在気体の場合には，$P_1\mathrm{d}V_1 < P_2\mathrm{d}V_2$ となることがあり，その場合，式(5.27)よ

り $dU_1 > dU_2$ となるので，気体が冷却され，さらには液化するのである．**液化天然ガス**(Liquefied Natural Gas, LNG)はこの原理で作られている．

これをもう少し厳密に記述してみる．JT 過程での温度変化とは，等エンタルピー過程での圧力に対する温度変化 $\left(\dfrac{\partial T}{\partial P}\right)_H$ $(\equiv \mu_{JT})$ を考えることにほかならない．μ_{JT} を**ジュール-トムソン係数**(Joule-Thomson coefficient，JT 係数)とよぶ．状態関数 H はどの変数で全微分を書いてもよいので，ここでは，

$$dH(T,P)=\left(\frac{\partial H}{\partial P}\right)_T dP+\left(\frac{\partial H}{\partial T}\right)_P dT \tag{5.28}$$

と書くと，等エンタルピー過程($dH = 0$)では，

$$\left(\frac{\partial H}{\partial P}\right)_T dP+\left(\frac{\partial H}{\partial T}\right)_P dT=0 \tag{5.29}$$

が得られる．式(5.29)を用いて JT 係数を整理すると，

$$\mu_{JT}\equiv\left(\frac{\partial T}{\partial P}\right)_H=-\left(\frac{\partial H}{\partial P}\right)_T\Big/\left(\frac{\partial H}{\partial T}\right)_P=-\left(\frac{\partial H}{\partial P}\right)_T\Big/C_P \tag{5.30}$$

と書き表すことができる(C_P：定圧熱容量)．この JT 係数が正のときに，この膨張により気体の温度が低下する(発展 5.1)．

William Thomson (1824－1907)
アイルランド生まれのイギリスの物理学者．後に爵位に由来するケルヴィン卿(Lord Kelvin)の名で知られる．彼が，現在の意味でのエネルギーという呼称を初めて使った．また絶対温度の導入，熱力学第二法則に関するトムソンの原理の発見，ジュール-トムソン効果の発見などの業績があり，古典熱力学の開拓者の1人とされている．絶対温度の単位になっているのはよく知られている．

ここで $\left(\dfrac{\partial H}{\partial P}\right)_T$ について考えてみる．H は，式(5.5)を P で微分して，式(5.17)を用いると，

$$\left(\frac{\partial H}{\partial P}\right)_T=T\left(\frac{\partial S}{\partial P}\right)_T+V=-T\left(\frac{\partial V}{\partial T}\right)_P+V \tag{5.31}$$

となる．理想気体では $\left(\dfrac{\partial V}{\partial T}\right)_P=\dfrac{nR}{P}$ であるから，$\left(\dfrac{\partial H}{\partial P}\right)_T=0$ となり，先にも述べたように，JT 過程で温度変化はないことが示される．実在気体では非理想性のために JT 過程で温度が低下する Web．

発展 5.1 マクスウェルの規則

$H(T, P)$ について，$dH = 0$ の条件では

$$\left(\frac{\partial H}{\partial P}\right)_T dP+\left(\frac{\partial H}{\partial T}\right)_P dT=0 \tag{5.32}$$

のほかに，次の 2 つの式が得られる．

$$dT=\left(\frac{\partial T}{\partial P}\right)_H dP \tag{5.33}$$

$$dP=\left(\frac{\partial P}{\partial T}\right)_H dT \tag{5.34}$$

式(5.34)を式(5.33)に代入して整理すると，

$$\left(\frac{\partial T}{\partial P}\right)_H=1\Big/\left(\frac{\partial P}{\partial T}\right)_H \tag{5.35}$$

が得られる．さらに，式(5.34)を式(5.32)に代入して整理すると，

$$\left(\frac{\partial H}{\partial P}\right)_T + \left(\frac{\partial H}{\partial T}\right)_P \left(\frac{\partial T}{\partial P}\right)_H = 0 \tag{5.36}$$

が得られる．式(5.35)と同様に，

$$\left(\frac{\partial H}{\partial P}\right)_T = 1 \Big/ \left(\frac{\partial P}{\partial H}\right)_T \tag{5.37}$$

となるから，式(5.37)を式(5.36)に代入して，

$$\left(\frac{\partial T}{\partial P}\right)_H \left(\frac{\partial P}{\partial H}\right)_T \left(\frac{\partial H}{\partial T}\right)_P = -1 \tag{5.38}$$

が得られる．これを**マクスウェルの規則**とよび，3つの変数が他の2つの変数になっている場合(つまり陰関数 $F(x,\ y,\ z) = 0$ の場合)，常に成り立つ．この規則を用いると，先のJT係数(式(5.30))を容易に導くことができる．

5.6 ギブズエネルギーの温度依存性

ギブズエネルギーに関する熱力学基本式より

$$\left(\frac{\partial G}{\partial T}\right)_P = -S \qquad (\text{あるいは } \mathrm{d}G = -S\mathrm{d}T\ [P\text{一定}]) \tag{5.39}$$

が得られる．

さて，ここで定圧での G/T の温度依存性を考えると

$$\left(\frac{\partial}{\partial T}\left(\frac{G}{T}\right)\right)_P = \frac{1}{T}\left(\frac{\partial G}{\partial T}\right)_P + G\left(\frac{\partial}{\partial T}\left(\frac{1}{T}\right)\right)_P = -\frac{S}{T} - \frac{G}{T^2} = -\frac{H}{T^2} \tag{5.40}$$

となる．右辺分母に T^2 があるので，G/T を $1/T$ で微分すると

$$\left(\frac{\partial(G/T)}{\partial(1/T)}\right)_P = \left(\frac{\partial(G/T)}{\partial T}\right)_P \frac{\mathrm{d}T}{\mathrm{d}(1/T)} = H \tag{5.41}$$

となる．これらの関係式は非常に重要で，**ギブズ–ヘルムホルツの式**(Gibbs–Helmholtz equation)として知られている．

ここで，$\Delta G(=\int_{G_1}^{G_2}\mathrm{d}G) = G_2 - G_1$，$\Delta H = H_2 - H_1$，$\Delta S = S_2 - S_1$ とすると，

$$\left(\frac{\partial}{\partial T}\left(\frac{\Delta G}{T}\right)\right)_P = -\frac{\Delta H}{T^2} \tag{5.42}$$

$$\left(\frac{\partial(\Delta G/T)}{\partial(1/T)}\right)_P = \Delta H \tag{5.43}$$

が得られる．これらは，7章で示すように $\Delta_r G^{\ominus}$ と平衡定数 K の関係により，化学平衡の温度依存性を議論するときにきわめて重要となる．特に式(5.43)は，(ΔH が T の関数でないとすると)右辺が T の関数ではなくなるので，汎用される．

5.7 ギブズエネルギーの圧力依存性

ギブズエネルギーに関する熱力学基本式より

$$\left(\frac{\partial G}{\partial P}\right)_T = V \qquad (\text{あるいは } \mathrm{d}G = V\mathrm{d}P\ [T\text{一定}]) \tag{5.44}$$

が得られ，理想気体の場合，これを積分して

$$\Delta G = G_2 - G_1 = \int_{P_1}^{P_2} V\,\mathrm{d}P = nRT\int_{P_1}^{P_2}\frac{\mathrm{d}P}{P} = nRT\int_{\ln P_1}^{\ln P_2}\mathrm{d}(\ln P) = nRT\ln\frac{P_2}{P_1} \tag{5.45}$$

と与えられる．6.3 節の図 6.4 に 1 mol あたりのギブズエネルギー(化学ポテンシャル)の圧力依存性の様子を示した．

5.8 基準を変えた化学ポテンシャルの表現

化学物質のギブズエネルギー G は，示量変数としての物質量 n と，**化学ポテンシャル**(chemical potential)とよばれる示強変数との積で与えられる．化学ポテンシャルの記号は μ である．

$$G = n\mu$$

部分モルギブズエネルギーであることを強調すれば，次のように，物質量が単位量増加したときのギブズエネルギー変化ということもできる(参考 5.4)．

$$\mu_i \equiv \left(\frac{\partial G}{\partial n_i}\right)_{T,P,n_{j(\neq i)}} \tag{5.46}$$

したがって，このような物質量の変化も考慮した G の全微分は次のように与えられる．

$$\begin{aligned}\mathrm{d}G(T,P,\{n_i\}) &= \left(\frac{\partial G}{\partial T}\right)_{P,n_i}\mathrm{d}T + \left(\frac{\partial G}{\partial P}\right)_{T,n_i}\mathrm{d}P + \sum\left(\frac{\partial G}{\partial n_i}\right)_{T,P,n_{j(\neq i)}}\mathrm{d}n_i \\ &= V\mathrm{d}P - S\mathrm{d}T + \sum \mu_i \mathrm{d}n_i\end{aligned} \tag{5.47}$$

この化学ポテンシャルは基準の置き方により，いろいろな表現ができる．形式的には類似しているが，その基準の性格上，取り扱いが異なる．このことは，相平衡(6 章)や化学平衡(7 章)で述べるように，きわめて重要になる．

参考 5.4　G, A と μ_i の関係

物質量 n_1, n_2 の 2 成分のギブズエネルギーは，$G(T, P, n_1, n_2)$ と書くことができるが，温度 T と圧力 P は示強変数なので系を λ 倍にしても変化しない．一方，系を λ 倍にすると示量変数である物質量も λ 倍になるので，

$$G(\lambda n_1, \lambda n_2) = \lambda G(n_1, n_2) \tag{5.48}$$

となる．これはオイラーの定理(式(1.70))で $p = 1$ の場合(式(1.66))となり，

$$G = \frac{\partial G}{\partial n_1} n_1 + \frac{\partial G}{\partial n_2} n_2 = \mu_1 n_1 + \mu_2 n_2 \tag{5.49}$$

となる．式(5.49)の変形には，式(5.46)を用いている．またヘルムホルツエネルギーは，$A(T, V, n_1, n_2)$ と書くことができ，体積 V も示量変数であるから，

$$A(\lambda V, \lambda n_1, \lambda n_2) = \lambda A(V, n_1, n_2) \tag{5.50}$$

となる．オイラーの定理より，

$$A = \frac{\partial A}{\partial V} V + \frac{\partial A}{\partial n_1} n_1 + \frac{\partial A}{\partial n_2} n_2 \tag{5.51}$$

となる．理想気体の場合，$\left(\frac{\partial A}{\partial V}\right)_T = -P$ であるから

$$A = -PV + \frac{\partial A}{\partial n_1} n_1 + \frac{\partial A}{\partial n_2} n_2 \tag{5.52}$$

となる．式(5.52)に，$A = G - PV$ の関係を入れると

$$\mu_i = \frac{\partial G}{\partial n_i}_{T,P,n_{j(\neq i)}} = \frac{\partial A}{\partial n_i}_{V,T,n_{j(\neq i)}} \tag{5.53}$$

が示される．

5.8.1 純物質の化学ポテンシャル

純物質の化学ポテンシャル $\mu^*(T, P)$ は T と P の関数となり，IUPAC に従い，*印をつける．また三相を区別するために，固相(S)，液相(L)，気相(G)をつける．固体，純溶媒は体積濃度で表すことはせず，活量 a で表し，ともに $a = 1$ とする(5.9 節)．

5.8.2 気体の化学ポテンシャル

理想気体の化学ポテンシャルは，ギブズエネルギー G の圧力依存性(式(5.45))より

$$\Delta\mu = \mu_2 - \mu_1 = RT \ln \frac{P_2}{P_1} \tag{5.54}$$

となる．ここで P_1 を標準圧力 $P^{\ominus}(= 1 \times 10^5\ \mathrm{Pa})$ として，そのときの μ を標準の値 $\mu^{\ominus}$ とすると，

$$\mu(T, P) = \mu^{\ominus}(T) + RT \ln(P / P^{\ominus}) \tag{5.55}$$

と表される．これが気体に対する圧力を用いた化学ポテンシャルの表記法で

ある．ここで，標準圧力基準の $\mu^{\ominus}(T)$ は温度だけの関数となることに留意されたい（発展5.2）．また，本書を含め，$\ln(P/P^{\ominus})$ を単に $\ln P$ と表現する場合もある．

理想気体の分圧 P_i と濃度 c_i の関係は

$$P_i = n_i RT / V = c_i RT \tag{5.56}$$

で（c：容量モル濃度），標準圧力では

$$P^{\ominus} = nRT / V^{\ominus} = c^{\ominus} RT \tag{5.57}$$

と与えられるから（$V^{\ominus}$: $P^{\ominus}$ における理想気体 1 mol の体積，$c^{\ominus}$: $P^{\ominus}$ における理想気体の容量モル濃度），気体の化学ポテンシャルを容量モル濃度で表すと

$$\mu(T,c) = \mu^{\ominus}(T) + RT\ln(c/c^{\ominus}) \tag{5.58}$$

となる．この場合，$P^{\ominus}$ が規定されているので，$c^{\ominus}$ は T だけの関数となり，$\mu^{\ominus}(T)$ も T だけの関数である．また $\ln(c/c^{\ominus})$ を単に $\ln c$ と表現する場合もある．

一方，全圧 P_t に対するある物質の分圧 P_i を**モル分率** x_i という．

$$x_i \equiv P_i / P_t \tag{5.59}$$

P_t は外圧 P に等しいので，気体の化学ポテンシャルをモル分率で表すと

$$\mu(T,P,x) = \mu^{\ominus}(T,P) + RT\ln x \tag{5.60}$$

となる．この場合，P_t は標準圧力とは限らないので，T だけでなく P にも依存するため，モル分率で表現したときの基準の化学ポテンシャル $\mu^{\ominus}(T, P)$ は，T と P に依存する．

発展5.2　理想気体の化学ポテンシャルを統計力学的に求める

分子（原子）の個々のエネルギーを $\varepsilon_i^a(V)$ とするとき，系の全エネルギーは

$$E(N,V) = \varepsilon_i^1(V) + \varepsilon_i^2(V) + \varepsilon_i^3(V) + \cdots + \varepsilon_i^N(V) \tag{5.61}$$

となる．また，分子分配関数は $q(V,T) = \sum \exp\left(-\dfrac{\varepsilon_i}{k_B T}\right)$（式(2.84)）で与えられるので，分子が独立で 1 つずつ区別可能な場合，系の分配関数は

$$Q(N,V,T) = \left[q(V,T)\right]^N \tag{5.62}$$

で与えられる Web．しかし，一般的には分子は区別できないので

$$Q(N,V,T) = \frac{\left[q(V,T)\right]^N}{N!} \tag{5.63}$$

で与えられる．ヘルムホルツエネルギーAは$A = -k_{\mathrm{B}}T\ln Q$(式(4.39))で，化学ポテンシャルは $\mu = \left(\frac{\partial A}{\partial n}\right)_{V,T} \left(= \left(\frac{\partial G}{\partial n}\right)_{T,P}\right)$ (式(5.53))と与えられるので，

$$\mu = -k_{\mathrm{B}}T\left(\frac{\partial(\ln Q)}{\partial n}\right)_{V,T} = -RT\left(\frac{\partial(\ln Q)}{\partial N}\right)_{V,T} \tag{5.64}$$

となる．式(5.63)を，スターリングの公式(式(1.55))を用いて変形すると，$\ln Q = N\ln q - \ln(N!) \simeq N\ln q - (N\ln N - N)$となるから，式(5.64)に代入して，

$$\mu = -RT\ln(\ln q - \ln N - 1 + 1) = -RT\ln\left(\frac{q(V,T)}{N}\right) \tag{5.65}$$

が得られる．いま，理想気体を考えると，qはVに比例し，$PV = nRT = Nk_{\mathrm{B}}T$となるから，

$$\mu = -RT\ln\left[\left(\frac{q}{V}\right)\left(\frac{V}{N}\right)\right] = -RT\ln\left[\left(\frac{q}{V}\right)\left(\frac{k_{\mathrm{B}}T}{P}\right)\right] = -RT\ln\left[\left(\frac{q}{V}\right)\left(\frac{k_{\mathrm{B}}T}{P^{\ominus}}\right)\right] + RT\ln(P/P^{\ominus}) \tag{5.66}$$

と書き換えられる．ここで，

$$\mu^{\ominus}(T) \equiv -RT\ln\left[\left(\frac{q}{V}\right)\left(\frac{k_{\mathrm{B}}T}{P^{\ominus}}\right)\right] \tag{5.67}$$

とおくと，式(5.55)が得られる．式(5.67)は気体の$\mu^{\ominus}$の分子論的な意味を示している．ここで，q/VはTだけの関数であるから，Pを用いて表した気体のμの$\mu^{\ominus}$はTだけの関数となることが証明されたことになる．

5.8.3 ラウールの法則とヘンリーの法則

揮発性純溶媒A(モル分率：$x_{\mathrm{A}} = 1$)が気相(理想気体とする)と平衡にあるとき，その気相の圧力を$P^{\ominus}{}_{\mathrm{A,R}}$とする．ここに，**図 5.5** のように，不揮発性溶媒Bを混ぜたとき，平衡状態の気相中のAの圧力P_{A}は減少する．溶媒Aのモル分率x_{A}が1に近いときには，

$$x_{\mathrm{A}} \equiv \frac{n_{\mathrm{A}}}{n_{\mathrm{A}} + n_{\mathrm{B}}} = \frac{P_{\mathrm{A}}}{P^{\ominus}{}_{\mathrm{A,R}}} \qquad (x_{\mathrm{A}} \simeq 1 \text{のとき}) \tag{5.68}$$

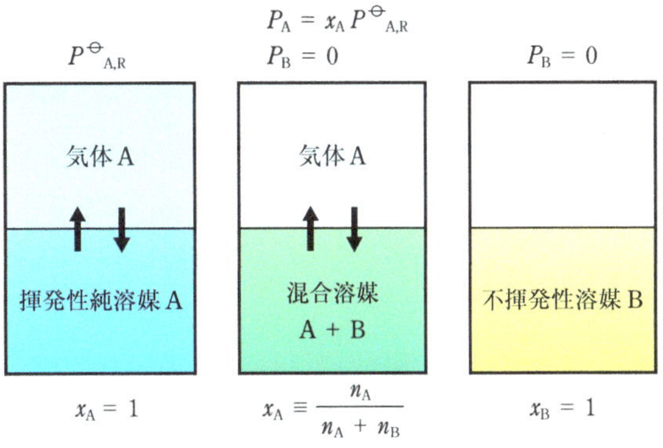

図5.5　揮発性溶媒Aと不揮発性溶媒Bのラウールの法則の説明図

となる．これを**ラウールの法則**(Raoult's low)という．$P^{\ominus}{}_{\mathrm{A,R}}$の下付きRはラウールの法則を強調している．**図 5.6** の破線の直線がその様子を表している．しかし，一般的には，図 5.6 の青の実線で示すように，x_{A}が1より十分小さくなると，ラウールの法則からずれることが多い．

図 5.7 のように，揮発性純溶媒Aと揮発性純溶媒Bを混ぜたときに，AとBがともにラウールの法則が成り立つ場合，**理想溶液**(ideal solution)とよぶ．理想溶液となるのは，ベンゼンとトルエンの混合溶液のように，AとBの性質が似ており，溶媒間，溶質間，および溶質–溶質間の凝集力に差がない場合である．

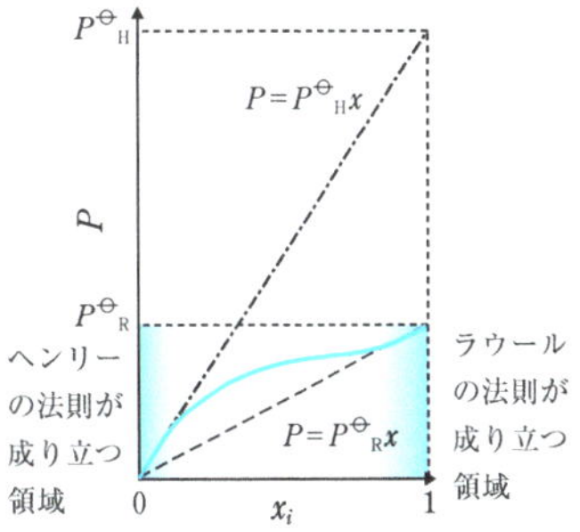

図5.6　ラウールの法則とヘンリーの法則の説明図と現実の気液平衡の様子

一方，不揮発性溶媒Bに揮発性物質Aを少量溶解した溶液が気相と平衡

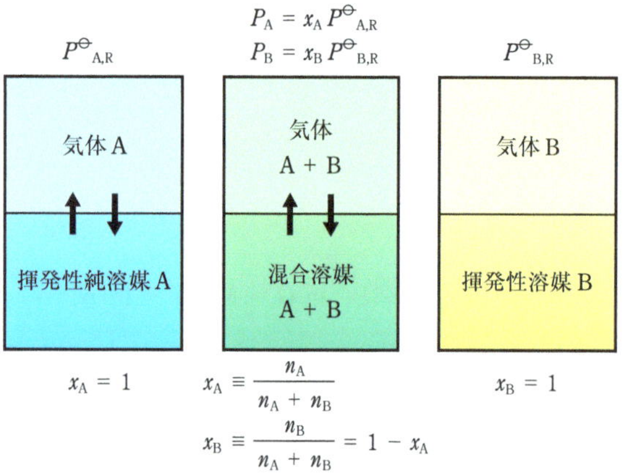

図5.7　揮発性溶媒Aと揮発性溶媒Bのラウールの法則の説明図

注1) 高校では，ヘンリーの法則のみを学ぶが，ラウールの法則の方がより基本的な法則である．

状態にあるとき，気相中のAの分圧 P_A は，Aのモル分率に比例する．

$$x_A \equiv \frac{n_A}{n_A + n_B} = \frac{P_A}{P^{\ominus}_{A,H}} \qquad (x_A \ll 1 \text{のとき}) \tag{5.69}$$

これを**ヘンリーの法則**(Henry's low)とよぶ．この関係は図5.6の一点鎖線の直線に相当する．一般には x_A が増加すると，青の実線のようにヘンリーの法則からずれてくる．ここで $P^{\ominus}_{A,H}$ とは，$x_A = 1$ までヘンリーの法則が成り立つとして，$x = 1$ に外挿した圧力を示す．ラウールの法則で定義した $P^{\ominus}_R$ は実測できる値であるのに対し，$P^{\ominus}_H$ は架空の値である(注1)．理想溶液では $P^{\ominus}_H = P^{\ominus}_R$ となるが，図5.6のように，一般的には両者は一致しない Web.

5.8.4　溶媒の化学ポテンシャル

溶媒の化学ポテンシャルは，揮発性溶媒(L)とその気相(G)との平衡に関するラウールの法則をもとに導かれる．まず，揮発性純溶媒A(モル分率：$x = 1$)が気相と平衡にあるとき，純溶媒Aの化学ポテンシャル($\mu^{*,L}$)と気相のそれ($\mu^{*,G}$)は等しい．

$$\mu^{*,L} = \mu^{*,G} \tag{5.70}$$

そのときの気体の圧力は $P^{\ominus}_R$ であり，P と T に依存する．したがって，(気体の圧力で表した $\mu^{\ominus}(T)$ とは異なり)$\mu^{*,G}(T, P)$ と $\mu^{*,L}(T, P)$ は T だけでなく P にも依存する．

揮発性溶媒Aに不揮発性物質Bを溶かした溶液が，気相と平衡にあり，その圧力を P とするとき，気相(G)のAの化学ポテンシャル($\mu^G(T, P)$)は，$P^{\ominus}_R$ を標準圧力として表すと，式(5.55)と同様に，

$$\mu^G(T,P) = \mu^{*,G}(T,P) + RT\ln(P/P^{\ominus}_R) \tag{5.71}$$

と与えられる．溶液と気相が平衡にあるとき，溶液中のモル分率 x の揮発性溶媒Aの化学ポテンシャル μ^L は気相の化学ポテンシャル μ^G に等しいので

$$\mu^L(T,P,x) = \mu^G \tag{5.72}$$

となる．式(5.72)に式(5.71)，式(5.70)，式(5.68)を代入すると

$$\mu^L(T,P,x) = \mu^{*,L}(T,P) + RT\ln x \tag{5.73}$$

が得られる．これがモル分率を用いた溶媒の化学ポテンシャルの表記法である．ただし，標準状態の化学ポテンシャルに対しては，気体の場合と同様の記号を用い，

$$\mu(T,P,x)=\mu^{\ominus}(T,P)+RT\ln x \tag{5.74}$$

と表現する場合もある．ただし，このモル分率表記を用いた標準化学ポテンシャル $\mu^{\ominus}(T,P)$は，TとPの関数である．

5.8.5 溶質の化学ポテンシャル

ヘンリーの法則において外挿した架空の$P^{\ominus}{}_{\mathrm{H}}$での気相(G)の揮発性物質Aの化学ポテンシャルを$\mu^{*,\mathrm{G}}{}_{\mathrm{H}}$とし，それと平衡状態にある溶存状態の物質A($x=1$)の化学ポテンシャルを$\mu^{*,\mathrm{solute}}$とすると，

$$\mu^{*,\mathrm{solute}}=\mu^{*,\mathrm{G}}{}_{\mathrm{H}} \tag{5.75}$$

となる(注1)．不揮発性溶媒Bに揮発性物質Aを溶かした溶液が気相と平衡にあるとき，気相のAの化学ポテンシャルμ^{G}は，$P^{\ominus}{}_{\mathrm{H}}$を基準として表すと，

注1) 架空であっても，あくまで基準としておいただけであるので，論理的にはまったく問題はない．

$$\mu^{\mathrm{G}}=\mu^{*,\mathrm{G}}{}_{\mathrm{H}}+RT\ln(P/P^{\ominus}{}_{\mathrm{H}}) \tag{5.76}$$

となる．一方，平衡条件で溶液中のモル分率xの溶質Aの化学ポテンシャル(μ^{solute})は，μ^{G}に等しい．

$$\mu^{\mathrm{solute}}(T,P,x)=\mu^{\mathrm{G}} \tag{5.77}$$

式(5.77)と式(5.76)を合わせ，式(5.69)と式(5.75)を代入すると

$$\mu^{\mathrm{solute}}(T,P,x)=\mu^{*,\mathrm{solute}}(T,P)+RT\ln x \tag{5.78}$$

となる．ここでさらに，溶質Aの容量モル濃度をcとすると

$$x=n/\sum n_i=c/\sum c_i \tag{5.79}$$

となる．溶質の標準モル濃度を$c^{\ominus}=1\ \mathrm{mol\ dm^{-3}}$とすると

$$\begin{aligned}\mu^{\mathrm{solute}}(T,P,c)&=\mu^{*,\mathrm{solute}}-RT\ln(\sum(c_i/c^{\ominus}))+RT\ln(c/c^{\ominus})\\&=\mu^{\ominus}(T,P)+RT\ln(c/c^{\ominus})\end{aligned} \tag{5.80}$$

となる．$\mu^{\ominus}$は，$c^{\ominus}=1\ \mathrm{mol\ dm^{-3}}$を基準としたときの溶質の標準化学ポテンシャルである．これがモル濃度を用いた溶質の化学ポテンシャルの表記法である．重量モル濃度を用いた場合も同様である．ただし，溶質のモル濃度表記の標準化学ポテンシャル$\mu^{\ominus}(T,P)$はTとPの関数である．この場合も，$\ln(c/c^{\ominus})$を単に$\ln c$と表現することもある．

5.8.6 化学ポテンシャル表記のまとめ

以上をまとめると，化学ポテンシャルは次のように書き表される．

純物質：$\mu^{*}(T,P)$ (5.81)

気　体：$\mu(T,P)=\mu^{\ominus}(T)+RT\ln(P/P^{\ominus})$ (5.82)

$$\mu(T,c)=\mu^{\ominus}(T)+RT\ln(c/c^{\ominus}) \tag{5.83}$$

$$\mu(T,P,x)=\mu^{\ominus}(T,P)+RT\ln x \tag{5.84}$$

溶　媒：$\mu(T,P,x)=\mu^{\ominus}(T,P)+RT\ln x$ (5.85)

溶　質：$\mu(T,P,c)=\mu^{\ominus}(T,P)+RT\ln(c/c^{\ominus})$ (5.86)

このように，圧力，モル分率，モル濃度を用いた場合，化学ポテンシャルは類似の表記になるが，それぞれ，標準状態が異なり，標準状態を決める条件も異なる．したがって，化学ポテンシャルを示すときは，必ずその標準状態を定義する必要がある．しかし，いつもこの標準状態を書き表すのは面倒なので，標準状態を断らない場合もある．標準圧力は IUPAC で $P^{\ominus}=1\times10^5$ Pa（≃1 atm）と規定されている．さらに，モル分率を用いる場合は $x=1$，容量モル濃度を用いる場合は $c=1$ mol dm^{-3}，重量モル濃度を用いる場合は $m=1$ mol kg^{-1} を標準とする．標準温度は規定されていないが SATP 基準では 25 °C としている．厳密には，そのつど，標準状態の T を定義しなければならない．

5.9　活量と活量係数

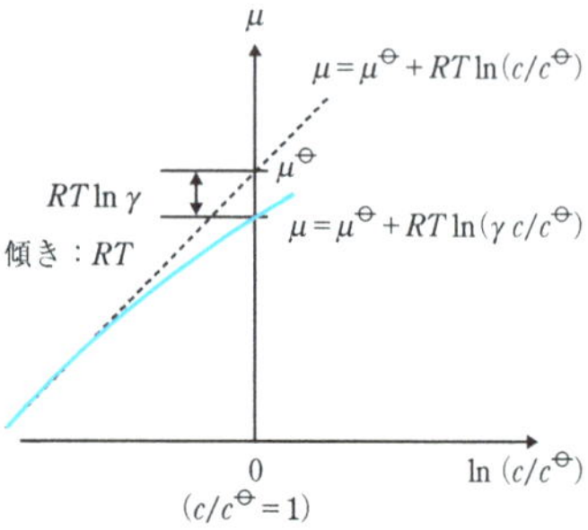

図5.8　活量の考え方

溶液中の溶質濃度が高まると，溶質間の相互作用が強くなる．このような状況では，**図5.8** に示すように，化学ポテンシャル μ と $\ln(c/c^{\ominus})$ は直線関係からずれてくる．一般的には，高濃度領域で分子間引力により安定化するため，下向きに曲がる．そこでその歪みを補正し，理想的な線形性を保つために**活量**（activity）a を導入する．

$$a\equiv\gamma(c/c^{\ominus}) \tag{5.87}$$

活量は**フガシティー**（fugacity）とよばれることもある．γ は**活量係数**（activity coefficient）とよばれる．

活量を用いた溶質の化学ポテンシャルの表記は次のようになる．

$$\mu(T,P,a)=\mu^{\ominus}(T,P)+RT\ln a=\mu^{\ominus}(T,P)+RT\ln\gamma(c/c^{\ominus}) \tag{5.88}$$

$\gamma<1$ の場合，理想系に比べて $RT\ln\gamma$ だけ安定化されることを意味する．このような非理想的な状況は，溶質に限らず，溶媒や気体の場合も考えられるので，モル分率や圧力を活量係数で補正して，理想型とすることにより式の取り扱いを簡単にする（コラム5.3，参考5.5）．気体に対しても高圧では活量を用いる．

一方，固体や純溶媒の場合，体積濃度は使わず，活量を 1 とする．希薄溶液の溶媒の活量も 1 に近似できる．

コラム5.3 活量のたとえ話

教室に 50 人の生徒がいるとして，学生ひとりひとりは 1/50．ただし，よく質問したり，授業中おしゃべりしたりする学生はある意味 active なので目立つ．おとなしい学生さんは周りの影響で目立たず active でないようにみえる！

ちなみに，活量の概念は G. N. ルイスが導入したものである．式(7.2) と式(7.17) を合わせた式：$\Delta_r G = \Delta_r G^{\ominus} + RT \ln \dfrac{a_E^{\nu_E} a_F^{\nu_F}}{a_A^{\nu_A} a_B^{\nu_B}}$ は，**ルイスの式**(Lewis's equation) とよばれている(cf. 7 章)．活量を導入することにより，厳密な熱力学的解析を可能にしたのである．ルイスは，酸と塩基の定義(ルイス酸・塩基，8.1 節)や共有結合の発見(ルイスの電子式)でもよく知られている．光子(photon)という言葉をつくったのもルイスである．彼はノーベル賞受賞を含む多くの傑出した化学者を輩出した．しかし，自身が携わった重水素の発見では，教え子であるユーリー(Harold Clayton Urey, 1893–1981)が 1934 年にノーベル化学賞を単独で受賞したことや，ルイスの化学結合論を発展させたラングミュア(Irving Langmuir, 1881–1957)が 1932 年にノーベル化学賞を受賞したことなどは，受け入れがたいことであったようである．ルイスがネルンストの研究室にいたころ，両者の間に亀裂が生じたことに端を発し，ルイスが熱力学でノーベル化学賞にノミネートされても，ネルンストは選考委員である友人とともに，3 度も阻止したことがわかっている．現在では，ルイスはノーベル賞を受賞しなかった世界最高の化学者といわれている．

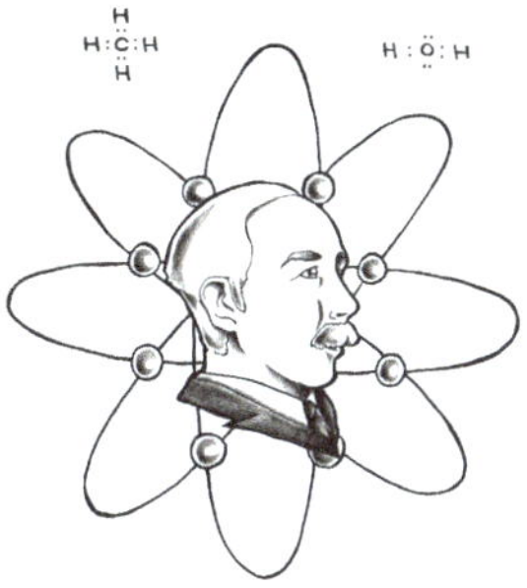

Gilbert Newton Lewis (1875–1946)
米国の物理化学者．生まれ故郷である米国，マサチューセッツ州ウェイマスには *G. N.* Lewis Way と名付けられた通りがある．

参考5.5 エタノールと水の混合

ラウールの法則が成り立つということは，理想溶液であることを意味する．結果として，混合したとき体積は両者の和となり，混合熱はゼロとなる．これに対して，エタノールと水は，混合すると体積が減少し，発熱する．例えば，エタノール 50.0 cm^3 と水 50.0 cm^3 を混ぜると，体積は約 97 cm^3 となり，温度が約 5 °C 増加する．これは，水とエタノールの水素結合ネットワークの違いに起因する．CH_3CH_2OH の OH 基は強い水素結合能があるので，分子間水素結合するのに対し，CH_2CH_3 基はほとんど水素結合できないので，水のような水素結合ネットワークを形成することはできない．このエタノールに，より低分子の水を加えると，エタノールと水の水素結合ができ，よりコンパクトな水素結合ネットワークができるため体積が減少するのである．また，より安定な水素結合を形成するので，これは発熱反応となる．つまり，水–エタノール混合系はもはや理想溶液として振る舞わない．このような理想系からのずれがある場合でも，そのずれを活量係数の中に入れ込んで活量として表現すると，理想型と同様の熱力学的取り扱いができるようになるのである Web．

5.10　イオンの活量係数

イオンは静電相互作用のため，希薄溶液でも理想状態からずれてくる．きわめて希薄な溶液の平均活量係数の値を説明するものとして，**デバイ－ヒュッケルの理論**がある．溶液中のイオンは，その電荷により静電ポテンシャルができる．その電場のもとで，対(たい)イオンが引きつけられ，中心イオン（価数：z）は安定化する．一方で，この静電引力による凝集に対して，同符号の電荷をもつ他の対イオンを避けようとする静電反発力と熱運動による拡散が競合する．この結果，対イオンの分布に一定の不均衡ができる．このことを，電荷密度 $\rho(r)$ と電位 $\phi(r)$ の関係を表す**ポアソン式**（Poisson equation）（注1）と，熱運動による分布を表す**ボルツマン式**をあわせて解くと次のようになる．

注目するイオンの中心から距離 r だけ離れた地点の電位を $\phi(r)$ とする．電荷 $z_i e$ を有する別のイオン i（z_i：電荷数，e：電気素量）は，$z_i e\phi(r)$ だけ余分の電気エネルギーをもつことになる．このエネルギー分布での単位体積あたりのイオン i の個数 n_i はボルツマン分布に従い

$$n_i(r) = n_{i,0}\exp\left(\frac{-z_i e\phi(r)}{k_B T}\right) \tag{5.89}$$

となる．これをすべてのイオン種に適用して，電荷密度 $\rho(r)$ を求めると

$$\rho(r) = \sum_i z_i e n_i(r) = \sum_i z_i e n_{i,0}\exp\left(\frac{-z_i e\phi(r)}{k_B T}\right)$$
$$\simeq \sum_i z_i e n_{i,0} - \frac{e^2}{k_B T}\sum_i z_i^2 n_{i,0}\phi(r) = -\frac{2e^2}{k_B T}\sum_i \frac{z_i^2 n_{i,0}\phi(r)}{2} \tag{5.90}$$

となる（注2）．$\phi(r)$ に対して球形分布を仮定して，ポアソン式に式(5.90)を代入すると，ε_0 を真空の誘電率，ε_r を比誘電率として

$$\frac{1}{r^2}\frac{d}{dr}\left(r^2\frac{d\phi(r)}{dr}\right) = -\frac{\rho(r)}{\varepsilon_0\varepsilon_r} = \frac{2e^2}{\varepsilon_0\varepsilon_r k_B T}\sum_i \frac{z_i^2 n_{i,0}\phi(r)}{2} \tag{5.91}$$

となる．ここで

$$b \equiv 1\Big/\sqrt{\frac{2e^2}{\varepsilon_0\varepsilon_r k_B T}\sum_i \frac{1}{2}n_{i,0}z_i^2} \tag{5.92}$$

とおくと，

$$\frac{1}{r^2}\frac{d}{dr}\left(r^2\frac{d\phi(r)}{dr}\right) = \frac{\phi(r)}{b^2} \tag{5.93}$$

と書き換えられる．左辺を整理すると

$$\frac{1}{r^2}\left(2r\frac{d\phi(r)}{dr} + r^2\frac{d^2\phi(r)}{dr^2}\right) = \frac{2}{r}\frac{d\phi(r)}{dr} + \frac{d^2\phi(r)}{dr^2} = \frac{\phi(r)}{b^2} \tag{5.94}$$

となる．ここで $\dfrac{d^2}{dr^2}(r\phi(r))$ を考えると

注1）電位 ϕ は球対象なので，ポアソン式は $\nabla^2\phi = \dfrac{1}{r^2}\dfrac{d}{dr}\left(r^2\dfrac{d\phi}{dr}\right) = -\dfrac{\rho}{\varepsilon_0\varepsilon_r}$ となる Web．ここで ∇^2 はラプラシンとよび，直交座標では $\nabla^2 = \dfrac{\partial^2}{\partial x^2}+\dfrac{\partial^2}{\partial y^2}+\dfrac{\partial^2}{\partial z^2}$ である．

Peter Joseph William Debye（1884－1966）
オランダ出身の物理学者・化学者で，1936年に分子構造の研究への貢献でノーベル化学賞受賞．1939年に渡米し1940～1950年コーネル大学教授を務めた．1946年にアメリカ合衆国に帰化した．電気双極子モーメントを表す単位は彼の名前にちなんでつけられた．

Erich Armand Arthur Joseph Hückel（1896－1980）
ドイツの化学者，物理学者．デバイの助手でもあった．分子軌道法のヒュッケル法を開発したことでも知られている．

注2）静電気力によるポテンシャルエネルギー $z_i e\phi(r)$ は熱運動エネルギー $k_B T$ に比べて十分小さいと考え，指数項をマクローリン級数展開した（$e^{-x} = 1 - x + \cdots (x \ll 1)$）．また，電気的中性則により，$\sum_i z_i e n_{i,0} = 0$ を用いている．

$$\frac{\mathrm{d}^2}{\mathrm{d}r^2}(r\phi(r)) = \frac{\mathrm{d}}{\mathrm{d}r}\left(\phi(r) + r\frac{\phi(r)}{\mathrm{d}r}\right) = \frac{\mathrm{d}\phi(r)}{\mathrm{d}r} + \frac{\mathrm{d}\phi(r)}{\mathrm{d}r} + r\frac{\mathrm{d}^2\phi(r)}{\mathrm{d}r^2}$$
$$= 2\frac{\mathrm{d}\phi(r)}{\mathrm{d}r} + r\frac{\mathrm{d}^2\phi(r)}{\mathrm{d}r^2} \tag{5.95}$$

となることから，式(5.95)の微分方程式は，

$$\frac{\mathrm{d}^2}{\mathrm{d}r^2}(r\phi(r)) = \frac{r\phi(r)}{b^2} \tag{5.96}$$

と書き換えることができる．これを解いて(注1)，

$$\phi(r) = \frac{ze}{4\pi\varepsilon_0\varepsilon_\mathrm{r} r}\exp\left(-\frac{r}{b}\right) \tag{5.97}$$

$$\rho(r) = -\frac{ze}{4\pi b^2}\frac{\exp(-r/b)}{r} \tag{5.98}$$

が得られる．$\rho(r)$は**図5.9**のグラデーションのようになる．これを**イオン雰囲気**(ionic atmosphere)とよぶ．球状のイオン雰囲気の表面電荷(つまり半径rの球表面の電荷 $\mathrm{d}Q = 4\pi r^2\rho(r)\mathrm{d}r$)は図中の実線のようになり，その最大値を与える距離がbに相当し，**イオン雰囲気の厚さ**または**デバイの長さ**(Debye length)とよぶ(注2)．

いま，$r/b \ll 1$としてマクローリン級数展開すると

$$\phi(r) = \frac{ze}{4\pi\varepsilon_0\varepsilon_\mathrm{r} r} - \frac{ze}{4\pi\varepsilon_0\varepsilon_\mathrm{r} b} \tag{5.99}$$

となる．ここで右辺第1項は，中心イオンがつくる電位に相当する．一方，右辺第2項はあたかも反対符号の電荷($-ze$)が$r = b$に位置すると考えたときの電荷による電位である．

この右辺第2項が対イオンとの静電相互作用による安定化に寄与する．そしてmolあたりの電気エネルギー($-w_\mathrm{elec}$)が，化学ポテンシャルの活量係数に関係するエネルギー項$RT\ln\gamma$に相当する．式(5.99)を電荷に対して積分し，式(5.92)を代入すると

$$RT\ln\gamma = -w_\mathrm{elec} = N_\mathrm{A}\int_0^{-ze}\frac{-\delta}{4\pi\varepsilon_0\varepsilon_\mathrm{r} b}\mathrm{d}\delta = \frac{-N_\mathrm{A}(ze)^2}{8\pi\varepsilon_0\varepsilon_\mathrm{r} b}$$
$$= \frac{-N_\mathrm{A}z^2}{8\pi\varepsilon_0\varepsilon_\mathrm{r}}\sqrt{\frac{2e^6}{\varepsilon_0{}^3\varepsilon_\mathrm{r}{}^3 k_\mathrm{B}T}}\sqrt{\frac{1}{2}\sum_i n_{i,0}z_i^2} \tag{5.100}$$

となる．ここで，**イオン強度**Iを次のように定義する(z：電荷，m：質量モル濃度，c：容量モル濃度，参考5.6)．

$$I \equiv \frac{1}{2}\sum_i z_i^2 m_i = \frac{1}{2}\sum_i z_i^2 c_i / d \quad (d：密度\ [\mathrm{g\ cm^{-3} = kg\ dm^{-3}}]) \tag{5.101}$$

Iの単位は$\mathrm{mol\ kg^{-1}}$である．$n_{i,0}$と質量モル濃度$m_i(\mathrm{mol\ kg^{-1}})$との関係は$n_{i,0} = N_\mathrm{A}m_i d/(1000\ \mathrm{cm^{-3}})$であることに注意し，式(5.101)の$I$を用いて式(5.100)を書き改めると，

$$\log\gamma = \ln\gamma / 2.303 = -Az^2\sqrt{I} \tag{5.102}$$

注1) $\mathrm{d}^2y/\mathrm{d}x^2 = y/a^2$の一般解は式(1.23)で与えられる．境界条件を入れて，AとBを決定する．

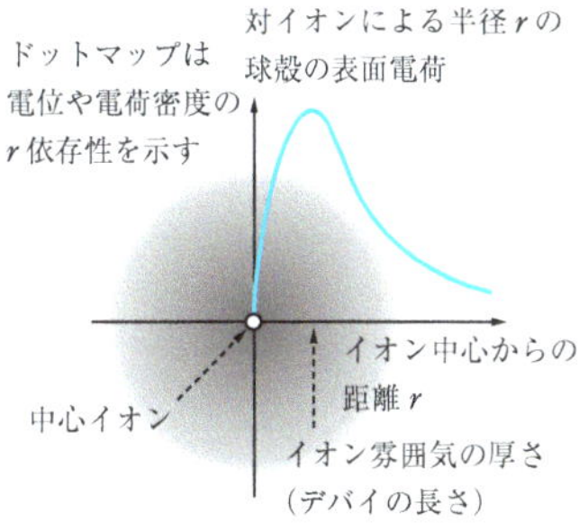

図5.9 イオン雰囲気

注2) 0.01 mol dm^{-3}の1：1電解質ではbは約3 nmである．(C–C単結合距離が0.15 nm程度)．

$$A \equiv \frac{1}{2.303 \times 8\pi}\left(\frac{2N_A d}{1000}\right)^{1/2}\left(\frac{e^2}{\varepsilon_0 \varepsilon_r k_B T}\right)^{3/2}$$

$$(= 0.5091\ \mathrm{mol^{-1/2}\,kg^{1/2}}\,[25\ ℃]) \tag{5.103}$$

が得られる（演習問題 5.20）．これを**デバイ–ヒュッケルの極限法則**（ultimate law of Debye–Hückel）という（**図 5.10** の青色の直線）．イオンの活量が減少するということから，難溶性のイオンは I を増加させると溶解度が上がることになる．すなわち，これは**塩溶**（salting-in）の現象を理論的に示したものともいえる．**表 5.1** には，水の比誘電率をまとめた．

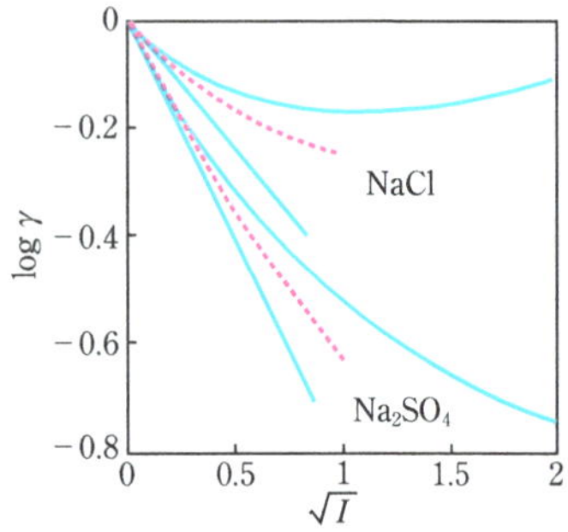

図5.10　イオン強度の平方根に対する平均活量係数（対数）の変化

1：1 電解質として 0.01 ～ 0.1 mol dm^{-3} になると，イオン間の距離が小さくなるので，イオンの大きさを考慮して補正した**拡張デバイ–ヒュッケル式**が提案されている（図 5.10 の赤色の点線）．

$$\log \gamma = -\frac{Az^2\sqrt{I}}{1 + Ba\sqrt{I}} \tag{5.104}$$

ここで，B は 25 °C で 0.3291 × 10^8 cm^{-1} mol$^{-1/2}$ kg$^{1/2}$ であり，a はイオンサイズパラメータとよばれ，水和を考慮した平均イオン半径に相当する．NaCl で a = 4 × 10^{-10} m = 4 Å（ちなみに結晶イオン半径は 2.8 Å）となる．

0.1 mol dm^{-3} 以上の高濃度になると，イオン–溶媒分子間の近接相互作用が問題になってくる．そのため，図 5.10 の青色の曲線のように上向きの曲線ができる．この状況を表現するものとして**デイビスの経験式**（Davies empirical formura）が知られている．これは水の構造破壊による**塩析**（salting-out）の効果を経験的に導入したものである（$m^{\ominus}$：標準重量モル濃度，参考 5.6）．

$$\log \gamma = -Az^2\left(\frac{\sqrt{I}}{1+\sqrt{I/m^{\ominus}}} - KI\right) \qquad (K = 0.1 \sim 0.3\ \mathrm{mol^{-1}kg}) \tag{5.105}$$

表5.1　水の比誘電率 ε_r の温度 θ 依存性（1 atm）

θ/ °C	ε_r	θ/ °C	ε_r
0	87.87 ± 0.07	50	69.90 ± 0.04
10	83.91 ± 0.07	60	66.79 ± 0.04
20	80.16 ± 0.05	70	63.82 ± 0.04
25	78.36 ± 0.05	80	61.03 ± 0.05
30	76.57 ± 0.05	90	58.32 ± 0.05
40	73.16 ± 0.04	100	55.72 ± 0.06

実験式 $\varepsilon_r(\theta)$ = 87.853 06 exp(−0.004 569 92 θ/°C) については W. J. Ellison, K. Lamkaouchi, J. -M. Moreau, *J. Mol. Liquids*, **68**, 171 (1996) を参照.

参考5.6 平衡定数のイオン強度依存性

酸定数(酸解離定数)K_a(cf. 8章)を考えるとき，共役酸と共役塩基の片方あるいは双方がイオンの場合がある．そのような場合，K_aはイオン強度に大きく依存することになる．熱力学的酸定数を$K_a^{\ominus}$とすると，一般に，みかけのpK_aのイオン強度依存性は次のように表される．

$$pK_a = pK_a^{\ominus} + \log\left(\frac{\gamma_{A^-}}{\gamma_{HA}}\right) = pK_a^{\ominus} + A\left(\frac{\sqrt{I}}{1+\sqrt{I/m^{\ominus}}} - KI\right)\left\{(z_{HA})^2 - (z_{A^-})^2\right\} \tag{5.106}$$

図5.11は酢酸のpK_aのI依存性を示したものである．極低イオン強度では，Iの増加とともに，A^-が安定化され，pK_aは小さくなる．さらにIを増大すると，塩析効果でA^-が不安定化され，pK_aは増大する．図5.11のように，$K = 0.3$とすると，実測値をよく再現できる．

酸化還元電位など，イオンが関与する他の平衡定数も，同様にIに大きく依存するので，これらを平衡論的に考察するには，イオン強度を明示する必要がある．特に生化学的な対象はイオンが関与することが多いので注意されたい．

さらに，難溶性塩Xの溶解度SのI依存性は，

$$\log\frac{S}{S^{\ominus}} = -\log\gamma \tag{5.107}$$

で表される(固体の化学ポテンシャルは一定であるので，温度一定では，溶質の活量が一定になるという条件から導くことができる)．ここで，$S^{\ominus}$はX以外の電解質が存在しない場合の溶解度で，Sは電解質が存在する場合の溶解度である．**図5.12**に示すように，Iが増加すると，まず塩溶効果が現れ，さらに増加すると塩析効果が現れる．塩析は，水素結合ネットワークの破壊に由来するので，電解質以外に，アセトン，エタノール，プロパノールのような有機溶媒や，ポリエチレングリコール，デキストランなどの水溶性ポリマーでも同様の効果が現れる．これらはタンパク質沈殿剤として使われ，タンパク質の沈殿濃縮や結晶化に利用されている．

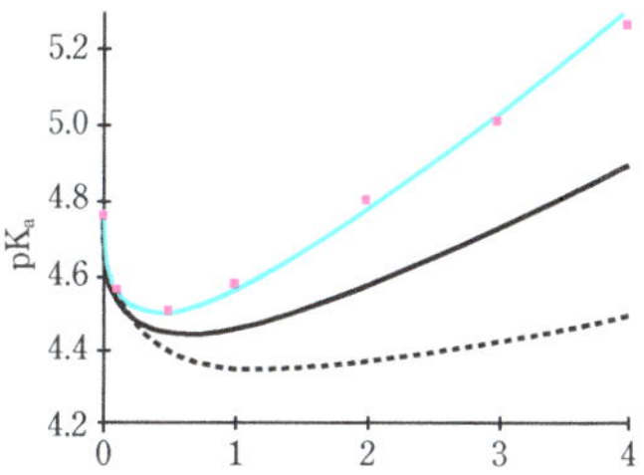

図5.11 酢酸のpK_aのイオン強度依存性
点(赤)は実測値．青は$K = 0.3$，$Ba = 0$，黒の実線は$K = 0.2$，$Ba = 0$，黒の破線は$K = 0.3$，$Ba = +0.1$．

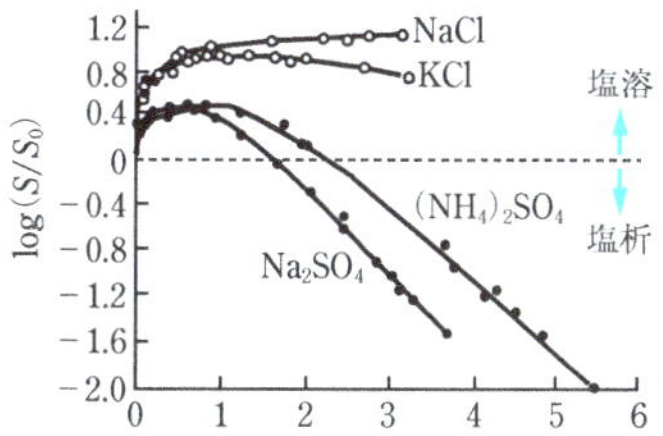

図5.12 溶解度のイオン強度依存性

説明問題

5.1 自発的反応の判定基準を条件ごとにまとめなさい.

5.2 共役について述べなさい.

5.3 天然ガスの液化方法の原理を説明しなさい.

5.4 G の温度依存性と G/T の温度依存性の違いについて説明しなさい.

5.5 純物質，気体，溶媒，溶質の化学ポテンシャルの表記方法を示し，その標準状態が何の関数であるかまとめなさい.

5.6 活量とは何かを説明しなさい.

5.7 (中性物質とは異なり)イオンの活量係数は一般には1に近似できない理由を述べ，イオンの活量係数とイオン強度の関係について説明しなさい.

演習問題

5.8 次の各過程における，ΔU，ΔH，ΔS，ΔG の符号を考えなさい.

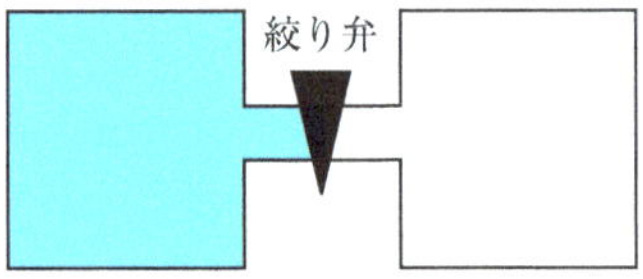

a)非理想気体をカルノーサイクルで1周させた場合

b)理想気体が絞り弁から真空側へ断熱膨張する場合

c)液体の水がある圧力における沸点 T_b で蒸発平衡にある場合

d)T，P 一定のもとで塩酸と水酸化ナトリウム水溶液を混合した場合

5.9 ヒトが頭脳を使っているとき，脳は 25 J s^{-1} の仕事率でエネルギーを消費する．また脳に供給できるエネルギー源はグルコースだけである．ヒトが頭脳労働するのに，1時間あたり最低どれだけのグルコースが必要か．質量で答えなさい．グルコースの燃焼の標準ギブズエネルギーを $\Delta_c G^\ominus$ = 2808 kJ mol^{-1} とする.

5.10 式(5.7)から式(5.18)を導きなさい.

5.11 ある細胞の半径を 10 μm とし，そこで毎秒 10^6 個の ATP が加水分解されているとする．この細胞の出力密度(P/V)を求めなさい．ATP の加水分解反応のギブズエネルギーは $\Delta_r G$ = −31 kJ mol^{-1} とする.

5.12 式(5.18)を用いて，理想気体のエントロピーの体積依存性(cf. 式(4.28))を導きなさい.

5.13 参考5.1では，理想気体の内部圧がゼロであること($\left(\frac{\partial U}{\partial V}\right)_T = 0$)を，内部エネルギー U の変数変換から導いた．ここでは，ヘルムホルツエネルギー A の変数変換から，同じ結論を導いてみる．以下の文章の空欄 [あ] ～ [こ] に適切な数式または物理量を入れなさい.

ヘルムホルツエネルギーの定義式 [あ] を使うと，T 一定のときの U の V での偏微分は

$$\left(\frac{\partial U}{\partial V}\right)_T = [\ \text{い}\ ] \tag{1}$$

と与えられる．ここでコラム5.2にある *UP-THAS-VG* を使うと，dA は

$$\mathrm{d}A = [\ \text{う}\ ] \tag{2}$$

となる．式(2)に示すように，A の自然な変数は V と T である．A を V と T の関数($A(V, T)$)として表した全微分式は

$$\mathrm{d}A(V, T) = [\ \text{え}\ ] \tag{3}$$

となる．式(2)と式(3)の係数比較により式(4)と式(5)が得られる．

$$\left(\frac{\partial A}{\partial V}\right)_T = \boxed{\text{お}} \tag{4}$$

$$\left(\frac{\partial A}{\partial T}\right)_V = \boxed{\text{か}} \tag{5}$$

一方，A は状態関数であり，式(3)の交差微分導関数は等しいから，

$$\left[\frac{\partial}{\partial T}\left(\frac{\partial A}{\partial V}\right)_T\right]_V = \boxed{\text{き}} \tag{6}$$

となる．式(6)に式(4)と式(5)を代入すると，マクスウェルの関係式が得られる．

$$\boxed{\text{く}} = \left(\frac{\partial S}{\partial V}\right)_T \tag{7}$$

式(1)に式(4)と式(7)を代入すると，

$$\left(\frac{\partial U}{\partial V}\right)_T = \boxed{\text{け}} \tag{8}$$

が得られる．ここで，理想気体の状態方程式を用いると

$$\left(\frac{\partial P}{\partial T}\right)_V = \boxed{\text{こ}} \tag{9}$$

となるから，式(9)を式(8)に代入して整理すると，$\left(\frac{\partial U}{\partial V}\right)_T = 0$ を証明できる．このことも熱力学の対称性のよさを示す例である．

5.14 マイヤーの関係式($C_P = C_V + nR$)を内部エネルギーの変数変換から求める．以下の文章の空欄 $\boxed{\text{あ}}$ ～ $\boxed{\text{き}}$ に適切な数式を入れなさい．

UP-THAS-VG からは，U の自然な変数は S と V となる($U(S, V)$)．しかし S が T の関数($S(T)$)で，V が P の関数($V(P)$)であるとすれば，$U(P, T)$ あるいは $U(V, T)$ とみなすこともできる．このように考えた場合，それぞれの全微分式は式(1)と式(2)となる．

$$\mathrm{d}U(P,T) = \boxed{\text{あ}} \tag{1}$$

$$\mathrm{d}U(V,T) = \boxed{\text{い}} \tag{2}$$

ここで，V が P と T の関数であるとすれば，その全微分式は式(3)で与えられる．

$$\mathrm{d}V(P,T) = \boxed{\text{う}} \tag{3}$$

式(3)を式(2)に代入し，U を P と T の関数として表すと

$$\mathrm{d}U(P,T) = \boxed{\text{え}}\,\mathrm{d}P + \boxed{\text{お}}\,\mathrm{d}T \tag{4}$$

となる．式(4)と式(1)を係数比較し，

$$\left(\frac{\partial U}{\partial T}\right)_P = \boxed{\text{お}} \tag{5}$$

となる．ここでエンタルピーの定義式(式(3.15))を P 一定のもとで，T で偏微分すると

$$\left(\frac{\partial H}{\partial T}\right)_P = \boxed{\text{か}} \tag{6}$$

となる．式(5)を式(6)に代入して，熱容量の定義式：$C_V \equiv \left(\frac{\partial U}{\partial T}\right)_V$ と $C_P \equiv \left(\frac{\partial H}{\partial T}\right)_P$ を用いると，

$$C_P - C_V = \boxed{\text{き}}\left(\frac{\partial V}{\partial T}\right)_P \tag{7}$$

が得られる．式(7)に演習問題 5.13 の式(8)を代入すると

$$C_P - C_V = T\left(\frac{\partial P}{\partial T}\right)_V\left(\frac{\partial V}{\partial T}\right)_P \tag{8}$$

となる．理想気体の場合には $T\left(\frac{\partial P}{\partial T}\right)_V\left(\frac{\partial V}{\partial T}\right)_P = nR$ となるので，マイヤーの関係式を証明できる．

また，理想気体では演習問題 5.13 の式(8)はゼロとなるので，式(4)で $\mathrm{d}T = 0$ としたとき，$\left(\frac{\partial U}{\partial P}\right)_T = 0$ となる．このことより，理想気体の U は V や P の関数ではなく，T のみの関数であることが証明できる．

5.15 理想気体のエンタルピーは圧力に依存しないこと（$\left(\frac{\partial H}{\partial P}\right)_T = 0$）をギブズエネルギー G から導く．以下の文章の空欄 あ ～ か に適切な数式または物理量を入れなさい．

G の定義式（式(3.20)）を用いると，T 一定のときの G の P での偏微分は

$$\left(\frac{\partial G}{\partial P}\right)_T = \boxed{\text{あ}} \tag{1}$$

となる．一方，*UP-THAS-VG* を使って，$\mathrm{d}G$ を自然な変数の関数として表せば，

$$\mathrm{d}G = \boxed{\text{い}} \tag{2}$$

となる．$G(P, T)$ の全微分式は

$$\mathrm{d}G(T,P) = \boxed{\text{う}} \tag{3}$$

式(2)と式(3)の係数比較により

$$\left(\frac{\partial G}{\partial P}\right)_T = \boxed{\text{え}}, \qquad \left(\frac{\partial G}{\partial T}\right)_P = -S \tag{4}$$

となる．$\mathrm{d}G$ は完全微分であり，式(3)の交差微分導関数が等しいことより，マクスウェルの関係式が得られる．

$$\left(\frac{\partial S}{\partial P}\right)_T = \boxed{\text{お}} \tag{5}$$

式(1)に式(4)，式(5)を代入すると

$$\left(\frac{\partial H}{\partial P}\right)_T = \boxed{\text{か}} \tag{6}$$

となる．理想気体の場合，$\left(\frac{\partial V}{\partial T}\right)_P = \frac{nR}{P}$ であることを考慮すると，式(6)より $\left(\frac{\partial H}{\partial P}\right)_T = 0$ が得られる．

5.16 理想気体の定圧熱容量 C_P と定容熱容量 C_V に関するマイヤーの関係式（$C_P = C_V + nR$）をエンタルピーの変数変換から求める．以下の文章の空欄 あ ～ き に適切な数式を入れなさい．

UP-THAS-VG からは，H の自然な変数の関数として（$H(S, P)$）となる．しかし $S(T)$ で，$V(P)$ であるとすれば，$H(V, T)$ あるいは $H(P, T)$ とみなすこともできる．このように考えた場合，それぞれの全微分式は式(1)と式(2)となる．

$$\mathrm{d}H(V,T) = \boxed{\text{あ}} \tag{1}$$

$$\mathrm{d}H(P,T) = \boxed{\text{い}} \tag{2}$$

ここで，P が V と T の関数であるとしてみれば，その全微分式は

$$\mathrm{d}P(V,T) = \boxed{\text{う}} \tag{3}$$

となる．式(3)を式(2)に代入し，H を V と T の関数として表すと

$$\mathrm{d}H(V,T) = \boxed{\text{え}}\,\mathrm{d}V + \boxed{\text{お}}\,\mathrm{d}T \tag{4}$$

となり，式(1)と式(4)を係数比較し，

$$\left(\frac{\partial H}{\partial T}\right)_V = \boxed{\text{お}} \tag{5}$$

となる．ここでエンタルピーの定義式(式(3.15))を V 一定のもとで，T で偏微分すると

$$\left(\frac{\partial H}{\partial T}\right)_V = \boxed{\text{か}} \tag{6}$$

となる．式(5)を式(6)に代入し，熱容量の定義式：$C_V \equiv \left(\frac{\partial U}{\partial T}\right)_V$ と $C_P \equiv \left(\frac{\partial H}{\partial T}\right)_P$ を用いると，

$$C_P - C_V = \boxed{\text{き}}\left(\frac{\partial P}{\partial T}\right)_V \tag{7}$$

が得られる．式(7)に演習問題 5.15 の式(6)を代入すると

$$C_P - C_V = T\left(\frac{\partial V}{\partial T}\right)_P\left(\frac{\partial P}{\partial T}\right)_V \tag{8}$$

となる．理想気体の場合には $T\left(\frac{\partial V}{\partial T}\right)_P\left(\frac{\partial P}{\partial T}\right)_V = nR$ となるので，マイヤーの関係式を証明できる．

また，理想気体では演習問題 5.15 の式(6)はゼロとなるので，式(4)で $\mathrm{d}T = 0$ としたとき，$\left(\frac{\partial H}{\partial V}\right)_T = 0$ となる．このことより，理想気体の H は V や P の関数ではなく，T のみの関数であることが証明できる．

5.17 ギブズエネルギーの定義式(式(3.20))を微小量で書くと，$\mathrm{d}G \equiv \mathrm{d}H - T\mathrm{d}S - S\mathrm{d}T$ となる．定温($\mathrm{d}T = 0$)では $\mathrm{d}G = \mathrm{d}H - T\mathrm{d}S$ となり，積分形として非常に重要な関係が得られる．

$\Delta G = \Delta H - T\Delta S$ （標準状態では $\Delta G^{\ominus} = \Delta H^{\ominus} - T\Delta S^{\ominus}$）

この関係を使って，ある温度 T_1 における $\Delta H^{\ominus}$ と $\Delta S^{\ominus}$ から，T_2 における $\Delta G_2^{\ominus}$ を計算する方法が書物に書かれている．この方法の是非について述べなさい．

5.18 次のイオン溶液のイオン強度は重量モル濃度の何倍になるか．

a) NaCl，b) Na_2SO_4，c) $CuSO_4$，d) $K_3[Fe(CN)_6]$

5.19 25 °C における 0.01 mol kg^{-3}（≈0.01 mol dm^{-3}）の NaCl 水溶液中のイオンのデバイの長さ b を求めなさい．

5.20 いま ν_+ のカチオン M^{z+} と ν_- のアニオン N^{z-} からなる電解質を $M_{\nu+}N_{\nu-}$ を考える（解離状態では $\nu_+M^{z+} + \nu_-M^{z-}$）．この電解質の平均イオン活量係数を $\gamma_\pm$ とすると，式(5.102)より

$$\log\gamma_\pm = -\left(\frac{\nu_+ z_+^2 + \nu_- z_-^2}{\nu_+ + \nu_-}\right)A\sqrt{I} \tag{1}$$

となる．$\nu_+ z_+ = -\nu_- z_-$ であるから，

$$\nu_+ z_+^2 + \nu_- z_-^2 = -(\nu_- z_- z_+ + \nu_+ z_+ z_-) = -z_+ z_-(\nu_+ + \nu_-) = |z_+ z_-|(\nu_+ + \nu_-)$$

となる．これを式(1)に代入して，次の非常に重要な関係が得られる．

$$\log\gamma_\pm = -|z_+ z_-|A\sqrt{I} \tag{2}$$

37 °C における 0.01 mol kg^{-1} の $MgCl_2$ の $\gamma_\pm$ はどれだけか．

5.21 $C_P = (\mathrm{d}Q/\mathrm{d}T)_P = T(\partial S/\partial T)_P$，$C_V = T(\partial S/\partial T)_V$ とし，ヤコビアンの変数変換を用いて，$C_P \geq C_V$ を証明しなさい．

5.22 グルタミン酸とアンモニウムイオンからグルタミンを生成するには，生体標準条件で 14.2 kJ mol^{-1} のエネルギーが必要であるとする．一方，この反応を ATP の加水分解反応：

$$ATP^{4-}(aq) + 2H_2O(l) \longrightarrow ADP^{3-}(aq) + HPO_4^{\ 2-}(aq) + H_3O^+(aq)$$

のエネルギーを用いて駆動したとすると，グルタミン 1 mol を生成するのに，何分子の ATP が必要か．ただし，生体内条件での ATP の加水分解反応の標準反応ギブズエネルギー $\Delta_r G^{\oplus}{}_{ATP}$ は -31 kJ mol^{-1} とする（7.7 節で示すように生体標準状態の反応ギブズエネルギーは $\Delta_r G^{\oplus}$ で表す）．

5.23 単原子理想気体の原子の 1 次元並進エネルギーは式(2.86)に示したとおりである．3 次元では

$$\varepsilon = \frac{h^2}{8ma^2}(n_x^{\ 2} + n_y^{\ 2} + n_z^{\ 2}) \qquad (n_x, n_y, n_z = 1, 2, \ldots)$$

と与えられる．この分子分配関数は

$$q_{\text{trans}}(V,T) = \left[\sum_{n=1}^{\infty} \exp\left(-\frac{\beta h^2 n^2}{8ma^2}\right)\right]^3$$

となる．ここで β は式(2.95)で与えられる．上の式を積分で近似すると

$$q_{\text{trans}}(V,T) = \left(\int_0^{\infty} \exp\left(-\frac{\beta h^2 n^2}{8ma^2}\right) \mathrm{d}n\right)^3$$

となる．ガウス積分と偶関数の性質（1.7 節）を利用すると $\int_0^{\infty} \exp(-an^2)\mathrm{d}n = \sqrt{\dfrac{\pi}{4a}}$ となるので，$a^3 = V$ と式(2.95)を考慮して

$$q_{\text{trans}}(V,T) = \left(\frac{2\pi m a^6}{\beta h^2}\right)^{3/2} = \left(\frac{2\pi m}{\beta h^2}\right)^{3/2} V = \left(\frac{2\pi m k_B T}{h^2}\right)^{3/2} V$$

が得られる．この関係を用いて，Ar(g)（M = 39.95 g mol^{-1}）の標準化学ポテンシャル $\mu^{\ominus}$ を統計力学的に計算し，実測値 -39.97 kJ mol^{-1} と比較しなさい．

第6章 相平衡

If I have had any success in mathematical physics, it is, I think, because I have been able to dodge mathematical difficulties.

Josiah Willard Gibbs

水の蒸発，氷の融解，砂糖の水への溶解のような変化は，相転移とよばれる．これはある一定の温度と圧力において，系の性質が不連続な変化をするので，膨張や圧縮のような物理変化とは異なる．また，相間で物質移動を伴うが，化学反応による物質量の変化とも異なる．相関の平衡(**相平衡**)を熱力学的に取り扱うと，相平衡の温度や圧力依存性を非常に明確に記述することができ，計算値は実測値とも非常によく一致することがわかる．相平衡を題材に平衡に対する熱力学的取り扱い方に習熟し，7章の化学平衡の考察への展開の基礎固めをする．本章では，まず純物質の相平衡を考え，その後に，溶液が関与する平衡について考える Web.

6.1 相平衡と化学ポテンシャル

金塊や，一杯の酒という系は，その全体にわたって，化学組成と物理的状態が一様であると考えることができる．このとき，その系は**均一**(homogeneous)といい，それを1つの**相**(phase)からできているという．氷と水のように2つ以上の相からできる系は**不均一**(heterogeneous)という．**図6.1**のように，純物質には気体，液体，固体の三態があり，それらは温度と圧力に依存して，状態が変化する．これを一般に**相転移**(phase transition)という．

ここで，氷と水(または水溶液)が混ざった混合系のように，少なくとも2つの相A，Bにともに存在する物質(氷と水の系では H_2O)からなる系を考える．**図6.2**のように，両相に共通な物質の化学ポテンシャルをそれぞれ μ_A, μ_B とし，その物質が相Aから相Bに dn 移動したときに，系全体のギブズエネルギーの微小変化量は

$$dG = \mu_B dn - \mu_A dn$$

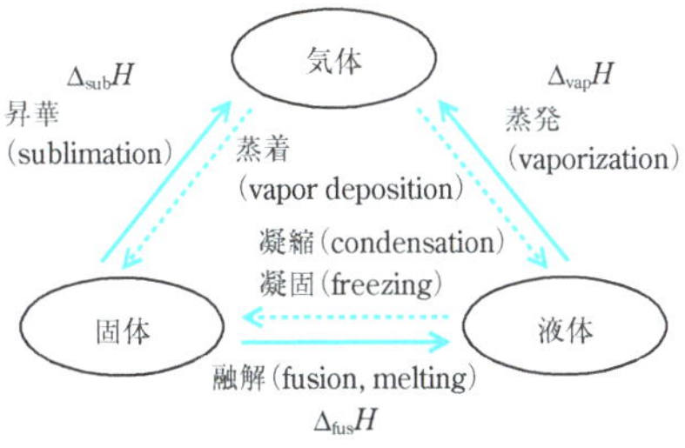

図6.1 純物質の三態

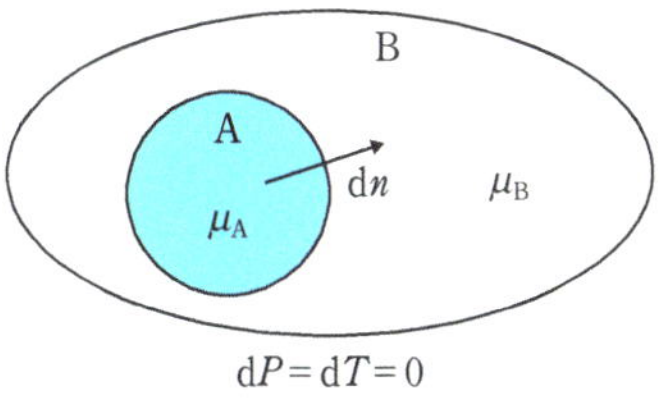

図6.2 相間の物質移動

で与えられる．両相に共通な物質に関して $\mu_A > \mu_B$ であれば，$dG < 0$ となるには $dn > 0$ でなければならない．つまり相 A から相 B に物質が移動する．物質は $\mu_B = \mu_A$ となるまで，つまり $dG = 0$ となるまで移動し，平衡に達する(注 1)．このように，2 相に共通して存在する物質の化学ポテンシャルを用いると，それを“水圧”に例えるような考え方で，**相平衡**(phase equilibrium)や共通物質の移動を理解することができる．

注 1) より厳密には，T, P 一定で平衡のとき $dG = \sum \mu_j dn_j = 0$ で与えられるから，両相共通に存在する化学種 j について $\mu_{j,A} = \mu_{j,B}$ となる．

6.2 純物質の相平衡の温度依存性

一般に，純物質の化学ポテンシャル $\mu^*(T, P)$ の変化量は

$$d\mu^*(T,P) = \left(\frac{\partial \mu^*}{\partial P}\right)_T dP + \left(\frac{\partial \mu^*}{\partial T}\right)_P dT = \bar{V}dP - \bar{S}dT \tag{6.1}$$

と表される(注 2)．ここでは，P 一定のもとで，気相(G)と液相(L)間の相転移としての蒸発と凝縮を考える．液相と気相の化学ポテンシャル $\mu^{*,L}$ と $\mu^{*,G}$ の T 依存性は**図 6.3** のようになる．両相とも温度の上昇に伴い熱運動が大きくなり，μ^* が減少する様子がわかる．その傾きは相の部分モルエントロピー $\bar{S}$ を表す(符号はマイナス)．

注 2) 気体の標準化学ポテンシャル $\mu^{\ominus}(T)$ は T だけの関数となるが，純物質の化学ポテンシャル $\mu^*(T, P)$ は，P を規定していないので T と P の関数となる(5.8 節)．

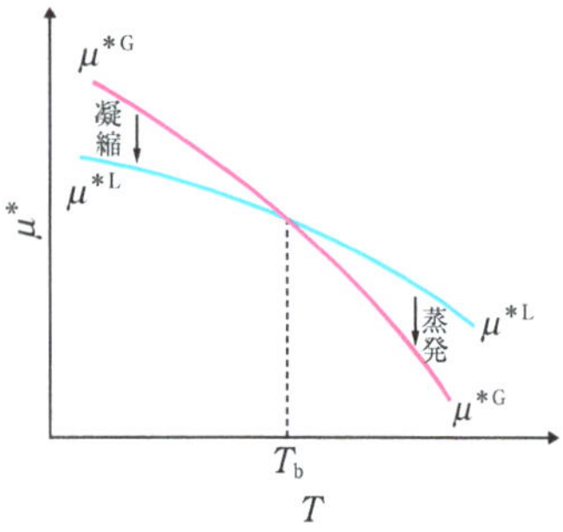

図 6.3　温度変化による相変化の考え方

$$\left(\frac{\partial \mu^*}{\partial T}\right)_P = -\bar{S} \tag{6.2}$$

気相の方が，エントロピーが大きいので大きな負の傾きとなる．各相のエントロピーは温度の上昇とともに増加するので，上向きに凸の曲線となる．$\mu^{*,L}$ と $\mu^{*,G}$ の曲線が交わる点($\mu^{*,G} = \mu^{*,L}$)が**沸点**(boiling point) T_b であり，そこで平衡となる．純物質の T_b における**蒸発**(vapolization)平衡にあるときの化学ポテンシャル変化(部分モル蒸発ギブズエネルギー変化) $\Delta_{vap}\mu(T, P)$ は

$$\Delta_{vap}\mu(T,P) \equiv \mu^{*,G}(T,P) - \mu^{*,L}(T,P) = 0 \tag{6.3}$$

となる．同様に他の部分モル量の変化は，

$$\Delta_{vap}\bar{H} = \bar{H}^G - \bar{H}^L \tag{6.4}$$

$$\Delta_{vap}\bar{S} = \bar{S}^G - \bar{S}^L \tag{6.5}$$

と表される．T, P 一定のとき $dG = dH - TdS$ であるから，部分モル量の積分形で表すと

$$\Delta_{vap}\mu = \Delta_{vap}\bar{H} - T_b\Delta_{vap}\bar{S} \tag{6.6}$$

となる．蒸発平衡状態では $\Delta_{vap}\mu(T, P) = 0$ であるから，

$$\Delta_{vap}\bar{S} = \frac{\Delta_{vap}\bar{H}}{T_b} \tag{6.7}$$

と与えられる．つまり，モル蒸発熱 $\Delta_{vap}\bar{H}$ とは，蒸発によるエントロピーの増大 $\Delta_{vap}\bar{S}$ を反映している．T_b から温度上昇させると($dT > 0$)，それぞれの相の化学ポテンシャルは，図 6.3 のように $\mu^{*,G}(T_b + dT) < \mu^{*,L}(T_b + dT)$

となり，その温度での液体は準安定状態となる．そして安定な平衡状態に向かって，気相への物質移動，すなわち蒸発が起こる．逆に，T_b から温度を下げると $\mu^{*,G}(T_b + dT) > \mu^{*,L}(T_b + dT)$ となり凝縮が起こる．このような変化の方向性は，吸熱反応に関する**ル・シャトリエの原理**(Le Châtelier's principle)と一致している．

固相と液相の平衡も同様で，特に**融点**(melting，あるいは凝固点) T_m 以下の準安定な液体を**過冷却液体**(supercooling liquid)という．融点で平衡になれば，化学ポテンシャルが等しくなり，部分モル融解(fusion)エントロピー $\Delta_{fus}\bar{S}$ と部分モル融解エンタルピー $\Delta_{fus}\bar{H}$ の関係は次のように表される．

$$\Delta_{fus}\bar{S} = \frac{\Delta_{fus}\bar{H}}{T_m} \tag{6.8}$$

蒸発，昇華のような相転移に対しても，部分モルエントロピーと部分モルエンタルピーは式(6.8)と同様の関係となる．

6.3 純物質の相平衡の圧力依存性

T 一定の場合，μ^* を P に対して表すとその傾きは部分モル体積 $\bar{V}$ となる．

$$\left(\frac{\partial \mu^*}{\partial P}\right)_T = \bar{V} \tag{6.9}$$

理想気体の化学ポテンシャルは式(5.55)で表されるので，μ^* の圧力依存性は**図 6.4** のような対数曲線となる．液相や固相では，$\bar{V}$ はほとんど P に依存しないのでほぼ直線となる．固相，液相，気相の μ^* は T に大きく依存するので，3 相の μ^* の圧力依存性を一般的な形として図示することは困難である．しかし，後に述べる三重点近傍においては，多くの溶媒では，$\bar{V}^G \gg \bar{V}^L > \bar{V}^S$ であり P の増加とともに，気体→液体→固体となる(**図 6.5**(a))．ただし，水の場合には，$\bar{V}^G \gg \bar{V}^S > \bar{V}^L$ であるから，気体→固体→液

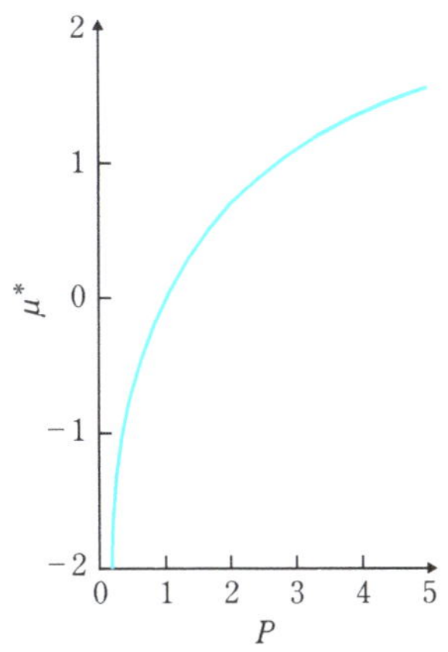

図6.4　気体の化学ポテンシャルの圧力依存性

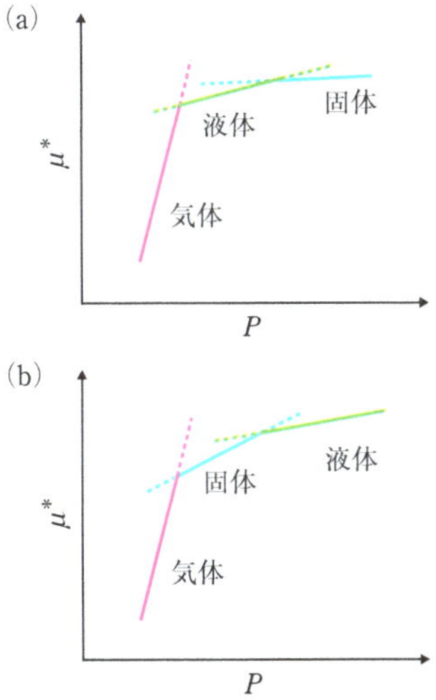

図6.5　三重点近傍における気体部，液体部，固体部を示す $\mu^*(P)$ の P に対するプロット
(a)水以外の一般の物質，(b)水．

体となる(図 6.5(b)).

6.4　相平衡の温度と圧力の関係

純溶媒の沸点(T_b)の圧力依存性を例に，純物質の相平衡を厳密に取り扱ってみる．気液相平衡状態で，気相(G)と液相(L)に存在する純物質の化学ポテンシャルは等しい．よって，ある基準の圧力($P = P^{\ominus}$)では

$$\mu^{*,L}(T_b, P^{\ominus}) = \mu^{*,G}(T_b, P^{\ominus}) \tag{6.10}$$

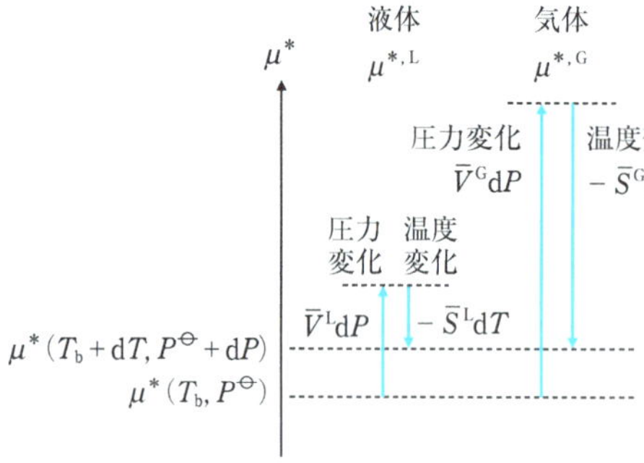

図6.6　化学ポテンシャルでみた相平衡の温度・圧力依存性

と書くことができる．ここで，圧力だけを dP 上昇したとき，$\bar{V}^L \ll \bar{V}^G$ だから，$d\mu^{*,L}(=\bar{V}^L dP) < d\mu^{*,G}(=\bar{V}^G dP)$ となり液化する(**図 6.6** の↑)．そこで温度も dT 上昇させると，μ は減少する．このとき，$\bar{S}^L \ll \bar{S}^G$ であるから，温度上昇による μ の減少は気体の方が大きい(図 6.6 の↓)．その結果として，

$$\bar{V}^L dP - \bar{S}^L dT = \bar{V}^G dP - \bar{S}^G dT \tag{6.11}$$

となったとき，$d\mu^{*,L} = d\mu^{*,G}$ が成立し，新しい平衡点($T_b + dT, P^{\ominus} + dP$)ができる．

式(6.11)の条件で dP/dT を求めれば相平衡の T と P の関係が得られる．いま，$\Delta_{vap}\bar{V} \equiv \bar{V}^G - \bar{V}^L$，$\Delta_{vap}\bar{S} \equiv \bar{S}^G - \bar{S}^L$ とおくと式(6.11)は

$$\Delta_{vap}\bar{V} dP = \Delta_{vap}\bar{S} dT \tag{6.12}$$

となるから

$$\frac{dP}{dT} = \frac{\Delta_{vap}\bar{S}}{\Delta_{vap}\bar{V}} = \frac{\Delta_{vap}\bar{H}}{T\Delta_{vap}\bar{V}} \quad (\because \Delta_{vap}\bar{S} = \Delta_{vap}\bar{H}/T) \tag{6.13}$$

同様に，融解の場合は

$$\frac{dP}{dT} = \frac{\Delta_{fus}\bar{S}}{\Delta_{fus}\bar{V}} = \frac{\Delta_{fus}\bar{H}}{T\Delta_{fus}\bar{V}} \quad (\because \Delta_{fus}\bar{S} = \Delta_{fus}\bar{H}/T) \tag{6.14}$$

となり，昇華の場合は

$$\frac{dP}{dT} = \frac{\Delta_{sub}\bar{S}}{\Delta_{sub}\bar{V}} = \frac{\Delta_{sub}\bar{H}}{T\Delta_{sub}\bar{V}} \quad (\because \Delta_{sub}\bar{S} = \Delta_{sub}\bar{H}/T) \tag{6.15}$$

となる．これらを**クラペイロンの式**(Clapeyron equation)という．

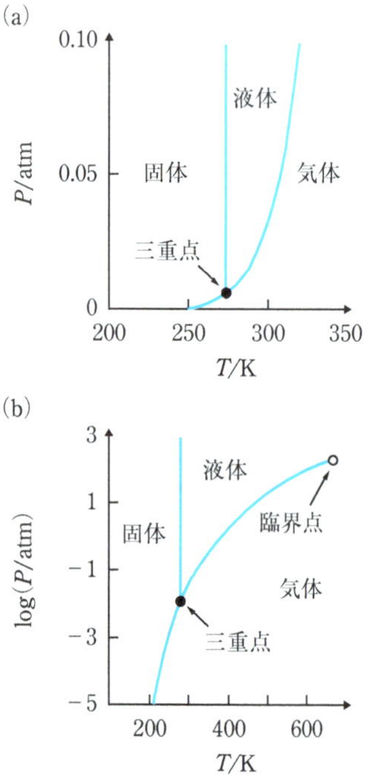

図6.7　水の相図
(a)と(b)は縦軸の表記が異なることに注意.

物質がどのような P と T で固体–液体–気体として振る舞うかを示したものを**相図**あるいは**状態図**(phase diagram)という．**図 6.7** の実線の傾きが $\frac{dP}{dT}$ に相当する．H_2O の場合，その部分モル体積は氷より水の方が小さい($\Delta_{fus}\bar{V} < 0$)ので，固体–液体間の直線はわずかに左に傾く($\frac{dP}{dT} = \frac{\Delta_{fus}\bar{H}}{T\Delta_{fus}\bar{V}} < 0$)．このことは，高圧にすると融点が低下することを意味している．1.0×10^5 Pa での融点を**標準融点**(standard boiling point)といい，1 atm での融点を**通常融点**(normal boiling point)という．ごく低圧では，温度上昇とともに，

参考6.1 **相律**

純物資の化学ポテンシャルは T と P の関数である．言い換えると，純物質が1相のときの状態は T と P の2つの示強変数を指定すると一義的に決まる．このとき自由度は（T と P で）$f = 2$ となる．これは相図の線以外の領域に相当する．純物質が2相で平衡にあるとき，相間で純物質の化学ポテンシャルは等しいという条件が加わるので $f = 1$ となり，T が決まれば P（気液界面では飽和蒸気圧）が決まる．これは相図の線の部分に相当する．純物質が3相で平衡にあるとき，もう1つの相間で，純物質の化学ポテンシャルは等しいという条件が加わるので，$f = 0$ となり，物質固有の値となる．これが三重点である．溶液のように2成分1相の場合は，T, P と一方のモル分率の3つの変数で規定され $f = 3$ となる．

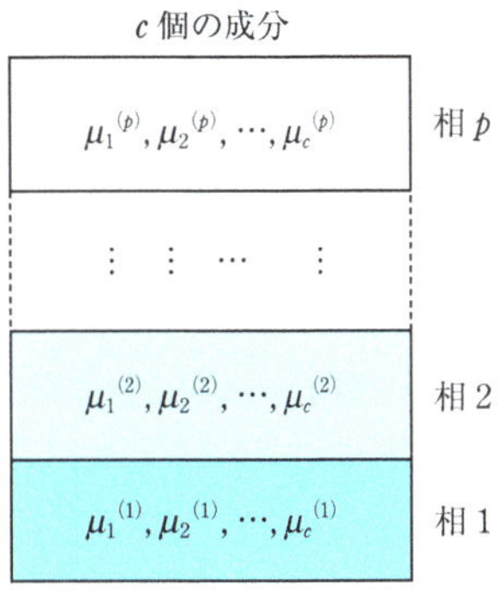

図6.8 **p 個の相と，c 個の成分を含む平衡系**

一般に，c 個の成分を含む p 個の溶液相が平衡にあるときの自由度 f を考える．ある溶液相内におけるある成分のモル分率は他の成分のそれが決まれば一義的に決まるから，成分の独立変数は $c - 1$ である．この変数の組が相の数 p だけ存在することに加え，T と P が変数なので，独立変数の総数は $p(c - 1) + 2$ である．ここで，系が平衡のとき，ある成分 i について各相の化学ポテンシャルは等しいという条件が加わる．この条件の数は1成分につき相間の数 $p - 1$ に相当するから，平衡条件として全体で $c(p - 1)$ 個の自由度が減少する．したがって，

$$f = p(c-1)+2-c(p-1) = c-p+2 \tag{6.20}$$

という非常に簡単な関係で表される．これを**ギブズの相律**（Gibbs' phase rule）とよぶ．

融解ではなく，昇華が起こることがわかる．また，相図で3つの線が1点で交わる点がある．ここでは固相，液相，気相が平衡で共存している．これを**三重点**（triple point）といい，物質に固有の値を示す（参考6.1）．

6.5　蒸気圧の温度依存性

ここで，液体の体積は気体のそれに比べ無視できることを考えれば

$$\Delta_{\mathrm{vap}}\bar{V} \simeq \bar{V}^{\mathrm{G}} = \frac{RT}{P} \tag{6.16}$$

と近似できる．これを蒸発に関するクラペイロンの式（式(6.13)）に代入すると

$$\frac{\mathrm{d}P}{P\mathrm{d}T} = \frac{\Delta_{\mathrm{vap}}\bar{H}}{RT^2}$$

左辺を変形して

$$\frac{\mathrm{d}(\ln P)}{\mathrm{d}T} = \frac{\Delta_{\mathrm{vap}}\bar{H}}{RT^2} \tag{6.17}$$

が得られる．これを**クラウジウス−クラペイロンの式**（Clausius−Clapyron

コラム6.1　減圧蒸留とオートクレーブ

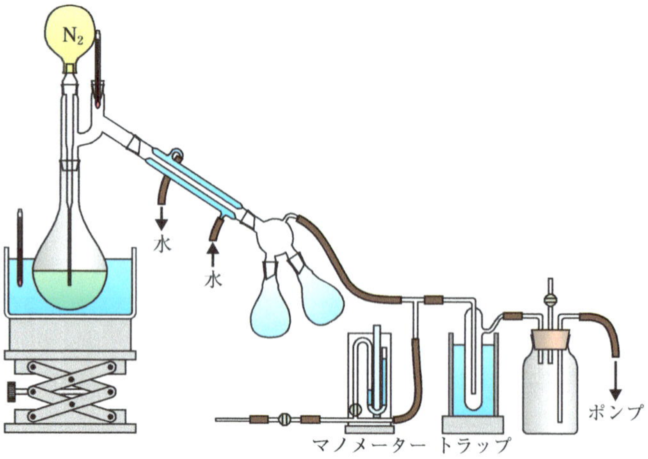

N, *N*-ジメチルホルムアミド(T_b = 153 °C)やニトロベンゼン(T_b = 211 °C)のような水より高い沸点をもつ溶媒を蒸留する場合は，右図のような装置で**減圧蒸留**(distillation under reduced pressure)を用いる．実験室での水浴温度は最大 100 °C であるから，真空ポンプなどで減圧し，沸点を 100 °C 以下に下げる．

ところで，焼酎はもろみを蒸留してつくる．エタノールの沸点(T_b = 78 °C)は水より低いから常圧蒸留できる．しかし，最近では，減圧蒸留の焼酎も製造されている．蒸留温度を下げることによって，低温では蒸発しにくい成分の混入を軽減でき，すっきりした味わいにできるといわれている．また富士山のような高い山で飯盒(はんごう)炊飯するときには，石をのせなさい，と野外学習で教わっただろうか？　当然これは，気圧の減少で沸点が下がってしまうので，それを補うためである(注 1)．

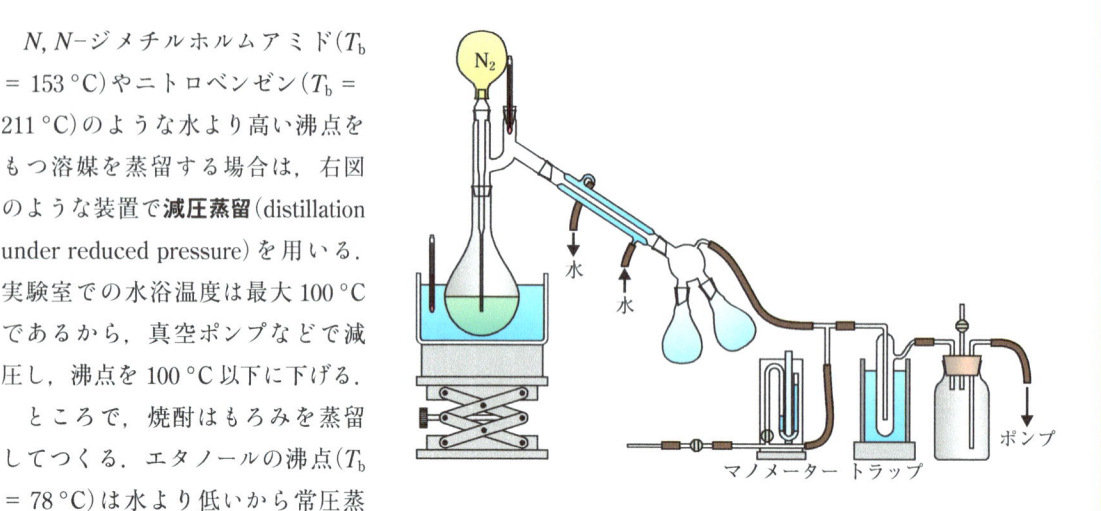

逆に，バイオ実験においては，頻繁に**オートクレーブ**(autoclave)を用いて滅菌処理を行う．これは内部を 2000 hPa 程度にして，高温の水蒸気を発生させて滅菌するものである．水の$\Delta_{vap}\bar{H}$ を 40.6 kJ mol^{-1} とすると，P = 1989 hPa のときの沸点は T = 393 K(120 °C)となる．圧力鍋も同じ原理で水の沸点を高めて調理する器具である．科学実験や料理をする際，こうした圧力依存性についても，ちょっと考えてみてほしい(注 2)．

注 1) ただし，減圧蒸留の意義は，有機化合物が必要のない高温にさらされないようにするためであり，高温に耐える物質の場合，オイルバスを使用して，100 °C で減圧蒸留することもある．

注 2) ただし，減圧蒸留操作法等については異なる意見もあるので Web 参照のこと．

equation)という．式(6.17)を積分すると

$$\int_{\ln P_1}^{\ln P_2} \mathrm{d}(\ln P) = \int_{T_1}^{T_2} \frac{\Delta_{vap}\bar{H}}{RT^2}\,\mathrm{d}T = -\int_{1/T_1}^{1/T_2} \frac{\Delta_{vap}\bar{H}}{R}\,\mathrm{d}(1/T) \tag{6.18}$$

となる．(狭い温度範囲内では) $\Delta_{vap}\bar{H}$ が一定であるとすれば

$$\ln\frac{P_2}{P_1} = \frac{\Delta_{vap}\bar{H}}{R}\left(\frac{1}{T_1} - \frac{1}{T_2}\right) \tag{6.19}$$

と与えられる(コラム6.1)．このように，クラウジウス–クラペイロンの式は，物質の蒸気圧を温度の関数として与える Web．

6.6　溶液が関与する相平衡

液相が，純液体でなく溶液の場合も，その溶液が，固相，気相，あるいは他の液相間と平衡にある場合には，両相に共通な物質としての溶媒に注目し，その化学ポテンシャルが等しいことが平衡条件となる．ただし，溶媒の

化学ポテンシャルは P と T だけでなくモル分率 x にも依存する．溶媒がラウールの法則に従う領域(一般的には希薄溶液，$x \simeq 1$)では

$$\mu(T,P,x) = \mu^*(T,P) + RT\ln x \tag{6.21}$$

と表される．したがって μ の微小変化量は

$$\begin{aligned} \mathrm{d}\mu(T,P,x) &= \left(\frac{\partial\mu^*}{\partial P}\right)_{T,x}\mathrm{d}P + \left(\frac{\partial\mu^*}{\partial T}\right)_{P,x}\mathrm{d}T + \left(\frac{\partial(RT\ln x)}{\partial T}\right)_{P,x}\mathrm{d}T \\ &\quad + \left(\frac{\partial(RT\ln x)}{\partial x}\right)_{P,T}\mathrm{d}x \\ &= \bar{V}\mathrm{d}P - \bar{S}\mathrm{d}T + (R\ln x)\mathrm{d}T + RT\mathrm{d}(\ln x) \\ &\simeq \bar{V}\mathrm{d}P - \bar{S}\mathrm{d}T + RT\mathrm{d}(\ln x) \qquad (\because x \simeq 1) \end{aligned} \tag{6.22}$$

で与えられる．溶媒のモル分率 x を決める要因は，溶液中に溶けている粒子の数だけに依存し，溶質固有の性質は一切現れない．このような性質を**束一的性質**(colligative properties)とよぶ(注1)．蒸気圧降下，沸点上昇，凝固点降下，あるいは浸透圧は，すべてこの束一的性質である．分圧を考える場合にも，溶媒と同様の取り扱いとなる(ただし，モル分率を分圧に置き換える必要がある)．以後，T と P および x のいくつかを変化させた場合について考える(参考6.2) Web．

注1) 中国語では“依数的”と書き，この方が意味はわかりやすい．

参考6.2 ギブズ-デュエム式

T, P 一定の場合の2成分溶液のギブズエネルギーの微分量は

$$\mathrm{d}G_{T,P} = \mu_1\mathrm{d}n_1 + \mu_2\mathrm{d}n_2 \tag{6.23}$$

となる．一方，その積分形 $G_{T,P} = \mu_1 n_1 + \mu_2 n_2$ (式(5.49))を微分すると

$$\mathrm{d}G_{T,P} = \mu_1\mathrm{d}n_1 + \mu_2\mathrm{d}n_2 + n_1\mathrm{d}\mu_1 + n_2\mathrm{d}\mu_2 \tag{6.24}$$

となる．この2つの微分量を差し引きすると

$$n_1\mathrm{d}\mu_1 + n_2\mathrm{d}\mu_2 = 0 \tag{6.25}$$

が得られる．モル分率で表すと

$$x_1\mathrm{d}\mu_1 + x_2\mathrm{d}\mu_2 = 0 \tag{6.26}$$

となる．これを**ギブズ-デュエム式**(Gibbs-Duhem equation)といい，一方の成分の化学ポテンシャルを組成の関数として得れば，他方の化学ポテンシャルが求められることを示している．

例えば，いま，成分2に対して $0 \leq x_2 \leq 1$ でラウールの法則(式(5.68))が成り立つとすると，つまり理想溶液(cf. 演習問題6.10，6.18)であるとすると，

$$\mu_2(T,P,x_2) = \mu_2^*(T,P) + RT\ln x_2 \tag{6.27}$$

となり，T, P 一定では

$$(\mathrm{d}\mu_2)_{T,P} = RT\mathrm{d}(\ln x_2) \qquad (6.28)$$

となる．

ここで成分1を考えると，式(6.26)および $x_1 + x_2 = 1(\mathrm{d}x_1 = -\mathrm{d}x_2)$ より，

$$(\mathrm{d}\mu_1)_{T,P} = -\frac{x_2}{x_1}\mathrm{d}\mu_2 = -RT\frac{x_2}{x_1}\mathrm{d}(\ln x_2) = -RT\frac{x_2}{x_1}\frac{\mathrm{d}x_2}{x_2} = -RT\frac{\mathrm{d}x_2}{x_1} = RT\frac{\mathrm{d}x_1}{x_1} = RT\mathrm{d}(\ln x_1) \qquad (6.29)$$

が得られる．これより

$$\mu_1(T,P,x_1) = \mu_1^*(T,P) + RT\ln x_1 \qquad (6.30)$$

となり，成分1もラウールの法則に従うことがわかる．

6.7 蒸気圧降下

不揮発性溶質からなる溶液の蒸気圧(分圧)を考える．溶媒の化学ポテンシャルの変化量は式(6.22)で与えられるが，T と P が一定の条件では，

$$\mathrm{d}\mu^{\mathrm{L}}{}_{T,P} = RT\mathrm{d}(\ln x) \qquad (6.31)$$

となる．一方，T, P が一定の条件での気体の化学ポテンシャルの変化量は

$$\mathrm{d}\mu^{\mathrm{G}}{}_{T,P} = RT\mathrm{d}(\ln P_x) \qquad (6.32)$$

となり，$\mathrm{d}\mu^{\mathrm{L}} = \mathrm{d}\mu^{\mathrm{G}}$ のとき新しい平衡状態となる．つまり，純溶液に不揮発性溶質を溶かし，溶媒のモル分率を1から $x(<1)$ まで減少させると，溶液中の溶媒の部分モルエントロピーは $-R\ln x$ 増大し，化学ポテンシャルが減少する．その結果，気相の分圧は $P^{\ominus}$ から P_x まで減少する．これを**蒸気圧降下**(vapor-pressure depression)とよぶ．

$$\int_{\ln 1}^{\ln x}\mathrm{d}(\ln x) = \ln x = \int_{\ln P^{\ominus}}^{\ln P_x}\mathrm{d}(\ln P) = \ln\frac{P_x}{P^{\ominus}} \qquad (6.33)$$

この関係より $x = \dfrac{P_x}{P^{\ominus}}$ となるが，これはラウールの法則(式(5.68))にほかならない．また，この式を変形すると，蒸気圧降下 ΔP は不揮発性溶質Bのモル分率 x_{B} に比例することがわかる．

$$\Delta P = P^{\ominus} - P_x = (1-x)P^{\ominus} = x_{\mathrm{B}}P^{\ominus} \qquad (6.34)$$

6.8 沸点上昇

圧力一定($\mathrm{d}P = 0$)のもとでの不揮発性溶質からなる溶液と気相および固相との平衡を考える．これを μ–T 図で描くと**図6.9**のようになる(注1)．赤の実線が純物質の化学ポテンシャルを表し，温度が上昇すると固体→液体→

注1) 図6.9では，相のエントロピーの温度変化は無視して，各相の μ^* と T の関係を直線で表している．実際には相のエントロピーは温度とともに上昇するので，上に凸な曲線となる．

気体となり，エントロピーが増大し，傾きが大きくなる．折れ曲がりの温度が，融点 T_m と沸点 T_b に相当する．ここで純液体に不揮発性溶質を溶解すると溶媒の化学ポテンシャルが減少し，青色の破線のようになる．溶媒の化学ポテンシャル($d\mu^L$)と純物質としての気体のそれ($d\mu^{*,G}$)が等しくなる温度は，ΔT_b だけ上昇することがわかる．これが**沸点上昇**(boiling-point elevation)である．一方，$d\mu^L$ と固体の化学ポテンシャル($d\mu^{*,S}$)が等しくなる温度は，ΔT_m だけ減少することがわかる．これが**凝固点降下**(freezing-point depression)である．

ここでは，沸点上昇をとりあげ，気液平衡を厳密に記述してみる．純溶媒に溶質を溶かすことにより，溶媒のモル分率は減少し，化学ポテンシャルは $RT\mathrm{d}(\ln x)$ 減少する(**図 6.10** の“溶解”に相当する↓)．したがって，気体は液化しようとする．ここで温度を上昇させると，溶媒の化学ポテンシャルはさらに減少する(式(6.31)，図 6.10 の“温度上昇”に相当する↓)．したがって，P 一定のときの溶媒の化学ポテンシャルの変化量($d\mu^L$)は

$$\mathrm{d}\mu^{L}{}_{P} = -\bar{S}^{L}\mathrm{d}T + RT\mathrm{d}(\ln x) \quad (6.35)$$

で与えられる．一方，純物質としての気体は温度だけを変化させるので，その化学ポテンシャルの変化量($d\mu^{*,G}$)は

$$\mathrm{d}\mu^{*,G}{}_{P} = -\bar{S}^{G}\mathrm{d}T \quad (6.36)$$

となる．$\bar{S}^L \ll \bar{S}^G$ であるから，温度上昇による化学ポテンシャルの減少は気体の方が大きい．そして新しい平衡点で $d\mu^L = d\mu^{*,G}$ となる．したがって，

$$RT\mathrm{d}(\ln x) = -(\bar{S}^{G} - \bar{S}^{L})\mathrm{d}T = -\Delta_{\mathrm{vap}}\bar{S}\mathrm{d}T = -\frac{\Delta_{\mathrm{vap}}\bar{H}}{T_b}\mathrm{d}T \quad (6.37)$$

これを沸点(T_b)から沸点上昇した温度($T_b + \Delta T_b$)まで積分して(注 1)，

$$\frac{\Delta_{\mathrm{vap}}\bar{H}}{T_b}\int_{T_b}^{T_b+\Delta T_b}\mathrm{d}T = -RT_b\int_{\ln 1}^{\ln x}\mathrm{d}(\ln x) \quad (6.38)$$

$$\frac{\Delta_{\mathrm{vap}}\bar{H}\Delta T_b}{T_b} = -RT_b\ln x \quad (6.39)$$

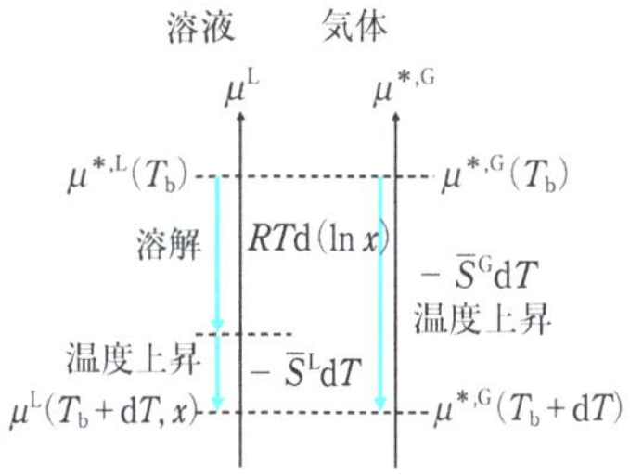

図6.10 化学ポテンシャルでみた沸点上昇

注 1) 図 6.9 では $\Delta_{\mathrm{vap}}\bar{S}$ は沸点における μ－T 図の傾きの変化の角度 θ に相当する．

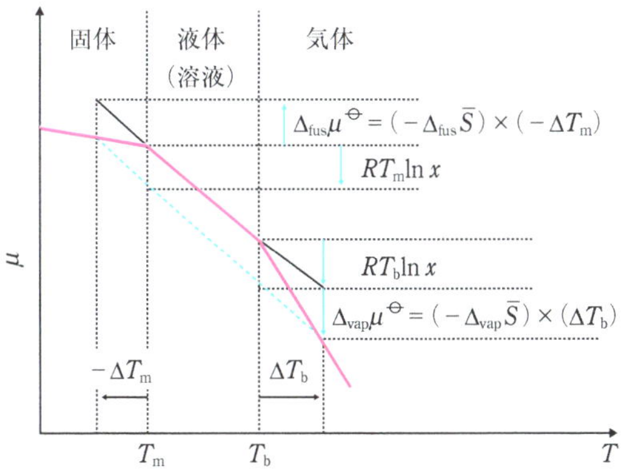

図6.9 化学ポテンシャルの温度依存性と沸点上昇および凝固点降下の関係

注1) マクローリン級数展開の定理(1.8節)により，$f(x)$ が n 回微分可能であり，$\lim_{n\to\infty}\frac{f^{(n)}(c)}{n!}x^n=0$ ならば，$f(x)$ は $f(x)=f(0)+\frac{f'(0)}{1!}x+\frac{f''(0)}{2!}x^2+\cdots+\frac{f^n(0)}{n!}x^n$ となる．ここでは，$0<x_A\ll 1$ で $\mathrm{d}(\ln(1-x_A))/\mathrm{d}x_A=\frac{-1}{1-x_A}$ であるから $f'(0)=-1$ となる．

ここで溶質Aのモル分率を x_A とすると，マクローリン級数展開より(注1)，

$$\ln x=\ln(1-x_A)=\ln(1)-\frac{x_A}{1!}+\cdots\simeq -x_A \tag{6.40}$$

となる．ここで，溶媒のモル質量を M(単位：$\mathrm{g\ mol^{-1}}$)とすると溶媒1 kgの物質量は $n=(1000\ \mathrm{g\ kg^{-1}})/M$ となる．また，溶質の物質量と重量モル濃度をそれぞれ n と m_A(単位：$\mathrm{mol\ kg^{-1}}$)とすると，x_A は次のように表される．

$$x_A=\frac{n_A}{n+n_A}=\frac{m_A}{\dfrac{1000\ \mathrm{g\ kg^{-1}}}{M}+m_A}\simeq\frac{m_A M}{1000\ \mathrm{g\ kg^{-1}}} \tag{6.41}$$

式(6.39)に式(6.40)と式(6.41)を代入すると，沸点上昇(ΔT_b)は次のように与えられる．

$$\Delta T_b\simeq\frac{RT_b{}^2x_A}{\Delta_{vap}\bar{H}}\simeq\frac{RT_b{}^2M}{(1000\ \mathrm{g\ kg^{-1}})\Delta_{vap}\bar{H}}m_A=K_b m_A \tag{6.42}$$

ここで $K_b\equiv\dfrac{RT_b{}^2M}{(1000\ \mathrm{g\ kg^{-1}})\Delta_{vap}\bar{H}}$ を**モル沸点上昇定数**(molar boiling-point elevation constant)とよび，溶媒に固有の値となる．H_2O の場合

$$\begin{aligned}K_b(H_2O)&=\frac{(8.314\ \mathrm{J\ mol^{-1}\ K^{-1}})\times(373\ \mathrm{K})^2\times(18.0\ \mathrm{g\ mol^{-1}})}{(1000\ \mathrm{g\ kg^{-1}})\times(40.7\times10^3\ \mathrm{J\ mol^{-1}})}\\&=0.512\ \mathrm{K\ kg\ mol^{-1}}\end{aligned} \tag{6.43}$$

となる(注2)．

注2) 実験値は $0.515\ \mathrm{K\ kg\ mol^{-1}}$ である．このように予測できるのはまさに熱力学の勝利である！

6.9 凝固点降下

ここでは，溶液(L)と固相(S)の固液平衡を考える．まず，純物質だけからなる液体の融点(T_m)での平衡は

$$\mu^{*,S}(T_m)=\mu^{*,L}(T_m) \tag{6.44}$$

と書くことができる．6.8節の沸点上昇の議論と同様に，溶質Aを少量溶かすと，$\mathrm{d}P=0$ であるので，溶媒の化学ポテンシャルの変化量 $\mathrm{d}\mu^L$ は

$$\mathrm{d}\mu^L{}_P=-\bar{S}^L\mathrm{d}T+RT\,\mathrm{d}(\ln x) \tag{6.45}$$

で与えられる．また，固相の温度変化による化学ポテンシャルの変化量 $\mathrm{d}\mu^{*,S}$ は

$$\mathrm{d}\mu^{*,S}{}_P=-\bar{S}^S\mathrm{d}T \tag{6.46}$$

と与えられる．平衡時はこれらが等しいので

$$RT\,\mathrm{d}(\ln x)=(\bar{S}^L-\Delta\bar{S}^S)\mathrm{d}T=\Delta_{fus}\bar{S}\mathrm{d}T=\frac{\Delta_{fus}\bar{H}}{T_m}\mathrm{d}T \tag{6.47}$$

となり，$\mathrm{d}T<0$，すなわち凝固点降下が起こる(注3)．融点(T_m)から凝固点

注3) 純物質の凝固点(融点 T_m)は，それと固溶体をつくらない他の物質を加えると $\Delta T_m(>0)$ 低下する．この現象を**凝固点降下**という．

ラジエーターに不凍液を入れて凍結を防止すること，道路やゴルフ場に融雪剤を撒いて雪や氷を溶かすこと，あるいは氷に塩をまぶして寒剤とすることは，すべて，凝固点降下の現象を利用したものである．

降下した温度($T_m - \Delta T_m$)まで積分し，

$$\frac{\Delta_{\text{fus}}\bar{H}}{T_m}\int_{T_m}^{T_m-\Delta T_m} dT = RT_m \int_{\ln 1}^{\ln x} d(\ln x) \tag{6.48}$$

が得られる．式(6.38)から式(6.42)への変換と同様に変換し，凝固点降下(ΔT_m)は次のように与えられる．

$$\Delta T_m \simeq \frac{RT_m{}^2 M}{(1000\ \text{g kg}^{-1})\Delta_{\text{fus}}\bar{H}} m_A = K_m m_A \tag{6.49}$$

ここで $K_m \equiv \dfrac{RT_m{}^2 M}{(1000\ \text{g kg}^{-1})\Delta_{\text{fus}}\bar{H}}$ を**モル凝固点降下定数**(molar-freezing point depression constant)とよび，溶媒に固有の値となる．H_2O の場合

$$K_m(H_2O) = \frac{(8.314\ \text{J mol}^{-1}\ \text{K}^{-1})\times(273\ \text{K})^2\times(18.0\ \text{g mol}^{-1})}{(1000\ \text{g kg}^{-1})\times(6.01\times10^3\ \text{J mol}^{-1})} = 1.855\ \text{K kg mol}^{-1} \tag{6.50}$$

となる(注1)．

注1) 実験値は $1.853\ \text{K kg mol}^{-1}$ である．

6.10 浸透圧

温度一定($dT = 0$)のもとで，**図6.11** のように，純溶媒(相L)と溶液相(相R，溶媒のモル分率 x)を，半透膜(溶媒だけが自由に行き来できる膜)を隔てて平衡化したとき，溶液側に**浸透圧**(osmotic pressure)Π が発生する．このとき両相に共通な物質は溶媒(水)であり，平衡状態では両相の水の化学ポテンシャル μ は等しい(参考6.3)．この状況で，純溶媒の相Lの水の化学ポテンシャルは変化しない．溶液相Rの水の化学ポテンシャルは，溶解によるモル分率の減少分を，圧力を上昇で補い，化学ポテンシャル変化がゼロになるようにして，新しい平衡系ができる(**図6.12**)．平衡条件は

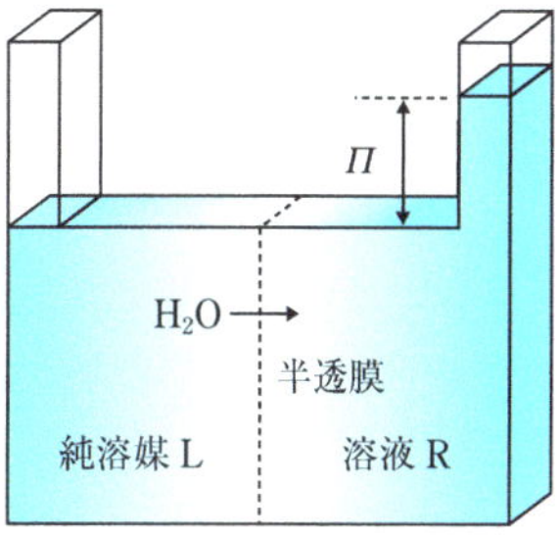

図6.11 浸透圧の説明図

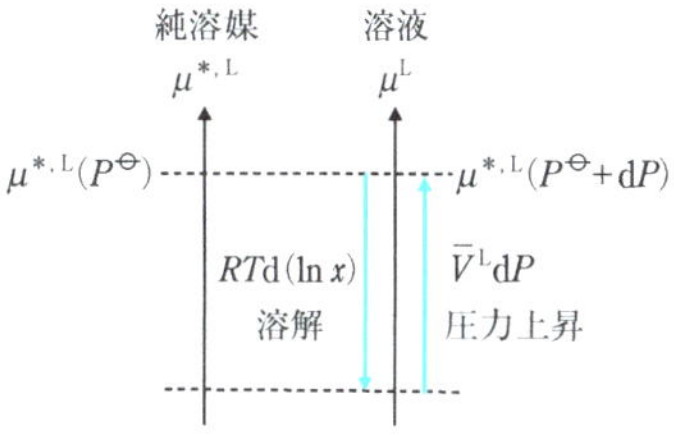

図6.12 化学ポテンシャルでみた浸透圧

$$d\mu_T = \bar{V}dP + RTd(\ln x) = 0 \tag{6.51}$$

となる．これを積分して

$$\int_{P^{\ominus}}^{P^{\ominus}+\Pi} dP = -\frac{RT}{\bar{V}}\int_{\ln 1}^{\ln x} d(\ln x)$$

$$\Pi = -\frac{RT}{\bar{V}}\ln x \tag{6.52}$$

を得る．ここで，溶質のモル分率を $x_A(\ll 1)$ とすれば，式(6.40)を用いて

$$\ln x = \ln(1-x_A) \simeq -x_A = -\frac{n_A}{n+n_A} \simeq -\frac{n_A}{n} \tag{6.53}$$

となり，また，

$$\frac{n_A}{n\bar{V}} = c_A \tag{6.54}$$

(c_A：溶質Aの容量モル濃度)と与えられるから，次のように書き換えられる．

$$\Pi \simeq c_{\mathrm{A}} RT \tag{6.55}$$

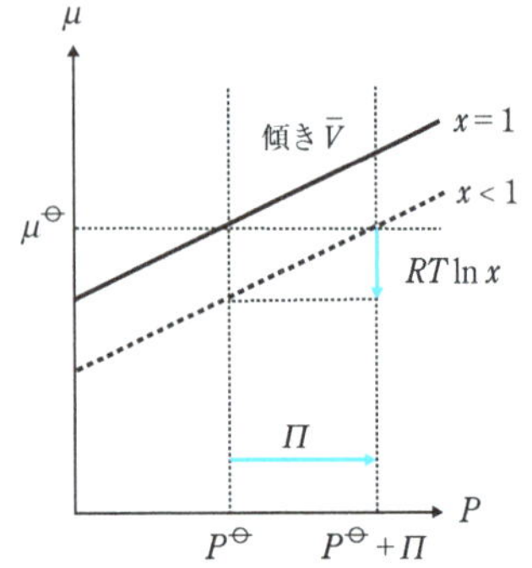

図6.13　化学ポテンシャルの圧力依存性と浸透圧

これを浸透圧に関する**ファント・ホッフの式**(van't Hoff equation)という．この関係を μ–P 図で示すと**図 6.13** のようになる．直線が純溶媒の化学ポテンシャルで，その傾きは溶媒のモル体積に相当する．相 R の溶媒の μ は，溶質 A を溶かすことにより $RT\ln x$ 減少し破線のようになる．この $\mu^{\ominus}(\mathrm{L}) > \mu(\mathrm{R})$ となり，半透膜を介して溶媒が相 L から相 R へ流れ込む．そして，体積増加により，相 L の水圧が高まる．水圧が Π になったとき，相 R の化学ポテンシャル $\mu(\mathrm{R})$ が $\mu^{\ominus}(\mathrm{L})$ に等しくなり平衡となる．

化学ガーデン(chemical garden)は，水ガラス中で金属塩への浸透圧を利用した興味深い実験である．

http://scitation.aip.org/content/aip/magazine/physicstoday/article/69/3/10.1063/PT.3.3108

あるいは

http://chem.tf.chiba-u.jp/gacb14/cg.html

のサイトで詳細がわかる．

参考6.3　分配

これまでは，2 相に共通する物質として溶媒を取り上げてきたが，溶質が共通な場合は，その化学ポテンシャルが等しいことを平衡条件とすればよい．例えば，水相(W)と有機相(O)に溶質 A が溶け，平衡に達している場合，$\mu_{\mathrm{A,W}} = \mu_{\mathrm{A,O}}$ となる．したがって，

$$\mu_{\mathrm{A,W}}{}^{\ominus} + RT\ln c_{\mathrm{W}} = \mu_{\mathrm{A,O}}{}^{\ominus} + RT\ln c_{\mathrm{O}} \tag{6.56}$$

が得られる．これより，

$$\frac{c_{\mathrm{O}}}{c_{\mathrm{W}}}(\equiv K_{\mathrm{P}}) = \exp\left(\frac{\mu_{\mathrm{A,W}}{}^{\ominus} - \mu_{\mathrm{A,O}}{}^{\ominus}}{RT}\right) \tag{6.57}$$

となり，この K_{P} を**分配係数**(partition coefficient)とよぶ．

説明問題

6.1 P, T 一定における相の平衡条件について述べなさい．

6.2 純物質の化学ポテンシャルは何の関数か述べなさい．

6.3 溶媒の化学ポテンシャルは P, T, x の関数となることを示しなさい．

6.4 クラペイロンの式とクラウジウス–クラペイロンの式の意義を説明しなさい．

6.5 束一的性質について，その例を挙げ，その起源について述べなさい．また，その性質は化学的な個性には依存しないことを示しなさい．

演習問題

6.6 1013 Pa，2000 K でグラファイトからダイヤモンドへ相転移するときの，標準エンタルピー変化は $\Delta_{pt}H^{\ominus} = 1.9\ \mathrm{kJ\ mol^{-1}}$ である．この温度における標準転移エントロピーを求めなさい Web．

6.7 水のモル融解熱を $\Delta_{fus}\bar{H}^{\ominus} = 6.008 \times 10^3\ \mathrm{J\ mol^{-1}}$，融解に伴うモル体積変化を $\Delta_{fus}\bar{V}^{\ominus} = -1.634 \times 10^{-6}\ \mathrm{m^3\ mol^{-1}}$ とするとき，融点を 1 K 下げるには，圧力はいくら必要か．1 atm（= 1.013×10^5 Pa）のときの水の融点を T_m = 273.15 K とする．

6.8 富士山の頂上の圧力を 630 hPa とすると，水の沸点は何 °C になるか．ただし，1 atm（= 1013 hPa）において T_b = 373 K, $\Delta_{vap}\bar{H}^{\ominus} = 40.6\ \mathrm{kJ\ mol^{-1}}$ とする．

6.9 次の系の自由度を示しなさい．

a）水と氷の混合物，b）グルコースの水溶液，c）$3H_2 + N_2 \rightleftharpoons 2NH_3$ の平衡にある気体の混合物

6.10 1914 年に Rosanoff らによりトルエンとベンゼンの混合溶液の 352.85 K における蒸気圧が測定され，理想溶液としてのラウールの法則が成立することが示された［M. A. Rosanoff, C. W. Bacon, J. F. W. Schulze, *J. Am. Chem. Soc.* **36**, 1993-2004（1914）］．**図 1** に彼らのデータをもとに全圧，分圧をプロットした．

1987 年に Klara らは同じくベンゼン–トルエン混合系での全圧の温度依存性を調べた［S. M. Klara, R. S. Mohamed, D. M. Dempsey, G. D. Holder, *J. Chem. Eng. Data*, **32**, 143-147（1987）］．Rosanoff らの結果とともに**図 2** に示す．図中の実線は，純トルエンと純ベンゼンの蒸気圧のデータを直線で結んだものである．高温では理想溶液からの少しのずれがみられるが，基本的に理想溶液としてよい．

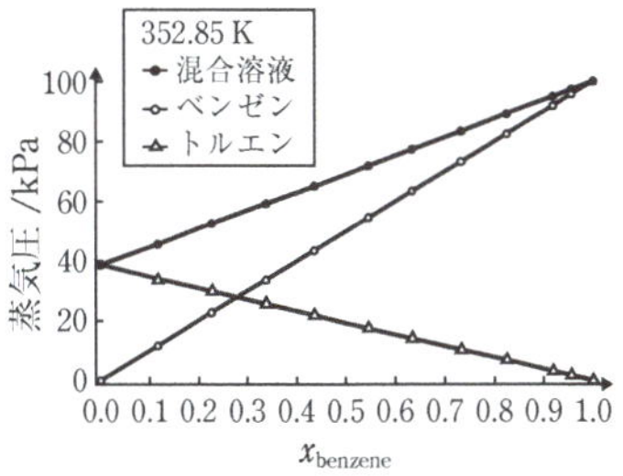

図 1

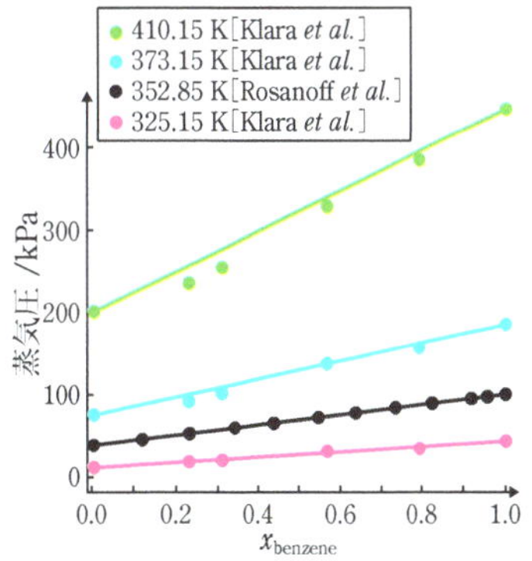

図 2

これに関して以下の**問1**～**問4**に答えなさい．

問1　352.85 K においてトルエンとベンゼンを1：1で混合したときのそれぞれの分圧はいくらか．また，トルエンとベンゼンの分圧が等しくなる溶液組成を求めなさい．

問2　純トルエン，純ベンゼンの蒸気圧の温度依存性からそれぞれの蒸発熱を求めなさい．それぞれの数値は以下の表に示す．

T/K	純トルエン蒸気圧 /kPa	純ベンゼン蒸気圧 /kPa
325.15	13.4	44.1
352.85	38.454	99.79
373.15	75.8	185.8
410.15	201.9	447.7

問3　この混合溶液系を理想溶液系と見なしていい理由を求めよ．

問4　混合溶液中のベンゼン–ベンゼン間の相互作用を ω_{BB}，トルエン–トルエン間の相互作用を ω_{TT}，ベンゼン–トルエン間の相互作用を ω_{BT} とする．$\omega = 2\omega_{BT} - (\omega_{BB} + \omega_{TT})$ とすると，理想溶液系では ω が0に近く，図1のような蒸気圧を示す．いま，ベンゼン–トルエン間により斥力の相互作用が働き $\omega > 0$ となった場合，どのような蒸気圧を示すか定性的に示しなさい．また，ベンゼン–トルエン間により引力の相互作用が働き $\omega < 0$ となった場合，どのような蒸気圧を示すか定性的に示しなさい．

6.11　海水に浸かった水着と，水ですすいだ水着を同じように干した場合，どちらが乾きにくいか考察しなさい．

6.12　"青菜に塩" のことわざの意味を熱力学的に考えなさい．

6.13　右図のように，窒素ガスで圧力を上昇させると，ろ過膜から水が出て，溶液は濃縮される．この原理を**逆浸透圧**(reverse osmosis)といい，タンパク質を濃縮する方法の1つである．この方法を**限外ろ過法**(ultra filtration)という．これは人工透析の原理でもある．逆浸透圧によって，海水から真水をつくる方法について，熱力学的に説明しなさい．

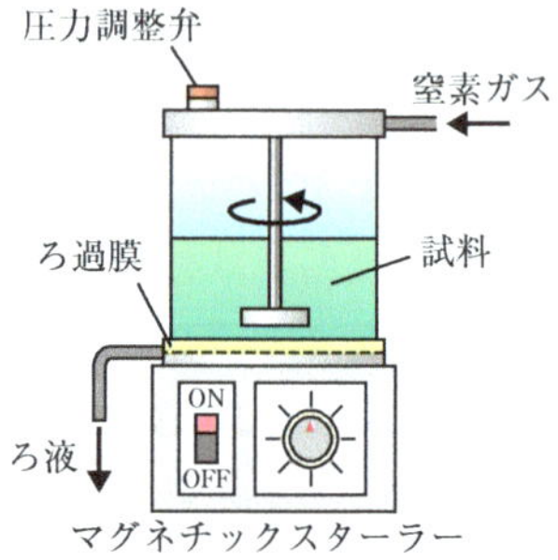

6.14　水 5.00 kg に a)エタノール(モル質量：32.04 g mol^{-1}，沸点：64.7 °C)，b)エチレングリコール(モル質量：62.068 g mol^{-1}，沸点：197.3 °C)を溶かすとき，融点を -10 °C にするために必要な重量をそれぞれ計算しなさい．また，自動車の不凍液に用いる利点と欠点について考えなさい．ただし，水のモル凝固点降下定数 $K_m(H_2O)$ は 1.855 K kg mol^{-1} とする．

6.15　ビートの砂糖用品種群であるテンサイ(砂糖大根)は，寒さに強く，凍りにくい．その理由について，熱力学的に考えなさい．

(ビート→テンサイ→天才として，芸名に使えないですかネェ)．

6.16　細胞内の溶液と比較して，浸透圧が高い溶液を**高張液**(hypertonic)，低い溶液を**低張液**(hypotonic)，等しい溶液を**等張液**(isotonic)という．細胞内の溶液と浸透圧が等しい食塩水を生理食塩水とよび，ヒトの場合は約 0.9 %(w/v)である．ブドウ糖液で等張にするには，何 %(w/v)にすればよいか．また，体温 37 °C としてヒトの浸透圧はいくらか求めなさい．ただし，NaCl とブドウ糖のモル質量は，それぞれ 58.44 g mol^{-1}，180.2 g mol^{-1} とする．

6.17　あるタンパク質の 1.00 % 溶液の浸透圧は 25 °C で 0.0244 atm であった．このタンパク質のモル質量 M を求めなさい．

6.18　溶質(ナフタレン)と溶媒(ベンゼン)が理想溶液(全組成領域でラウールの法則に従う溶液)とみなせる系に

おいて，その溶質(純固体)の温度 T における溶解度 X(モル分率)は

$$\frac{\Delta_{\mathrm{fus}}\bar{H}^{\ominus}}{R}\left(\frac{1}{T_{\mathrm{m}}}-\frac{1}{T}\right)=\ln X \tag{1}$$

で表されることを示しなさい．ただし，$\Delta_{\mathrm{fus}}\bar{H}^{\ominus}$ および T_{m} はそれぞれ，純溶質の部分モル融解エンタルピー(融解熱)および融点とする．

また，純ナフタレンについて T_{m} = 80 °C，$\Delta_{\mathrm{fus}}\bar{H}^{\ominus}$ = 19.29 kJ mol^{-1} とするとき，25 °C におけるナフタレンの理想溶液の溶解度 X を計算しなさい．

さらに，ある溶質 A のモル分率を x_{A}(= 1 − x)とするとき，$x_{\mathrm{A}} \simeq 1$ のとき，式(1)から

$$\Delta T_{\mathrm{m}}=\frac{RT_{\mathrm{m}}^{2}M}{(1000\ \mathrm{g\ kg^{-1}})\Delta_{\mathrm{fus}}\bar{H}^{\ominus}}m_{\mathrm{A}} \tag{2}$$

を導きなさい．ただし，m_{A} は溶質 A の重量モル濃度，M は溶媒のモル質量とする．

6.19 浸透圧現象を用いて，電解質 AB($\rightleftharpoons$ A^{-} + B^{+})の解離度 $\alpha=\dfrac{c_{\mathrm{A^-}}}{c_{\mathrm{AB}}+c_{\mathrm{A^-}}}$ を求める方法について述べなさい．

第7章 化学平衡

We define thermodynamics ... as the investigation of the dynamical and thermal properties of bodies, deduced entirely from the first and second law of thermodynamics, without speculation as to the molecular constitution.

James Clerk Maxwell

The fundamental laws of the universe which correspond to the two fundamental theorems of the mechanical theory of heat.
1. The energy of the universe is constant.
2. The entropy of the universe tends to a maximum.

Rudolf Julius Emmanuel Clausius

前章までに，定温・定圧の系では $dG = 0$ が平衡条件であることを示してきた．本章ではこの考えに基づいて**化学平衡**(chemical equilibrium)を予測できることを示す．これは熱力学の最も重要な化学への応用の1つともいわれている．また，エントロピーが平衡を支配するきわめて重要な因子であることもわかる．

一方で，化学平衡とは，正方向と逆方向の反応速度が等しくなったときであるとされる場合が多い．この速度論的な考え方に立脚すれば，一方向だけに機能する触媒を加えたとき，その平衡はずれることになり矛盾が生まれる．化学反応はなぜ起こるのか，また平衡とはどのような状態を指すのか，熱力学的に厳密に考え，速度論的解釈の問題点についても考えてみる．

7.1 平衡定数と反応商

物質Aが ν_A 分子と物質Bが ν_B 分子反応して，物質Eが ν_E 分子と物質Fが ν_F 分子生成する反応は次のように書き表すことができる(注1)．

$$\nu_A A + \nu_B B \underset{v_b}{\overset{v_f}{\rightleftarrows}} \nu_E E + \nu_F F \tag{7.1}$$

つまり，反応物の変化量と生成物の変化量の間に比例関係がある．言い換えると，複数存在する反応物(あるいは生成物)の間で，個々の反応に関与する量的関係は一意に決まっている．これを**化学量論**(stoichiometry)という．また上の分子数に相当する ν_A，ν_B，ν_E，ν_F を**化学量論係数**(stoichiometric coefficient)という．

注1) 化学反応を表す方程式に使われる記号は以下の例のように使い分ける．
$H_2 + Br_2 = 2HBr$(化学量論方程式)，
$H_2 + Br_2 \longrightarrow 2HBr$(正味の正反応)，
$H_2 + Br_2 \rightleftarrows 2HBr$(両方の反応)，
$H_2 + Br_2 \rightleftharpoons 2HBr$(平衡)
なお，素反応に対しては $H + Br_2 \Longrightarrow HBr + Br$ のように $\Longrightarrow$ を用いて，複合反応の $\longrightarrow$ と区別する場合がある．また，共鳴を示す場合は $\longleftrightarrow$ を用いる．

反応商(reaction quotient) Q とは，平衡・非平衡にかかわらず，反応に関する物質の活量比を表す(**活量商**(activity quotient)ともいう)．後で述べるように活量のかわりに濃度(**濃度商**(concentration quotient)ともいう)や分圧あるいはモル分率を用いる場合もある．上記の化学反応に関しては

$$Q \equiv \frac{a_{\mathrm{E}}^{\nu_{\mathrm{E}}} a_{\mathrm{F}}^{\nu_{\mathrm{F}}}}{a_{\mathrm{A}}^{\nu_{\mathrm{A}}} a_{\mathrm{B}}^{\nu_{\mathrm{B}}}} \tag{7.2}$$

と与えられる無次元量である．ここで a_i は物質 i の活量である．

熱力学的平衡定数(thermodynamic equilibrium constant) K とは，反応に関与する物質の活量で表記した平衡状態の反応商である（無次元量）．

$$K \equiv \left(\frac{a_{\mathrm{E}}^{\nu_{\mathrm{E}}} a_{\mathrm{F}}^{\nu_{\mathrm{F}}}}{a_{\mathrm{A}}^{\nu_{\mathrm{A}}} a_{\mathrm{B}}^{\nu_{\mathrm{B}}}}\right)_{\mathrm{eq}} \tag{7.3}$$

下付きの eq は平衡を強調している．$Q < K$ のときには正反応が進行し，$Q > K$ となると逆反応が進行する．熱力学的平衡定数 K は，T 一定であれば，反応系に固有の値となる．触媒の有無に依存することもない．

濃度平衡定数(concentration equilibrium constant) K_c は反応に関与する物質のモル濃度で表記した平衡状態の反応商である．

$$K_c \equiv \left(\frac{(c_{\mathrm{E}}/c^{\ominus})^{\nu_{\mathrm{E}}} (c_{\mathrm{F}}/c^{\ominus})^{\nu_{\mathrm{F}}}}{(c_{\mathrm{A}}/c^{\ominus})^{\nu_{\mathrm{A}}} (c_{\mathrm{B}}/c^{\ominus})^{\nu_{\mathrm{B}}}}\right)_{\mathrm{eq}} \tag{7.4}$$

標準濃度 $c^{\ominus}$ で割っているので，K_c は無次元量である(注1)．K_c と熱力学的平衡定数 K との関係は，式(5.87)を用いて，次のように与えられる．

$$K \equiv \left(\frac{a_{\mathrm{E}}^{\nu_{\mathrm{E}}} a_{\mathrm{F}}^{\nu_{\mathrm{F}}}}{a_{\mathrm{A}}^{\nu_{\mathrm{A}}} a_{\mathrm{B}}^{\nu_{\mathrm{B}}}}\right)_{\mathrm{eq}} = \frac{\gamma_{\mathrm{E}}^{\nu_{\mathrm{E}}} \gamma_{\mathrm{F}}^{\nu_{\mathrm{F}}}}{\gamma_{\mathrm{A}}^{\nu_{\mathrm{A}}} \gamma_{\mathrm{B}}^{\nu_{\mathrm{B}}}} \left(\frac{(c_{\mathrm{E}}/c^{\ominus})^{\nu_{\mathrm{E}}} (c_{\mathrm{F}}/c^{\ominus})^{\nu_{\mathrm{F}}}}{(c_{\mathrm{A}}/c^{\ominus})^{\nu_{\mathrm{A}}} (c_{\mathrm{B}}/c^{\ominus})^{\nu_{\mathrm{B}}}}\right)_{\mathrm{eq}} = K_\gamma K_c \tag{7.5}$$

ここで，γ_i は物質 i の活量係数である．式(7.5)からわかるように，濃度平衡定数 K_c は，T，P とともに，他の条件（すなわち活量係数比 K_γ）にも依存する．しかし，中性物質の希薄溶液の場合は $K_\gamma \simeq 1$ と近似できる．

一方，気相反応の場合，**圧平衡定数**(pressure equilibrium constant) K_P を用いることが多い．これは反応に関与する物質の分圧で表記した平衡状態の反応商である(注2)．

$$K_P \equiv \left(\frac{(P_{\mathrm{E}}/P^{\ominus})^{\nu_{\mathrm{E}}} (P_{\mathrm{F}}/P^{\ominus})^{\nu_{\mathrm{F}}}}{(P_{\mathrm{A}}/P^{\ominus})^{\nu_{\mathrm{A}}} (P_{\mathrm{B}}/P^{\ominus})^{\nu_{\mathrm{B}}}}\right)_{\mathrm{eq}} \tag{7.6}$$

7.5 節，7.6 節で述べるように K_P は T だけの関数で全圧 P には依存しない．

理想気体の分圧 P_i と全圧 P およびモル分率 x_i の関係($P_i \equiv x_i P$)を式(7.6)に代入すると，**モル分率平衡定数**(molar fruction equilibrium constant) K_x は，

$$K_P = \left(\frac{x_{\mathrm{E}}^{\nu_{\mathrm{E}}} x_{\mathrm{F}}^{\nu_{\mathrm{F}}}}{x_{\mathrm{A}}^{\nu_{\mathrm{A}}} x_{\mathrm{B}}^{\nu_{\mathrm{B}}}}\right)_{\mathrm{eq}} (P/P^{\ominus})^{\nu_{\mathrm{E}}+\nu_{\mathrm{F}}-\nu_{\mathrm{A}}-\nu_{\mathrm{B}}} = K_x (P/P^{\ominus})^{\Delta\nu} \tag{7.7}$$

のように関係づけられる．式(7.7)からわかるように，K_x は T だけでなく，$\Delta\nu \neq 0$ のときには P にも依存する．ここで $\Delta\nu$ は次式のように，生成物と出発物の化学量論係数の差である．

$$\Delta\nu \equiv \sum \nu_{\mathrm{product}} - \sum \nu_{\mathrm{reactant}}$$

また，理想気体の分圧 P_i と全圧 P および濃度 c_i の関係($P_i = n_i RT/V = c_i RT$)を式(7.6)に代入すると

$$K_P = \left(\frac{(c_{\mathrm{E}}/P^{\ominus})^{\nu_{\mathrm{E}}} (c_{\mathrm{F}}/P^{\ominus})^{\nu_{\mathrm{F}}}}{(c_{\mathrm{A}}/P^{\ominus})^{\nu_{\mathrm{A}}} (c_{\mathrm{B}}/P^{\ominus})^{\nu_{\mathrm{B}}}}\right)_{\mathrm{eq}} (RT)^{\nu_{\mathrm{E}}+\nu_{\mathrm{F}}-\nu_{\mathrm{A}}-\nu_{\mathrm{B}}} = K_c^{\mathrm{G}} \left(\frac{RTc^{\ominus}}{P^{\ominus}}\right)^{\Delta\nu} \tag{7.8}$$

注1) $K_c = \dfrac{c_{\mathrm{E}}^{\nu_{\mathrm{E}}} c_{\mathrm{F}}^{\nu_{\mathrm{F}}}}{c_{\mathrm{A}}^{\nu_{\mathrm{A}}} c_{\mathrm{B}}^{\nu_{\mathrm{B}}}}$ というように $c^{\ominus}$ で割らない表記もある．この表記法では，$\Delta\nu \neq 0$ の場合，K_c は次元をもつことに注意されたい．また，一般に，平衡であることを強調するための eq の添字を省略する場合も多い．

注2) 圧平衡定数も標準圧力 $P^{\ominus}$ で割らない表記もある．

となる．ここで，気体濃度 c の基準としての $c^{\ominus}$ は標準気圧での値である．このことを強調するため，この濃度平衡定数にGをつけて，溶質の濃度平衡定数 K_c と区別した．K_c^{G} は，K_P と同様，T だけの関数で全圧 P には依存しない．

7.2　化学平衡の法則

グルベルグ(Cato Maximilian Guidberg, 1836–1902)とボーゲ(Peter Waage, 1833–1900)は，化学反応が反応に関与する物質間の親和力により引き起こされ，その親和力は反応する分子の周囲にある物質量に比例するとして反応速度を定式化した．式(7.1)の化学反応を例にとると，①正反応と逆反応の反応速度式を

$$v_f = k_f c_A^{\nu_A} c_B^{\nu_B} \tag{7.9}$$

$$v_b = k_b c_E^{\nu_E} c_F^{\nu_F} \tag{7.10}$$

と書き表せると仮定する．さらに，② $v_f = v_b$ が成り立つとき平衡状態に達したと仮定すると，平衡定数 K_c と速度定数との関係は次のように得られる．

$$K_c \equiv \left(\frac{(c_E / c^{\ominus})^{\nu_E} (c_F / c^{\ominus})^{\nu_F}}{(c_A / c^{\ominus})^{\nu_A} (c_B / c^{\ominus})^{\nu_B}} \right)_{eq} = \frac{k_f}{k_b} c^{\ominus \Delta \nu} \tag{7.11}$$

これを**化学平衡の法則**(law of mass action)といい(注1)，高校・大学の多くの教科書で取り上げられている．

注1）日本語訳では，しばしば質量作用の法則とされていたが，式の意味することに対して違和感があり，現在では，意訳して化学平衡の法則とよばれている．

ここで用いた2つの仮定についてよく考える必要がある．まず，第一の仮定は「化学反応式の化学量論係数と反応次数は一致する」というものである．これは単分子素反応に対しては成り立つが，一般的には必ずしも成り立つものではない．素反応とは，化学反応式で表される変化が1段階で進行し，単一の反応中間体をもつ，それ以上簡単な過程に分解できない反応である．素反応の多くは単分子反応か2分子反応である．通常の化学反応は複数の素反応が組み合わさって進行する複合反応であるため，化学量論係数と反応次数が一致するケースは少ない(11.1節 参考11.1)．つまり，一般的には，化学反応式の化学量論係数と反応次数は一致しないと理解すべきである．

もう1つの仮定は，正反応と逆反応の速度が等しい点である．これも単分子素反応や相平衡に対しては成り立つ．しかし，たとえ実験的には一次反応でも単分子反応とは限らない．多くの反応では，正方向反応だけに機能する触媒を加えると，速度定数比は変化する．この現象を化学平衡の法則によって解釈すると「平衡定数は触媒の有無によって変化する」という熱力学的原理に矛盾する結論に陥ってしまう．結論として，化学平衡を速度論的に論じることは不適切である．本章で詳しく述べるように，化学平衡とは，物質変化に伴うエネルギー変化が最小になる状態をいう．

しかし，正方向と逆方向の速度が等しいという概念は，現象を記述するう

えでは非常に有用である．これは一種の**定常状態**(steady-state)である．定常状態における速度定数の比に相当する物理量は，定常状態の反応商となる．この反応商は速度論的表現として非常に有用である．例えば，酵素反応速度論で扱うミカエリス定数(cf. 13章)はこれに相当する．定常状態の反応商は，速度論的な物理量であるから，平衡定数とは異なり，触媒の有無などの反応条件に大きく依存する．

7.3　熱力学的観点の化学平衡

反応に関与する物質の化学量論係数は1とは限らないので，**反応進行度**(extent of reaction)ξを定義すると便利である．式(7.1)の正反応については，

$$d\xi \equiv \frac{-dn_A}{\nu_A} = \frac{-dn_B}{\nu_B} = \frac{dn_E}{\nu_E} = \frac{dn_F}{\nu_F} \tag{7.12}$$

と表される．反応が$d\xi$進行するということは，AとBの物質量がそれぞれ$\nu_A d\xi$と$\nu_B d\xi$減少し，EとFの物質量が$\nu_E d\xi$と$\nu_F d\xi$生成することを示す(注1)．

T, P一定のもとでの化学反応では，物質iの組成変化，すなわち物質量変化(dn_i)によるギブズエネルギー変化dGが，反応の駆動力($\equiv -dG$)となる．

$$dG = \sum(\mu_i dn_i) = \sum(\nu_i \mu_i d\xi) \tag{7.13}$$

ここでν_iは物質iの化学量論係数であり，反応物は負の値，生成物は正の値となる．さらに，**化学反応のギブズエネルギー**(Gibbs energy of reaction) $\Delta_r G$を次のように定義する(注2)．

$$\Delta_r G \equiv \left(\frac{\partial G}{\partial \xi}\right)_{T,P} \tag{7.14}$$

これを書き換えると

$$\begin{aligned}\Delta_r G &= \sum(\nu_i \mu_i) = \sum\left(\nu_i \mu_i^{\ominus}\right) + \sum\left(RT \ln\left(a_i^{\nu_i}\right)\right) \\ &= \Delta_r G^{\ominus} + RT \ln Q\end{aligned} \tag{7.15}$$

$$\Delta_r G^{\ominus} \equiv \sum\left(\nu_i \mu_i^{\ominus}\right) \tag{7.16}$$

となる．ここで，$\Delta_r G^{\ominus}$は**化学反応の標準反応ギブズエネルギー**(standard Gibbs energy of reaction)とよばれる．Qは反応商である(注3)．式(7.15)と式(7.16)でも，ν_iは反応物に対しては負で，生成物に対しては正となる．式(7.1)の化学反応を例に書くと

$$\begin{aligned}\Delta_r G &= -\nu_A \mu_A - \nu_B \mu_B + \nu_E \mu_E + \nu_F \mu_F \\ &= \left(\nu_E \mu^{\ominus}{}_E + \nu_F \mu^{\ominus}{}_F\right) - \left(\nu_A \mu^{\ominus}{}_A + \nu_B \mu^{\ominus}{}_B\right) \\ &\quad + RT \ln\left(a_E{}^{\nu_E} a_F{}^{\nu_F}\right) - RT \ln\left(a_A{}^{\nu_A} a_B{}^{\nu_B}\right) \\ &= \Delta_r G^{\ominus} + RT \ln\left(\frac{a_E{}^{\nu_E} a_F{}^{\nu_F}}{a_A{}^{\nu_A} a_B{}^{\nu_B}}\right) \\ &= \Delta_r G^{\ominus} + RT \ln Q\end{aligned} \tag{7.17}$$

注1) 反応物iの反応開始物質量を$n_{i,0}$とおくとき，ある反応進行度ξにおける物質量は，反応物に対して$n_{i,0} - \nu_i\xi$，生成物に対して$\nu_i\xi$と表される．例えば，$A + 2B \longrightarrow 2C$の反応でA，B，Cの反応開始物質量をそれぞれ$n_{A,0}$，$n_{B,0}$，0とするとき，ある$\xi$での物質量は$n_A = n_{A,0} - \xi$，$n_B = n_{B,0} - 2\xi$，および$n_C = 2\xi$と与えられる．これからわかるように，$\xi$の単位はmolである．

注2) 単にΔGと書かれることもあるが，IUPACでは$\Delta_r G$と表記することが定められている．また，$\Delta_r G$にはΔが使われているので差分量と誤解されやすいが，式(7.14)で定義されるように$\Delta_r G$はあくまでも微分量である．

注3) $\Delta_r G^{\ominus}$，Q，あるいはKの物理的意味は，化学ポテンシャルの表記法(5.8節)に依存するが，$\Delta_r G$は化学ポテンシャル表記に依存することはない．

となる．

$\Delta_r G < 0$ では正反応が進行し，$\Delta_r G > 0$ では逆反応が進行する．そして，

$$\Delta_r G \equiv \left(\frac{\partial G}{\partial \xi}\right)_{T,P} = 0 \tag{7.18}$$

で平衡となる．このとき $Q = K$ となるので

$$\Delta_r G^{\ominus} = -RT \ln K \tag{7.19}$$

というきわめて重要な関係が得られる．式(7.19)は熱力学の大きな成果の 1 つである．ここで，けっして $\Delta_r G^{\ominus} = 0$ が平衡条件ではないことに注意されたい．

なお，式(7.16)や式(7.17)の $\mu^{\ominus}$ は**標準モル生成ギブズエネルギー**(standard molar Gibbs enery of formation) $\Delta_f G^{\ominus}$ ともよばれる．巻末表には，いくつかの物質に対して $\Delta_f G^{\ominus}$ をまとめた．$\Delta_f G^{\ominus}$ も $\Delta_f H^{\ominus}$ と同様，基準状態にある元素と標準状態の H^+(aq)に対する値をゼロとおく(3.7 節)．式(7.16)を用いて，$\mu^{\ominus}$(または $\Delta_f G^{\ominus}$)より $\Delta_r G^{\ominus}$ を求めることができる．一方，T, P 一定の場合には，演習問題 5.17 で述べたように

$$\Delta_r G^{\ominus} = \Delta_r H^{\ominus} - T\Delta_r S^{\ominus} \tag{7.20}$$

と書き表されるので，標準モル生成エンタルピー $\Delta_f H^{\ominus}$ から標準反応エンタルピー $\Delta_r H^{\ominus}$ を求め，熱力学第三法則で定義される標準モルエントロピー $\bar{S}^{\ominus}$ から標準反応エントロピー $\Delta_r S^{\ominus}$ を求め(3.7 節)，式(7.20)に代入して $\Delta_r G^{\ominus}$ を求めることもできる．また，$\Delta_r G$ に対しても，次式が成り立つ．

$$\Delta_r G = \Delta_r H - T\Delta_r S \tag{7.21}$$

$\Delta_r G^{\ominus} < 0$(または $\Delta_r G < 0$)となる主要因が $\Delta_r H^{\ominus} \ll 0$(または $\Delta_r H \ll 0$)となる反応は発熱反応であり，**エンタルピー駆動の反応**(enthalpy-driven reaction)という．また $\Delta_r S^{\ominus} \gg 0$(または $\Delta_r S \gg 0$)となる反応は吸熱反応であり，**エントロピー駆動の反応**(entropy-driven reaction)という．

発熱反応では，エンタルピー的(V 一定の場合は内部エネルギー的)に系が安定化するので，反応の方向性は理解しやすい．これに対し，吸熱反応はエンタルピー的に不安定化するので，エントロピーの概念なしに反応の方向性を理解することはできない．ここでは，ボルツマン分布を用いて吸熱反応を考えてみる．**図 7.1** に出発物 A と生成物 B のエネルギー準位を細い線で示した．$\Delta_r S \gg 0$ だから，B のエネルギー準位の間隔を A のそれに比べて密に表現した(4.2.2 節)．また，$\Delta_r H > 0$(あるいは $\Delta_r U > 0$)だから，B の最低エネルギー準位を A のそれより高く描いた．T_1 におけるボルツマン分布は赤の実線で与えられるとする．反応前は A だけであり，青の太線で示した相対確率で各エネルギー準位を占めている．T_1 のボルツマン分布内には，たくさんの B のエネルギー準位も存在しているので，A だけでなく B として存在する確率もありうる．しかし，B のエネルギー準位は高いので，そのエネルギー準位を占めるには外部から熱をもらう必要がある．こうして A の

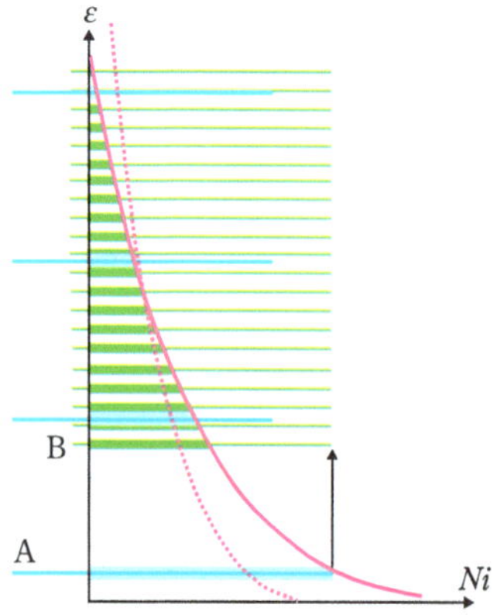

図 7.1　吸熱反応(A ⟶ B)のエネルギー準位とボルツマン分布
左の広い間隔の線が出発物 A のエネルギー準位を示し，右の狭い間隔が生成物 B のエネルギー準位を示す．実線の曲線は T_1 におけるボルツマン分布を示し，太い線は各エネルギー準位を占める分子数を表す．破線は T_2($> T_1$)のボルツマン分布を示す．

エネルギー準位に存在した分子が，外部から熱を受け取りBのエネルギー準位に移動したら，吸熱反応が進行したことになる．温度を上げると破線のようなボルツマン分布となり，Bを占める分子数の割合はさらに増える．つまり平衡はBの方向に傾く．これが吸熱反応の分子論的な説明である．

7.4　平衡とエントロピー

いま，簡単のため A $\rightleftharpoons$ B の平衡を考える．Aの反応開始物質量を n とすると，ある反応の反応進行度 ξ におけるAとBの物質量は $n_A = n - \xi$ および $n_B = \xi$ で与えられる（$n = n_A + n_B$）．n mol のA分子が一列に並んでおり，端から順にBに変化し，AとBがけっして混ざり合うことなく反応が進行すると仮定すると，全体のギブズエネルギーは，**図7.2** の赤線で示すように，ξ の増加とともに直線的に変化する．この直線の傾きが $\Delta_r G^\ominus$（$= \mu^\ominus{}_B - \mu^\ominus{}_A$）に相当する．

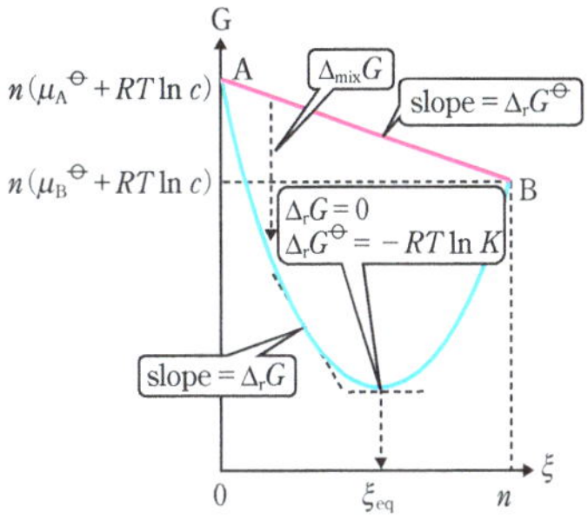

図7.2　化学反応過程の系のギブズエネルギー変化と $\Delta_r G^\ominus$ および $\Delta_r G$ の関係

しかし，現実には，AとBは混ざり合う．混ざり合うことにより場合の数が増え，さらに系のギブズエネルギーは，混合ギブズエネルギー $\Delta_{mix}G$ 分だけ低下する．4.5節で示したように，T, P 一定のもとで $\Delta_{mix}G$ は

$$\Delta_{mix}G = -T\Delta_{mix}S < 0 \tag{7.22}$$

$$\Delta_{mix}S = \sum_i \Delta S_i = -nR\sum_i x_i \ln x_i > 0 \tag{7.23}$$

と与えられる．いまの場合，$x_A = 1 - \xi/n$ および $x_B = \xi/n$ となるから，$\Delta_{mix}G$ は

$$\Delta_{mix}G = nRT\left[\left(1-\frac{\xi}{n}\right)\ln\left[\left(1-\frac{\xi}{n}\right)\right]+\left(\frac{\xi}{n}\right)\ln\left(\frac{\xi}{n}\right)\right] \tag{7.24}$$

と与えられ，ξ に対する変化の様子は図4.8に示したように，下に凸な曲線となる．

図7.2の赤の直線上の座標から $\Delta_{mix}G$ 分だけ引いたものが，図7.2の青線で，これが系全体のギブズエネルギー（$\Delta_r G$）となる．$\Delta_r G$ vs. ξ 曲線が下向きに凸となるのは，混合エントロピーの増大による $\Delta_{mix}G$ の低下（系の安定化）による．この $\Delta_r G$ vs. ξ 曲線の傾きが化学反応のギブズエネルギーとなる（式(7.14)）．ここで，反応の進行に伴う変化量という意味で式(7.14)にならって $\Delta_{mix}G$ を ξ で微分すると

$$\left(\frac{\partial(\Delta_{mix}G)}{\partial\xi}\right)_{T,P} = RT\ln\frac{\xi/n}{1-\xi/n} = RT\ln\frac{n_B}{n_A} = RT\ln Q \tag{7.25}$$

が得られる．したがって，式(7.15)は

$$\Delta_r G = \Delta_r G^\ominus + \left(\frac{\partial(\Delta_{mix}G)}{\partial\xi}\right)_{T,P} \tag{7.26}$$

となる．$\left(\frac{\partial(\Delta_{mix}G)}{\partial\xi}\right)_{T,P}$ は，1つの化学量論の反応に対して同一である．こ

れに対して，$\Delta_r G^\ominus$ は反応系に固有である．また，

$$\Delta_r G^\ominus = -\left(\frac{\partial(\Delta_{\text{mix}} G)}{\partial \xi}\right)_{T,P} \tag{7.27}$$

となる点が平衡点となる．

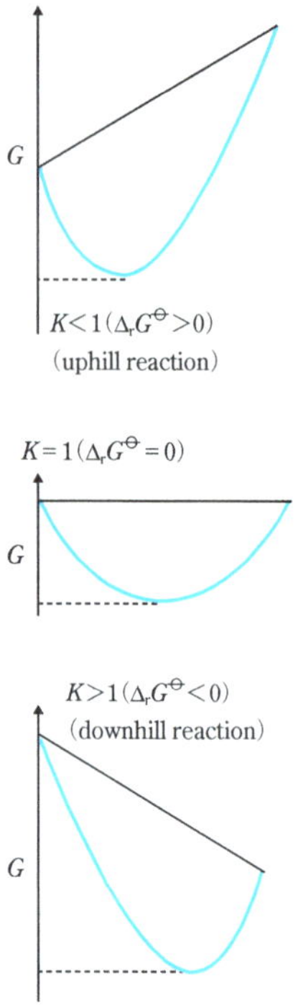

図7.3 $\Delta_r G^\ominus$ の違いによる化学反応過程の系のギブズエネルギー変化 Web

図 7.3 の例のように $\Delta_r G^\ominus < 0$ という場合は，反応物より生成物の方が安定であることを意味する．このような反応を**下り坂反応**(downhill reaction)という．その場合でも，一般的には反応物がすべて生成物に変化するわけではなく，(A ⟶ B や A + B ⟶ E + F のような反応では) $1/2 < \xi/n < 1$ のどこかで平衡となる．$HCl + H_2O \longrightarrow Cl^- + H_3O^+$ の反応のように $\Delta_r G^\ominus \ll 0$ の場合には，反応はほぼ完結したところで平衡に達する．

一方，たとえ $\Delta_r G^\ominus > 0$ であっても，反応は多少進行し，(A ⟶ B や A + B ⟶ E + F のような反応では) $0 < \xi/n < 1/2$ で平衡となる．このような反応を**上り坂反応**(uphill reaction)という．$CH_3COOH + H_2O \longrightarrow CH_3COO^- + H_3O^+$ の反応のように $\Delta_r G^\ominus \gg 0$ の場合には，反応はほとんど進行せず平衡に達する．このように化学平衡とは(速度論的ではなく)あくまでも熱力学的に制御されている．

7.5 平衡定数の圧力依存性

気体の標準圧力は IUPAC で $P^\ominus = 1\times10^5$ Pa と定義されている(2.11 節)．このため，圧力表記の気体の標準化学ポテンシャル $\mu^\ominus(T)$ は T だけの関数となる(5.8.2 節)．この $\mu^\ominus(T)$ を用いて，式(7.16)に従って定義される標準反応ギブズエネルギー $\Delta_r G^\ominus{}_P$ も T だけの関数となり，全圧 P には依存しない．

$$\left(\frac{\partial(\Delta_r G^\ominus{}_P)}{\partial P}\right)_T = 0 \tag{7.28}$$

さらに，$\Delta_r G^\ominus{}_P = -RT \ln K_P$(式(7.19))の関係から，圧平衡定数 K_P も T だけの関数で，P に依存しない．

$$\left(\frac{\partial(\ln K_P)}{\partial P}\right)_T = 0 \tag{7.29}$$

式(7.8)の関係より，気体の濃度平衡定数 K_c^{G} も T だけの関数で，P に依存しない．

$$\left(\frac{\partial(\ln K_c^{\text{G}})}{\partial P}\right)_T = 0 \tag{7.30}$$

しかし，気相平衡をモル分率平衡定数 K_x で表した場合には，式(7.7)より，$\Delta\nu = 0$ の場合を除き，P にも依存する．式(7.7)を変形し P で微分すると

$$\ln K_x = \ln K_P - \Delta\nu \ln(P/P^\ominus) \tag{7.31}$$

$$\left(\frac{\partial(\ln K_x)}{\partial P}\right)_T = -\frac{\Delta v \mathrm{d}(\ln P)}{\mathrm{d}P} = -\frac{\Delta v}{P} = -\frac{\Delta_r V^{\ominus}(T)}{RT} \tag{7.32}$$

が得られる．ここで $\Delta_r V^{\ominus}(T)$ は温度 T における化学反応の標準体積変化量（$\Delta_r V^{\ominus} \equiv \Delta v \bar{V}^{\ominus}$）である．

同じ気体を対象としているが，K_P と K_c^G は P に依存しないのに，K_x は P に依存する．一見，矛盾しているように思われるが，これは，圧力で表した標準化学ポテンシャルでは標準圧力を基準としているのに対して，モル分率で表した標準化学ポテンシャルは純物質を基準としていることに起因する（5.8.2 節）．純物質の標準化学ポテンシャル μ^* は T だけでなく P にも依存するので，モル分率で表した標準反応ギブズエネルギー変化 $\Delta_r G^{\ominus}{}_x \equiv \sum(v_i \mu_i^*)$ も，T と P に依存することになる．したがって式(5.44)より

$$\left(\frac{\partial\left(\Delta_r G^{\ominus}{}_x(P,T)\right)}{\partial P}\right)_T = \Delta_r V^{\ominus}(T) \tag{7.33}$$

となる．式(7.19)を考慮して式(7.33)を書き直すと

$$\left(\frac{\partial(\ln K_x)}{\partial P}\right)_T = -\frac{1}{RT}\left(\frac{\partial\left(\Delta_r G^{\ominus}{}_x(P,T)\right)}{\partial P}\right)_T = -\frac{\Delta_r V^{\ominus}}{RT} \tag{7.34}$$

となり，式(7.32)と一致する．これより，$\Delta_r V(T)^{\ominus} < 0$ のとき，モル分率平衡定数 K_x は P の増加とともに増大し，平衡は生成物側へ傾くことがわかる．これは**ル・シャトリエの原理**（Le Châtelier's principle）である（参考 7.1）．

溶質の標準化学ポテンシャルは通常 $1\ \mathrm{mol\ dm^{-3}}$ を基準とし，T と P に依存する（5.8.5 節）．したがって，理論的には，溶質の濃度平衡定数 K_c も T だけでなく P にも依存することになる．

$$\left(\frac{\partial(\ln K_c)}{\partial P}\right)_T = -\frac{1}{RT}\left(\frac{\partial\left(\Delta_r G^{\ominus}{}_c(P,T)\right)}{\partial P}\right)_T = -\frac{\Delta_r V^{\ominus}(T)}{RT} \tag{7.35}$$

しかし，溶質の反応では $\Delta_r V^{\ominus}(T) \simeq 0$ であるから，K_c の圧力依存性は小さい．

参考 7.1　アンモニア生成反応の圧力依存性

$N_2(g) + 3H_2(g) \longrightarrow 2NH_3(g)$ の気相反応の平衡を例に，平衡位置の全圧 P 依存性を，反応進行度 ξ を用いて考えてみる．簡単のため，N_2，H_2，NH_3 の反応開始物質量をそれぞれ 1 mol，3 mol，0 mol とする．ある ξ での各物質の物質量 n_i と分圧 P_i は**表 7.1** のようになる．

表 7.1　反応進行度と分圧

	N_2	H_2	NH_3	計
n_i/mol	$1-\xi$	$3(1-\xi)$	2ξ	$4-2\xi$
P_i	$(1-\xi)P/(4-2\xi)$	$3(1-\xi)P/(4-2\xi)$	$2\xi P/(4-2\xi)$	P

これを用いてモル分率平衡定数 K_x と圧平衡定数 K_P を記述すると K_x と K_P の関係がわかる．

$$K_x = \left[\frac{\left(\frac{2\xi}{4-2\xi} \right)^2}{\left(\frac{(1-\xi)}{4-2\xi} \right) \left(\frac{3(1-\xi)}{4-2\xi} \right)^3} \right]_{\mathrm{eq}} = \frac{4{\xi_{\mathrm{eq}}}^2 (4-2\xi_{\mathrm{eq}})^2}{27(1-\xi_{\mathrm{eq}})^4}$$

$$K_P = \left(\frac{\left(P_{\mathrm{NH_3}} / P^{\ominus} \right)^2}{\left(P_{\mathrm{N_2}} / P^{\ominus} \right) \left(P_{\mathrm{H_2}} / P^{\ominus} \right)^3} \right)_{\mathrm{eq}} = \left[\frac{\left(\frac{2\xi P}{4-2\xi} \right)^2}{\left(\frac{(1-\xi)P}{4-2\xi} \right) \left(\frac{3(1-\xi)P}{4-2\xi} \right)^3} \right]_{\mathrm{eq}} \left(P^{\ominus} \right)^2 \tag{7.36}$$

$$= \frac{4{\xi_{\mathrm{eq}}}^2 (4-2\xi_{\mathrm{eq}})^2}{27(1-\xi_{\mathrm{eq}})^4} \frac{1}{\left(P / P^{\ominus} \right)^2}$$

$$K_x = K_P \left(P / P^{\ominus} \right)^2$$

K_P は全圧 P に依存しないが，K_x は P に対して 2 次関数的に増加することを式(7.36)は示している．これはこの反応の化学量論係数の差が $\Delta\nu = 2 - 1 - 3 = -2$ であることに由来する．その結果，**図 7.4** に示すように，平衡時の反応進行度 ξ_{eq} は P の増加とともに増加する．この関係もル・シャトリエの原理の一例である．

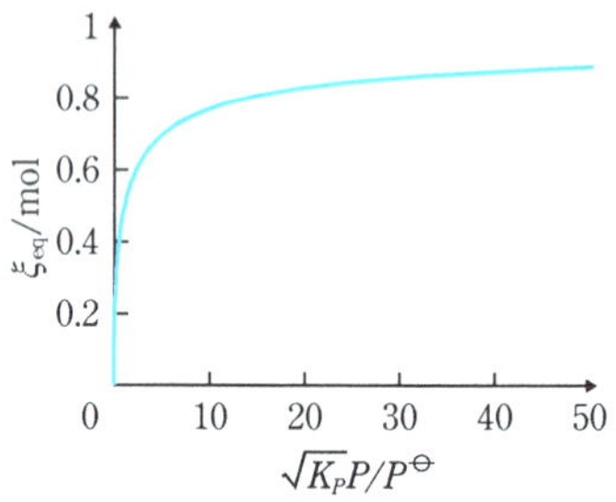

図7.4　アンモニア生成反応の平衡点 ξ_{eq} の全圧 P 依存性

ここで，式(7.32)に $\Delta\nu = -2$ を代入すると

$$\left(\frac{\partial (\ln K_x)}{\partial P} \right)_T = -\frac{\Delta\nu}{P} = \frac{2}{P} \tag{7.37}$$

となる．これを積分すると

$$\int_{\ln K_P}^{\ln K_x} \mathrm{d}(\ln K_x) = 2\int_{P^{\ominus}}^{P} \frac{\mathrm{d}P}{P} = 2\int_{\ln P^{\ominus}}^{\ln P} \mathrm{d}(\ln P)$$
$$\ln (K_x / K_P) = 2\ln \left(P / P^{\ominus} \right) \tag{7.38}$$

が得られ，式(7.36)と一致する．

これまで K_P は P に依存しないことを強調してきたが，この反応の K_P は実験的には高圧にすると P の増加とともに増加する．これは気体が理想系からずれるためである．そこで，活量に変換し，熱力学的平衡定数 K で表すと，理論から予測されるように，P には依存しなくなる(注 1)．この事象もまさに熱力学の素晴らしさを表している．

注 1) 山本雅博，前田耕治，加納健司，化学，**67**(6), 42-46(2012)を参照．

7.6　平衡定数の温度依存性

どのような標準化学ポテンシャルの表記を用いても，それらはすべて T の関数であるから，どの表記の平衡定数も T の関数となる．そこでギブズ–ヘルムホルツ式（式(5.42)，式(5.43)）を用い，G を $\Delta_r G^\ominus$ に，また H（式(7.35)）を標準反応エンタルピー変化（$\Delta_r H^\ominus$）に置き換えると

$$\left(\frac{\partial(\ln K)}{\partial T}\right)_P = -\frac{1}{R}\left(\frac{\partial}{\partial T}\left(\frac{\Delta_r G^\ominus}{T}\right)\right)_P = \frac{\Delta_r H^\ominus}{RT^2} \tag{7.39}$$

$$\left(\frac{\partial(\ln K)}{\partial(1/T)}\right)_P = -\frac{\Delta_r H^\ominus}{R} \tag{7.40}$$

が得られる．式(7.40)を**ファント・ホッフの式**(van't Hoff equation)とよぶ．

図 7.5 の赤の実線は，$(1/2)N_2(g) + (3/2)H_2(g) \rightleftharpoons NH_3(g)$ の反応（コラム7.1）の K_P の**ファント・ホッフプロット**（$\ln K_P$ vs. $1/T$ プロット，●，実線）である．一見直線のようにみえるが，よくみると上向きに凸に曲がっている．ある温度 T において，この実線の傾きを求め，式(7.40)に代入すると $\Delta_r H^\ominus$ が求まる（●，破線）．いまの場合，傾きは正であるから，発熱反応（$\Delta_r H^\ominus < 0$）であることがわかる．温度の上昇とともに，$\Delta_r H^\ominus$ は負側に増大する（cf. 演習問題 3.30）．

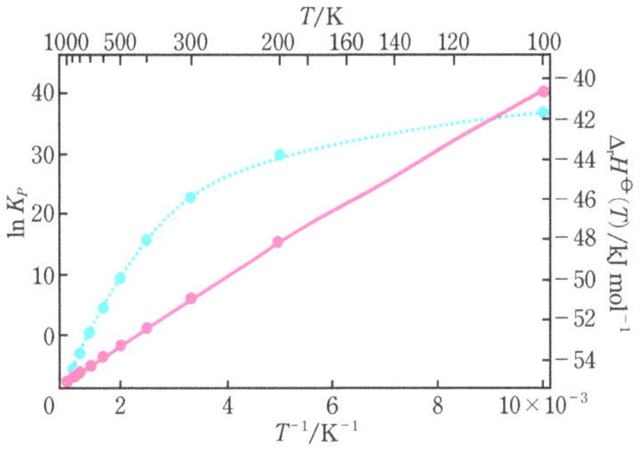

図7.5　標準状態での圧平衡定数 K_P のファント・ホッフプロット（赤は $\ln K_P$（左の軸），青は $\Delta_r H^\ominus$（左の軸））

また，狭い温度範囲で標準反応エンタルピー $\Delta_r H^\ominus$ が T に依存しないとして式(7.40)を積分すると，温度 T_1，T_2 のときの平衡定数をそれぞれ K_1，K_2 とするとき，

$$\ln\frac{K_2}{K_1} = -\frac{\Delta_r H^\ominus}{R}\left(\frac{1}{T_2} - \frac{1}{T_1}\right) \tag{7.41}$$

が得られる．上のアンモニア合成のような発熱反応の場合（$\Delta_r H^\ominus < 0$），T を増加させると平衡定数 K は減少する（平衡が出発物側に傾く）ことがわかる．これもル・シャトリエの原理を裏づけるものである．

ここまでの温度依存性の議論は熱力学的平衡定数 K，圧平衡定数 K_P，溶質に対する濃度平衡定数 K_c に対してもまったく同じである．しかし，気体に関する濃度平衡定数 K_c^G だけは事情が異なる．理想気体の場合，K_P と K_c^G の関係は式(7.8)で表されるから

$$\left(\frac{\partial(\ln K_c^G)}{\partial T}\right)_P = \left(\frac{\partial(\ln K_P)}{\partial T}\right)_P - \frac{\Delta\nu\,\mathrm{d}(\ln T)}{\mathrm{d}T} = \frac{\Delta_r H^\ominus}{RT^2} - \frac{\Delta\nu}{T}$$

$$= \frac{\Delta_r H^\ominus - \Delta\nu RT}{RT^2} = \frac{\Delta_r H^\ominus - P\Delta_r V^\ominus}{RT^2} = \frac{\Delta_r U^\ominus}{RT^2} \tag{7.42}$$

となる．したがって，K_c^G に関するファント・ホッフプロット（$\ln K_c^G$ vs. $1/T$ プロット）の傾きは，気相反応の標準内部エネルギー変化 $\Delta_r U^\ominus$ に関する情報を与えることになる．

$$\left(\frac{\partial(\ln K_c^{\mathrm{G}})}{\partial(1/T)}\right)_P = -\frac{\Delta_r U^{\ominus}}{R} \tag{7.43}$$

ただし，$\Delta v = 0$のときは，$P\Delta_r V^{\ominus} = 0$となるので

コラム7.1 科学の功罪

Fritz Haber (1868－1934)
ドイツ出身の物理化学・電気化学者．第一次世界大戦の間，ドイツ軍の忠実な働き手となり，化学兵器の開発において重要な役割を担った．
Clara Immerwahr (1870－1915)
ドイツの有能な化学者であり，フリッツの最初の妻．フリッツから化学を捨てて妻として家庭に入るよう強要された．

ハーバー・ボッシュ法は，鉄を主体とした触媒上で500 °C，20 MPa程度の高温・高圧条件で，窒素と水素を直接反応させアンモニアを合成するもので，1906年にドイツのフリッツ・ハーバーとカール・ボッシュ(Carl Bosch，1874－1940)によって発明された．この功績でハーバーは(第一次世界大戦が終結した)1918年に，ボッシュは1931年にノーベル化学賞を受賞した．この発明により，化学肥料の合成の道が開け，農作物の収穫量が飛躍的に増加し，人口爆発が起こった．現在では，この方法が地球の生態系において最大の窒素固定源となっている．しかし，その結果として人類が化学肥料を大量消費し，窒素化合物が生態系に大量に流出し，地球規模の環境破壊につながっていることも事実である．こうして人類は窒素循環に対して計り知れない影響を与えることになってしまった．

一方では(というか，本来はこちらが主目的であったが…)，この発明により，爆薬の原料となる硝酸を大量生産できるようになった．実際，ドイツでは，第一次世界大戦で使用した火薬の原料の窒素化合物のすべてをこの方法で調達できたともいわれている．火薬供給が容易になったため，その後現在に至るまで，戦闘の頻度が爆発的に増え，長期化してきているのも事実である．

さらに，フリッツ・ハーバーのもう1つの顔として，第一次世界大戦のときに，塩素を始めとする各種毒ガスの製造と使用の指導的立場にあったことが挙げられる．このため，彼は「化学兵器の父」ともよばれている．ハーバーの妻であるクララ・イマーヴァールは，フリッツの毒ガスの研究に強く反対していた．しかし，フリッツはその忠告に耳を貸すことなく，「毒ガスを使って戦争を早く終わらせることは，多くの人命を救うことにつながる」といって，また家庭を顧みることもあまりせず，毒ガスの開発を続けた(「毒ガス」を「原爆」に代えた同じ表現が太平洋戦争後によく使われた)．1915年4月22日にベルギーのフランドルで最初の毒ガス戦が実行された．こうした状況にクララは失望し，5月2日，フリッツの軍用ピストルを手にとり，庭に出て，1発目を空に向けて，そして2発目を自分の胸に向け，この世を去った．

科学の功罪は，この件に限らず，多くの場面で現れてきており，科学者の倫理が問題となっている．人類が，人類同士はもとより，自然も含めた生態系の中で共存することの義務を忘れることなく，謙虚に生きることを強く意識しなければ，この地球号の未来は暗いものになるように思われる．

$$\Delta_r U^{\ominus} = \Delta_r H^{\ominus} - P\Delta_r V^{\ominus} = \Delta_r H^{\ominus} \tag{7.44}$$

となる．

7.7 生化学的標準状態

生体内の反応では H^+ が関与するものが多い．IUPAC では H^+ の標準モル生成ギブズエネルギー $\Delta_f G^{\ominus}$ をゼロとおくので，熱力学的な標準状態は pH = 0 となる．しかし，その条件で生化学反応に関与する熱力学量を議論することはほとんどない．そこで生化学の分野では，pH = 7 の条件を**生化学的標準状態**（biochemical standard state）として規定することが多い．このような条件での標準反応ギブズエネルギーは**生化学的標準反応ギブズエネルギー**（biochemical standard Gibbs energy of reaction）とよばれ，$\Delta_f G^{\oplus}$ で表記することにする．他の熱力学量も同様に，$\Delta_r H^{\oplus}$ あるいは $\Delta_r S^{\oplus}$ と表記する．

いま，H^+ が関与する反応を

$$\text{反応物} + mH^+ \rightleftharpoons \text{生成物} \tag{7.45}$$

と書くとき，$\Delta_f G^{\oplus}$ と $\Delta_f G^{\ominus}$ の関係は次式で与えられる．ここで m は H^+ の生成物と反応物の化学量論係数の差である．

$$m \equiv \nu_{H^+,\,\text{反応物}} - \nu_{H^+,\,\text{生成物}} (= \Delta_r \nu_{H^+}) \tag{7.46}$$

$$\begin{aligned}\Delta_r G^{\oplus} &= \Delta_r G^{\ominus} - RT \ln (a_{H^+})^m \\ &= \Delta_r G^{\ominus} - mRT \ln 10^{-7} \\ &= \Delta_r G^{\ominus} + (7 \times 2.303)mRT \log 10 \\ &= \Delta_r G^{\ominus} + 16.121mRT\end{aligned} \tag{7.47}$$

となる．つまり，$\Delta_r G^{\oplus}$ は式(7.45)の反応式から H^+ を除いたみかけの反応式：

$$\text{反応物} \rightleftharpoons \text{生成物} \tag{7.48}$$

の標準反応ギブズエネルギーとなる．式(7.45)と式(7.48)の反応商をそれぞれ Q と Q' とおくと，

$$Q = Q' / (a_{H^+})^m \tag{7.49}$$

となる．したがって，式(7.45)の反応ギブズエネルギー $\Delta_r G$ は

$$\begin{aligned}\Delta_r G &= \Delta_r G^{\ominus} + RT \ln Q = \Delta_r G^{\ominus} + RT \ln \frac{Q'}{(a_{H^+})^m} \\ &= \Delta_r G^{\oplus} + RT \ln Q'\end{aligned} \tag{7.50}$$

となる．ここで，平衡時の Q' を K' とすると

$$K = K' / (a_{H^+})^m \tag{7.51}$$

となる．K は式(7.45)の平衡定数である．式(7.19)と同様に，$\Delta_r G^{\oplus}$ と K' は

$$\Delta_r G^{\ominus} = -RT \ln K' \tag{7.52}$$

と関係づけられる.

説明問題

7.1 化学反応のギブズエネルギー$\Delta_r G$の定義を示しなさい.

7.2 化学反応の標準反応ギブズエネルギー$\Delta_r G^{\ominus}$と平衡定数Kの関係を説明しなさい.

7.3 熱力学的平衡定数, 圧平衡定数, 気体の濃度平衡定数, 溶質の濃度平衡定数, モル分率平衡定数のそれぞれについて圧力依存性と, 温度依存性について述べなさい.

7.4 吸熱反応が進行する理由を分子論的に説明しなさい.

7.5 化学平衡が起こる理由について述べよ. また, 上り坂反応($\Delta_r G^{\ominus} > 0$)であってもある程度反応が進行する理由について説明しなさい.

演習問題

7.6 次の反応は上り坂反応($\Delta_r G^{\ominus} > 0$)か下り坂反応($\Delta_r G^{\ominus} < 0$)か. 生活の経験から答えなさい.

1) $HCl(aq) + H_2O(l) \longrightarrow Cl^-(aq) + H_3O^+(aq)$

2) $CH_3COOH(aq) + H_2O(l) \longrightarrow CH_3COO^-(aq) + H_3O^+(aq)$

3) $glucose(aq) + 6O_2(g) \longrightarrow 6CO_2(g) + 6H_2O(l)$

4) $2H_2(g) + O_2(g) \longrightarrow 2H_2O(l)$

5) $2NADH(aq) + O_2(g) + 2H^+(aq) \longrightarrow 2NAD^+(aq) + 2H_2O(l)$ (pH = 7)

6) $ATP^{4-}(aq) + H_2O(l) \longrightarrow ADP^{3-}(aq) + HPO_4^{2-} + H_3O^+(aq)$ (pH = 7)

7) $NADP^+(aq) + 2H_2O(l) \longrightarrow NADPH(aq) + O_2(g) + H^+(aq)$ (pH = 7)

7.7 $NH_3(g) \rightleftharpoons (3/2)H_2(g) + (1/2)N_2(g)$の反応に関して, 巻末表の$\Delta_f G^{\ominus}$を用いて, 298.15 Kにおける$\Delta_r G^{\ominus}$と$K_P$を求めなさい. また, この反応式を$2NH_3(g) \rightleftharpoons 3H_2(g) + N_2(g)$と書いたときの$\Delta_r G^{\ominus}{}_2$と$K_{P,2}$はどのようになるか.

7.8 吸熱反応はエントロピー駆動の反応であることを示し, その例を挙げよ.

7.9 グルコース 6-リン酸は, グルコース 6-リン酸イソメラーゼにより, フルクトース 6-リン酸に変換される.

グルコース 6-リン酸(G6P) $\rightleftharpoons$ フルクトース 6-リン酸(F6P)

この反応の標準反応ギブズエネルギーは$\Delta_r G^{\ominus} = 1.7\ \mathrm{kJ\ mol^{-1}}$である. この反応が25 °Cで平衡に達したとき, G6PとF6Pに対するF6Pのモル比率fを求めなさい.

7.10 ある学生が, T_1における平衡定数K_1から, $K = \exp\left(\dfrac{-\Delta_r G^{\ominus}}{RT}\right)$を用いて$\Delta_r G^{\ominus}$を求め, TにT_2を代入し, T_2における平衡定数K_2を求めた. この方法の妥当性について述べなさい.

7.11 平衡と定常の違いについて述べよ. また, 最近, 一部の人が“生物は動的平衡にある”という表現を使う場面がしばしばあるが, これについてどう考えるか?

7.12 平衡定数Kの温度依存性から何がわかるか.

7.13 図 7.5のファント・ホッフプロットより, 25 °Cにおける$(1/2)N_2(g) + (3/2)H_2(g) \rightleftharpoons NH_3(g)$の$\Delta_r H^{\ominus}$, $\Delta_r G^{\ominus}$および$\Delta_r S^{\ominus}$を求め, 巻末表と計算した値とを比較しなさい. また, 定圧モル熱容量$\bar{C}_P$がTに依存しないものとして, 500 Kの$\Delta_r H^{\ominus}$を予測し, 図 7.5のデータと比較しなさい.

7.14 ある反応の標準エンタルピー変化$\Delta_r H^{\ominus} = -113\ \mathrm{kJ\ mol^{-1}}$, 標準エントロピー変化$\Delta_r S^{\ominus} = -146\ \mathrm{J\ mol^{-1}\ K^{-1}}$とするとき, 25 °Cにおける平衡定数$K$を求めなさい. また, 温度を10 °C上げたときの平衡はどのように予測できるかを説明しなさい. ただし, この温度範囲で$\Delta_r H^{\ominus}$は温度に依存しないとする.

7.15 次の ATP の加水分解反応の熱力学的標準反応ギブズエネルギー$\Delta_r G^\ominus$ は $+9.5\ \mathrm{kJ\ mol^{-1}}$ と上り坂反応である．

$$\mathrm{ATP^{4-}(aq) + H_2O(l) \rightleftharpoons ADP^{3-}(aq) + HPO_4{}^{2-} + H_3O^+(aq)}$$

生化学的標準状態での標準反応ギブズエネルギー$\Delta_r G^\oplus$はいくらになるか.

7.16 ル・シャトリエの原理を反応進行度ξに対する熱力学的な安定性の問題として考えてみたい．1)定圧で温度を上昇させれば熱を吸収する方向に平衡は移動すること，そして2)定温では圧力を増加させると体積は減少する方向に平衡は移動することを証明しなさい.

第 8 章

酸塩基反応

Some scientists claim that hydrogen, because it is so plentiful, is the basic building block of the universe. I dispute that. I say there is more stupidity than hydrogen, and that is the basic building block of the universe.

Frank Zappa (Rock musician)

酸塩基反応は初等教育段階から化学教育の課題の1つに挙げられていることもあり，比較的親しみやすい反応であろう．実際，大学の新入生に「酢酸／酢酸塩混合物は緩衝液ですか」と尋ねるとほぼ全員が Yes と答える．さらに「では，酢酸水溶液は緩衝液ですか」と尋ねると，多くの学生は No と答える．しかし，「(希)塩酸は緩衝液ですか」と尋ねると，ほぼ全員が No と答え，「では希塩酸を水酸化ナトリウム水溶液で滴定したら，当量点付近まで pH があまり変わらないのはなぜですか」と尋ねると返事がなくなる．表面的な知識から誤った理解へ誘導されているように思われる．また，多くの化学関連教科書において，酸塩基反応に現れる溶媒の活量の取り扱い方が間違っている．本章では，酸塩基反応を熱力学的に記述してみる．熱力学を基礎に理解すれば，上記の誤認識を容易に正すことができる．共役反応の理解も深めていただきたい．

8.1 酸定数（酸解離定数）

ブレンステッド(Johannes Nicolaus Brønsted, 1879−1947)とローリー(Thomas Martin Lowry, 1874−1936)はプロトン移動説を提唱し，酸とはプロトンを与えるもので，塩基はプロトンを受け取るものとした(注1)．酸を HA，塩基を H_2O とすると，次のように書き表される．

$$HA(aq)+H_2O(l) \rightleftharpoons A^-(aq)+H_3O^+(aq) \tag{8.1}$$

ここで HA/A^- あるいは H_3O^+/H_2O を**共役系**(conjugated system)という．HA と A^- はそれぞれ**共役酸**(conjugate acid)と**共役塩基**(conjugate base)である．式(8.1)の酸塩基反応を2つの酸解離半反応に分けて書くと

$$HA(aq) \rightleftharpoons A^-(aq)+H^+(aq) \tag{8.2}$$

$$H_3O^+(aq) \rightleftharpoons H_2O(l)+H^+(aq) \tag{8.3}$$

となり，それぞれ反応の熱力学的平衡定数は

$$K_a(HA) \equiv \frac{a_{H^+}a_{A^-}}{a_{HA}} \tag{8.4}$$

$$K_a(H_3O^+) \equiv \frac{a_{H^+}a_{H_2O}}{a_{H_3O^+}} \tag{8.5}$$

となる．この K_a を**酸定数**(acid constant)とよぶ(注2)．ここで，$K_a(H_3O^+)=$

注1) ルイスは，電子対を受け取る物質を酸として，また電子対を供与する物質を塩基として，より広義に酸塩基を定義した(1923年)．この定義は水素をもたない物質についても適用でき，現在，最も一般的である．1939年にウサノビッチは，水素イオンおよびそのほかの陽イオンを放出するものを酸として，陰イオンおよび電子と結合する能力のあるものを塩基として，酸化還元反応も統合した酸塩基の定義を提案した．

注2) **酸解離定数**(acid dissociation constant)ということもある．

1であるから(参考8.1)，式(8.1)の平衡定数は

$$K \equiv \frac{a_{H_3O^+} a_{A^-}}{a_{HA} a_{H_2O}} = \frac{K_a(HA)}{K_a(H_3O^+)} = K_a(HA) \tag{8.6}$$

となる．つまり，$K_a(HA)$とは，H_3O^+を基準とした酸HAの解離の程度を表す平衡定数である．H^+の活量は通常pHで表され，熱力学的には次のように定義される(注1，注2)．

$$pH \equiv -\log(a_{H^+}) \tag{8.7}$$

式(8.7)にならって，pK_aを

$$pK_a \equiv -\log(K_a) \tag{8.8}$$

と定義すると，式(8.4)は

$$pH = pK_a(HA) + \log\left(\frac{a_{A^-}}{a_{HA}}\right) \tag{8.9}$$

と書き直すことができる．巻末表に各種の酸のpK_aをまとめた．

一方，塩基Bが溶媒のH_2Oと反応する場合は，次のように書き表される．

$$B(aq) + H_2O(l) \rightleftharpoons BH^+(aq) + OH^-(aq) \tag{8.10}$$

BH^+/BとH_2O/OH^-が共役系である．H_2Oは溶媒であるから希薄溶液では$a_{H_2O} = 1$であることを考えると，この反応の平衡定数は

$$K_b(B) = \frac{a_{BH^+} a_{OH^-}}{a_B} \tag{8.11}$$

と書くことができる．このK_bを**塩基定数**(base constant)とよぶ．このようにH_2Oは酸としても塩基としても振る舞うことができる．このような性質を有するものを**両性物質**(ampholyte)という．この反応は**自己解離**あるいは**自己プロトリシス**(autoprotolysis)とよばれ，**不均化反応**(disproportionation)の一種である．水の場合は次のようになる．

$$2H_2O(l) \rightleftharpoons H_3O^+(aq) + OH^-(aq) \tag{8.12}$$

純水中でのイオン濃度はきわめて少ないので$a_{H_2O} = 1$とみなせるため(5.9節)，この平衡定数K_wは

$$K_w \equiv \frac{a_{H_3O^+} a_{OH^-}}{a_{H_2O}^2} = a_{H^+} a_{OH^-} \tag{8.13}$$

と書くことができる(参考8.1)．これを**水の自己解離定数**(self-dissociation constant)あるいは**イオン積**(ion product)といい，25 °Cで$K_w = 1 \times 10^{-14}$となる(参考8.1)．K_wを用いるとBH^+のK_aは

$$K_a(BH^+) = \frac{a_B a_{H^+}}{a_{BH^+}} = \frac{K_w}{K_b(B)} \tag{8.14}$$

と表すことができる．

注1) pHとプロトン濃度の関係は　$pH \cong -\log(c_{H^+}/c^{\ominus})$となる．pはドイツ語の累乗potenz(英語power)にちなんでいる．

注2) pHの概念は1906年にセーレンセン(Søren Peder Lauritz Sørensen，1868–1939)が提唱したものである．セーレンセンはpH緩衝液の製法やpH測定法も提唱し，生化学研究できわめて優れた業績をあげた．セーレンセンのもとで研究した近藤金助(1892–1894)は帰国後，新設の京都大学農学部の教授に着任し，農学部を発展させ，栄養化学の先導者として活躍した．

参考8.1 水のpK_aの考え方

$H_2O(l) \rightleftharpoons H^+(aq) + OH^-(aq)$の自己解離を考えると，

$$
\begin{aligned}
\Delta_r G^\ominus &= \mu^\ominus(H^+) + \mu^\ominus(OH^-) - \mu^\ominus(H_2O) \\
&= \Delta_f G^\ominus(H^+) + \Delta_f G^\ominus(OH^-) - \Delta_f G^\ominus(H_2O) \\
&= [0 + (-157.24) - (-237.13)]\ \mathrm{kJ\ mol^{-1}} \\
&= 79.9\ \mathrm{kJ\ mol^{-1}} = -RT\ln K_w
\end{aligned}
\tag{8.15}
$$

となる．したがって，よく知られているように，

$$
pK_w = \frac{\Delta_r G^\ominus}{2.303RT} = \frac{79.9\ \mathrm{kJ\ mol^{-1}}}{5.7\ \mathrm{kJ\ mol^{-1}}} = 14.0 \qquad (25°\mathrm{C}) \tag{8.16}
$$

となる．ちなみに，自己解離を$2H_2O(aq) \rightleftharpoons H_3O^+(aq) + OH^-(aq)$と書くと，

$$
\Delta_r G^\ominus = \mu^\ominus(H_3O^+) + \mu^\ominus(OH^-) - 2\mu^\ominus(H_2O) \tag{8.17}
$$

となる．式(8.15)と式(8.17)の$\Delta_r G^\ominus$は等しいはずだから，

$$
\mu^\ominus(H_3O^+) = \mu^\ominus(H_2O) + \mu^\ominus(H^+) \tag{8.18}
$$

となる．同様に平衡時には

$$
\mu(H_3O^+) = \mu(H_2O) + \mu(H^+)
$$

も成り立つので，

$$
a_{H_3O^+} = a_{H^+} a_{H_2O} \tag{8.19}
$$

と表される．希薄溶液では$a_{H_2O} = 1$(5.9節)であるから，

$$
a_{H_3O^+} = a_{H^+} \tag{8.20}
$$

となる．

この論理を背景に，H_3O^+のK_aを考えると

$$
K_a(H_3O^+) = \frac{a_{H^+} a_{H_2O}}{a_{H_3O^+}} = 1 \qquad (pK_a(H_3O^+) = 0) \tag{8.21}
$$

となる．またH_2OのpK_aは

$$
pK_a(H_2O) = -\log\left(\frac{a_{H^+} a_{OH^-}}{a_{H_2O}}\right) = pK_w = 14.0 \qquad (25°\mathrm{C}) \tag{8.22}
$$

となる．多くの書物では，a_{H_2O}に対しては容量モル濃度$c_{H_2O} = 55.5\ \mathrm{mol\ dm^{-3}}$を与え，$a_{H_3O^+} = a_{H^+}$とし，$pK_a(H_3O^+) = -1.74$，$pK_a(H_2O) = 15.74$と記述しているが，こうした記述は適切ではない．希薄溶液の溶媒は体積濃度ではなく活量で表すからである(5.9節)．

なお，この$pK_a(H_3O^+)$と$pK_a(H_2O)$付近のpHでは，水の自己解離による非常に強い緩衝能が現れるので，水の中で事実上変化できるpH範囲は，$pK_a(H_3O^+) \sim pK_a(H_2O)$となる．この2つの緩衝性は，強酸を強塩基で滴定したときに現れる2つの平らな部分に相当する．

8.2　共役酸と共役塩基の濃度のpH依存性

8.1節で定義した酸定数やイオン積は活量で定義した熱力学的平衡定数である．しかし，**分析濃度**(analytical concentration)や**物質収支**(mass balance)を扱う場合には，濃度平衡定数を用いた方がわかりやすい．本節では，8.1節で定義した熱力学的平衡定数を濃度平衡定数として扱う(これは形式的には溶質の活量係数を1と仮定して，活量の代わりに容量モル濃度 c を用いることに相当する)(注1)．

注1) 容量モル濃度で表す酸定数は $K_a = \dfrac{(c_{A^-}/c^{\ominus})(c_{H^+}/c^{\ominus})}{(c_{HA}/c^{\ominus})}$ より，$K_a c^{\ominus} = \dfrac{c_{A^-}c_{H^+}}{c_{HA}}$ と書くべきである．しかし，多くの書物では $K_a = \dfrac{c_{A^-}c_{H^+}}{c_{HA}}$ と簡略して表記している．

共役酸と共役塩基の平衡濃度の和を**分析濃度** c_0 とよぶ．物質収支の関係により，酸HAの分析濃度 $c_{A,0}$ は

$$c_{A,0} = c_{HA} + c_{A^-} \tag{8.23}$$

と記述できる．ここでHAと A^- だけの平衡を強調した K_H を

$$K_H \equiv \frac{c_{A^-}}{c_{HA}} (= K_a c^{\ominus} / c_{H^+}) \tag{8.24}$$

とおくと，K_H は酸の特性に依存しない一般論を展開できる．つまり，酸塩基反応を $HA(aq) \rightleftharpoons A^-(aq)$ とみなすことにより，平衡を一般論として議論できる(注2)．K_H を用いると共役酸と共役塩基の $c_{A,0}$ に対する分率は次のように表される，

$$\frac{c_{HA}}{c_{A,0}} \equiv f_{HA} = \frac{1}{1+K_H} \left(= \frac{n-\xi_{eq}}{n} \right) \tag{8.25}$$

$$\frac{c_{A^-}}{c_{A,0}} \equiv f_{A^-} = \frac{K_H}{1+K_H} \left(= \frac{\xi_{eq}}{n} \right) \tag{8.26}$$

ここで n は $c_{A,0}$ に相当する物質量で，ξ_{ep} はHAの解離平衡反応の反応進行度である．式(8.25)と式(8.26)からわかるように，f_{HA} と f_{A^-} は相対的な反応進行度を示し，**図8.1**(a)のように，K_H の増加(H^+ の減少)により，f_{HA} は減少し，f_{A^-} は増加する．

$HA(aq) \rightleftharpoons A^-(aq)$ の反応の標準反応ギブズエネルギー $\Delta_r G_H^{\ominus}$ は

$$\Delta_r G_H^{\ominus} = -RT \ln K_H = 2.303RT(pK_a - pH) \tag{8.27}$$

と与えられ，pHに対して直線的に減少する．そこで $\Delta_r G_H^{\ominus}$ に比例する量として，

$$\log(K_H) = pH - pK_a \tag{8.28}$$

を横軸にして，片対数表示すると，図8.1(b)のようにシグモイド型になる．

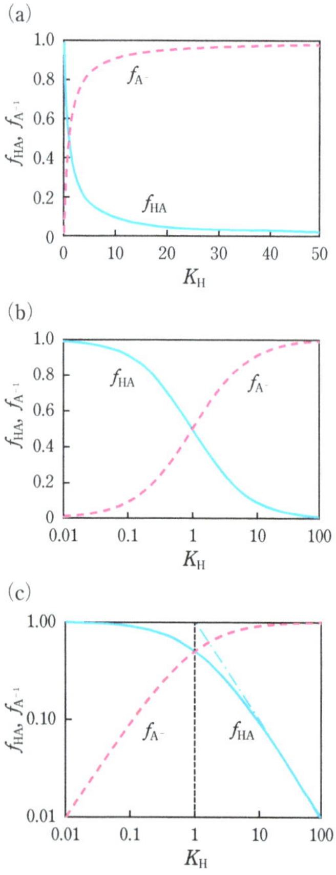

図8.1　一般的な酸塩基平衡の図示による違い
(a) K_H の増加による反応進行度の様子．(b)(a)の片対数表示．(c)(a)の両対数表示で f_{HA} と f_{A^-} の K_H 依存性．

注2) 酸化還元半反応：$O + ne^- \rightleftharpoons R$ の場合には，ネルンスト式より $\dfrac{c_R}{c_O} = \exp\left(\dfrac{-nF(E-E^{\ominus})}{RT}\right)$ となり，K_H と同様の取り扱いができる．また，結合反応：$A + B \rightleftharpoons C$ の反応の場合には，結合定数は $K/c^{\ominus} = \dfrac{c_C}{c_A c_B}$ で表されるが，$c_{A,0} \ll c_{B,0}$ のとき，$\dfrac{c_C}{c_A} = K(c_{B,0}/c^{\ominus})$ となり，この場合も K_H と同様の取り扱いができる．つまり，以後の議論は酸塩基反応だけでなく，酸化還元反応や結合解離反応に共通の特性となる．

pHの増加に比例して$\Delta_r G_H^{\ominus}$が負に増大し，HA(aq) $\rightleftharpoons$ A^-(aq)の反応の平衡点が右にずれる様子を示している．このシグモイド曲線表示は，酸解離種のpH依存性を示すときに頻繁に使われる．

さらに縦軸も対数表示すると，図8.1(c)のように$\log(f_{HA})$あるいは$\log(f_{A^-})$と$\log(K_H)$ = pH − pK_aとの線形関係(傾き0，1あるいは−1の直線部分)が浮かび上がる．例えば，図8.1(c)で，f_{HA}の曲線を外挿すると，傾き0と傾き−1の直線が得られ，その交点はpH = $pK_a(K_H = 1)$となる．傾き0，1あるいは−1の線形関係ができるのは，縦軸，横軸ともにエネルギーに関係する量を表しているためである．この考え方は，12.8節の酸塩基触媒を考えるときにも大変重要となる．

このような酸塩基平衡の一般特性は混合エントロピーの特性だけに起因し，酸塩基反応だけでなく，酸化還元反応および結合解離反応に対しても共通である．結果として，酸塩基物質の特性は，K_aだけに反映される．図8.1(b)のシグモイド曲線をpH軸に対して描くと，pH軸に対する位置が，物質の特性となって現れるだけである．

8.3 酸塩基平衡の基本式

HAの水溶液と強塩基BOHの水溶液の混合系を例として，酸塩基平衡を考えてみる．

$$\mathrm{HA(aq) + BOH(aq) \rightleftharpoons A^-(aq) + B^+(aq) + H_2O(l)} \tag{8.29}$$

この水溶液中にあるイオンの**電気的中性則**(electroneutrality principle)より

$$c_{B^+} + c_{H^+} = c_{A^-} + c_{OH^-} \tag{8.30}$$

となる．ここで，c_{A^-}は解離平衡と物質収支より

$$K_a c^{\ominus} = \frac{c_{H^+} c_{A^-}}{c_{HA}} \tag{8.31}$$

$$c_{A,0} = c_{HA} + c_{A^-} \tag{8.32}$$

となる．式(8.31)と式(8.32)より

$$c_{A^-} = \frac{c_{A,0} K_a}{K_a + c_{H^+} / c^{\ominus}} \tag{8.33}$$

が得られる．一方，c_{B^+}は強塩基の完全解離(BOH(aq) $\longrightarrow$ B^+(aq) + OH^-(aq))より

$$c_{B,0} = c_{B^+} \tag{8.34}$$

となる($c_{B,0}$：加えた強塩基の分析濃度)．一方，水の自己解離平衡の関係式

$$K_w c^{\ominus 2} = c_{H^+} c_{OH^-} \tag{8.35}$$

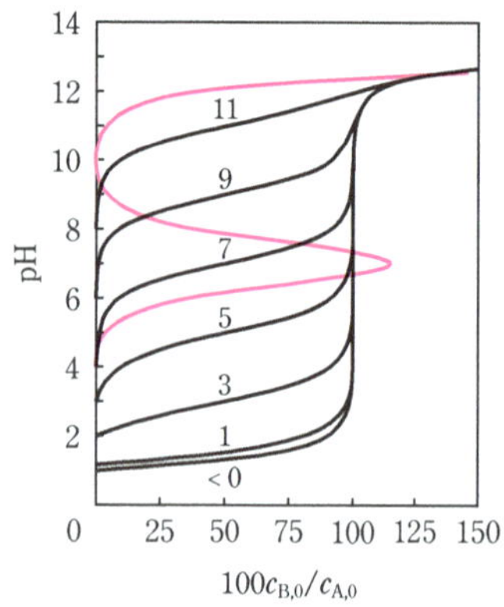

図8.2　各種の酸の強塩基による滴定曲線
体積変化は無視している．図中の番号は HA の pK_a をさす．また赤線は，pK_a = 7 の緩衝能を示す．

注1）c_{H^+} を $c_{B,0}/c_{A,0}$ の陽関数では与えられないので，ある c_{H^+} での $c_{B,0}/c_{A,0}$ を計算すればよい．

注2）式(8.9)のことを，ヘンダーソン–ハッセルバルヒの式としている書物がある．しかし，この呼称は誤りである．式(8.9)は K_a の定義式の対数表示であり，近似式ではなく，厳密な表記である．一方，ヘンダーソン–ハッセルバルヒの式(式(8.38))はあくまで近似式であり，対数の引数に用いる濃度は，溶液中の実濃度ではなく，加えた分析濃度を用いている．このため，この近似式は弱酸，弱塩基を用いて緩衝液を作成するときに有用である．ちなみに，弱酸の共役酸 HA と塩基の塩 BA の分析濃度をそれぞれ $c_{HA,0}$，$c_{BA,0}$ とすると，式(8.38)は $\mathrm{pH} = \mathrm{p}K_a + \log\left(\frac{c_{BA,0}}{c_{HA,0}}\right)$ と書き換えることができる．しかし，強酸，強塩基の溶液，あるいは超希薄溶液には，これらの近似式は適用できない．

から，c_{OH^-} を c_{H^+} の関数として与えられるので，式(8.30)は

$$c_{B,0} + c_{H^+} = \frac{c_{A,0}K_a}{K_a + c_{H^+}/c^{\ominus}} + \frac{K_w c^{\ominus 2}}{c_{H^+}} \tag{8.36}$$

と書き換えられる．式(8.36)に基づいて計算すると，**図8.2** のようにさまざまな pK_a をもつ HA に対する滴定曲線が計算できる（注1）．

pH = 3～11 で，極端に希薄な溶液ではない場合，$c_{H^+}/c_{A,0} \simeq 0$，$\frac{K_w c^{\ominus 2}}{c_{H^+} c_{A,0}} = c_{OH^-}/c_{A,0} \simeq 0$ であるから，

$$c_{B,0} \simeq \frac{c_{A,0}K_a}{K_a + c_{H^+}/c^{\ominus}} \tag{8.37}$$

と近似できる．これを $\frac{c_{H^+}/c^{\ominus}}{K_a} = \frac{c_{A,0} - c_{B,0}}{c_{B,0}}$ と変形し，対数表示すると

$$\mathrm{pH} \simeq \mathrm{p}K_a + \log\left(\frac{c_{B,0}}{c_{A,0} - c_{B,0}}\right) \tag{8.38}$$

が得られる．これは**ヘンダーソン–ハッセルバルヒの近似式**(Henderson–Hasselbalch approximation equation)として知られている（注2）．この近似式が成り立つ条件では，**半当量点**($c_{B,0} = c_{A,0}/2$)のとき pH = pK_a となる．このことは図8.2でも確かめることができる．式変換過程での条件にあるように，この近似式は，緩衝物質が極端に低濃度なとき，そして低 pH および高 pH 領域では成り立たない．

8.4　緩衝液

緩衝液(buffer solution)とは共役酸と共役塩基が共存する溶液のことである．CH_3COOH は pK_a = 4.76 であるから図8.2の pK_a = 5 の滴定曲線に近い．滴定開始ではほとんど CH_3COOH であり，共役塩基はごく微量しか存在しないので緩衝能がきわめて小さく，NaOH を入れるとすぐに pH が変化してしまう．滴定が進行し，CH_3COO^- が生成すると，CH_3COOH/CH_3COO^- 対による緩衝作用が現れ pH はあまり変化しなくなる．当量点付近では，CH_3COOH が枯渇して緩衝能はほぼなくなり，大きな **pH 飛躍**が現れる．さらに NaOH を添加すると高 pH 領域で緩衝作用が現れる．これは H_2O/OH^- 対による緩衝作用である．滴定曲線の pH 飛躍とは，ある緩衝系から別の緩衝系へ移ることを意味している．いまの場合，CH_3COOH/CH_3COO^- 緩衝系から H_2O/OH^- 緩衝系への移動である．

一方，HCl は p$K_a \simeq -8$ である．図8.2では，pK_a < 0 の滴定曲線と一致する．より強い酸である過塩素酸($HClO_4$)の場合もまったく同じ滴定曲線となる．このように，強酸の滴定曲線は強酸の個性がまったく現れない．これを**水平化効果**(leveling effect)という(コラム8.1)．HCl を水に溶かすと，$HCl(aq) + H_2O(l) \longrightarrow Cl^-(aq) + H_3O^+(aq)$ の反応が進行する．この反応は $\Delta_r G^{\ominus} \ll 0$ であるため反応は完結(完全解離)する．したがって，この条件で HCl/Cl^- 対の緩衝作用はない．塩酸の緩衝作用は化学反応式からみてわかる

コラム8.1　強酸・弱酸は溶媒が決める

水平化効果を野球の打者と投手にたとえて考えることができる．H_2Oを少年野球の打者，HClを高校野球の投手，$HClO_4$をプロ野球の投手としたとき，少年野球の打者からすれば，高校野球の投手の球もプロ野球の投手の球も，速すぎてまったく打てず，区別がつかない．しかし，CH_3COOHくらいの上級の打者からすれば，高校野球の投手の球とプロ野球の投手の球を区別できる．つまり，酸性溶媒である酢酸中では，HClと$HClO_4$を区別して滴定できる．また，メチルイソブチルケトン($CH_3COCH_2C(CH_3)_2$)は非プロトン性溶媒で水平化効果がきわめて弱く，pH領域が非常に広いため，$HClO_4$，HCl，サリチル酸，CH_3COOH，フェノールを区別して滴定できる(塩基：水酸化テトラブチルアンモニウム$(CH_3CH_2CH_2CH_2)_4NOH$) Web．

ようにH_3O^+/H_2O対によるものである．他の強酸も同様で，滴定曲線に現れるのはH_3O^+/H_2O対の緩衝系作用だけとなる．

8.5　緩衝能

緩衝作用の強さを定量的に表現するために，実用的な物理量として**緩衝能**(buffer capacity)βが定義されている．これはpHの微少増加に必要な強塩基の分析濃度であり，次のように与えられる(参考8.2)．

$$\beta = \frac{d(c_{B,0}/c^{\ominus})}{d(pH)} \tag{8.39}$$

ここで$c_{B,0}$は強塩基の分析濃度を示している．これを変形して

$$\beta = \frac{-2.303\,dc_{B,0}}{dc_{H^+}}\frac{d\,(c_{H^+}/c^{\ominus})}{d\,(\ln(c_{H^+}/c^{\ominus}))} = -2.303(c_{H^+}/c^{\ominus})\frac{dc_{B,0}}{dc_{H^+}}$$
$$= 2.303\left\{\frac{K_a c_{A,0} c_{H^+}/c^{\ominus 2}}{(K_a + c_{H^+}/c^{\ominus})^2} + c_{H^+}/c^{\ominus} + \frac{K_w}{c_{H^+}/c^{\ominus}}\right\} \tag{8.40}$$

が得られる．左辺の第1項は，HA/A^-対による緩衝能，第2項はH_3O^+/H_2O対による緩衝能，第3項はH_2O/OH^-対による緩衝能である．図8.2の赤色のベル型の曲線は，$pK_a = 7$の弱酸が示す緩衝能を示している．

参考8.2　緩衝能の定義と平衡論的意味

緩衝能はバン・スライク(Donald Dexter Van Slyke，1883–1971)の提案による．ただし，原著(注1)では，「1 dm^3溶液のpHを1 pH単位だけ変えるのに必要な強塩基の物質量」としており，多くの書物や辞典にもそのような差分型表現がされている．しかし，物理量としての定義は本文に示したような微分形で示すのが適切である．ドレビ(Robert de Levie)は**緩衝強度**(buffer strength)Bとして次の物理量を提案した(注2)．

$$B=\frac{\beta}{\ln 10}=-\frac{\mathrm{d}(c_{\mathrm{B},0}/c^{\ominus})}{\mathrm{d}(\ln(c_{\mathrm{H}^+}/c^{\ominus})} \tag{8.41}$$

いま，弱酸とその共役酸による緩衝液を考えることとする．つまり，pH 3 ～ 10 で，弱酸の分析濃度が極端に低くない場合のことで，言い換えると，水の緩衝能は無視できる場合である．加えた強塩基は弱酸と反応し，弱酸の共役塩基を生成するので，$\mathrm{d}c_{\mathrm{B},0}=\mathrm{d}c_{\mathrm{A}^-}$であることと，$\mathrm{d}(\ln(c_{\mathrm{H}^+}/c^{\ominus}))=\mathrm{d}(\ln K_{\mathrm{H}})$であることを考えると

$$B=-\frac{\mathrm{d}(c_{\mathrm{B},0}/c^{\ominus})}{\mathrm{d}(\ln(c_{\mathrm{H}^+}/c^{\ominus})}=\frac{\mathrm{d}(c_{\mathrm{A}^-}/c^{\ominus})}{\mathrm{d}(\ln K_{\mathrm{H}})}=\frac{\mathrm{d}(c_{\mathrm{A}^-}/c^{\ominus})}{\mathrm{d}K_{\mathrm{H}}}\frac{\mathrm{d}K_{\mathrm{H}}}{\mathrm{d}(\ln K_{\mathrm{H}})}=\frac{(c_{\mathrm{A},0}/c^{\ominus})K_{\mathrm{H}}}{(1+K_{\mathrm{H}})^2}$$
$$=(c_{\mathrm{A},0}/c^{\ominus})f_{\mathrm{HA}}f_{\mathrm{A}^-}=\frac{c_{\mathrm{HA}}c_{\mathrm{A}^-}}{c_{\mathrm{HA}}+c_{\mathrm{A}^-}}\frac{1}{c^{\ominus}}$$

となる．これを書き換えると

$$\frac{1}{B}=\frac{1}{c_{\mathrm{HA}}/c^{\ominus}}+\frac{1}{c_{\mathrm{A}^-}/c^{\ominus}} \tag{8.42}$$

となる．式(8.42)は，緩衝性とは共役する酸と塩基が共存することが条件で，それらの濃度が高いほど緩衝強度が高くなることを示している．

注1) D. D. Van Slyke, *J. Biol. Chem.*, **52**, 525 (1922).
注2) R. de Levie, *J. Chem. Edu.*, **76**, 574 (1999).

8.6　酸塩基反応の熱力学

最後に，酸塩基反応を熱力学的に考える．HA の半反応($\mathrm{HA(aq)} \rightleftharpoons \mathrm{A^-(aq)} + \mathrm{H^+(aq)}$)に対する反応ギブズエネルギーは次のように書き表すことができる．

$$\Delta_\mathrm{r}G_{\mathrm{HA}}=\Delta_\mathrm{r}G^{\ominus}{}_{\mathrm{HA}}+RT\ln\left(\frac{a_{\mathrm{H}^+}a_{\mathrm{A}^-}}{a_{\mathrm{HA}}}\right) \tag{8.43}$$

$$\begin{aligned}\Delta_\mathrm{r}G^{\ominus}{}_{\mathrm{HA}}&=\mu^{\ominus}{}_{\mathrm{A}^-}+\mu^{\ominus}{}_{\mathrm{H}^+}-\mu^{\ominus}{}_{\mathrm{HA}}\\&=-RT\ln\left(\frac{a_{\mathrm{H}^+}a_{\mathrm{A}^-}}{a_{\mathrm{HA}}}\right)_{\mathrm{eq}}=-RT\ln K_{\mathrm{a,HA}}\\&=2.303RT\,\mathrm{p}K_{\mathrm{a,HA}}\end{aligned} \tag{8.44}$$

同様に $\mathrm{BH^+}$ の半反応($\mathrm{BH^+(aq)} \rightleftharpoons \mathrm{B(aq)} + \mathrm{H^+(aq)}$)に対する反応ギブズエネルギーは次のようになる．

$$\Delta_\mathrm{r}G_{\mathrm{BH}^+}=\Delta_\mathrm{r}G^{\ominus}{}_{\mathrm{BH}^+}+RT\ln\left(\frac{a_{\mathrm{H}^+}a_{\mathrm{B}}}{a_{\mathrm{BH}^+}}\right) \tag{8.45}$$

$$\begin{aligned}\Delta_\mathrm{r}G^{\ominus}{}_{\mathrm{BH}^+}&=\mu^{\ominus}{}_{\mathrm{B}}+\mu^{\ominus}{}_{\mathrm{H}^+}-\mu^{\ominus}{}_{\mathrm{BH}^+}\\&=-RT\ln\left(\frac{a_{\mathrm{H}^+}a_{\mathrm{B}}}{a_{\mathrm{BH}^+}}\right)_{\mathrm{eq}}=-RT\ln K_{\mathrm{a,BH}^+}\\&=2.303RT\,\mathrm{p}K_{\mathrm{a,BH}^+}\end{aligned} \tag{8.46}$$

したがって，次の酸塩基反応

$$HA(aq)+B(aq) \rightleftharpoons A^-(aq)+BH^+(aq) \tag{8.47}$$

の反応ギブズエネルギーは次のように書き表される．

$$\Delta_r G = \Delta_r G_{HA} - \Delta_r G_{BH^+} = \Delta_r G^\ominus + RT\ln\left(\frac{a_{A^-}a_{BH^+}}{a_{HA}a_B}\right) \tag{8.48}$$

$$\begin{aligned}\Delta_r G^\ominus &= \Delta_r G^\ominus{}_{HA} - \Delta_r G^\ominus{}_{BH^+} = \mu^\ominus{}_{A^-} + \mu^\ominus{}_{BH^+} - \mu^\ominus{}_{HA} - \mu^\ominus{}_{B} \\ &= -RT\ln K = 2.303RT(pK_{a,HA} - pK_{a,BH^+})\end{aligned} \tag{8.49}$$

種々の酸の pK_a は HCl($\simeq -8$)，H_3O^+(0)，CH_3COOH(4.76)，NH_4^+(9.24)，H_2O(14) である．したがって，塩化水素の水中での解離（電離）($HCl + H_2O \longrightarrow Cl^- + H_3O^+$) は $\Delta_r G^\ominus \simeq -45\ kJ\ mol^{-1}$ でほぼ完結する．CH_3COOH の電離 ($CH_3COOH + H_2O \longrightarrow CH_3COO^- + H_3O^+$) は $\Delta_r G^\ominus \simeq 27\ kJ\ mol^{-1}$ でごくわずか進行し，酸性を示す．NH_3 の電離 ($NH_3 + H_2O \longrightarrow NH_4^+ + OH^-$) も $\Delta_r G^\ominus \simeq 27\ kJ\ mol^{-1}$ でごくわずか進行し，アルカリ性を示す．NH_4^+ の加水分解 ($NH_4^+ + H_2O \longrightarrow NH_3 + H_3O^+$) は $\Delta_r G^\ominus \simeq 53\ kJ\ mol^{-1}$ でほとんど進行せず，わずかに酸性を示すだけである．この様子を**図 8.3** のように，pK_a を縦軸の下向きにとり，ある共役酸 HA（あるいは BH^+）から別の共役塩基 B（あるいは A^-）への H^+ 移動が下向きであれば $\Delta_r G^\ominus < 0$ で，上向きであれば $\Delta_r G^\ominus > 0$ となる．

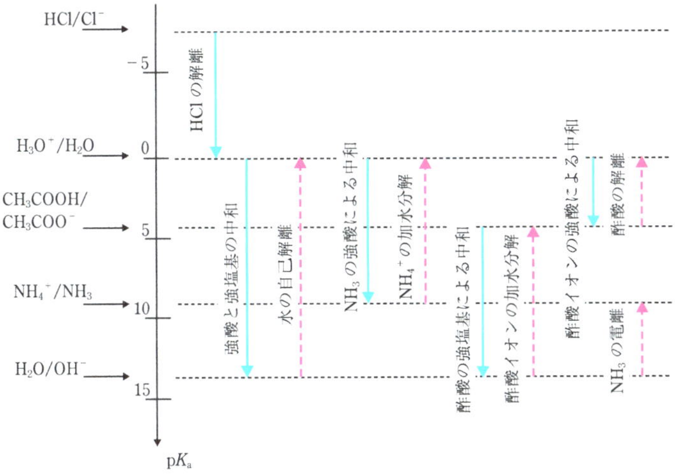

図8.3　各塩基反応の $\Delta_r G^\ominus$

青色↓は $\Delta_r G^\ominus < 0$，赤色↑は $\Delta_r G^\ominus > 0$ の反応を示す．

説明問題

8.1 H_3O^+ と H_2O の pK_a はいくらか．

8.2 ヘンダーソン–ハッセルバルヒの式と $pH = pK_a(HA) + \log\left(\frac{a_{A^-}}{a_{HA}}\right)$ の違いについて述べなさい．

8.3 緩衝強度 B は $\frac{1}{B} = \frac{1}{c_{HA}/c^{\ominus}} + \frac{1}{c_{A^-}/c^{\ominus}}$ で与えられることを理解し，緩衝性の現れる必須条件を述べなさい．

8.4 塩酸の緩衝性はどうして現れるのか説明しなさい．

8.5 酸解離の半反応 $HA \rightleftharpoons A^- + H^+$ の $\Delta_r G^{\ominus}$ と pK_a の関係について述べよ．

8.6 酸 HA と塩基 B の標準反応ギブズエネルギー $\Delta_r G^{\ominus}$ は

$$\Delta_r G^{\ominus} = \Delta_r G^{\ominus}{}_{HA} - \Delta_r G^{\ominus}{}_{HB^+} = -RT \ln K = 2.303RT(pK_{a,HA} - pK_{a,BH^+})$$

で表されることを示しなさい．

演習問題

8.7 塩酸と過塩素酸水溶液，および酢酸水溶液の強塩基による中和熱を，巻末表の標準モル生成エンタルピーより求めなさい．また，これらの3つの酸の水溶液の強塩基による滴定曲線の概略を描きなさい．ただし，$pK_a(HCl) = -8$，$pK_a(HClO_4) = -10$，$pK_a(CH_3COOH) = 4.76$ とする．

8.8 25 °C における水の自己解離の熱力学量を $\Delta_r G^{\ominus} = 79.9\ kJ\ mol^{-1}$，$\Delta_r H^{\ominus} = 55.9\ kJ\ mol^{-1}$ とするとき，$\Delta_r S^{\ominus}$ はいくらになるか計算し，その符号の意味について考察しなさい．

8.9 25 °C における $H^+(aq)$ と $OH^-(aq)$ の中和熱を，巻末表の標準モル生成エンタルピーから求めなさい．さらに，5 °C および 40 °C における pK_w と純水の pH を求めなさい．

8.10 酢酸の酸定数を $K_a = 1.75 \times 10^{-5}$ とするとき，分析濃度 $c_0 = 0.1\ mol\ dm^{-3}$ の酢酸水溶液中の，解離度 α と pH を計算しなさい．

8.11 $1.0\ mol\ dm^{-3}$ の酢酸水溶液 $100\ cm^3$ と $1.0\ mol\ dm^{-3}$ の酢酸ナトリウム水溶液 $50\ cm^3$ を合わせ，水を加えて $1.0\ dm^3$ にしたとき，その緩衝液の pH はいくらになるか．酢酸と酢酸イオンの活量係数を1とする場合について計算しなさい．また，酢酸イオンの活量係数だけを，拡張デバイ–ヒュッケル式(式(5.104))で評価した場合，pH はどれだけ異なることが予想されるか．ただし，酢酸の pK_a は 4.76 とする．また，拡張デバイ–ヒュッケル式で $Ba \simeq 1$ と近似できるものとする．

第9章 酸化還元反応

The important thing is to know how to take all things quietly.

Michael Faraday

燃焼や腐食が酸化還元反応であることはいうまでもないが，電池（例えば，$Zn + Cu^{2+} \longrightarrow Zn^{2+} + Cu$）は酸化還元反応のエネルギーを電気エネルギーに変換するデバイスである．一方，地球上の元素サイクルとは，**酸化還元反応**（oxidation-reduction reaction）であり，そのほとんどの反応には生物が関与している．また，呼吸（$C_6H_{12}O_6 + 6O_2 \longrightarrow 6CO_2 + 6H_2O$）が典型的な例であるように，生命のエネルギーはすべて酸化還元反応から生み出される．本章では，酸化還元反応を熱力学的に考えてみる．

9.1 酸化数

酸化還元反応の電子授受を形式的に特定の元素に当てはめる**酸化数**（oxidation number）という概念を用いると，どの部分が主に電子授受に関わったのかわかりやすい．この酸化数の求め方のルールは下記のとおりである．

1）単体はゼロ．
2）酸素は -2（ただし，H_2O_2，Na_2O_2 のような過酸化物の酸素は -1）．
3）水素は $+1$（ただし，LiH，$LiAlH_4$ のような金属水素化物の水素は -1）．
4）分子やイオンの原子の酸化数の和は，それらの正味の電荷に等しい．
5）共有結合性化合物：ルイスの電子式で示される結合電子を電気陰性度の大きい方の原子に割り当てる．

$Zn + Cu^{2+} \longrightarrow Zn^{2+} + Cu$ の反応では，Zn の酸化数は $0 \rightarrow +2$ と変化し，Cu は $+2 \longrightarrow 0$ と変化し，全体として 2 電子の酸化還元反応である．これは価数と一致するのでわかりやすい．一方，グルコースの CO_2 への酸化（$C_6H_{12}O_6 + 6O_2 \longrightarrow 6CO_2 + 6H_2O$）は一見，その電子数変化がわかりにくい．グルコースの C の酸化数は平均的には 0 で（注 1），CO_2 の C は酸化数 $+4$ である．また，O と H の酸化数は変化していない．したがって，グルコースの CO_2 への酸化は $4 \times 24 = 24$ 電子反応となる．

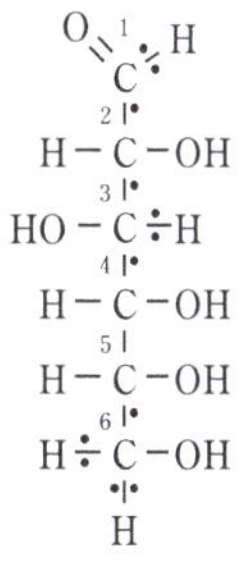

図9.1 グルコースの炭素の酸化数の考え方

注 1）グルコースは各Cの酸化数は等しくない．1位のCに対して割り当てられる結合電子は**図9.1**のように3であり，Cの価電子は4であるから，酸化数は $4-3=+1$ となる．2位から5位までのCの酸化数は同じで，例えば，3位のCに割り当てられる結合電子は図のように4つであるから，その酸化数は0である．最後に6位のCは図のように5つの電子を割り当てられるから，その酸化数は $4-5=-1$ となる．すべてを合計するともちろんゼロである．つまり，平均酸化数という概念では，グルコースは"溶ける炭素"と位置づけることができる．

このような酸化数の概念は，電子を局在化して考えるので，電子数などの計算には都合がよい．ただし，現実の電子分布を反映しているものではないことに注意されたい．

9.2 ダニエル電池

硫酸亜鉛水溶液に亜鉛板を挿入した電解槽と，硫酸銅水溶液に銅板を挿入した電解槽を素焼きで仕切り，両極をつなぐと，約 1.1 V の電圧が発生する．これを**ダニエル電池**(Daniell cell)という(**図 9.2**)．ここで，イオン化傾向は Zn > Cu であるから，$Zn + Cu^{2+} \longrightarrow Zn^{2+} + Cu$ の反応が進行する．電池では電子を外部回路に押し出す極を**負極**といい，電子を外部回路から受け取る極を**正極**という．負極では溶液との界面で酸化反応($Zn \longrightarrow Zn^{2+} + 2e^-$)が進むので**陽極**(anode)ともよばれる．逆に正極では界面で還元反応($Cu^{2+} + 2e^- \longrightarrow Cu$)が進行するので**陰極**(cathode)とよばれる．正負と陰陽の関係が逆になっていることに注意する必要がある．

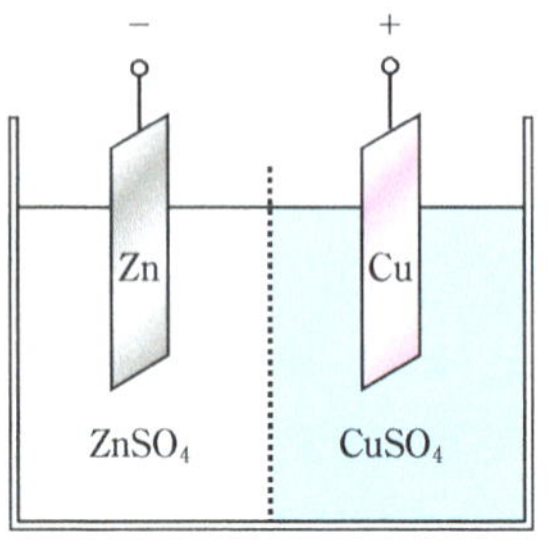

図9.2　ダニエル電池

9.3 起電力(電位)と酸化還元反応のギブズエネルギー

いま，$Ox1 + Red2 \rightleftharpoons Red1 + Ox2$ の n 電子の酸化還元反応を考える．ここで Ox は**酸化体**(oxidant)を，Red は**還元体**(reductant)を示す．この反応の反応ギブズエネルギーは次のように与えられる(注 1)．

$$
\begin{aligned}
\Delta_r G &= \mu_{Red1} + \mu_{Ox2} - \mu_{Ox1} - \mu_{Red2} \\
&= \mu^{\ominus}{}_{Red1} + \mu^{\ominus}{}_{Ox2} - \mu^{\ominus}{}_{Ox1} - \mu^{\ominus}{}_{Red2} + RT \ln \frac{a_{Red1} a_{Ox2}}{a_{Ox1} a_{Red2}} \\
&= \Delta_r G^{\ominus} + RT \ln Q_r \\
&\quad (\Delta_r G^{\ominus} \equiv \mu^{\ominus}{}_{Red1} + \mu^{\ominus}{}_{Ox2} - \mu^{\ominus}{}_{Ox1} - \mu^{\ominus}{}_{Red2})
\end{aligned} \tag{9.1}
$$

注 1) 反応商を活量商で表しているので，厳密にはルイス式とよばれる(5.9節 コラム5.3)．また，活量商と電気量を区別するために，酸化還元反応に関する反応商には下付きの r をつけている．

ここで $Red2 = 1/2H_2(g)\ (1 \times 10^5\ Pa)$，$Ox2 = H^+(aq)\ (1\ mol\ dm^{-3}, pH\ 0)$ という標準状態の物質とすると，それらの活量は 1 であるから，式(9.1)は次のように書き換えられる．

$$
\Delta_r G = \Delta_r G^{\ominus} + RT \ln \frac{a_{Red1}}{a_{Ox1}} \tag{9.2}
$$

ここで用いた標準状態の $2H^+/H_2$ 対の酸化還元半電池を**標準水素電極**(standard hydrogen electrode, SHE，**図 9.3**，(注 2))という．一方，電気エネルギーは $w_{elec} = E\Delta Q$ で与えられ(式(2.53))，酸化還元反応に伴う電気量の変化量 ΔQ は，反応に関与する電子数を n とすると，$\Delta Q = -nF$ で与えられる(F：ファラデー定数)．これより

$$
\Delta_r G = -nFE \tag{9.3}
$$

が得られる．式(9.2)と式(9.3)より

$$
E = E^{\ominus} + \frac{RT}{nF} \ln \frac{a_{Ox1}}{a_{Red1}} \tag{9.4}
$$

が得られる．ここで E を**起電力**(注 3)といい，$E^{\ominus}$ を**標準酸化還元電位**(注 4)という．

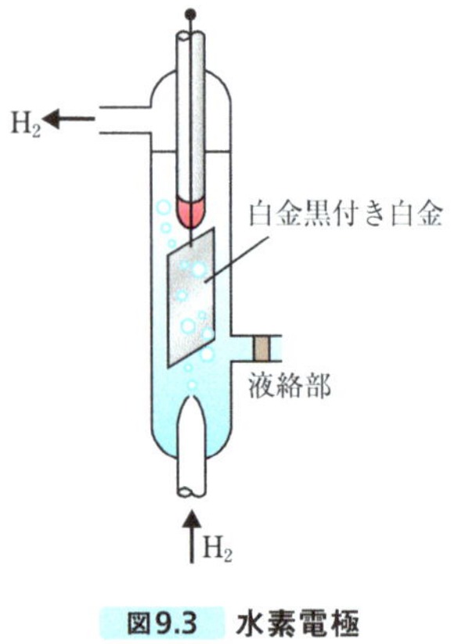

図9.3　水素電極

注 2) これを NHE (normal hydrogen electrode) と称する書物もあるが，IUPAC では，規定度(normal)の使用を認めていないので，SHE とするのが正しい．

注 3) 起電力とは，電池の電流をゼロとしたときの電池の両端子の電位差である．ただし，厳密には，起電力は液間電位を含む．

注 4) 標準酸化還元電位は，標準状態の目的の酸化還元半反応と SHE からなる電池の起電力である．

$$E^{\ominus} \equiv -\frac{\Delta_r G^{\ominus}}{nF} \tag{9.5}$$

イオン化傾向の大きい金属(還元剤)ほど，その $E^{\ominus}$ は負側に位置する．

9.4 イオン・電子の電気化学ポテンシャルとネルンスト式

イオンや電子は電場の影響を余分に受ける．そこで，その電気的なエネルギーを化学ポテンシャルに加えたものを**電気化学ポテンシャル**(electrochemical potential) $\tilde{\mu}$ といい，次のように定義される(注1)．

$$\tilde{\mu} \equiv \mu + zF\phi_L = \mu^{\ominus} + RT\ln a + zF\phi_L \tag{9.6}$$

ここで z は電荷，ϕ_L は溶液の**内部電位**(inner potential)を表す．ϕ_L が正のときには，カチオン($z>0$)の場合電気的反発のためエネルギー的に不安定になり $\tilde{\mu}$ は増加し，アニオン($z<0$)の場合には $\tilde{\mu}$ が減少するということを示している Web．当然，ϕ_L が負の場合には逆になる．ここで，**図 9.4** に示すような半電池反応(酸化還元の半反応)を考える．

$$O^{z+}(aq) + ne^- \rightleftharpoons R^{(z-n)+}(aq) \tag{9.7}$$

このとき，電子の電気化学ポテンシャルは，$z_e = -1$ であることを考慮すると

$$\tilde{\mu}_e = \mu_e^{\ominus} - F\phi_M \tag{9.8}$$

となる．ここで，ϕ_M は電極相の内部電位である．また，O と R は溶液中に存在するから

$$\tilde{\mu}_O = \mu_O^{\ominus} + RT\ln a_O + zF\phi_L \tag{9.9}$$

$$\tilde{\mu}_R = \mu_R^{\ominus} + RT\ln a_R + (z-n)F\phi_L \tag{9.10}$$

となる．ここで，この仮想的な半反応が電極界面で平衡であると仮定すると

$$\tilde{\mu}_O + n\tilde{\mu}_e = \tilde{\mu}_R \tag{9.11}$$

$$\begin{aligned}&\mu_O^{\ominus} + RT\ln a_O + zF\phi_L + n(\mu_e^{\ominus} - F\phi_M)\\ &= \mu_R^{\ominus} + RT\ln a_R + (z-n)F\phi_L\end{aligned} \tag{9.12}$$

電極界面の電位差を E と定義すると，

$$E \equiv \phi_M - \phi_L \tag{9.13}$$

$$E = -\frac{\mu_R^{\ominus} - \mu_O^{\ominus} - n\mu_e^{\ominus}}{nF} + \frac{RT}{nF}\ln\frac{a_O}{a_R} \tag{9.14}$$

Walther Hermann Nernst(1864−1941)
ドイツの化学者，物理化学者．ボルツマンの弟子で，熱力学第三法則を発見し，1920 年ノーベル化学賞を受賞した．ベルリン大学総長も務めている．今日では，酸化還元反応に関するネルンスト式の名前でよく知られている．
第一次世界大戦で，弟子のハーバーらと毒ガス研究を始めたことや，ルイスのノーベル賞受賞を何度も阻止したことでも知られている．

注1) ~はチルダ(tilde)とよぶ．

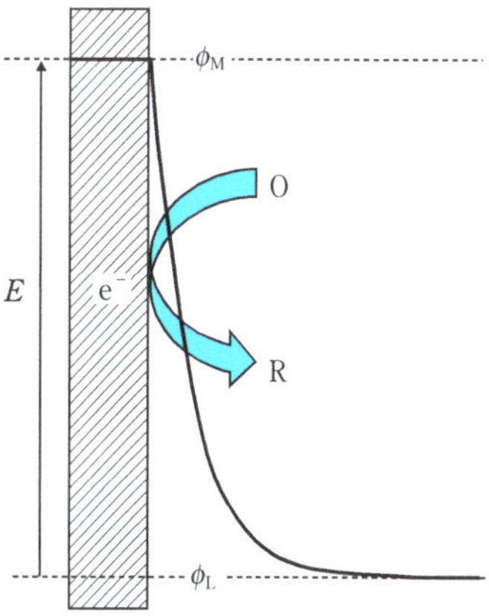

図 9.4　半電池反応

が得られる．さらに標準酸化還元電位を

$$E^{\ominus} \equiv -\frac{\mu_{\mathrm{R}}{}^{\ominus} - \mu_{\mathrm{O}}{}^{\ominus} - n\mu_{\mathrm{e}}{}^{\ominus}}{nF} \tag{9.15}$$

とおくと

$$E = E^{\ominus} + \frac{RT}{nF} \ln \frac{a_{\mathrm{O}}}{a_{\mathrm{R}}} \tag{9.16}$$

となる．式(9.16)が単極反応だけを考えて導かれる**ネルンスト式**(Nernst equation)である．ネルンスト式と式(9.4)は，その導出の考え方は異なるが，形式的にはまったく同じになる．本書では，半反応を記述したものは双方ともネルンスト式とよぶことにする．

9.5 電池反応のギブズエネルギー

酸化還元反応のギブズエネルギーを，ネルンスト式を用いて一般的に表現しよう．

$$\nu_1 \mathrm{Ox1} + \nu_2 \mathrm{Red2} \rightleftharpoons \nu_1 \mathrm{Red1} + \nu_2 \mathrm{Ox2} \tag{9.17}$$

式(9.17)の反応を，2つの方向の半反応に分け，ネルンスト式の定義に従い還元方向として表すと(注1)，

$$\mathrm{Ox1} + n_1 \mathrm{e}^- \rightleftharpoons \mathrm{Red1} \tag{9.18}$$

$$\mathrm{Ox2} + n_2 \mathrm{e}^- \rightleftharpoons \mathrm{Red2} \tag{9.19}$$

となる．それぞれの半電池反応のネルンスト式は

$$E_1 = E_1{}^{\ominus} + \frac{RT}{n_1 F} \ln \frac{a_{\mathrm{Ox1}}}{a_{\mathrm{Red1}}} \tag{9.20}$$

$$E_2 = E_2{}^{\ominus} + \frac{RT}{n_2 F} \ln \frac{a_{\mathrm{Ox2}}}{a_{\mathrm{Red2}}} \tag{9.21}$$

となり，半電池反応のギブズエネルギーは

$$\Delta_{\mathrm{r}} \vec{G}_1 = \Delta_{\mathrm{r}} \vec{G}_1{}^{\ominus} + RT \ln \frac{a_{\mathrm{Red1}}}{a_{\mathrm{Ox1}}} \tag{9.22}$$

$$\Delta_{\mathrm{r}} \vec{G}_2 = \Delta_{\mathrm{r}} \vec{G}_2{}^{\ominus} + RT \ln \frac{a_{\mathrm{Red2}}}{a_{\mathrm{Ox2}}} \tag{9.23}$$

となる．式(9.17)では，式(9.18)の正反応と式(9.19)の逆反応が進行し，酸化と還元の両反応の全電子数は等しくなければならないので

$$\nu_1 n_1 = \nu_2 n_2 \tag{9.24}$$

注1) 半電池反応のネルンスト式は還元反応($\mathrm{O}^{z+} + n\mathrm{e}^- \rightleftharpoons \mathrm{R}^{(z-n)+}$)に対して定義する．書物によっては酸化反応の"標準酸化電位"として，$-E^{\ominus}$と表記しているものがあるが，これは非常に危険な間違いである．これに対して，反応のギブズエネルギーは，正反応と逆反応で符号を反対にするだけでよい．ギブズエネルギーは状態関数であるが標準酸化還元電位はそうではない．

を満たす．ここでは，$n_1 \neq n_2$ の場合を考え，$\nu_1 = n_2$，$\nu_2 = n_1$ とおく（注1）．また，逆反応のギブズエネルギーは正反応のそれと符号だけが異なる．したがって，全反応のギブズエネルギーは次のように与えられる．

注1）νn の値は，n_1 と n_2 の最小公倍数とすればよいので，$n_1 = 2$ と $n_2 = 3$ であれば，$\nu_1 = 3$，$\nu_2 = 2$ となるが，$n_1 = 2$ と $n_2 = 2$ であれば，$\nu_1 = 1$，$\nu_2 = 1$ となる．

$$
\begin{aligned}
\Delta_r G &= \nu_1 \Delta_r \vec{G}_1 + \nu_2 \Delta_r \overleftarrow{G}_2 = (-\nu_1 n_1 F E_1) + \nu_2 n_2 F E_2 \\
&= -n_1 n_2 F (E_1 - E_2) \\
&= -n_1 n_2 F (E_1^{\ominus} - E_2^{\ominus}) + RT \ln \left(\frac{a_{\mathrm{Red1}}{}^{n_2} a_{\mathrm{Ox2}}{}^{n_1}}{a_{\mathrm{Ox1}}{}^{n_2} a_{\mathrm{Red2}}{}^{n_1}} \right) \\
&= \Delta_r G^{\ominus} + RT \ln Q_r
\end{aligned}
\tag{9.25}
$$

ここで，正方向と逆方向の反応を明確にするために，半反応のギブズエネルギーに対して→および←をつけた．また，$E_1 - E_2 \equiv E_{\mathrm{cell}}$ を**電池の起電力**（electromotive force）といい，$E_1^{\ominus} - E_2^{\ominus} \equiv E^{\ominus}{}_{\mathrm{cell}}$ を**標準起電力**（standard electromotive force）という．平衡では $\Delta_r G = 0$，$Q_r = K$ となり

$$\Delta_r G^{\ominus} = -n_1 n_2 F (E_1^{\ominus} - E_2^{\ominus}) = -RT \ln K \tag{9.26}$$

$$K \equiv \left(\frac{a_{\mathrm{Red1}}{}^{n_2} a_{\mathrm{Ox2}}{}^{n_1}}{a_{\mathrm{Ox1}}{}^{n_2} a_{\mathrm{Red2}}{}^{n_1}} \right)_{\mathrm{eq}} \tag{9.27}$$

で与えられる．ダニエル電池では，$Zn^{2+}(aq) + 2e^- \longrightarrow Zn(s)$ の $E^{\ominus}{}_{\mathrm{Zn}} = -0.763$ V，$Cu^{2+}(aq) + 2e^- \longrightarrow Cu(s)$ の $E^{\ominus}{}_{\mathrm{Cu}} = 0.337$ V より，標準起電力は，$E_{\mathrm{Cu}}{}^{\ominus} - E_{\mathrm{Zn}}{}^{\ominus} = 1.100$ V となる．

9.6 H^+が関与する酸化還元平衡

酸化還元反応では H^+ が関与するものが多い．例えば，次の反応を考えると

$$\mathrm{Ox} + ne^- + mH^+ \rightleftharpoons \mathrm{Red\text{-}H}_m \tag{9.28}$$

となり，これをそのままネルンスト式で表記すれば

$$E = E^{\ominus} + \frac{RT}{nF} \ln \frac{a_{\mathrm{Ox}} (a_{\mathrm{H^+}})^m}{a_{\mathrm{Red\text{-}H}_m}} \tag{9.29}$$

となる．しかし，いちいち H^+ の項を書くのは面倒であるので，H^+ の項を標準酸化還元電位の項に入れ込み，それを**条件標準酸化還元電位** $E^{\ominus\prime}$（conditional standard redox potential）とする（注2）．

$$E = E^{\ominus\prime} + \frac{RT}{nF} \ln \frac{a_{\mathrm{Ox}}}{a_{\mathrm{Red\text{-}H}_m}} \tag{9.30}$$

注2）ネルンスト式を活量でなく濃度で表した場合，活量係数項を含む標準酸化還元電位のことを**式量電位**（formal potential）とよぶ．式量電位に対しても記号 $E^{\ominus\prime}$ を使う場合がある．

$$E = E^{\ominus} + \frac{RT}{nF} \ln \frac{a_{\mathrm{Ox}}}{a_{\mathrm{Red}}} = E^{\ominus} + \frac{RT}{nF} \ln \frac{\gamma_{\mathrm{Ox}}}{\gamma_{\mathrm{Red}}} + \frac{RT}{nF} \ln \frac{c_{\mathrm{Ox}}}{c_{\mathrm{Red}}} = E^{\ominus\prime} + \frac{RT}{nF} \ln \frac{c_{\mathrm{Ox}}}{c_{\mathrm{Red}}}$$

$$E^{\ominus\prime} \equiv E^{\ominus} + \frac{RT}{nF} \ln \frac{\gamma_{\mathrm{Ox}}}{\gamma_{\mathrm{Red}}}$$

$$E^{\ominus\prime} = E^{\ominus} + \frac{mRT}{nF}\ln(a_{H^+}) = E^{\ominus} - 2.303\frac{mRT}{nF}\mathrm{pH} \quad (9.31)$$

このように，$E^{\ominus\prime}$は pH の上昇とともに負側にずれる．これは H^+濃度が減少することにより，Ox の方が相対的に安定になり平衡が左にずれることを意味している．$\Delta_r G^{\ominus}$ も同様で，H^+の項を含めたものを**条件標準反応ギブズエネルギー**(conditional standard Gibbs energy of reaction)$\Delta_r G^{\ominus\prime}$という．特に，pH 7 を標準とする場合は $E^{\oplus}$および $\Delta_r G^{\oplus}$ と書き，**生化学的標準酸化還元電位**(biochemical standard redox potential)および**生化学的標準反応ギブズエネルギー**(biochemical standard Gibbs energy of reaction) とよぶ(7.7 節，参考 9.1)．

このように $E^{\oplus}$や $\Delta_r G^{\oplus}$にはいろんな条件が含まれているので，その条件を明確に定義する必要がある．逆に条件さえ規定されていれば，($\Delta_r G^{\oplus}$の中にこまごました条件情報を入れ込んでしまうので)対数の引数表現が単純になる(注 1)．

注 1) 生化学的標準酸化還元電位$E^{\oplus}$，条件標準酸化還元電位$E^{\ominus\prime}$や生化学的標準反応ギブズエネルギー$\Delta_r G^{\oplus}$，条件標準反応ギブズエネルギー$E^{\ominus\prime}$を使う場合には，例えば反応に伴う $[H^+]$ は反応商に入れないことに注意されたい．また，どの標準状態を用いても，Eや$\Delta_r G$には影響しない(式(7.50))．

参考 9.1 酸化還元酵素の慣用名と反応の方向

生体内では H^+が関与する酸化還元反応が非常に多くある．例えば，乳酸脱水素酵素(lactate dehydrogenase)の反応は次のように書ける．

$$CH_3CHOHCOO^- + NAD^+ \rightleftharpoons CH_3COCOO^- + NADH + H^+ \quad (9.32)$$

乳酸イオン(lactate)の 2 位の C が酸化数+0 から +2 に変化しピルビン酸イオン(pyruvate)となり，全体としては 2 電子酸化還元反応である．これを半電池反応に分け，還元反応として記述すると

$$NAD^+ + 2e^- + H^+ \rightleftharpoons NADH \qquad E^{\oplus}{}_{NAD} = -0.320\ \mathrm{V} \quad (9.33)$$

$$Pyv + 2e^- + 2H^+ \rightleftharpoons Lac \qquad E^{\oplus}{}_{Pyv} = -0.185\ \mathrm{V} \quad (9.34)$$

と書ける．ここで $E^{\ominus\prime}$は生化学的標準酸化還元電位を用いているので，ネルンスト式の対数の引数に a_{H^+}は表記しない．

$$E_{NAD} = E^{\oplus}{}_{NAD} + \frac{RT}{2F}\ln\frac{a_{NAD^+}}{a_{NADH}} \quad (9.35)$$

$$E_{Pyv} = E^{\oplus}{}_{Pyv} + \frac{RT}{2F}\ln\frac{a_{Pyv}}{a_{Lac}} \quad (9.36)$$

この反応の生化学的標準反応ギブズエネルギーは

$$\begin{aligned}\Delta_r G^{\oplus} &= \Delta_r \vec{G}^{\oplus}{}_{NAD} + \Delta_r \overleftarrow{G}^{\oplus}{}_{Pyv} = (-2FE^{\oplus}{}_{NAD}) - (-2FE^{\oplus}{}_{Pyv})\\ &= 2\times(96485\ \mathrm{C\ mol^{-1}})\times((-0.185\ \mathrm{V}) - (-0.320\ \mathrm{V}))\\ &= 26.1\ \mathrm{kJ\ mol^{-1}} \quad (9.37)\end{aligned}$$

と正の値となる．つまり酵素の慣用名に照らした反応(式(9.32))は自発的に進むように思われるが，熱

力学的には $\Delta_r G^{\oplus} > 0$ の上り坂反応(up hill reaction)である．このことを図示すると**図 9.5** のようになる．電位軸を下向きに正にとるとき，電子が下向きに移動すれば下り坂(down hill)となる(参考9.2)．$E^{\oplus}{}_{NAD} = -0.320$ V $< E^{\oplus}{}_{Pyv} = -0.185$ V であるから，pH 7 では，乳酸の酸化反応(式(9.32))の電子移動の向きは上向きとなり，上り坂反応となる．むしろ，ピルビン酸の還元反応が下り坂反応となる．実際，この酵素は，急激な運動(無酸素運動)をした場合や乳酸菌の乳酸発酵において，解糖系で生成したピルビン酸を NADH で還元して乳酸に変え，NAD^+ を再生する反応を触媒する．このため乳酸が蓄積する．

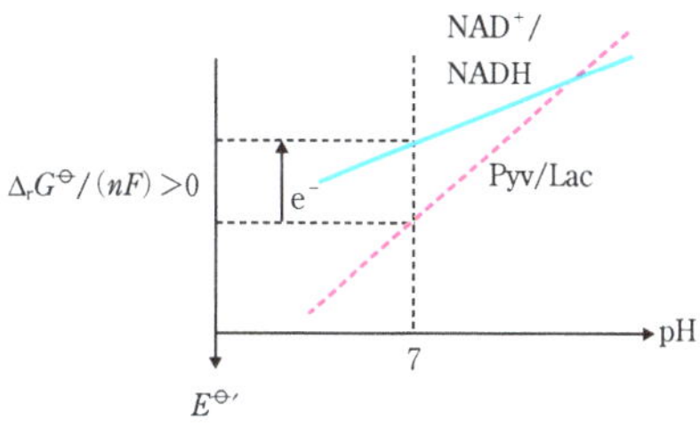

図9.5　乳酸/NAD^+ 反応の pH 依存性

なお，NAD^+ は $n=2$，$m=1$ であるから，式(9.31)より，$E^{\ominus\prime}{}_{NAD}$ は pH あたり約 −30 mV ずつシフトする．ピルビン酸は $n=2$，$m=2$ であるから，$E^{\ominus\prime}{}_{Pyv}$ は約 −60 mV ずつシフトする．したがって，図 9.5 に示すように，酸性側に偏ると，乳酸から NAD^+ への電子移動はますます上り坂反応となり，乳酸は蓄積されやすくなる．

参考9.2　呼吸鎖と光合成系の電子移動の方向

図 9.6 に呼吸鎖の電子移動の様子と阻害剤の関係を，**図 9.7** に光合成明反応の電子移動の様子を示す．解糖系や TCA サイクル(クエン酸サイクル)といった代謝過程の酸化還元反応では，通常 NAD^+ が電子受容体となり，生じた NADH を呼吸鎖で O_2 により酸化し，その化学エネルギーを ATP 合成に利用している．呼吸鎖の複合体 II だけ，なぜか横から加わっているようなイメージで書かれる．複合体 II とは TCA サイクルのコハク酸脱水素酵素群のことである(13.2.1 節)．コハク酸脱水素酵素はコハク酸 + FAD ⟶ フマル酸 + $FADH_2$ の酸化還元反応を触媒し，その反応エネルギーは $\Delta_r G^{\oplus} = 6$ kJ mol^{-1} とわずかに上り坂であるが，生体内での条件では $\Delta G \simeq 0$ kJ mol^{-1} となり，ぎりぎり反応は進行できる．しかし，より $E^{\oplus}$ が負である NAD^+ を電子受容体とすると $\Delta G^{\ominus} \gg 0$ となり，もはや反応は進行しない．よって，この反応だけ，FAD を経由する特別ルートで進行する．

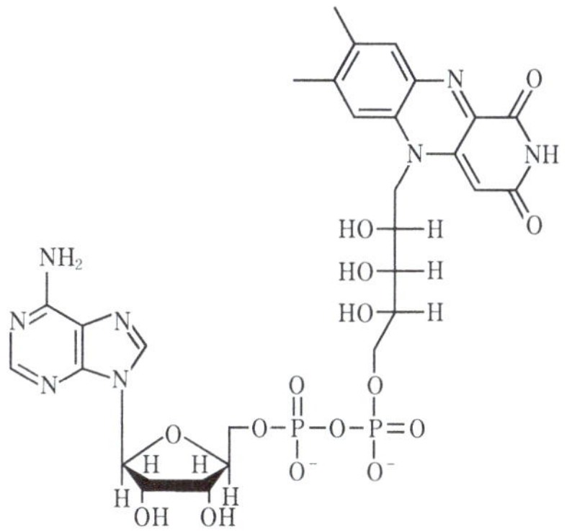

FAD (flavin adenine dinucleotide)

一方，光合成明反応は，光合成系 I と II(PS I, II)から構成され，PS II が光励起されると，きわめて弱い還元剤としての H_2O が**犠牲試薬**(sacrificial reagent)として電子を補う．そして，H_2O は O_2 に酸化される．PS II で励起された電子は電子伝達系を経てプラストシアニン(PC)に渡される．この間に ATP 合成に必要なプロトン勾配を形成する．そして，この PC の還元体が PS I の犠牲試薬となり，励起された電子は別の電子伝達系を通り，NADPH を生成する．この電子移動の様子を左からみると “Z” に似ているので，光合成系はしばしば Z サイクルとよばれる．暗反応では，明反応でできた NADPH と ATP を用いて，CO_2 を還元し最終的に糖を合成する．

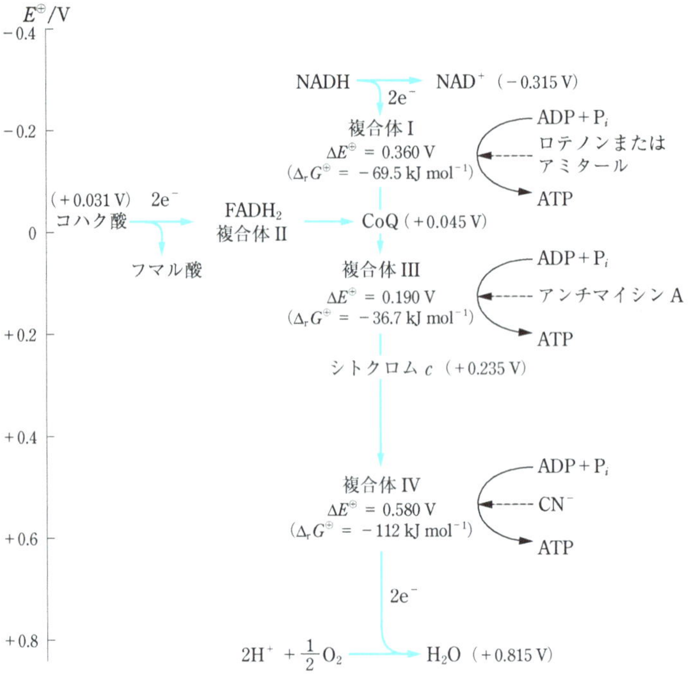

図9.6 呼吸鎖

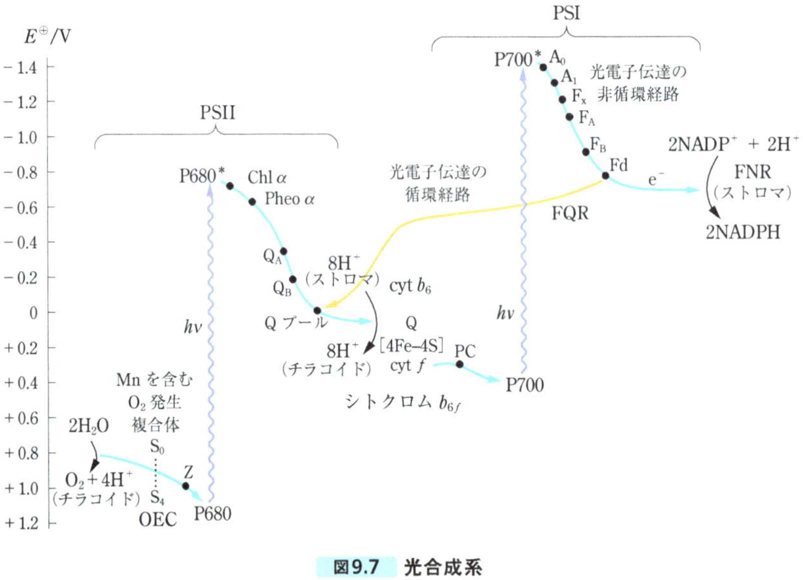

図9.7 光合成系

生体内の電子移動，例えば，吸鎖や光合成を示す図（図 9.6，図 9.7）で，その縦軸 $E^{\oplus}$ は下を正にとることが多い．$E^{\ominus}$ ではなく $E^{\oplus}$（生化学的標準酸化還元電位）とするのは，pH による電位変化を pH 7 に補正するためである．また縦軸を下向きにとるのは，電子の電気化学ポテンシャルは $\tilde{\mu}_e = \mu_e^{\ominus} - F\phi_M$ で表され，電位が正になるほど低くなるからである．つまり，このような軸のとり方をすると，自発的な電子移動は，水の流れの向きのようになり，わかりやすくなるのである．

9.7 錯形成を伴う酸化還元反応

次に，Ox および Red がリガンド(配位子)L と**錯形成**する場合について述べる．ここでは典型的な一例として次の反応を考える．

$$
\begin{array}{ccc}
\mathrm{Ox} & \overset{ne^-}{\rightleftarrows} & \mathrm{Red} \\
K_{\mathrm{Ox}}\big\downarrow\!\uparrow\ \mathrm{L} & & K_{\mathrm{Red}}\big\downarrow\!\uparrow\ \mathrm{L} \\
\mathrm{OxL} & \overset{ne^-}{\rightleftarrows} & \mathrm{RedL}
\end{array}
\tag{9.38}
$$

ここで K_{Ox} と K_{Red} はそれぞれ酸化型錯体 OxL および還元型錯体 RedL の解離定数である．OxL は Ox と同様 n 電子還元されるものとする．

$$K_{\mathrm{Ox}} = \frac{a_{\mathrm{Ox}}a_{\mathrm{L}}}{a_{\mathrm{OxL}}} \tag{9.39}$$

$$K_{\mathrm{Red}} = \frac{a_{\mathrm{Red}}a_{\mathrm{L}}}{a_{\mathrm{RedL}}} \tag{9.40}$$

この系全体の条件酸化還元電位を $E^{\ominus\prime}$ とすると，ネルンスト式は次のように表現できる．

$$E = E^{\ominus\prime} + \frac{RT}{nF}\ln\frac{(a_{\mathrm{Ox}} + a_{\mathrm{OxL}})}{(a_{\mathrm{Red}} + a_{\mathrm{RedL}})} \tag{9.41}$$

式(9.41)の右辺を式(9.39)，式(9.40)を用いて書き換えると，

$$
\begin{aligned}
& E^{\ominus\prime} + \frac{RT}{nF}\ln\frac{a_{\mathrm{Ox}}\left(1+\dfrac{a_{\mathrm{L}}}{K_{\mathrm{Ox}}}\right)}{a_{\mathrm{Red}}\left(1+\dfrac{a_{\mathrm{L}}}{K_{\mathrm{Red}}}\right)} \\
&= E^{\ominus\prime} + \frac{RT}{nF}\ln\frac{\left(1+\dfrac{a_{\mathrm{L}}}{K_{\mathrm{Ox}}}\right)}{\left(1+\dfrac{a_{\mathrm{L}}}{K_{\mathrm{Red}}}\right)} + \frac{RT}{nF}\ln\frac{a_{\mathrm{Ox}}}{a_{\mathrm{Red}}}
\end{aligned}
\tag{9.42}
$$

となり，これを式(9.4)と比べると，

$$E^{\ominus\prime} = E^{\ominus} + \frac{RT}{nF}\ln\frac{\left(\dfrac{a_{\mathrm{L}}}{K_{\mathrm{Red}}}+1\right)}{\left(\dfrac{a_{\mathrm{L}}}{K_{\mathrm{Ox}}}+1\right)} \tag{9.43}$$

が得られる．$K_{\mathrm{Ox}} \gg K_{\mathrm{Red}}$ の場合を考えると，$E^{\ominus\prime}$ と $\log a_{\mathrm{L}}$ の関係は**図 9.8** のようになる．

$a_{\mathrm{L}} \ll K_{\mathrm{Ox}}, K_{\mathrm{Red}}$ のときは，実際上錯形成の影響はない．$a_{\mathrm{L}} \gg K_{\mathrm{O}}, K_{\mathrm{R}}$ のとき，先と同様 $E^{\ominus\prime}$ は L の濃度には依存せず，次のように近似できる．

$$E^{\ominus\prime} = E^{\ominus} + \frac{RT}{nF}\ln\frac{K_{\mathrm{Ox}}}{K_{\mathrm{Red}}} \tag{9.44}$$

この $E^{\ominus\prime}$ とは，錯体の酸化還元対 OxL/RedL そのものの標準酸化還元電位にほかならず，$E^{\ominus}$ との差は，OxL，RedL 錯体の安定性の比で決定される．一方，$K_{\mathrm{Ox}} \gg a_{\mathrm{L}} \gg K_{\mathrm{Red}}$ の場合には，事実上，

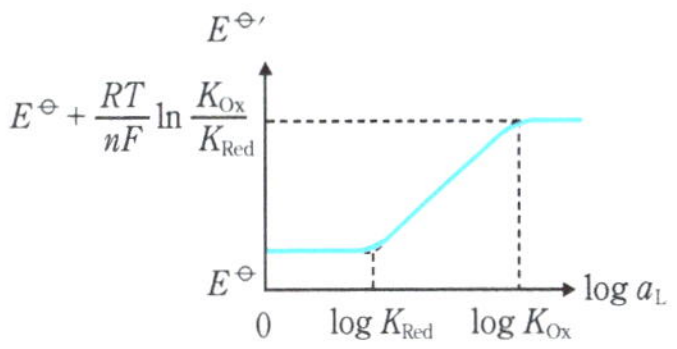

図 9.8　錯形成を伴う酸化還元反応の条件酸化標準電位の変化

$$\mathrm{Ox} + \mathrm{L} + n\mathrm{e}^- \rightleftharpoons \mathrm{RedL} \tag{9.45}$$

という反応が進行しており，

$$E^{\ominus\prime} = E^{\ominus} + \frac{RT}{nF} \ln \frac{a_{\mathrm{L}}}{K_{\mathrm{Red}}} \tag{9.46}$$

と近似される．この場合 $E^{\ominus\prime}$ は $\log a_{\mathrm{L}}$ に対して直線的に増加する．さらに $E^{\ominus\prime}$ と $\log a_{\mathrm{L}}$ の関係で直線部分の延長の 2 つの交点から，$\log K_{\mathrm{Red}}$ と $\log K_{\mathrm{Ox}}$ を求めることができる．

このような反応系は，金属錯体の電気化学反応のみならず，有機化合物の場合でも数多くみられ，後者の場合には，L はプロトンである場合が多い(注 1)．ただし一般的には，こうした反応は必ずしも 1：1 錯体形成するとは限らず，また，多段階の解離平衡が関与する場合も多い．

注 1）式(9.46) の a_{L} を $a_{\mathrm{H^+}}$ とすると，式(9.31)と類似になる．

9.8 ドナン平衡

イオンに対して選択的な透過性をもつ半透膜を介して，組成の異なる電解質溶液を接触させたときに成立する平衡のことを，**膜平衡**あるいは**ドナン平衡**(Donnan equilibrium)とよぶ．こうした状況は生体系で起こっている．例えば，K^+ と Cl^- だけを選択的に通す膜でできた小胞を考える．その内部にタンパク質のような高分子アニオン(Pro^-)が存在すると考え，これは膜を透過できないものとする．内部では，Pro^- の対イオンとして K^+ により電気的中性則が成り立っている．この状態で，外側に KCl を加えると，Cl^- は，外部から内部への濃度勾配に従って，化学ポテンシャルが等しくなろうとする力(拡散力)で小胞内に入ろうとする．膜内外の濃度比だけから考えると，Cl^- の内部への拡散力の方が K^+ のそれより大きい．しかし，電気的中性則を成り立たせるためには，Cl^- と K^+ の流入量は同じでなければならない．そこで，**図 9.9** に示すように膜内部がより負になるような膜電位 $\Delta\phi$ を発生させ，Cl^- を入りにくくし，K^+ を入れやすくして，電気化学的なイオン移動力を両イオンに対して等しくし，平衡に達する．

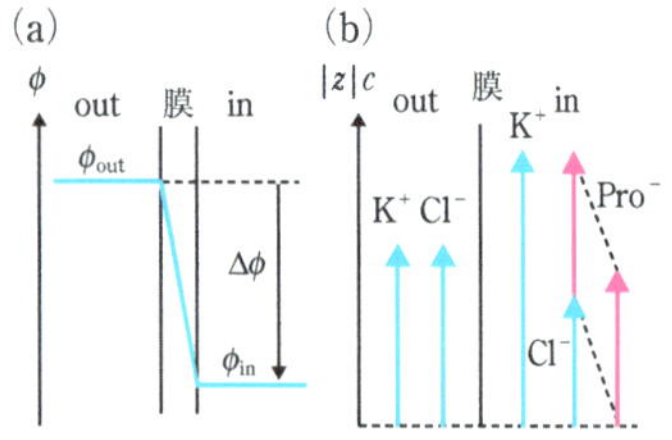

図 9.9　内部に高分子アニオン(Pro^-)がある場合のドナン平衡時の内部電位 ϕ と電荷×濃度($|z|c$)の様子

平衡時において，当然，外部では，電気的中性の原理により，K^+ と Cl^- の濃度は等しく，内部では，Cl^- と Pro^- の電荷の総和は，K^+ のそれに等しい．しかし，膜が内部に負に帯電しているため，K^+ 濃度は内部より高く，Cl^- 濃度は内部より低くなる．これがドナン平衡である．この平衡は電気化学ポテンシャルを用いて考えると容易である．

内部と外部の両相に共通して存在する K^+ の電気化学ポテンシャルは

$$\tilde{\mu}_{\mathrm{K^+,in}} = \tilde{\mu}_{\mathrm{K^+}}^{\ominus} + RT \ln a_{\mathrm{K^+,in}} + F\phi_{\mathrm{in}} \tag{9.47}$$

$$\tilde{\mu}_{\mathrm{K^+,out}} = \tilde{\mu}_{\mathrm{K^+}}^{\ominus} + RT \ln a_{\mathrm{K^+,out}} + F\phi_{\mathrm{out}} \tag{9.48}$$

となる．平衡時には $\tilde{\mu}_{\mathrm{K^+,in}} = \tilde{\mu}_{\mathrm{K^+,out}}$ となるから，**ドナン電位**(Donnan potential)とよばれる内部電位差を

$$\Delta\phi \equiv \phi_{\text{in}} - \phi_{\text{out}} \tag{9.49}$$

とおくと，

$$RT \ln c_{\text{K}^+,\text{in}} + F\Delta\phi = RT \ln a_{\text{K}^+,\text{out}} \tag{9.50}$$

となる．Cl^-についても同様に考えると

$$RT \ln a_{\text{Cl}^-,\text{in}} - F\Delta\phi = RT \ln a_{\text{Cl}^-,\text{out}} \tag{9.51}$$

となる．式(9.50)と式(9.51)より，

$$a_{\text{K}^+,\text{in}} a_{\text{Cl}^-,\text{in}} = a_{\text{K}^+,\text{out}} a_{\text{Cl}^-,\text{out}} \tag{9.52}$$

が得られる．

またこの膜電位に現れるK^+およびCl^-の膜内外の活量比の関係を**ネルンスト式**とよぶ．

$$\Delta\phi = \frac{RT}{F} \ln \frac{a_{\text{K}^+,\text{out}}}{a_{\text{K}^+,\text{in}}} = -\frac{RT}{F} \ln \frac{a_{\text{Cl}^-,\text{out}}}{a_{\text{Cl}^-,\text{in}}} \tag{9.53}$$

ある一定のイオンに対してだけ透過できる（あるいは感応できる）膜を有する電極を特に**イオン選択性電極**(ion selective electrode)とよぶ．

説明問題

9.1 酸化数とは何か説明せよ.

9.2 ギブズエネルギーと電位の関係を示しなさい.

9.3 電池の起電力について説明しなさい.

9.4 H^+が関与する場合の条件標準酸化還元反応の pH 依存性について説明しなさい.

9.5 ドナン電位について説明しなさい.

演習問題

9.6 アルコールはアルデヒドと反応してヘミアセタール(hemiacetal, hemi は半という意味)をつくる.

$$\mathrm{R-OH+R'-CHO \rightleftharpoons R-O-CH(OH)-R'}$$

開環型のグルコースもこの反応により環化し, 環状ヘミアセタールを形成する. この反応によりアルデヒドの C の酸化数は変化するか.

9.7 乳酸 $CH_3CH(OH)COOH$ とピルビン酸 $CH_3COCOOH$ の, 各々の炭素の酸化数はいくらか.

9.8 $O_2(g) + 4H^+(aq) + 4e^- \longrightarrow 2H_2O(l)$ の標準酸化還元電位はいくらか. また, H_2/O_2 の電池の標準起電力はいくらか(25 °C).

9.9 0.01 mol dm^{-3} の Fe(II)溶液 200 cm^3 を 0.100 mol dm^{-3} の Ce(IV)溶液で滴定するとき(Ce(IV)(aq) + Fe(II)(aq) $\longrightarrow$ Ce(III)(aq) + Fe(III)(aq)), Ce(IV)溶液を 5.00 cm^3, 10.00 cm^3, 20.00 cm^3 および 30.00 cm^3 滴下したときの溶液電位を求めよ(25 °C). ただし, $E^\ominus(Fe^{3+}/Fe^{2+}) = +0.77$ V, $E^\ominus(Ce^{4+}/Ce^{3+}) = +1.61$ V, $2.303RT/F = 0.059$ V とする.

また, この滴定曲線の概略を, 縦軸と横軸に数値と単位を入れて示し, 酸化還元緩衝作用がある領域とその酸化還元対について記しなさい.

9.10 次に示す電池の電極の極性, 反応の方向, 起電力ならびに 25 °C における平衡定数を求めなさい.

$$\mathrm{Cu|Cu^{2+}\,(0.01\,mol\,dm^{-3})\|Fe^{2+}\,(0.02\,mol\,dm^{-3}),\,Fe^{3+}\,(0.10\,mol\,dm^{-3})|Pt}$$

(| は電極界面, ‖ は液絡を示す)

ただし, $Cu^{2+} + 2e^- \rightleftharpoons Cu\ E^\ominus_L = 0.337$ V　($\Delta_{r,L}\vec{G}^\ominus = -2FE^\ominus_L$)

$Fe^{3+} + e^- \rightleftharpoons Fe^{2+}\ E^\ominus_R = 0.771$ V　($\Delta_{r,R}\vec{G}^\ominus = -FE^\ominus_R$)

また, $2.303RT/F = 0.059$ V とする.

9.11 カチオンは陰極へ移動し, アニオンは陽極へ移動する. したがって, カチオンが陰極で還元され, アニオンが陽極で酸化されると考えてよいか.

9.12 次の**問 1** ~ **問 3** に答えなさい.

問 1 休息中の人のエネルギー消費速度を 100 kcal h^{-1} とするとき, その仕事率は何 W か. 仕事当量は 1 cal = 4.184 J とする.

問 2 そのエネルギーを膜電位 0.2 V のミトコンドリアのプロトン移動で発生させたとしたら, プロトン移動速度はどれだけに相当するか. 単位 mol s^{-1} で答えなさい.

問 3 グルコースの酸化により CO_2 と H_2O が発生するときの標準反応ギブズエネルギーを -2828 kJ mol^{-1} とするとき, その 40 %のエネルギーを利用して人が休息しているとしたら, 人は 1 日何 kg のグルコースを取り入れる必要があるか．グルコースのモル質量は 180 g mol^{-1} とする．

9.13 電池の標準起電力 $E^{\ominus}_{cell}$ の温度依存性から標準反応エントロピー $\Delta_r S^{\ominus}$ と標準反応エンタルピー $\Delta_r H^{\ominus}$ を求める方法について述べなさい．

9.14 アルコール脱水素酵素は，エタノール(aq) + NAD$^+$(aq) $\rightleftharpoons$ アセトアルデヒド(aq) + NADH(aq) + H$^+$(aq) の反応を触媒する．巻末表を用いて，この生化学的標準反応ギブズエネルギーを求め，pH 7 で右向きの反応は上り坂か下り坂か答えなさい．また，ある pH での標準反応ギブズエネルギーがゼロになる pH はいくらか(25 °C)．

9.15 グルコースは解糖系でピルビン酸イオン($C_3H_3O_3^-$)まで酸化され(式(1))，この反応のエネルギーを利用して 2 分子の ATP^{4-} ができる(式(2))．それぞれの反応の pH 7.0 における生化学的標準反応ギブズエネルギー $\Delta_r G^{\oplus}$ は下記のとおりである．

$$C_6H_{12}O_6 + 2NAD^+ \longrightarrow 2C_3H_3O_3^- + 2NADH + 4H^+ \qquad \Delta_r G_1^{\oplus} = -146\ \mathrm{kJ\ mol^{-1}} \tag{1}$$

$$ADP^{3-} + HPO_4^{2-} + H^+ \longrightarrow ATP^{4-} + H_2O \qquad \Delta_r G_2^{\oplus} = 30\ \mathrm{kJ\ mol^{-1}} \tag{2}$$

嫌気条件下では，NADH はピルビン酸イオンによって酸化され，乳酸イオン($C_3H_5O_3^-$)を生じる(式(3))．

$$C_3H_3O_3^- + NADH + H^+ \longrightarrow C_3H_5O_3^- + NAD^+ \tag{3}$$

したがって嫌気的解糖反応は全体として式(4)で表される．

$$C_6H_{12}O_6 + 2\,ADP^{3-} + 2HPO_4^{2-} \longrightarrow 2C_3H_5O_3^- + 2\,ATP^{4-} + 2H_2O \tag{4}$$

好気条件下では，ピルビン酸イオンは CO_2 に酸化され，生成した NADH は酸素(O_2)によって酸化される(式(5))．この反応のエネルギーで ATP^{4-} を生成する．

$$O_2 + 2NADH + 2H^+ \longrightarrow 2H_2O + 2NAD^+ \tag{5}$$

したがって酸素呼吸過程の全体の酸化還元反応は式(6)で表される．

$$C_6H_{12}O_6 + 6O_2 \longrightarrow 6CO_2 + 6H_2O \tag{6}$$

以下の**問 1**～**問 4** に答えよ．

問 1 式(3)の反応の pH 7.0 における生化学的標準反応ギブズエネルギーを，下記の pH 7.0 での生化学的標準酸化還元電位 $E^{\oplus}_{3a}$，$E^{\oplus}_{3b}$ から求めなさい．また式(3)の反応は標準状態において自発的に進行しうる反応であるか，それともエネルギー要求反応であるか，その理由とともに述べなさい．ただし，ファラデー定数 $F = 96485\ \mathrm{C\ mol^{-1}}$ とする．

$$C_3H_3O_3^- + 2e^- + 2H^+ \longrightarrow C_3H_5O_3^- \qquad E^{\oplus}_{3a} = -0.19\ \mathrm{V} \tag{3a}$$

$$NAD^+ + 2e^- + H^+ \longrightarrow NADH \qquad E^{\oplus}_{3b} = -0.32\ \mathrm{V} \tag{3b}$$

問 2 式(4)に関与する ATP 生成反応(式(2))に使われるエネルギーは，式(4)に関与する酸化還元反応(式(1)と式(3))で取り出しうるエネルギーの何%になるか．標準状態で計算しなさい．

問 3 式(6)の反応によって取り出しうる最大エネルギーは，グルコース 1 mol あたりいくらか．また，この反応は発熱反応，吸熱反応のいずれであるか，その根拠とともに述べなさい．ただし，標準モル生成ギブズエネルギー $\Delta_f G^{\ominus}$ および標準モル生成エンタルピー $\Delta_f H^{\ominus}$ は以下の値を用いなさい．

物質	グルコース(aq)	CO_2(aq)	H_2O(l)
$\Delta_f G^{\ominus}$/kJ mol^{-1}	−917	−386	−237
$\Delta_f H^{\ominus}$/kJ mol^{-1}	−1264	−413	−286

問 4 赤ん坊や冬眠動物では，式(5)の反応は ATP 生成に共役しない．その意味について考察せよ．

9.16 pH 測定用のガラス電極で，外液を pH 7.0 から pH 4.0 に変えたとき，ガラス膜に発生する電位はどれだけ変化するか．

第10章 界面

God made solids, but surfaces were the work of the Devil.

Wolfgang Pauli

重力のないところで，水滴は球状になる．また，**界面**では電気二重層が形成される．最近では，界面現象が，物理，化学のみならず，生物でも，きわめて重要な役割を果たしていることがわかってきている．一方で，界面は，母液(バルク)とは異なる性質を有するため，取り扱いも特殊な点がある．本章では，このような界面が関与する現象の一端を熱力学的に記述してみる．

10.1 界面の熱力学

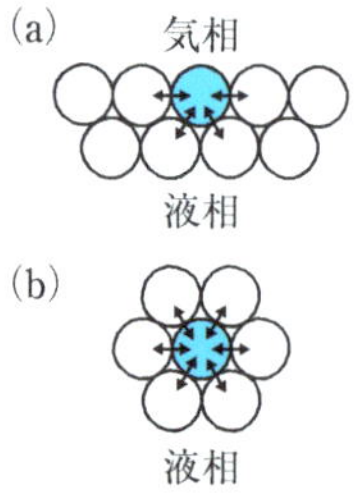

図10.1 (a)気液界面と(b)液相中の分子間力の様子を1次元的に模式的に描いたもの

図10.1 に示すように，水滴内部の水分子は，(時間平均的には)等方的に分子間引力を受け，安定化されている．しかし，表面にある分子に対しては隣接分子数が内部分子のそれに比べ，圧倒的に少ないので，表面にある水は内部の分子との分子間力で引き込まれる．その結果，水滴は表面積が最小になるように変形し，(重力効果が無視できるときには)球形となる．このことは，界面の面積を dA 広げるためには，液体分子を界面に運ぶ仕事 dw_{surface} が必要となると言い換えることができる．その比例係数を**表面張力**あるいは**界面張力**(interfacial tension)γ とすると，

$$dw_{\mathrm{surface}} = \gamma dA \tag{10.1}$$

となる．つまり，表面部分の分子は内部に比べ，w_{surface} だけ高いエネルギーをもっている．より厳密には，

$$\gamma \equiv \left(\frac{\partial G}{\partial A}\right)_{T,P,n_i}$$

と定義され，その単位は $\mathrm{J\,m^{-2}}$ である．

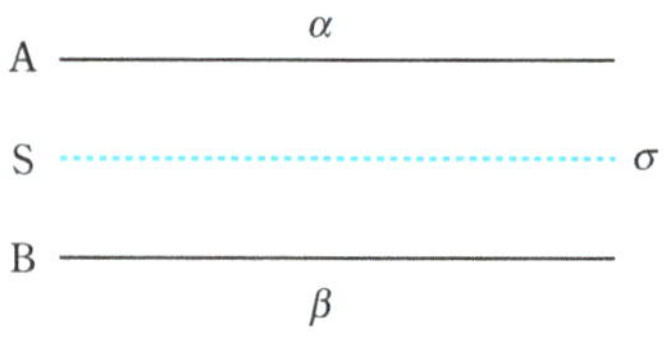

図10.2 界面を含む2相系の概念図

図10.2 のように，境界面Sをはさんで，内部相 α と β のそれぞれの任意にある面A，Bにはさまれた相のことを**界面相** σ という(注1)．相 α と相 β のギブズエネルギーの微分量は次のように与えられる(5.8節)．

$$dG^{\alpha} = V^{\alpha}dP - S^{\alpha}dT + \sum \mu_i^{\alpha} dn_i^{\alpha} \tag{10.2}$$

$$dG^{\beta} = V^{\beta}dP - S^{\beta}dT + \sum \mu_i^{\beta} dn_i^{\beta} \tag{10.3}$$

一方，界面にある分子は式(10.1)で表される余分のエネルギーをもつので，これを加えると，界面相 σ のギブズエネルギーの微分量は

注1) 近距離力である分子間力は，分子の大きさの数倍に及ぶことはないから，その程度の幅を考えればよいが，熱力学的取り扱いからわかるように，A，Bの位置を特定する必要はない．

$$dG^\sigma = V^\sigma dP - S^\sigma dT + \gamma dA + \sum \mu_i^\sigma dn_i^\sigma \tag{10.4}$$

と与えられる．相間の平衡条件

$$\mu_i^\alpha = \mu_i^\beta = \mu_i^\sigma (\equiv \mu_i) \tag{10.5}$$

を考慮すると，内部相 α，β と界面相 σ を合わせた系全体のギブズエネルギーの微分量は

$$\begin{aligned} dG &= (dG^\alpha + dG^\beta + dG^\sigma) \\ &= (V^\alpha + V^\beta + V^\sigma)dP - (S^\alpha + S^\beta + S^\sigma)dT + \gamma dA \\ &\quad + \sum \mu_i (dn_i^\alpha + dn_i^\beta + dn_i^\sigma) \end{aligned} \tag{10.6}$$

と表せる．ここで，**図 10.3** に示すように

$$n_i^\alpha + n_i^\beta + n_i^\sigma (\equiv n_i) \tag{10.7}$$

とおくと，$dP = 0$，$dT = 0$ での系の平衡条件（$dG = 0$）の条件のもとで，

$$dG^\sigma = dG - (dG^\alpha + dG^\beta) = \gamma dA + \sum \mu_i dn_i^\sigma \tag{10.8}$$

が得られる（注 1）．熱力学の常法に従って（5.8 節 参考5.4，6.6 節 参考6.2），式（10.8）の積分形 $G^\sigma = \gamma A + \sum \mu_i n_i^\sigma$ を全微分すると

$$dG^\sigma = \gamma dA + A d\gamma + \sum \mu_i dn_i^\sigma + \sum n_i^\sigma d\mu_i \tag{10.9}$$

となり，これを式（10.8）と比較することにより

$$A d\gamma + \sum n_i^\sigma d\mu_i = 0 \tag{10.10}$$

が得られる．ここで，**表面過剰量**（surface excess concentration）Γ_i として

$$\Gamma_i \equiv \frac{n_i^\sigma}{A} \tag{10.11}$$

と定義すると（単位：mol m^{-2}），式（10.10）は

$$d\gamma = -\sum \Gamma_i d\mu_i \qquad (T,\ P 一定) \tag{10.12}$$

と表される．これを**ギブズの吸着等温式**（Gibbs sdsorption isotherm）とよぶ．電気化学系へ一般化すると

$$d\gamma = -\sum \Gamma_i d\tilde{\mu}_i \qquad (T,\ P 一定) \tag{10.13}$$

となる．

また，式（10.13）は，2 成分系に対しては

$$d\gamma = -\Gamma_1 d\tilde{\mu}_1 - \Gamma_2 d\tilde{\mu}_2 \tag{10.14}$$

と書くことができる（注 2）．ここで，成分 1 の吸着量がゼロとなるように，S 面を設定したとする．この表面上の成分 i の吸着量を成分 1 に対する相対吸着量 $\Gamma_{i,1}$ とおく．当然のことながら $\Gamma_{1,1} = 0$ なので，$d\gamma = -\Gamma_{2,1} d\tilde{\mu}_2$ となり，

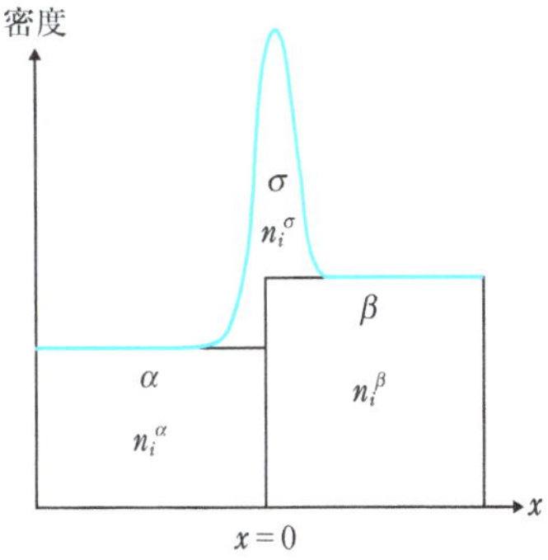

図 10.3　表面過剰量の定義の概念図

注 1）式（10.4）で $dP = 0$，$dT = 0$，$\mu_i^\sigma = \mu_i$ とすれば，式（10.8）が得られる．

注 2）ギブズ–デュエム式（式（6.26））により，μ_2 を一定にして，μ_1 を変化させることはできないので，絶対表面過剰量 Γ_i を求めることはできない．

$$\Gamma_{2,1} = -\left(\frac{\partial \gamma}{\partial \tilde{\mu}_2}\right)_T \tag{10.15}$$

を得る．式(10.15)を**ギブズの(相対)吸着等温式**(Gibbs relative adsorption isotherm)とよぶ Web．

10.2　電気毛管曲線方程式

電極反応が起こらない理想分極性電極上での熱力学を考える．電極表面には電荷があり，電子の表面過剰量を Γ_{e^-} とすると，電極(M)上の表面電荷密度 σ^{M} は

$$\sigma^{M} \equiv -F\Gamma_{e^-} \tag{10.16}$$

で与えられる．ここで，F はファラデー定数である．水溶液(S)中の電解質は KBr だけであるとすると，溶液側の電荷密度 σ^{S} は

$$\sigma^{S} = F(\Gamma_{K^+} - \Gamma_{Br^-}) \tag{10.17}$$

となる(Γ_{K^+} および Γ_{Br^-} は，それぞれ，K^+ および Br^- の表面過剰量)．電気的中性の原理により

$$\sigma^{M} = -\sigma^{S} \tag{10.18}$$

となる．なお，K^+ の H_2O に対する相対表面過剰量は

$$\Gamma_{K^+,H_2O} \equiv \Gamma_{K^+} - \left(\frac{x_{KBr}}{x_{H_2O}}\right)\Gamma_{H_2O} \tag{10.19}$$

で定義される(x_{KBr}，x_{H_2O} はそれぞれ母液中の対応する物質のモル分率，Γ_{H_2O} は H_2O の表面過剰量)．

界面張力 γ を電極電位 E に対してプロットしたものを，**電気毛管曲線**(electrocapillary curve)という(**図 10.4**)．詳しい導出は省略するが，ここで取り上げている系に対する**電気毛管方程式**(electrocapillary equation)は次で与えられる．

$$d\gamma = -\sigma^{M}dE - \Gamma_{K^+,H_2O}d\mu_{KBr} \tag{10.20}$$

式(10.20)を電極電位 E で偏微分すると，**リップマン式**(Lippmann equation)が得られる．

$$\left(\frac{\partial \gamma}{\partial E}\right)_{T,P,\mu_{KBr}} = -\sigma^{M} \tag{10.21}$$

つまり，ある溶液組成における電気毛管曲線の傾きが σ^{M} に相当する．その σ^{M} も E に依存し，**電気二重層キャパシタンス**(electric double layer capacitance)あるいは**静電容量**(electrostatic capacity)C_{dl} は

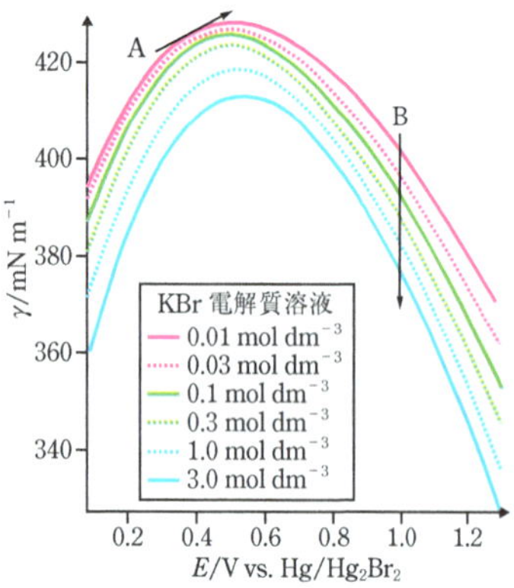

図 10.4　Hg|KBr 電解質界面の電気毛管曲線
[M. A. V. Devanathan, P. Peries, *Trans. Faraday Soc.*, **50**, 1236-1243 (1954)]

$$C_{\rm dl} \equiv -\left(\frac{\partial \sigma^{\rm M}}{\partial E}\right)_{T,P,\mu_{\rm KBr}} = -\left(\frac{\partial^2 \gamma}{\partial E^2}\right)_{T,P,\mu_{\rm KBr}} \tag{10.22}$$

と定義される．つまり，電気毛管曲線の負の曲率が静電容量に相当する．$C_{\rm dl}$ が一定であれば，電気毛管曲線は上に凸の放物線となる．その頂点では $\sigma^{\rm M}=0$ となる．この点を**ゼロ電荷点**(point of zero charge，PZC)とよぶ．

一方，式(10.20)を KBr の化学ポテンシャル $\mu_{\rm KBr}$ で偏微分すると

$$\left(\frac{\partial \gamma}{\partial \mu_{\rm KBr}}\right)_{T,P,E} = -\Gamma_{\rm K^+,H_2O} \tag{10.23}$$

が得られる．左辺は $\left(\frac{\partial \gamma}{\partial \mu_{\rm KBr}}\right)_{T,P,E} = \left(\frac{\partial \gamma}{\partial a_{\rm KBr}}\right)_{T,P,E}\left(\frac{\partial a_{\rm KBr}}{\partial \mu_{\rm KBr}}\right) = \frac{a_{\rm KBr}}{RT}\left(\frac{\partial \gamma}{\partial a_{\rm KBr}}\right)_{T,P,E}$

と書き換えられるので，$\Gamma_{\rm K^+,H_2O}$ は，溶液の KBr の活量 $a_{\rm KBr}$ に対する γ の変化から，実験的に得ることができる(注 1)．

注 1) $\Gamma_{\rm K^+,H_2O}$ とは異なり，$\Gamma_{\rm K^+}$ は実験的に求めることはできない．

$$\Gamma_{\rm K^+,H_2O} = \frac{a_{\rm KBr}}{RT}\left(\frac{\partial \gamma}{\partial a_{\rm KBr}}\right)_{T,P,E} \tag{10.24}$$

また，$\rm Br^-$ の相対表面過剰量は，式(10.17)～式(10.19)より，次で与えられる．

$$\Gamma_{\rm Br^-,H_2O} \equiv \Gamma_{\rm Br^-} - \left(\frac{x_{\rm KBr}}{x_{\rm H_2O}}\right)\Gamma_{\rm H_2O}$$

$$= \frac{\sigma^{\rm M}}{F} + \Gamma_{\rm K^+} - \left(\frac{x_{\rm KBr}}{x_{\rm H_2O}}\right)\Gamma_{\rm H_2O} = \frac{\sigma^{\rm M}}{F} + \Gamma_{\rm K^+,H_2O} \tag{10.25}$$

図 10.4 の実験結果をもとに解析し，$\rm K^+$ と $\rm Br^-$ の相対表面過剰量および $\sigma^{\rm M}$ を求めると，**図 10.5** のようになる．$\sigma^{\rm M} < 0$ の領域では，$\Gamma_{\rm Br^-,H_2O}$ はほぼ一定となり，$\sigma^{\rm M}$ の負側への増加分は，$\Gamma_{\rm K^+,H_2O}$ の増加により静電的に補償している．一方，$\sigma^{\rm M} > 0$ の領域では，$\rm Br^-$ が脱溶媒和し，水銀と化学結合する現象，すなわち**特異吸着**(specific adsorption)が起こり，それは $\sigma^{\rm M}$ が正側へ増加するとともに増加する．特異吸着による電荷を静電的に補償するため，$\Gamma_{\rm K^+,H_2O}$ も $\sigma^{\rm M}$ とともに増加する．特異吸着は通常，$\rm I^- > Br^- > Cl^- > F^-$ の順となる．

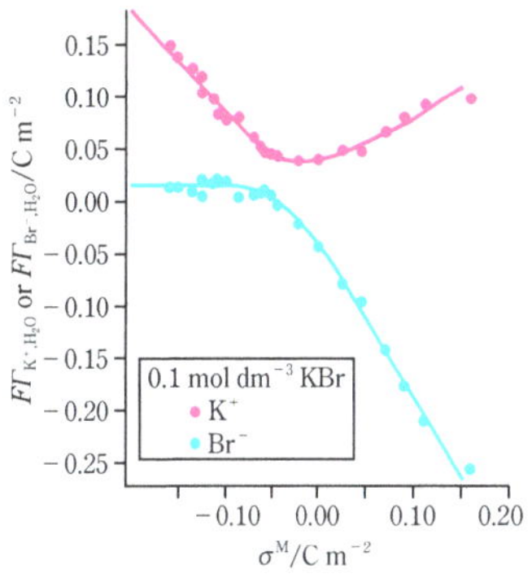

図10.5 $\rm K^+$と$\rm Br^-$の相対表面過剰量
[M. A. V. Devanathan, S.G. Canagaratna, *Electrochim. Acta*., **8**, 77-85 (1963)]

10.3 ラングミュアの吸着等温式

固体表面に有限の数の吸着サイト S がある場合で，溶質 A(あるいは気体 A)が吸着サイト S に吸着し，AS となる平衡反応を考える．

$$\rm A + S \rightleftharpoons AS$$

吸着分子間の相互作用は考えず，空の吸着サイトと占有状態の吸着サイトの化学ポテンシャルを $\mu_{\rm S}$ と $\mu_{\rm AS}$ とすると

$$\mu_{\rm S} = \mu_{\rm S}^{\ominus} + RT\ln(1-\theta) \tag{10.26}$$

$$\mu_{\mathrm{AS}} = \mu_{\mathrm{AS}}^{\ominus} + RT\ln\theta \tag{10.27}$$

と表すことができる．ここで，θ は**被覆率**で，占有サイトの表面濃度(表面過剰量)を Γ(単位：mol m^{-2})，全サイトの表面濃度を $\Gamma_{\max}$ とすると，次で定義される．

$$\theta \equiv \Gamma / \Gamma_{\max} \tag{10.28}$$

溶質の化学ポテンシャルをモル濃度で表すと

$$\mu_{\mathrm{A}} = \mu_{\mathrm{A}}^{\ominus} + RT\ln(c_{\mathrm{A}} / c^{\ominus}) \tag{10.29}$$

となる．この反応が平衡のとき，

$$\mu_{\mathrm{A}} + \mu_{\mathrm{S}} = \mu_{\mathrm{AS}} \tag{10.30}$$

となるので，

$$\begin{aligned} &\mu_{\mathrm{AS}}^{\ominus} - \mu_{\mathrm{A}}^{\ominus} - \mu_{\mathrm{S}}^{\ominus} \\ &= -(RT\ln\theta - RT\ln(c_{\mathrm{A}} / c^{\ominus}) - RT\ln(1-\theta)) \end{aligned} \tag{10.31}$$

となる．ここで吸着の標準ギブズエネルギー $\Delta_{\mathrm{ads}}G^{\ominus}$ を次のように定義する．

$$\Delta_{\mathrm{ads}}G^{\ominus} \equiv \mu_{\mathrm{AS}}^{\ominus} - \mu_{\mathrm{A}}^{\ominus} - \mu_{\mathrm{S}}^{\ominus} \tag{10.32}$$

さらに，吸着の平衡定数を**吸着係数**(adsorption coefficient，単位は無次元) B とすると，反応のギブズエネルギーと平衡定数の関係でおなじみの関係が得られる．

$$\Delta_{\mathrm{ads}}G^{\ominus} = -RT\ln B \tag{10.33}$$

式(10.33)を式(10.31)に代入して

$$B = \frac{\theta}{(1-\theta)(c_{\mathrm{A}} / c^{\ominus})} \tag{10.34}$$

が得られる．さらに式(10.34)を変形して，

$$B(c_{\mathrm{A}} / c^{\ominus}) = \frac{\theta}{1-\theta} \tag{10.35}$$

が得られる．これを**ラングミュアの吸着等温式**(Langmuir adsorption isotherm)とよぶ(参考10.1)．θ と $B(c_{\mathrm{A}}/c^{\ominus})$ の関係は**図 10.6**(上)の $a=0$ 曲線に示すように飽和曲線となる．

式(10.35)で $\theta \ll 1$ のとき，濃度と吸着量とは線形関係が得られる．

$$B(c_{\mathrm{A}} / c^{\ominus}) = \theta \tag{10.36}$$

これを**ヘンリーの吸着等温式**(Henrry adsorption isotherm)とよぶ．これは 2 次元平面における理想気体の法則とみなすことができる．

参考10.1 吸着等温式の速度論的導出

ラングミュアは，原著では，吸着等温式を熱力学的ではなく，速度論的に導いている．つまり，吸着脱着過程を素過程であると仮定し，吸着速度 v_a(単位：mol m^{-2} s^{-1})は，空のサイトの数 $(1-\theta)\Gamma_{max}$ と吸着物質の濃度 c_A(単位：mol dm^{-3})に比例するとして

$$v_a = k_a (1-\theta)\Gamma_{max} c_A \tag{10.37}$$

とおいた．ここで，k_a は吸着の速度定数であり，単位は dm^3 mol^{-1} s^{-1} となる．また脱着速度 v_d は，空のサイトの数 $\theta\Gamma_{max}$ に比例すると考え

$$v_d = k_d \theta \Gamma_{max} \tag{10.38}$$

とおいた．ここで，k_d は脱着の速度定数であり，単位は s^{-1} となる．吸脱着を素過程と仮定しているので，化学平衡の法則(7.2 節)により，平衡では $v_a = v_d$ となる．したがって

Irving Langmuir (1881－1957)
米国の化学者，物理学者．1932 年に界面化学の分野への貢献でノーベル化学賞を受賞．

$$k_a (1-\theta) c_A = k_d \theta \tag{10.39}$$

が得られる．式(10.39)を変形すると

$$\frac{k_a c_A}{k_d} = \frac{\theta}{1-\theta} \tag{10.40}$$

という関係が得られる．ここで

$$B \equiv \frac{k_a c^{\ominus}}{k_d} \tag{10.41}$$

とおき，これを式(10.40)に代入すると，式(10.35)を導くことができる．本章では，7.2 節で述べた理由から，一般論としては，速度論的導出ではなく，あえて熱力学的導出をした．

なお，式(10.35)の逆数をとり変形すると

$$\frac{1}{\theta} = 1 + \frac{1}{B(c_A / c^{\ominus})} \tag{10.42}$$

と線形に表し，吸着等温式を解析する方法も使われる．

10.4 フルムキンの吸着等温式

ラングミュアの吸着モデルでは，吸着物質間の相互作用を無視している．しかし，一般に表面分子は近接しているので，それらの相互作用は無視できない．そこで，いま，占有サイトの化学ポテンシャルを表すときに，活量係数 γ を導入すると

$$\mu_{AS} = \mu_{AS}{}^{\ominus} + RT \ln \gamma\theta \tag{10.43}$$

となる．フルムキンの吸着モデルでは，相互作用による安定化エネルギーは

θに比例すると考え

$$RT\ln\gamma = -2RTa\theta \tag{10.44}$$

と与えられる．ここで a は**相互作用係数**(interaction coefficient)で，分子間に引力がある場合 $a>0$，斥力がある場合 $a<0$ となる．もちろん $a=0$ がラングミュア型の相互作用を無視したモデルとなる．式(10.43)と式(10.44)を考慮したうえで，ラングミュアの吸着等温式の導出と同様に，平衡条件から

$$\mu_{AS}^{\ominus} - \mu_A^{\ominus} - \mu_S^{\ominus}$$
$$= -(RT\ln\theta - 2RTa\theta - RT\ln(c_A / c^{\ominus}) - RT\ln(1-\theta)) \tag{10.45}$$

式(10.32)と式(10.33)を式(10.45)に代入して整理すると，

$$B(c_A / c^{\ominus}) = \frac{\theta}{1-\theta}\exp(-2a\theta) \tag{10.46}$$

が得られる．これを**フルムキンの吸着等温式**(Frumkin adsorption isotherm)とよぶ．**図 10.6**(下)に，異なる a に対する吸着等温式を示す．分子間に引力がある場合($a>0$)にはシグモイド的になる(参考 10.2)．一方，斥力がある場合($a<0$)，ラングミュア型よりなだらかな曲線となる．いずれの場合でも $\theta \ll 1$ のとき，ヘンリーの吸着等温式(式(10.36))に近似できる(発展 10.1)．

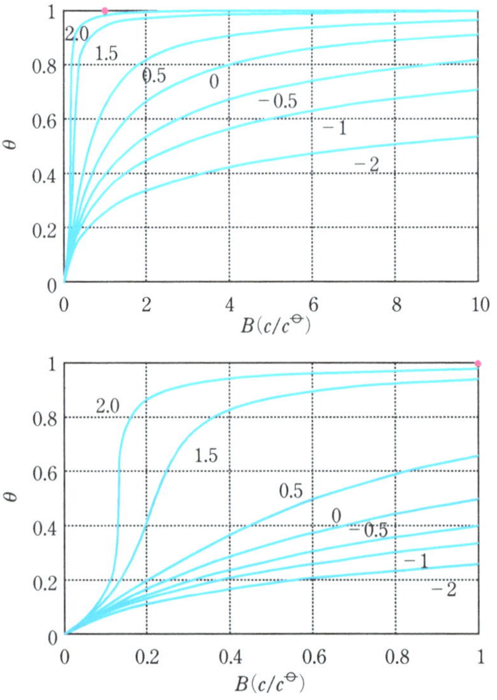

図 10.6　ラングミュア($a=0$)およびフルムキン($a\neq 0$)の吸着等温式
曲線の数字は a の値．

参考 10.2 統計熱力学的吸着モデル

フルムキン近似は，統計熱力学の言葉では**平均場近似**あるいは**ブラッグ–ウィリアムズ近似**とよばれる．さらには，吸着子の隣接ペアについての統計を考えた準化学近似あるいはベーテ–グッゲンハイム近似がある．いずれも，磁性(電子スピン間の相互作用)の相転移の問題をそのまま拡張することができる．電子スピンが上向き↑か下向き↓しかとらず，個々の電子スピンが磁場と相互作用するモデルをイジングモデルとよぶが，1 次元のイジングモデルの厳密解はイジング(Ernst Ising，1900−1998)によって 1925 年に解かれ，1944 年にオンサーガー(Lars Onsager，1903−1976，1968 年ノーベル化学賞受賞)によって正方二次元格子の厳密解が得られた．3 次元の厳密解はいまのところ得られていないが，ここ数年で進歩があった．厳密解がなくても，計算機シミュレーションで数値的に解くことにより，相互作用の描像を得ることは可能である．

発展 10.1 ミオグロビンとヘモグロビンの酸素結合

ミオグロビン(mioglobin，Mb)とヘモグロビン(hemoglobin，Hb)はともに酸素結合能力を有している．Mb は単量体球状タンパク質で，分子あたり 1 つのヘムを含み，酸素を蓄える機能があり，筋肉中に多く含まれる．Hb は α サブユニットと β サブユニットとよばれる 2 種類のサブユニットそれぞれ 2 つから構成される四量体構造($\alpha_2\beta_2$)をしており，各サブユニットあたり 1 つのヘムを有している．Hb はそのヘムに酸素を結合し，血液中を通り各組織へ酸素を運搬する．

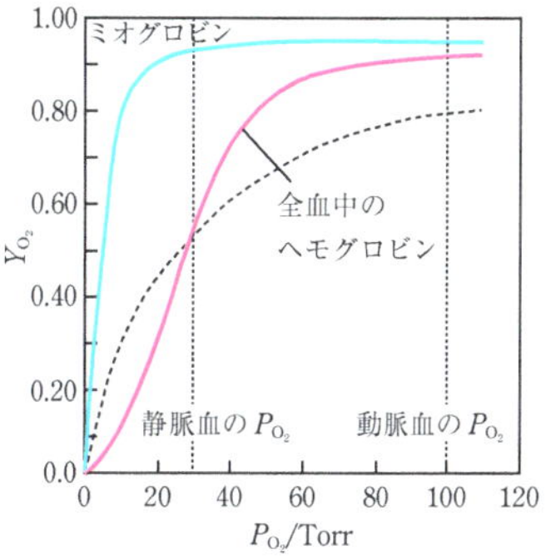

図 10.7 ミオグロビン(Mb)と全血中のヘモグロビン(Hb)の酸素解離曲線

図 10.7 に，Mb と Hb の酸素結合飽和度 Y_{O_2} の酸素分圧(P_{O_2})依存性を示す．Mb の Y_{O_2} vs. P_{O_2} 曲線はラングミュア吸着等温線の θ vs. c 曲線(図 10.6，$a=0$ の曲線)と同じ形であるのに対し，Hb の Y_{O_2} vs. P_{O_2} 曲線は，吸着分子間に引力が働くフルムキン吸着等温線の θ vs. c 曲線(図 10.6，$a>0$ の曲線)と同じ形であることがわかる．図中には動脈血と静脈血の P_{O_2} も記している．図 10.6 より，動脈血から静脈血へ P_{O_2} が減少したとき，Hb は多くの酸素を放出できることがわかる．破線で示すように，もし，Hb がラングミュアの吸着等温式に従うような酸素結合をするとしたら，この P_{O_2} 差で放出できる酸素量は減少してしまう．一方，この静脈血の P_{O_2} でも，Mb はまだ酸素を結合している．このように，Mb は酸素に対する親和性が Hb より高く，血中の Hb から酸素を受け取り貯蔵できるのである．

シグモイド型の結合曲線となるのは，Hb の 4 つの結合部位に対して，酸素が**協同的に結合**(cooperative binding)するからである．このシグモイド型の結合特性は，ヒル(Archibald Hill, 1886−1977，1922 年ノーベル医学生理学賞受賞)によって式で表現された．すなわち n 個の結合サブユニット(リガンド)を有するタンパク質 E が，分子 S を無限大の協同性で結合するとすると，式(10.47)のように，S の E への結合の数が 0 か n しかない場合には，

$$\mathrm{E} + n\mathrm{S} \rightleftharpoons \mathrm{ES}_n \tag{10.47}$$

その解離定数は

$$K \equiv \frac{(c_{\mathrm{E}}/c^{\ominus})(c_{\mathrm{S}}/c^{\ominus})^n}{c_{\mathrm{ES}_n}/c^{\ominus}} \tag{10.48}$$

で表される．その結合飽和度 Y_{E} は

$$Y_{\mathrm{E}} \equiv \frac{c_{\mathrm{ES}_n}/c^{\ominus}}{(c_{\mathrm{E}}/c^{\ominus})+(c_{\mathrm{ES}_n}/c^{\ominus})} \tag{10.49}$$

で与えられる．式(10.48)と式(10.49)より

$$Y_{\mathrm{E}} \equiv \frac{(c_{\mathrm{S}}/c^{\ominus})^n/K}{1+(c_{\mathrm{S}}/c^{\ominus})^n/K} \tag{10.50}$$

となる．式(10.50)を**ヒルの式**(Hill equation)とよぶ．現実には無限大の協同性はありえないので，ヒルは，n を実際の結合部位数ではなく，協同性のパラメータとした．このように考えることにより，式(10.50)は，多くの多サブユニットタンパク質の結合飽和度と結合分子濃度との関係をよく表すことができるようになり，この n を**ヒル係数**(Hill coefficient)というようになった．$n>1$ のとき，正の協同性があるという．これは Hb の場合に相当する．フルムキンの吸着等温式では吸着分子間に引力がある場合($a>0$)に相当する．逆に $n<1$ のときは負の協同性があるという．フルムキンの吸着等温式では吸着分子間に斥力がある場合($a<0$)に相当する．もちろん $n=1$ のときには協同性はないので非協同的であるという．これは Mb の場合に相当する．形はラングミュアの吸着等温式と同じである．

しかし，この導出過程で明らかなように，このモデルにおける n の物理的意味はなく，単なる当てはめのパラメータとなっている．フルムキンの吸着等温式の導出と同様に，c_{S} 項に当てはめパラメータ n を使うのではなく，相互作用のある c_{ES_n} 項に別の当てはめパラメータを使う(具体的には活量で表す)と，相互作用パラメータに物理的意味をもたせることができる．

説明問題

10.1 ギブズの吸着等温式について説明しなさい．

10.2 電気毛管曲線について説明しなさい．

10.3 ヘンリー，ラングミュア，フルムキンの各吸着等温式について説明しなさい．

演習問題

10.4 水の表面張力 γ は 7.275×10^{-2} N m^{-1} である．$V=1.00$ cm^3 の水を半径 $r=0.50$ μm の液滴にするのに必要な仕事 w_{surface} を計算しなさい．また，それを位置エネルギーに換算した場合，高さ h はいくらに相当するか．

10.5 A，B の 2 種類の気体分子が，固体表面に競合吸着するときのラングミュアの吸着等温式を求めなさい．

10.6 簡単のために，金属単結晶表面への吸着を考える．単結晶表面には，吸着子の吸着できるサイト数が単位面積あたり N_{S} 個あり，そこに吸着子が単位面積あたり N 個吸着する．被覆率 θ は $\theta\equiv N/N_{\mathrm{S}}$ で定義される．いま，吸着子間の相互作用は，最近接サイトにある吸着子間でのみ，ペアあたり ω 働くとする．ある吸着子からみて，最近接サイトは z 個あるとすると，全最近接ペア数は $(1/2)zN_{\mathrm{S}}$ となる．あるサイトに吸着子が存在する確率は θ であるので，最近接にペアとして吸着子が存在する確率は θ^2 となる．したがって，この系の相互作用エネルギー E_{int} は単位面積あたり $E_{\mathrm{int}}=(1/2)zN_{\mathrm{S}}\omega\theta^2$ となる．このとき，以下の**問 1**～**問 4** に答えなさい．

問 1 $\mathrm{d}A=-P\mathrm{d}V-S\mathrm{d}T$ から $\left(\dfrac{\partial A}{\partial T}\right)_V=-S=\dfrac{A-U}{T}$ であることを証明しなさい．

問 2 $\left(\dfrac{\partial(A/T)}{\partial T^{-1}}\right)_V=U$ であることを証明しなさい．

問 3 $E_{\mathrm{int}}=U_{\mathrm{int}}$ は温度に依存しないので，$A_{\mathrm{int}}=E_{\mathrm{int}}$ となることを証明しなさい．

問 4 相互作用エネルギーの化学ポテンシャルの寄与は，アボガドロ定数を N_{A} とすると $\mu_{\mathrm{int}}=zN_{\mathrm{A}}\omega\theta$ で与えられることを示しなさい．

第11章

反応速度式

Tschernobyl, Harrisburgh, Sellafield, Hiroshima
Tschernobyl, Harrisburgh, Sellafield, Fukushima

Kraftwerk（German techno-rock band）

前章まで，熱力学の法則をもとに，平衡と変化の方向の考え方を展開した．一方，変化の速度は，物理，化学，生物現象を記述するうえでも，また，それらの現象を応用するうえでも，きわめて重要な事象である．本章では，この変化の速度について考えてみる．本章で述べるように，化学速度式はある条件で実験的に得られるものであり，化学反応式あるいは化学量論から推定されるものとは，一般的には一致しない．みかけ上一次反応あるいは二次反応であったとしても，それらが，単分子素反応あるいは二分子素反応であることはほとんどなく，私たちが遭遇する化学反応の多くは，いくつもの素反応が組み合わさった複合反応であることが多い．このような複合反応をどのように取り扱うかということについても，通常の教科書には記載されていない視点も入れて考えてみる Web．

11.1 反応に固有な反応速度

化学反応とは，化学物質が平衡状態に向かって変化しようとする過程である．いま，次の反応を例に，速度式を考えてみる．

$$\nu_A A + \nu_B B \longrightarrow \nu_P P + \nu_Q Q \tag{11.1}$$

ν は化学量論係数である．反応速度を，A の濃度 c_A の減少速度として定義すると，

$$v_A = -\frac{dc_A}{dt} = -\frac{\nu_A}{\nu_B}\frac{dc_B}{dt} \tag{11.2}$$

となる．一方，B の濃度 c_B の減少速度であると定義すると，

$$v_B = -\frac{dc_B}{dt} = -\frac{\nu_B}{\nu_A}\frac{dc_A}{dt} \tag{11.3}$$

となる．つまり，化学量論係数が異なると，速度の定義が異なることになる．この混乱を避けるために，次のように反応進行度 ξ を用いて反応に固有な**反応速度** v を定義する（V：溶液の体積）．

$$v \equiv \frac{1}{V}\frac{d\xi}{dt} \tag{11.4}$$

式(11.4)に従うと式(11.1)の反応は，次のように記述できる．

$$v = -\frac{1}{\nu_A}\frac{dc_A}{dt} = -\frac{1}{\nu_B}\frac{dc_B}{dt} = \frac{1}{\nu_P}\frac{dc_P}{dt} = \frac{1}{\nu_Q}\frac{dc_Q}{dt} \tag{11.5}$$

また，この反応速度式は一般には，次のように表される．

参考11.1　素反応と複合全反応

素反応(elementary reaction)とは，提案された反応機構の各段階を構成するもので，化学反応式で表される変化が1段階で進行し，それ以上簡単な過程に分解できない反応である．素反応の多くは**単分子反応**(unimolecular reaction)か**二分子反応**(bimolecular reaction)であり，こうした素反応は後で述べる遷移状態理論で説明することができる．素反応の場合は，反応次数ではなく，**分子度**(molecularity)として反応する分子の数を規定する．原子核の放射壊変やレチナールの光異性化は単分子素反応であり，上層大気での $O + O_3 \longrightarrow 2O_2$ は二分子素反応である．通常の化学反応は複数の素反応が組み合わさって進行する．全過程を合わせたものを**複合全反応**とよび，通常は，この全反応を観測することになる．反応次数とは，こうした複合反応に対してある条件で実験的に得られる値であるから，化学量論係数とは必ずしも一致しないのである．

$$v = kc_A{}^m c_B{}^n \tag{11.6}$$

このとき，反応の**全次数**(overall order)は$(m+n)$次で，Aに対してはm次，Bに対してはn次という．またkは**反応速度定数**(reaction rate constant)という．式(11.6)に現れる濃度項(あるいは圧力項)は，熱力学的な観点からは活量で記載すべきものであるが，速度式は実験的に求めるものであるという事情があり，通常は濃度(あるいは圧力)を使って記述される．濃度を用いたときの反応速度vの単位は mol dm^{-3} s^{-1} である．

ここで，化学量論係数と反応次数は，一般的には一致しないことに留意されたい(参考11.1)．その例を下に示す．

反応式　　　　　　速度式

$$CH_3CHO(g) \longrightarrow CH_4(g) + CO(g) \qquad v = kc_{CH_3CHO}{}^{3/2} \tag{11.7}$$

$$NO_2(g) + CO(g) \longrightarrow CO_2(g) + NO(g) \qquad v = kc_{NO_2}{}^2 \tag{11.8}$$

$$Cl_2(g) + CO(g) \longrightarrow Cl_2CO(g) \qquad v = kc_{Cl_2}{}^{3/2} c_{CO} \tag{11.9}$$

S(基質)+E(酵素) ⟶ P(生成物)+E(酵素)

$$v = \frac{k_c c_E}{1 + K_M / c_S} \tag{11.10}$$

(k_c：触媒定数，K_M：ミカエリス定数)

11.2　反応次数の決定法

反応次数は化学反応式から類推できるものではなく，実験的に求めるものである．反応次数の求め方として，式(11.6)の反応速度式を例にあげて，**孤立化法**(method of isolation)と**初期速度法**(method of initial rate)を説明する．孤立化法では，反応物質の一方の初濃度を他方に比べて十分大きくする．例えば，$c_{A,0}/\nu_A \ll c_{B,0}/\nu_B$ の初期条件で実験を開始すれば，Bの相対的濃度変化は，Aのそれに比べて十分小さい($\mathrm{d}c_A/c_{A,0} \gg \mathrm{d}c_B/c_{B,0}$，下付きの0は初濃度であることを示す)．したがって，c_B を定数として扱うことができ，

$$v \simeq k' c_A{}^m \tag{11.11}$$

と簡略化できる．反応速度式を差分で表示すると，

$$v = -\frac{1}{\nu_A}\frac{\mathrm{d}c_A}{\mathrm{d}t} \simeq -\frac{1}{\nu_A}\frac{\Delta c_A}{\Delta t} \tag{11.12}$$

となり，反応開始の短い時間 Δt での濃度変化 Δc を観察することにより反応速度 v を求めることができる．こうして求めた v と c_A の関係から，式(11.11)に基づいて，Aの反応次数 m を求めることができる．逆に $c_{A,0}/\nu_A \gg c_{B,0}/\nu_B$ の条件で実験すれば，

$$v \simeq k'' c_B{}^n \tag{11.13}$$

と簡略化でき，Bの反応次数 n を知ることができる．

反応系によっては片方を過剰にすることができない場合もある．その場合，例えば，c_B を一定にして，2点の $c_A(c_{A,1}, c_{A,2})$ で式(11.12)のように初速度(v_1, v_2)を測定する．

$$v_1 \simeq -\frac{1}{\nu_A}\frac{\Delta c_A}{\Delta t} \quad (\mathrm{at}\ C_{A,1}), \qquad v_2 \simeq -\frac{1}{\nu_A}\frac{\Delta c_A}{\Delta t} \quad (\mathrm{at}\ C_{A,2}) \tag{11.14}$$

この v_1 と v_2 は次のように表される．

$$v_1 = k c_{A,1}{}^m c_B{}^n \tag{11.15}$$

$$v_2 = k c_{A,2}{}^m c_B{}^n \tag{11.16}$$

式(11.15)と式(11.16)の対数をとり，反応次数 m について解くと，

$$m = \ln(v_1 / v_2) / \ln(c_{A,1} / c_{A,2}) \tag{11.17}$$

が得られる．逆に c_A を一定にして，異なる c_B で速度を測定すれば，Bの反応次数 n を求めることができる．

11.3　一次反応速度式

反応速度を議論するとき，最も基本となるのが次の**一次反応**(first order reaction)である．一次反応をここでは，次のように表す．

$$\mathrm{A} \longrightarrow \mathrm{P} \tag{11.18}$$

この速度式は次のように書き表せる．

$$v \equiv -\frac{\mathrm{d}c_A}{\mathrm{d}t} \equiv \frac{\mathrm{d}c_P}{\mathrm{d}t} = k_1 c_A \tag{11.19}$$

反応速度定数の下付きの1は一次反応を強調している．書き直すと，

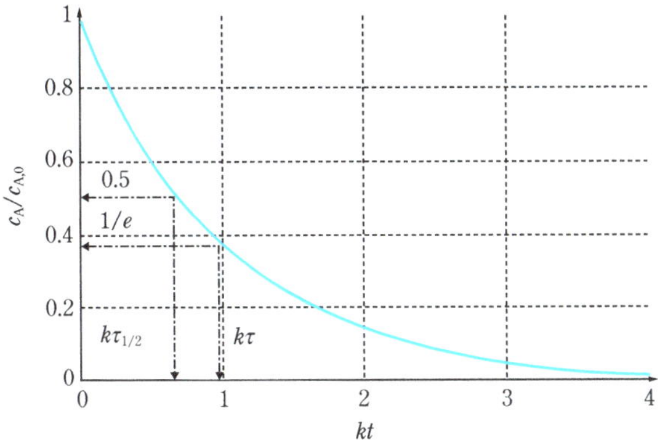

図11.1 一次反応における濃度の時間変化

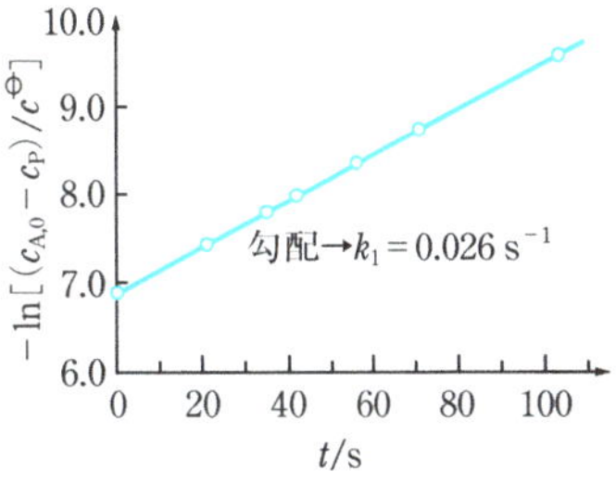

図11.2 一次反応の直線プロットの例

$$\frac{dc_A}{c_A}\left(= d\left(\ln c_A\right)\right) = -k_1 dt \tag{11.20}$$

となり，これを積分すれば

$$\ln\left(\frac{c_A}{c_{A,0}}\right) = -k_1 t \tag{11.21a}$$

あるいは

$$c_A = c_{A,0}\exp\left(-k_1 t\right) \tag{11.21b}$$

が得られる．ここで，$c_{A,0}$ は A の初期濃度（$t = 0$ における濃度）である．**図 11.1** に示すように，c_A は指数関数的に減少する．

生成物に関する微分方程式は

$$c_P = c_{A,0} - c_A = c_{A,0} - c_{A,0}\exp\left(-k_1 t\right) = c_{A,0}\left[1 - \exp\left(-k_1 t\right)\right] \tag{11.22}$$

と得られる．$-\ln(c_A/c^{\ominus})$ または $-\ln\ [(c_{A,0} - c_P)/c^{\ominus}]$ を t に対してプロットするとその傾きが k_1 に相当する（**図 11.2**）．k_1 の単位は s^{-1} である．

k_1 の逆数を**緩和時間**（relaxation time）あるいは**時定数**（time constant）τ とよぶ（コラム 11.1）．反応が時間 τ だけ経たとき，c_A は初濃度 $c_{A,0}$ の $1/e$（= 0.3678）に減少する．

$$k_1\tau = -\ln\left(\frac{c_A(\tau)}{c_{A,0}}\right) = 1 \tag{11.23}$$

また，$c_A/c_{A,0} = 1/2$ となる時間を**半減期**（half-life time）$\tau_{1/2}$ とよぶ（参考 11.2）．この表現も反応の速さを表すものとしてよく使われる．

$$k_1\tau_{1/2} = \tau_{1/2}/\tau = -\ln\left(\frac{c_A(\tau_{1/2})}{c_{A,0}}\right) = \ln 2 = 0.693 \tag{11.24}$$

図 11.1 のように半減期 $\tau_{1/2}$ を経るごとに，反応物は 1/2 になる．これを式で表すと

$$\ln\left(\frac{c_A}{c_{A,0}}\right) = -\frac{t}{\tau_{1/2}}\ln 2 \tag{11.25}$$

あるいは

$$\frac{c_{\mathrm{A}}}{c_{\mathrm{A},0}} = \left(\frac{1}{2}\right)^{\frac{t}{\tau_{1/2}}} \tag{11.26}$$

となる．時定数や半減期の単位は s である（コラム 11.2）．

コラム 11.1 ^{14}C 年代測定法

原子核の放射壊変は単分子素反応である．$^{14}_{6}\mathrm{C}$ は β 崩壊し，核内の中性子(n)が電子(β 線)を放出して陽子に変化し，窒素原子核($^{14}_{7}\mathrm{N}$)になる．

$$^{14}_{6}\mathrm{C} \longrightarrow {}^{14}_{7}\mathrm{N} + \mathrm{e}^- + \bar{\nu}_{\mathrm{e}} \qquad (\bar{\nu}_{\mathrm{e}}：反電子ニュートリノ)$$

この半減期は 5730 年である．一方，大気上層で $^{14}_{7}\mathrm{N}$ と n の衝突で陽子(p)が出され $^{14}_{6}\mathrm{C}$ に戻る．

$$^{14}_{7}\mathrm{N} + \mathrm{n} \longrightarrow {}^{14}_{6}\mathrm{C} + \mathrm{p}$$

こうして $^{14}_{6}\mathrm{C}$ の崩壊と生成が定常状態となる．また，$^{14}_{6}\mathrm{C}$ は酸化され $^{14}_{6}\mathrm{CO}_2$ となる．

$$^{14}_{6}\mathrm{C} + \mathrm{O}_2 \longrightarrow {}^{14}_{6}\mathrm{CO}_2$$

このため，大気中に拡散する大気中の CO_2 の $^{14}\mathrm{C}/^{12}\mathrm{C}$ 比はほぼ一定となっている．結果として，生きた動植物中の $^{14}\mathrm{C}/^{12}\mathrm{C}$ 比も一定となる．ところが，生物の死後は $^{14}\mathrm{C}$ の β 崩壊で $^{14}\mathrm{C}/^{12}\mathrm{C}$ 比が減少する．したがって，$^{14}\mathrm{C}/^{12}\mathrm{C}$ 比を測定すれば，生物が死んだ年代を推定できるのである．この性質を利用して年代測定する方法を **^{14}C 年代推定法**(radiation dating)とよぶ(参考 11.2)．この方法が有効な理由の 1 つに，放射壊変が素反応であり，環境条件に依存しないという性質が挙げられる．逆にいうと，みかけ上一次反応の複合反応は，その反応速度定数は条件に依存するので，こうした年代測定法には使うことができない．

参考 11.2 放射性元素の半減期

原子力発電所で使われる $^{235}\mathrm{U}$ が核分裂すると，$^{131}\mathrm{I}$ や $^{137}\mathrm{Cs}$ といった放射性物質ができる．$^{131}\mathrm{I}$ の半減期は約 8 日であるから，1 週間で 45％ほどが崩壊してしまう．その分，原子力発電所の事故直後は $^{131}\mathrm{I}$ からの単位時間線量が高くなる．事故直後にヨウ素剤を飲ませるのは，$^{131}\mathrm{I}$ の体内吸収を抑え，内部被曝を軽減するためである．一方，$^{137}\mathrm{Cs}$ の半減期は約 30.1 年であるから，長期的には $^{137}\mathrm{Cs}$ の体内吸収とそれによる内部被曝を軽減することが重要課題となる．しかし，$(1/2)^{(100/30.1)} = 0.0999$ より，$^{137}\mathrm{Cs}$ の量は 100 年経ってようやく 1/10 になるだけである．

コラム11.2 微生物の増殖速度

微生物は菌体数が変化しない誘導期を経て，時間に対して対数的に増殖する(**図11.3**)．これを**対数増殖期**(logarithmic growth phase)とよぶ．対数増殖期にある微生物は，指数関数的に増殖するので，その反応速度は

$$v \equiv \frac{\mathrm{d}N}{\mathrm{d}t} = kN \tag{11.27}$$

と表される(N：菌体数)．対数増殖期に入る時刻を t_0 とし，そのときの菌体数を N_0 とすると

$$N = N_0 \exp\left[k\left(t - t_0\right)\right] \tag{11.28}$$

となる．また，倍増に要する時間を**世代時間**(generation time)g とよぶ．g を用いると，ある時刻の菌体数は

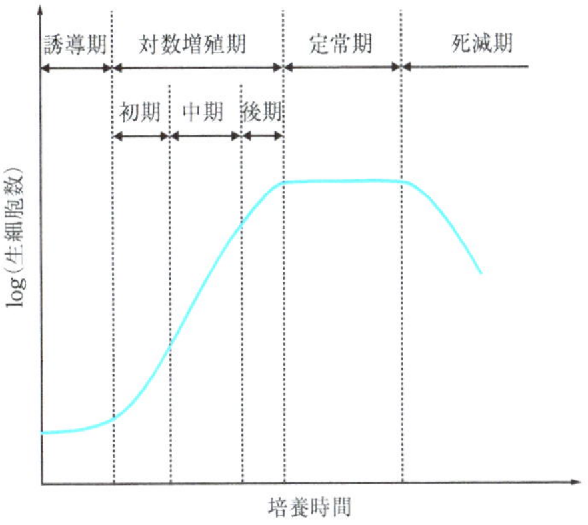

図11.3 細菌の増殖経過

$$\frac{N}{N_0} = 2^{\left(\frac{t}{g}\right)} \tag{11.29}$$

と表される．**表11.1** にいくつかの微生物の世代時間をまとめた．

参考までに，乾燥重量 1 mg 中の細菌数を $N = 5\times10^9$ 個(50億個)とし，この細菌の世代時間を g = 20 min とするとき，36時間の培養で

$$\frac{N}{N_0} = 2^{(36\times3)} = 3.2\times10^{32}$$

となり，3.2×10^{32} mg = 3.2×10^{26} kg という計算になる．これは(地球の質量 = 6×10^{24} kg)の54倍に匹敵する．実際には，図11.3に示すように，対数増殖期の後に，定常期と死滅期が続くので，この計算どおりになることはないが，この計算は，菌体の指数関数的な増殖の脅威の一面を表している．もちろん，世代時間は温度を下げれば減少する．購入したお弁当を，暖かいところに放置すると，どんなことが起こるか，もうわかるであろう．

表11.1 バクテリアの世代時間

バクテリア	θ/°C	g/hr
Bacillus stearothermophilus(枯草菌)	60	0.14
Escherichia coli(大腸菌)	40	0.35
Pseudomomas putida(シュードモナス・プチダ) (腐生栄養性の土壌微生物，グラム陰性桿菌)	30	0.75
Mycobacterium tuberculosis(結核菌)	37	～6

11.4　可逆一次反応速度式

ここでは，一次の正方向と逆方向の反応

$$\mathrm{A} \rightleftarrows \mathrm{P} \tag{11.30}$$

が進行する場合を考える(参考11.3)．$c_{\mathrm{A},0} = c_{\mathrm{A}} + c_{\mathrm{P}}$ を考慮すると，式(11.30)の反応速度式は次のように与えられる．

$$\begin{aligned} v &\equiv -\frac{\mathrm{d}c_{\mathrm{A}}}{\mathrm{d}t} = k_{\mathrm{f}}c_{\mathrm{A}} - k_{\mathrm{b}}c_{\mathrm{P}} = k_{\mathrm{f}}c_{\mathrm{A}} - k_{\mathrm{b}}\left(c_{\mathrm{A},0} - c_{\mathrm{A}}\right) \\ &= \left(k_{\mathrm{f}} + k_{\mathrm{b}}\right)c_{\mathrm{A}} - k_{\mathrm{b}}c_{\mathrm{A},0} \\ &= kc_{\mathrm{A}} - k_{\mathrm{b}}c_{\mathrm{A},0} \end{aligned} \tag{11.31}$$

と変形できる．ここで

$$k \equiv k_{\mathrm{f}} + k_{\mathrm{b}} \tag{11.32}$$

と定義した．$t = 0$ で，$c_{\mathrm{A}} = c_{\mathrm{A},0}$，$c_{\mathrm{P}} = 0$ という初期条件で式(11.31)を積分すると

$$\begin{aligned} -\int_0^t \mathrm{d}t &= \int_{c_{\mathrm{A},0}}^{c_{\mathrm{A}}} \frac{\mathrm{d}c_{\mathrm{A}}}{kc_{\mathrm{A}} - k_{\mathrm{b}}c_{\mathrm{A},0}} \\ &= \int_{kc_{\mathrm{A},0}-k_{\mathrm{b}}c_{\mathrm{A},0}}^{kc_{\mathrm{A}}-k_{\mathrm{b}}c_{\mathrm{A},0}} \frac{\mathrm{d}c_{\mathrm{A}}}{\mathrm{d}\left(kc_{\mathrm{A}} - k_{\mathrm{b}}c_{\mathrm{A},0}\right)} \frac{\mathrm{d}\left(kc_{\mathrm{A}} - k_{\mathrm{b}}c_{\mathrm{A},0}\right)}{kc_{\mathrm{A}} - k_{\mathrm{b}}c_{\mathrm{A},0}} \\ &= \frac{1}{k}\int_{k_{\mathrm{f}}c_{\mathrm{A},0}}^{kc_{\mathrm{A}}-k_{\mathrm{b}}c_{\mathrm{A},0}} \frac{\mathrm{d}\left(kc_{\mathrm{A}} - k_{\mathrm{b}}c_{\mathrm{A},0}\right)}{kc_{\mathrm{A}} - k_{\mathrm{b}}c_{\mathrm{A},0}} \\ &= \frac{1}{k}\int_{\ln\left(k_{\mathrm{f}}c_{\mathrm{A},0}\right)}^{\ln\left(kc_{\mathrm{A}}-k_{\mathrm{b}}c_{\mathrm{A},0}\right)} \mathrm{d}\left(kc_{\mathrm{A}} - k_{\mathrm{b}}c_{\mathrm{A},0}\right) \end{aligned} \tag{11.33}$$

となり，式(11.33)を書き換えると

$$\ln\left\{kc_{\mathrm{A}} - k_{\mathrm{b}}c_{\mathrm{A},0}\right\} - \ln\left(k_{\mathrm{f}}c_{\mathrm{A},0}\right) = -kt \tag{11.34}$$

$$\ln\frac{kc_{\mathrm{A}} - k_{\mathrm{b}}c_{\mathrm{A},0}}{k_{\mathrm{f}}c_{\mathrm{A},0}} = -kt \tag{11.35}$$

$$\frac{kc_{\mathrm{A}} - k_{\mathrm{b}}c_{\mathrm{A},0}}{k_{\mathrm{f}}c_{\mathrm{A},0}} = \exp\left(-kt\right) \tag{11.36}$$

となる．また，c_{A} について書き換えると

$$c_{\mathrm{A}} = \frac{c_{\mathrm{A},0}}{k}\left[k_{\mathrm{b}} + k_{\mathrm{f}}\exp\left(-kt\right)\right] \tag{11.37}$$

ここで，$t = \infty$ のとき

$$\frac{\mathrm{d}c_{\mathrm{A},\infty}}{\mathrm{d}t} = -k_{\mathrm{f}}c_{\mathrm{A},\infty} + k_{\mathrm{b}}c_{\mathrm{P},\infty} = 0 \tag{11.38}$$

という定常状態(素反応では平衡定数)では，

$$c_{\mathrm{A},\infty} = \frac{k_{\mathrm{b}}}{k}c_{\mathrm{A},0} \tag{11.39}$$

参考11.3 糖の変旋光

両方向の反応例として，単糖の**変旋光**(mutarotation)が挙げられる(**図 11.5**)．単糖のα-アノマーとβ-アノマーはその化学的立体構造の違いから旋光度が異なる．両者のエネルギーは少し異なるので，一方のアノマーを溶かすと，酸塩基触媒により開環型を経て，反応が進行し，旋光度が自発的に変化する．やがて両者が平衡状態に達し，旋光度は一定となる．グルコースの場合，β-アノマーの方が少し安定で，平衡状態ではαとβの比率は 36.4：63.6 となる．ちなみに，α-アノマーとβ-アノマーの標準ギブズエネルギーの差は，たった$-RT\ln(36.4/63.6) = 1.38\ \mathrm{kJ\ mol^{-1}}$ということになる．

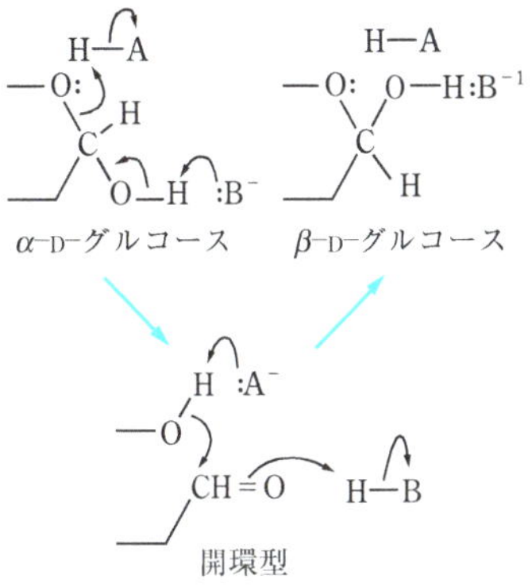

図11.5 グルコースの変旋光機構

$$\frac{c_{\mathrm{P},\infty}}{c_{\mathrm{A},\infty}} = \frac{k_{\mathrm{f}}}{k_{\mathrm{b}}} = K \tag{11.40}$$

となる．素反応の場合，式(11.40)の関係を**詳細なつり合いの原理**(principle of detailed balance)とよぶ．Kを用いて濃度変化を記述すると，

$$c_{\mathrm{A}} = c_{\mathrm{A},\infty}\left[1 + K\exp(-kt)\right] = c_{\mathrm{A},\infty} + c_{\mathrm{P},\infty}\exp(-kt) \tag{11.41}$$

$$c_{\mathrm{P}} = c_{\mathrm{A},0} - c_{\mathrm{A}} = c_{\mathrm{P},\infty}\left[1 - \exp(-kt)\right] \tag{11.42}$$

となる．この関係を**図 11.4** に示す．つまり，c_{A}は定常濃度$c_{\mathrm{A},\infty}$に向かって，速度定数kの一次反応で減少し，c_{P}は定常濃度$c_{\mathrm{P},\infty}$に向かって，速度定数kの一次反応で増加することがわかる．式(11.37)，式(11.41)，式(11.42)はいずれもこの反応の緩和時間は$\tau = \dfrac{1}{k} = \dfrac{1}{k_{\mathrm{f}} + k_{\mathrm{b}}}$であることを示している．

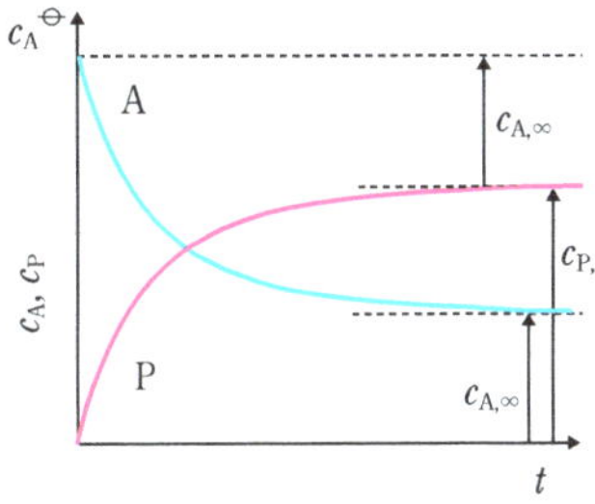

図11.4 可逆一次反応における濃度変化

11.5 二次反応速度式

二次反応(second order reaction)は次のように表す．

$$\mathrm{A + B \longrightarrow P + Q} \tag{11.43}$$

その速度式は，次のように書き表せる．

$$v = k_2 c_{\mathrm{A}} c_{\mathrm{B}} \tag{11.44}$$

速度定数k_2の下付きの 2 は二次反応を強調している．また，cを容量モル濃度とすれば，k_2の単位は，$\mathrm{dm^3\ mol^{-1}\ s^{-1}}$となる．二次反応の場合，(たとえそれが二分子素反応であったとしても)速度式は初期条件に依存することを以下に示す．

まず，$t = 0$で$c_{\mathrm{A},0} = c_{\mathrm{B},0} = c_0$という初期条件では

$$v \equiv -\frac{dc_A}{dt} = k_2 c_A c_B = k_2 {c_A}^2 \tag{11.45}$$

となる．式(11.45)を積分すると，

$$-\int_{c_{A,0}}^{c_A} \frac{dc_A}{{c_A}^2} = k_2 \int_0^t dt \tag{11.46}$$

$$\frac{1}{c_A} = k_2 t + \frac{1}{c_{A,0}} \tag{11.47}$$

となる．二量化反応($2A \longrightarrow C$)(注1)あるいは不均化反応($2A \longrightarrow C + D$)(注2)の場合の速度式は $v \equiv -\frac{dc_A}{2dt} = k_2 {c_A}^2$ となり，式(11.45)と類似の形になる．この濃度変化の様子を**図 11.6** に示す．

注1) 例えば，気相で赤褐色の二酸化窒素(NO_2)の二量体である無色の四酸化二窒素(N_2O_4)への反応や，シクロペンタジエン(C_5H_6)のジシクロペンタジエン($C_{10}H_{12}$)への反応がある．

注2) **不均化反応**(disproportionation reaction)とは同一の化学種が2個互いに反応して2種類の異なる種類の生成物を与える化学反応のことを指す．例えば，$2H_2O \longrightarrow H_3O^+ + OH^-$，$2U(V) \longrightarrow U(IV) + U(VI)$，$2RCHO + NaOH \longrightarrow RCH_2OH + RCOO^- + Na^+ + H_2O$(カニッツァーロ反応)，$2O_2^- + 2H^+ \longrightarrow H_2O_2 + O_2$(触媒酵素：スーパーオキシドジスムターゼ)，2セミキノンアニンラジカル→キノン＋ハイドロキノンなどの反応がある．ちなみに，不均化反応の逆反応を**均化反応**(comproportionation reaction)とよぶ．

次に，より一般的な初期条件として $c_{A,0} \neq c_{B,0}$ とすると，

$$v \equiv \frac{dc_P}{dt} = k_2 (c_{A,0} - c_P)(c_{B,0} - c_P) \tag{11.48}$$

と書くことができる．これを部分分数分解して積分すると，次のように少々複雑な式が得られる Web．

$$k_2 \int_0^t dt = \int_0^{c_P} \frac{dc_P}{(c_{A,0} - c_P)(c_{B,0} - c_P)} \tag{11.49}$$

$$\begin{aligned} k_2 t &= \frac{1}{c_{B,0} - c_{A,0}} \left(\int_0^{c_P} \frac{dc_P}{c_{A,0} - c_P} - \int_0^{c_P} \frac{dc_P}{c_{B,0} - c_P} \right) \\ &= \frac{1}{c_{B,0} - c_{A,0}} \left[\ln(c_{B,0} - c_P) - \ln(c_{A,0} - c_P) - \ln(c_{B,0}/c_{A,0}) \right] \\ &= \frac{1}{c_{B,0} - c_{A,0}} \ln \frac{c_{A,0}(c_{B,0} - c_P)}{c_{B,0}(c_{A,0} - c_P)} \end{aligned} \tag{11.50}$$

3つ目の例として，AとBの初濃度が $c_{A,0} \ll c_{B,0}$ の条件における反応速度式を考えてみる．このとき，Bの相対濃度変化は事実上ゼロになる．

$$dc_B / c_{B,0} \simeq 0 \tag{11.51}$$

このため c_B は定数とみなすことができる．このことを式で示すと次のよう

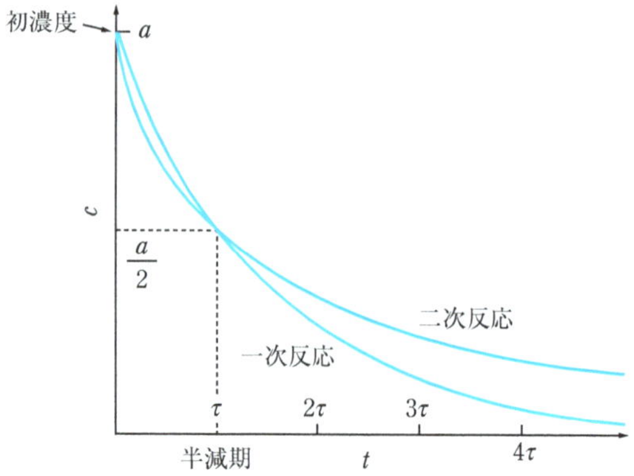

図 11.6 初濃度が同じでまた半減期も同じの一次反応と二次反応の濃度−時間曲線

になる．Aの初期全物質量をn，反応進行度をξとすると

$$c_{\mathrm{P}} = c_{\mathrm{A,0}}(1-\xi/n) \tag{11.52}$$

であるから，

$$v = k_2 c_{\mathrm{A}} c_{\mathrm{B,0}}\left(1-\frac{c_{\mathrm{P}}}{c_{\mathrm{B,0}}}\right) = k_2 c_{\mathrm{A}} c_{\mathrm{B,0}}\left\{1-\frac{c_{\mathrm{A,0}}}{c_{\mathrm{B,0}}}\left(1-\frac{\xi}{n}\right)\right\}$$

$$\simeq k_2 c_{\mathrm{B,0}} c_{\mathrm{A}} = k_1{}' c_{\mathrm{A}} \tag{11.53}$$

となり，みかけ上一次反応式で与えられる．このような反応条件を**擬一次反応**(pseudo first-order reaction)とよび，$k_1{}'(\equiv k_2 c_{\mathrm{B,0}})$を**擬一次反応速度定数**とよぶ．Bが単純な触媒である場合($\mathrm{A + B \longrightarrow P + B}$)も，Bの濃度は実際上変化しないので，擬一次反応速度式で記述できる．一次反応とよばれる化学反応の多くは，この擬一次反応である．

このように，二次反応(および二分子素反応)の反応速度式は，反応開始条件により，みかけ上変わることを十分理解されたい．この事実もまた，化学平衡の法則の矛盾(7.2節)を証明している．

11.6 逐次反応速度式

反応は必ずなんらかの中間体を経由するが，その中間体が素反応の活性錯合体ではなく，ある程度安定な物質(I)として有意な量存在する場合，$\mathrm{A \longrightarrow P}$の一次反応でも

$$\mathrm{A} \xrightarrow{k_{\mathrm{a}}} \mathrm{I} \xrightarrow{k_{\mathrm{b}}} \mathrm{P} \tag{11.54}$$

と書くことになる．このように連続した反応のことを**逐次反応**(sequential reaction)とよぶ．式(11.54)の反応ではAの減衰は一次反応となるので，

$$c_{\mathrm{A}} = c_{\mathrm{A,0}} \exp(-k_{\mathrm{a}} t) \tag{11.55}$$

と表される．中間体Iの正味の生成速度は

$$\frac{\mathrm{d}c_{\mathrm{I}}}{\mathrm{d}t} = k_{\mathrm{a}} c_{\mathrm{A}} - k_{\mathrm{b}} c_{\mathrm{I}} = k_{\mathrm{a}} c_{\mathrm{A,0}} \exp(-k_{\mathrm{a}} t) - k_{\mathrm{b}} c_{\mathrm{I}} \tag{11.56}$$

と表すことができる．これを積分すると(参考 11.4)

$$c_{\mathrm{I}} = \frac{k_{\mathrm{a}} c_{\mathrm{A,0}}}{k_{\mathrm{b}} - k_{\mathrm{a}}}[\exp(-k_{\mathrm{a}} t) - \exp(-k_{\mathrm{b}} t)] \tag{11.57}$$

が得られる．また，$c_{\mathrm{P}} = c_{\mathrm{A,0}} - c_{\mathrm{A}} - c_{\mathrm{I}}$だから，これに式(11.55)と式(11.57)を代入すると

$$c_{\mathrm{P}} = \left(1 + \frac{k_{\mathrm{a}} \exp(-k_{\mathrm{b}} t) - k_{\mathrm{b}} \exp(-k_{\mathrm{a}} t)}{k_{\mathrm{b}} - k_{\mathrm{a}}}\right) c_{\mathrm{A,0}} \tag{11.58}$$

となる．**図 11.7**(a)に示すように，$k_{\mathrm{a}} > k_{\mathrm{b}}$の場合，中間体Iがいったん増加して次第に消失する．反応初期を除けば，Aはほとんど消失しているので，実際上は$\mathrm{I \longrightarrow P}$の**後続反応**(subsequent reaction)の速度で全反応速度が決定される．このことは，式(11.58)で，$k_{\mathrm{a}} \gg k_{\mathrm{b}}$として近似すると，

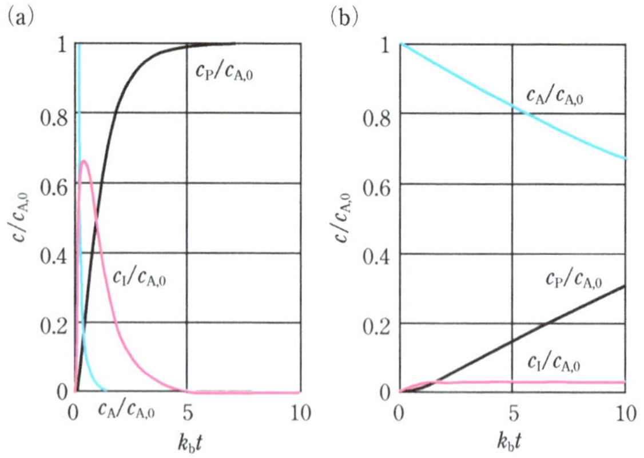

図11.7 $k_a/k_b=5$(a)および0.04(b)の逐次反応の濃度変化

$$c_P \simeq \left(1-\exp(-k_bt)\right)c_{A,0} \tag{11.59}$$

と近似できることからもわかる．このように，実際上の反応速度を決定する反応を**律速段階**(rate-determining step, RDS)という．いまの場合，後続反応が律速段階となっている．

逆に，$k_a < k_b$ の場合には(図11.7(b))，Iはあまり蓄積することなく，反応開始の**誘導期**(induction period)を除いて，その濃度は時間にほとんど依存せず一定となる．つまり A ⟶ I の**先行反応**(preceding reaction)が律速段階となる．$k_a \ll k_b$ の条件では，式(11.58)は，

$$c_P \simeq \left(1-\exp(-k_at)\right)c_{A,0} \tag{11.60}$$

と近似できることからもわかるように，全反応速度はAの一次反応のように表現される．

より複雑な逐次反応の場合には，解析的には解くことができなくなる．このような場合，コンピュータにより，微分方程式を差分の数値解として得る方法が用いられる．化学反応速度論の場合，連立一階常微分方程式がほとんどであり，数値計算にはルンゲ・クッタ・ギル法がよく用いられる．

参考11.4 線形一次常微分方程式の解法

次の線形一次常微分方程式の解法について説明する．

$$\frac{\mathrm{d}y(x)}{\mathrm{d}x}+a(x)y(x)=f(x) \tag{11.61}$$

は，このままでは変数分離できない．そこで，いま，

$$\frac{\mathrm{d}p(x)}{\mathrm{d}x}=p(x)a(x) \tag{11.62}$$

を満たすような関数 $p(x)$ を考える．式(11.62)を変数分離して解くと

$$\frac{dp}{p} = a dx \qquad [d(\ln p) = a dx] \tag{11.63}$$

$$\ln p = \int a dx \tag{11.64}$$

$$p = \exp\left[\int a dx\right] \equiv \exp(F) \qquad \left(\because F(x) \equiv \int a(x) dx\right) \tag{11.65}$$

が得られる．ここで，式(11.61)の両辺に $p(x)$ をかけると

$$p\frac{dy}{dx} + pay = pf \tag{11.66}$$

となる．式(11.62)と式(11.66)を考慮すると，

$$\frac{d(py)}{dx} = \frac{dp}{dx}y + p\frac{dy}{dx} = pay + p\frac{dy}{dx} = pf \tag{11.67}$$

と書くことができる．式(11.67)を積分すると

$$py = \int pf dx + C \tag{11.68}$$

$$\begin{aligned} y &= (1/p)\int pf dx + C/p \\ &= \exp(-F(x))\int(\exp(F(x))f(x)dx + C\exp(-F(x)) \end{aligned} \tag{11.69}$$

と与えられる．いまの場合，$F(x) = ax$，$f(x) = b\exp(-b'x)$ となるから

$$y = \frac{b\exp(-b'x)}{a-b'} + C\exp(-ax) \tag{11.70}$$

が得られる．

11.7　定常状態近似と前駆平衡近似

前節で，式(11.54)の逐次反応で $k_a \ll k_b$ の場合には I の濃度は時間にほとんど依存せずほぼ一定となることを述べた．逆に，この条件で近似することもできる．つまり，式(11.54)の反応で，

$$\frac{dc_I}{dt} = k_a c_A - k_b c_I \simeq 0 \tag{11.71}$$

とおくことができる．これを I に対する**定常状態近似**(steady-state assumption)とよぶ．この近似を用いると，

$$v \equiv \frac{dc_P}{dt} = k_b c_I \simeq k_a c_A \tag{11.72}$$

が得られる．つまり，式(11.54)の逐次反応は，先行する A の一次反応として近似できることを示している．これは 11.6 節の議論と一致する．

次に，先行反応は正反応と逆反応があり，それらの反応は後続反応に比べ非常に速く平衡に達していると仮定する場合を考える．

$$\mathrm{A+B} \rightleftharpoons \mathrm{I} \xrightarrow{k_b} \mathrm{P+Q} \qquad (11.73)$$

ここで，Iの結合定数Kを

$$K \equiv \frac{c_\mathrm{I} / c^{\ominus}}{(c_\mathrm{A} / c^{\ominus})(c_\mathrm{B} / c^{\ominus})} \left(= \frac{c_\mathrm{I} c^{\ominus}}{c_\mathrm{A} c_\mathrm{B}} \right) \qquad (11.74)$$

と定義すると，反応速度は

$$v \equiv \frac{\mathrm{d}c_\mathrm{P}}{\mathrm{d}t} = k_\mathrm{b} c_\mathrm{I} \simeq k_\mathrm{b} \left(K / c^{\ominus} \right) c_\mathrm{A} c_\mathrm{B} \qquad (11.75)$$

と二次反応の形で与えられる．これを**前駆平衡近似**(pre-equilibrium approximation)(あるいは**迅速平衡仮定**(rapid equilibrium assumption))とよぶ．この近似も，逐次反応の表記法としてよく用いられる(注1)．

以上，1つの化学反応に対しても，多様な速度式で表現できるということを述べてきた．逆に1つの速度式だけから，反応の詳細を知ることはできないことになる．だからこそ，できる限り，律速段階が現れやすい条件に設定して，その部分を切り出して考察することが，反応解析のうえで非常に重要となる(注2)．

注1) 式(11.73)の反応において，中間体Iに対して定常状態近似すると，先行反応の逆反応速度定数を$k_{\mathrm{a},-1}$として，$\frac{\mathrm{d}c_\mathrm{I}}{\mathrm{d}t} = k_\mathrm{a} c_\mathrm{A} c_\mathrm{B} - (k_{\mathrm{a},-1} + k_\mathrm{b}) c_\mathrm{I} = 0$となる．これより，$K \left(= \frac{c_\mathrm{I} c^{\ominus}}{c_\mathrm{A} c_\mathrm{B}} \right) = \frac{k_\mathrm{a} c^{\ominus}}{k_{\mathrm{a},-1} + k_\mathrm{b}}$となる．よって，前駆平衡では$k_{\mathrm{a},-1} \gg k_\mathrm{b}$となるから，$K = \frac{k_\mathrm{a} c^{\ominus}}{k_{\mathrm{a},-1}}$となる．

注2) 大気中の窒素の固定化によりアンモニアを生成するハーバー・ボッシュ反応の発見は，当時天然物由来の窒素肥料が不足することが予測されたので人類にとって非常に歓迎されたが，爆薬の製造にも応用された．鉄表面での触媒反応をいかに効率よく進行させるかを経験的に調べ尽くすことによってアンモニア合成の最適な条件を1906年にみつけ，1918年にハーバーはノーベル化学賞を受賞した．ただし，この反応の反応機構・素反応については詳細が長い間明らかにならず，同じドイツのエルトルが1980年代の前半に解明するまで待たねばならなかった．エルトルは2007年にノーベル化学賞を受賞している．

説明問題

11.1 素反応と複合反応について説明しなさい．

11.2 反応次数と化学量論係数の関係について説明しなさい．

11.3 一次反応速度定数の求め方を説明しなさい．

11.4 二次反応が，反応条件により複数の表現ができることを説明しなさい．

11.5 二次反応が，擬一次反応となる条件について 2 つの例をあげて説明しなさい．

11.6 定常状態近似と前駆平衡近似について説明しなさい．

演習問題

11.7 A と B の反応で，A と B の初濃度 $c_{A,0}$，$c_{B,0}$ を種々設定して初速度 v_0 を測定した結果を次表にまとめた．これより A と B の反応次数を求めなさい．

$c_{A,0}$/mmol dm^{-3}	1.00	1.54	3.12	4.02
$c_{B,0}$ = 2.10 mmol dm^{-3} のときの v_0/mol dm^{-3} s^{-1}	5.0	7.6	15.5	20.0
$c_{B,0}$/mmol dm^{-3}	2.10	3.00	10.0	
$c_{A,0}$ = 1.00 mmol dm^{-3} のときの v_0/mol dm^{-3} s^{-1}	5.0	7.0	21.0	

11.8 紅色光合成細菌の光合成過程で，励起された特別ペア（例えば P870*）からフェオフィチン（Pheo）への電子移動の緩和時間は 3 ps であるとする．この反応の反応速度定数と半減期を求めなさい．また，このように速い反応でなければ，光エネルギーを利用できないことについて考察しなさい．ただし，ln 2 = 0.693 とする．

11.9 ある地層中から発見された木片の ^{14}C 量は生木の 25 % であった．この年代を推定せよ．ただし，^{14}C の半減期は 5730 年とする．

11.10 原子力発電所の事故により $^{90}_{38}$Sr が放出される．$^{90}_{38}$Sr は 2 つの β 壊変（β 崩壊）を経てより安定な $^{90}_{40}$Zr となる．Sr は Ca と化学的に似た性質をもつため，経口吸収すると健康への影響がきわめて大きい放射性核種である．

$$^{90}_{38}\mathrm{Sr} \xrightarrow{\beta^-\ (-e)} {}^{90}_{39}\mathrm{Y} \xrightarrow{\beta^-\ (-e)} {}^{90}_{40}\mathrm{Zr}$$

それぞれの半減期は 28.79 a および 2.667 d である（a，d はそれぞれ年，日の単位）．人に取り込まれた $^{90}_{38}$Sr は，体外へ排出されないとすると，20 年後に何 % 残留していることになるか．

11.11 放射性物質の量はしばしば Ci（キュリー）で表され，1 s あたり 3.7×10^{10} 分子の崩壊（dps, disintegrations per second）を生じる物質量として定義される．^{3}H の $\tau_{1/2}$ = 12.3 a（a は年の単位）とすると，1 Ci 中に含まれる ^{3}H の原子数を求めなさい．

11.12 一次反応で 99.9 % 進行させるには，半減期 $\tau_{1/2}$ の何倍の時間が必要か．

11.13 対数増殖期にある菌体が，8 h で 10^4 個 cm^{-3} から 10^8 個 cm^{-3} になったとする．この菌体の世代時間 g はいくらになるか．

11.14 光子と分子が衝突すると，ある確率(k)で，その光子は分子に吸収され励起状態(励起一重項状態)になる．この励起状態は無輻射遷移ですぐに基底状態(基底一重項状態)に戻ると考え，**ランベルト–ベール**(Lambert–Beer)**の法則**：$A = \varepsilon cl$(A：吸光度(absorbance)，ε：吸光係数(extinction coefficient)，l：光路長(length of light path))を導きなさい．

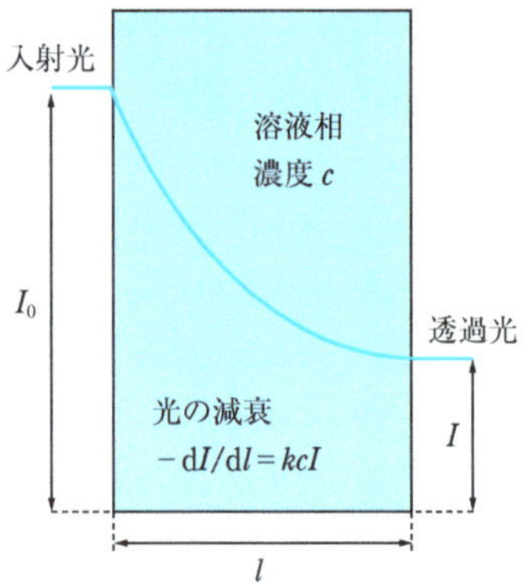

11.15 A + B ⟶ C の二次反応速度定数 k_2 を，擬一次反応条件を利用して求める方法について述べよ．

11.16 過酸化水素の不均化反応：$2H_2O_2(aq) \longrightarrow 2H_2O(l) + O_2(g)$ は Br^- により触媒される．この反応速度は H_2O_2 に対して一次，Br^- に対して一次となる．中間体として $BrO^-(aq)$ が生成されるとして，反応を 2 段に分けて書き，相対反応速度について述べなさい．

11.17 次表はペニシリン溶液の抗菌剤としての効果(A)の時間依存性を示したものである．ペニシリンの劣化反応は一次反応となることをグラフで示し，反応速度定数と半減期を求めなさい．

t/d	0	14	28	42	56	70	84	98	112
A/arbitrarily	10100	6900	4320	3010	2000	1330	898	572	401

11.18 アセトン(CH_3COCH_3)は，**自己縮合**(self-condensation，**対称アルドール縮合**(symmetrical aldol condensation)ともよばれる)によりメシチルオキシドに縮合する．

$$2CH_3COCH_3 \longrightarrow (CH_3)_2C = CH(CO)CH_3 + H_2O$$

この反応でアセトンは触媒としての塩基 B と可逆的に反応し，中間体カルボアニオン($CH_3COCH_2^-$)を生成して進行する．中間体に対して定常状態近似して，反応速度式を導きなさい．

11.19 二本鎖 DNA は相補的な塩基配列を有している．これに熱を加えると D と D′という一本鎖の変性状態になる．D と D′は温度を下げると再会合する．濃度 c_0 の二本鎖 DNA の再会合速度の半減期 $\tau_{1/2}$ はどのように表されるか．

第12章 反応速度論

The theoretical side of physical chemistry is and will probably remain the dominant one; it is by this peculiarity that it has exerted such a great influence upon the neighboring sciences, pure and applied, and on this ground physical chemistry may be regarded as an excellent school of exact reasoning for all students of the natural sciences.

Svante August Arrhenius

熱力学では，3つの法則だけから，平衡と反応の方向の考え方をすべて展開できる．しかし，速度論の考え方は，熱力学(あるいは量子力学)のように，統一的な理論構築には至っていない．実際，化学反応速度に関するいくつかの理論モデルがあり，どれかが完璧であるというわけではない．しかし，どれも重要なポイントを述べている．本章では，現代の理解度に立ち，化学変化を理解するため，速度論のいくつかのモデルを紹介する．こうした考え方を整理することは，それらのモデルをすべて満足する速度論の統一原理とでもいうべきものを探求するうえでも，大変重要な過程となる Web．

12.1 拡散律速反応

次の反応を考える．

$$\mathrm{A+B} \underset{k_\mathrm{d}'}{\overset{k_\mathrm{d}}{\rightleftarrows}} \mathrm{AB} \xrightarrow{k_\mathrm{a}} \mathrm{P} \tag{12.1}$$

ここで k_d は A と B が**拡散**(diffusion)により近づき，AB という**遭遇対**(encounter pair)を形成する過程の反応速度定数で，k_d' は AB が壊れる過程の反応速度定数である．また k_a は遭遇対が活性化過程を経て生成物になる過程の反応速度定数である．遭遇対 AB に対する定常状態近似を適用すると

$$\frac{\mathrm{d}c_\mathrm{AB}}{\mathrm{d}t} = k_\mathrm{d}c_\mathrm{A}c_\mathrm{B} - \left(k_\mathrm{d}' + k_\mathrm{a}\right)c_\mathrm{AB} \simeq 0 \tag{12.2}$$

と書ける．これより，

$$c_\mathrm{AB} = \frac{k_\mathrm{d}}{k_\mathrm{d}' + k_\mathrm{a}}c_\mathrm{A}c_\mathrm{B} \tag{12.3}$$

が得られる．したがって，速度は

$$v \equiv \frac{\mathrm{d}c_\mathrm{P}}{\mathrm{d}t} = k_\mathrm{a}c_\mathrm{AB} = \frac{k_\mathrm{a}k_\mathrm{d}}{k_\mathrm{d}' + k_\mathrm{a}}c_\mathrm{A}c_\mathrm{B} \tag{12.4}$$

と表すことができる．逆数表示すると

$$\frac{1}{v} = \frac{1}{k_\mathrm{d}c_\mathrm{A}c_\mathrm{B}} + \frac{1}{k_\mathrm{a}\left(k_\mathrm{d}/k_\mathrm{d}'\right)c_\mathrm{A}c_\mathrm{B}} = \frac{1}{v_\mathrm{d}} + \frac{1}{v_\mathrm{a}} \tag{12.5}$$

となる．ここで，

$$v_d = k_d c_A c_B \tag{12.6}$$

であり，**拡散律速過程**(diffusion-controlled process)の極限反応速度を表す．また，

$$v_a = k_a \left(\frac{k_d}{k_d'}\right) c_A c_B \tag{12.7}$$

は**活性化律速過程**(activation-controlled process)の極限反応速度である．この系に対して前駆平衡近似を適用すると，

$$\frac{k_d}{k_d'} \simeq \frac{c_{AB}}{c_A c_B} \tag{12.8}$$

となり，式(12.7)は，

$$v_a = k_a c_{AB} \tag{12.9}$$

と書き換えられる．式(12.5)は，全反応は拡散律速過程と活性化律速過程の逐次反応であることを示している(13.1 節参考 13.2)．

ここで拡散律速過程をもう少し詳しく考える．中性分子 A と B が無秩序に分布しており，そのうちいくつかは衝突して遭遇対 AB を形成し，すぐに生成物 P になるとする．このとき A と B に対して微視的に濃度勾配ができ，この勾配により物質が移動し，A と B が衝突する．A と B の拡散係数(14.2 節)をそれぞれ D_A と D_B とすると，A も B も移動するので相対的な拡散係数は

$$D = D_A + D_B \tag{12.10}$$

となる．ここで A は固定しているとし，A に対して B が定常的に流れこむと考える．この系にフィックの第一法則(14.2 節)を球対称な濃度勾配の場に適用すると，分子 A の周りの半径 r の球を通過する B の流束密度 ϕ は

$$\phi = -D\frac{dc_B(r)}{dr} \tag{12.11}$$

と与えられる．この球表面全部の全流束($\phi \times$ 面積)J は

$$J = 4\pi r^2 \phi = -4\pi r^2 D \frac{dc_B(r)}{dr} \tag{12.12}$$

となる．**図 12.1** に示すように A と B の最近接距離を

$$R = r_A + r_B \tag{12.13}$$

とし，初期条件($c_B(R) = 0$)と境界条件($c_B(\infty) = c_B$)を考え積分すると，

$$\int_0^{c_B} dc_B(r) = -\int_R^{\infty} \frac{J}{4\pi r^2 D} dr \tag{12.14}$$

$$J = -4\pi R D c_B \tag{12.15}$$

が得られる．式(12.15)は**球形拡散**(spherical diffusion)の流束を表す式である．分子 A に対する拡散律速反応の速度は全流束の絶対値に等しいので，1

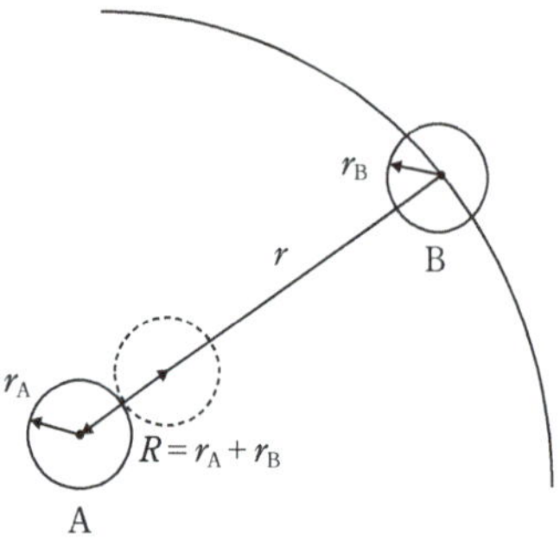

図 12.1　拡散律速の反応速度の考え方

分子あたりの速度定数 k_d は

$$k_d = 4\pi RD \tag{12.16}$$

となる．ここでストークス–アインシュタインの式(14.2 節)

$$D = \frac{k_B T}{6\pi\eta r} \tag{12.17}$$

を用いると

$$k_d = 4\pi(r_A + r_B)(D_A + D_B) = \frac{2k_B T}{3\eta}(r_A + r_B)\left(\frac{1}{r_A} + \frac{1}{r_B}\right)$$

$$= \frac{2k_B T}{3\eta}\frac{(r_A + r_B)^2}{r_A r_B} \tag{12.18}$$

となり，拡散律速反応の速度定数は溶媒の粘度 η が増加すると減少することがわかる．ちなみに $r_A = r_B$ の場合には

$$k_d = \frac{8k_B T}{3\eta} \tag{12.19}$$

となる．1 mol あたりの速度定数 $k_{d,\,mol}$ は $k_{d,\,mol} = k_d N_A$ となる．

12.2　遷移状態理論

本節では，次の二分子素反応

$$A + B \longrightarrow P + Q \tag{12.20}$$

を取り上げ，アイリング(Henry Eyring, 1901−1981)の提唱した理論をもとに，活性化律速過程の反応速度定数を考えてみる．反応前の A + B のエネルギー状態から，反応後の P + Q のエネルギー状態へ移行する経路は，無限に考えられる．しかし，実際の反応過程では，そのうち，エネルギーの最も低いところを通る(参考12.1)．**図 12.2** は，その反応経路を 1 次元に書き改めたエネルギー曲線である．この横軸を**反応座標**(reaction coordinate)とよぶ．素反応だからエネルギー障壁は 1 つである．そのエネルギー障壁の最も高い狭い領域 δ に，**遷移状態**(transition state)または**活性錯合体**(activated complex)とよばれる反応中間体 $C^{\ddagger}$ が存在すると考える．つまり，式(12.20)の素反応を，概念上，次のような二段階過程と仮定する．

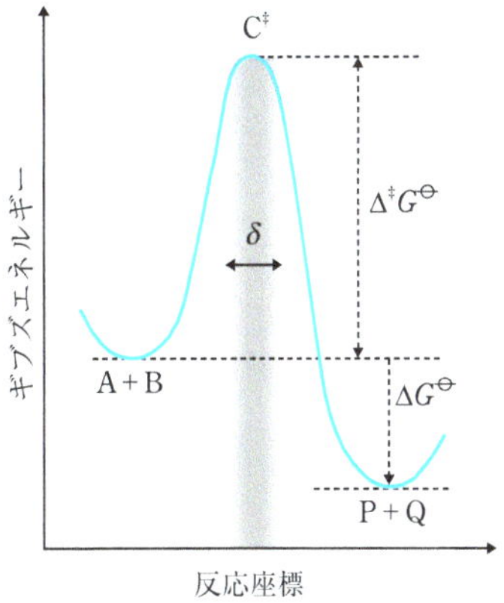

図 12.2　遷移状態のポテンシャルエネルギー曲線

$$A + B \rightleftharpoons C^{\ddagger} \longrightarrow P + Q \tag{12.21}$$

ここで，$C^{\ddagger}$ 生成に対して，前駆平衡が達成されているとすると，

$$K^{\ddagger} \equiv \frac{c_{C^{\ddagger}}/c^{\ominus}}{(c_A/c^{\ominus})(c_B/c^{\ominus})} = \frac{c_{C^{\ddagger}}\,c^{\ominus}}{c_A c_B} \tag{12.22}$$

と定義できる($K^{\ddagger}$：**前駆結合定数**，pre-equilibrium binding constant，単位：無次元)．また，この反応は，活性錯合体 $C^{\ddagger}$ から速度定数 $k^{\ddagger}$(単位：s^{-1})で進行すると考えることもできるので，次のように表すことができる．

$$v = kc_A c_B = k^{\ddagger} c_{C^{\ddagger}} \tag{12.23}$$

ここで k は二分子反応速度定数(単位：$dm^3\ mol^{-1}\ s^{-1}$)である．式(12.23)に式(12.22)を代入すると

$$k = k^{\ddagger} K^{\ddagger} / c^{\ominus} \tag{12.24}$$

が得られる．一方，$C^{\ddagger}$ の反応座標軸方向の動きは，$C^{\ddagger}$ に関与する並進運動とみなすことができる．そして，その位置が生成物側に偏ったとき，ある確率 κ で生成物へと変化できるとする(κ：**透過係数**(transmission coefficient) ≈ 1)．このように考えると，$k^{\ddagger}$ は $C^{\ddagger}$ が生成物側に偏る頻度，つまり振動数 ν に比例すると考えられる．

$$k^{\ddagger} = \kappa\nu \tag{12.25}$$

一方，エネルギーを波の特徴として書き表すと，プランクの式(2.14 節)

$$E = h\nu \tag{12.26}$$

で与えられる(h：プランク定数)．統計力学によると，1 個の調和振動子の平均としての熱エネルギーは次式で与えられる．

$$E = k_B T \tag{12.27}$$

式(12.26)と式(12.27)を式(12.25)に代入すると

$$k^{\ddagger} = \kappa k_B T / h \tag{12.28}$$

となる．式(12.28)を式(12.24)に代入して

$$k = \frac{\kappa k_B T}{hc^{\ominus}} K^{\ddagger} \tag{12.29}$$

が得られる．式(12.29)を**アイリングの式**(Eyring equation)とよぶ(発展 12.1)．さらに**標準活性化ギブズエネルギー**(standard Gibbs energy of activation)を $\Delta^{\ddagger} G^{\ominus}$ とおけば，熱力学理論により

$$-RT \ln K^{\ddagger} = \Delta^{\ddagger} G^{\ominus} \tag{12.30}$$

となるので

$$k = \frac{\kappa k_B T}{hc^{\ominus}} \exp\left(\frac{-\Delta^{\ddagger} G^{\ominus}}{RT}\right) \tag{12.31}$$

あるいは，$k^{\ominus}$ を標準反応速度定数として(つまり，いまのような二分子反応速度の場合 $k^{\ominus} = 1\ dm^3\ mol^{-1}\ s^{-1}$)，式(12.31)の両辺に $k^{\ominus}$ をかけ，無次元化し，対数をとると，

$$\ln\left(k / k^{\ominus}\right) = \ln\left(\frac{1}{c^{\ominus} k^{\ominus}} \frac{\kappa k_B T}{h}\right) - \frac{\Delta^{\ddagger} G^{\ominus}}{RT} \tag{12.32}$$

と書くことができる(注 1)．さらに，$\Delta^{\ddagger} G^{\ominus}$ を**標準活性化エンタルピー**(standard enthalpy of activation)$\Delta^{\ddagger} H^{\ominus}$ と**標準活性化エントロピー**(standard entropy of

注 1) $k^{\ominus} c^{\ominus} = 1\ s^{-1}$ である．単分子反応の場合，式(12.22)は $K^{\ddagger} \equiv \frac{c_{C^{\ddagger}} / c^{\ominus}}{(c_A / c^{\ominus})} = \frac{c_{C^{\ddagger}}}{c_A}$ となり，$k^{\ominus} = 1\ s^{-1}$ となる．その場合，式(12.32)の $c^{\ominus}$ は $c^{\ominus} = 1$ とおけばよい．

activation) $\Delta^{\ddagger}S^{\ominus}$ で表すと，

$$\Delta^{\ddagger}G^{\ominus} = \Delta^{\ddagger}H^{\ominus} - T\Delta^{\ddagger}S^{\ominus} \tag{12.33}$$

となるから，式(12.33)を式(12.31)に代入して

$$k = \frac{\kappa k_B T}{hc^{\ominus}} \exp\left(\frac{\Delta^{\ddagger}S^{\ominus}}{R}\right) \exp\left(\frac{-\Delta^{\ddagger}H^{\ominus}}{RT}\right) \tag{12.34}$$

が得られる．

式(12.31)からわかるように，$\Delta^{\ddagger}G^{\ominus}$ が大きくなると k は小さくなる．$\Delta^{\ddagger}G^{\ominus} > 0$ とする要因は，式(12.33)からわかるように，$\Delta^{\ddagger}H^{\ominus} > 0$ か $\Delta^{\ddagger}S^{\ominus} < 0$ か，両方の効果による．$\Delta^{\ddagger}H^{\ominus}$ は，活性錯合体の部分的な結合を切る素過程における必要とされるエネルギーであり，常に $\Delta^{\ddagger}H^{\ominus} > 0$ となる．一方，$\Delta^{\ddagger}S^{\ominus}$ は，単一分子が溶液中で別々に動くのに比べて，活性錯合体ではある程度拘束される場合には $\Delta^{\ddagger}S^{\ominus} < 0$ となる．しかし，複雑な分子の場合，分子のセグメントが独立に動くことがあると，その結果として活性錯合体に新たな自由度が現れる．この場合には $\Delta^{\ddagger}S^{\ominus} > 0$ となる．

以上が**遷移状態理論**(transition-state theory)あるいは**活性錯合体理論**(activated-complex theory)とよばれる活性化律速過程の理論を簡略化した説明である．

参考 12.1 反応座標

いま，水素分子の結合の組み換え反応 $H_A + H_B - H_C \longrightarrow H_A - H_B + H_C$ を考える．**図 12.3** は，H_A と H_B の距離 R_{AB}，H_B と H_C の距離 R_{BC} の 2 次元の平面に対して，全エネルギーを縦軸に示した 3 次元のポテンシャルエネルギー曲線である．$H_A + H_B - H_C$ 状態(a)の入り口から，$H_A - H_B + H_C$ 状態(d)の出口まで移行するとき，最も低いエネルギーの経路を動くはずである．右はポテンシャルエネルギー曲線を等高線として表したものである．**反応経路**(path of the reaction)を赤線で示している．活性錯合体は図 12.3 の c に相当しており，この状態を**遷移状態**とよぶ．また，この反応経路を直線的に示したものを**反応座標**(reaction coordinate)とよび，反応がどこまで進行したかを示す指標となる．反応経路を横軸に，ポテンシャルエネルギーを縦軸に書くと，2 次元のポテンシャルエネルギー曲線が得られる．

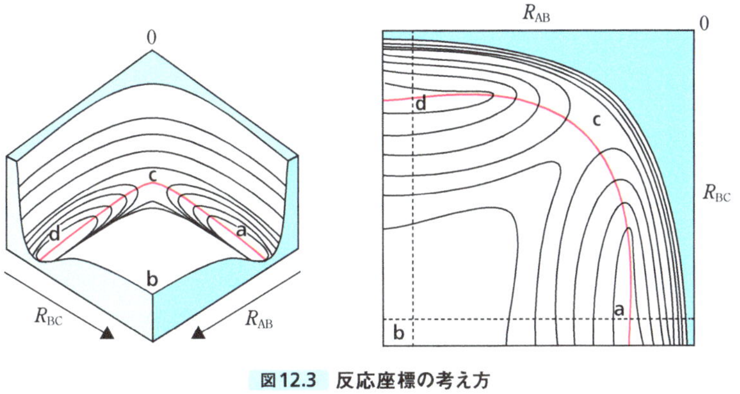

図 12.3　反応座標の考え方

発展 12.1 統計熱力学に基づいた速度定数の厳密な考え方

12.2 節での式(12.29)の導出では一部簡略化したところがある．実際には，個々の分子の運動を記述する力学(量子力学)に基づいて，分子が集団として確率的にどのように振る舞っているかを考え，平均量である熱力学量をどのように求めることができるかということを，「統計熱力学」的に考えることが必要である．

熱力学的平均量である圧力，内部エネルギー，エントロピー，ヘルムホルツエネルギーなどは，分配関数 q を用いて簡単な式で得ることができる(2.15 節 発展 2.4)．体積 V が一定のもとでの平衡定数も q を用いて表現できる．誘導は省略するが，例えば $C^{\ddagger}$ の前駆平衡定数 $K^{\ddagger}$ の場合，V が一定であれば

$$K^{\ddagger}=\frac{(q_{C^{\ddagger}}/V)c^{\ominus}}{(q_{A}/V)(q_{B}/V)} \tag{12.35}$$

と与えられる．エネルギーは並進運動エネルギー，多原子分子の回転運動エネルギー，調和振動子の振動エネルギー，電子エネルギーなどに大別され，それぞれの分配関数は q_{tr}，q_{r}，q_{v}，q_{e} と書くことにする．これらの解析解も得られている．分子のエネルギーはこれらのエネルギーの和であるから，q は積の形になる．

$$q_{C^{\ddagger}}=q_{C^{\ddagger},tr}\cdot q_{C^{\ddagger},r}\cdot q_{C^{\ddagger},v}\cdot q_{C^{\ddagger},e}\cdots \tag{12.36}$$

活性錯合体 $C^{\ddagger}$ は障壁の頂点を中心とする狭い範囲 δ(図 12.2)で安定であると考える．この $C^{\ddagger}$ の分配関数 $q_{C^{\ddagger}}$ を，反応経路上の 1 次元的な並進運動の並進分配関数 $q_{C^{\ddagger},tr}$ と並進運動以外の寄与の分配関数 $q_{C^{\ddagger},int}$ とに分けて考えることにする．

$$q_{C^{\ddagger}}=q_{C^{\ddagger},tr}\cdot q_{C^{\ddagger},int} \tag{12.37}$$

$$q_{C^{\ddagger},int}\equiv q_{C^{\ddagger},r}\cdot q_{C^{\ddagger},v}\cdot q_{C^{\ddagger},e}\cdots \tag{12.38}$$

また，$q_{C^{\ddagger},int}$ だけを用いた前駆平衡定数は

$$K^{\ddagger}{}_{C}=\frac{(q_{C^{\ddagger},int}/V)c^{\ominus}}{(q_{A}/V)(q_{B}/V)} \tag{12.39}$$

と書くことができる．式(12.35)に式(12.37)と式(12.39)を代入すると

$$K^{\ddagger}=q_{C^{\ddagger},tr}\frac{(q_{C^{\ddagger}}/V)c^{\ominus}}{(q_{A}/V)(q_{B}/V)}=q_{C^{\ddagger},tr}K^{\ddagger}{}_{C} \tag{12.40}$$

となる．ここで，2.15 節 発展 2.4 で説明したように，

$$q_{C^{\ddagger},tr}=\frac{\delta}{h}\sqrt{2\pi m_{C^{\ddagger}}k_{B}T} \tag{12.41}$$

と与えられる．また，反応速度は $C^{\ddagger}$ がこの障壁を越えてしまう頻度 ν に比例すると考えると

$$v=\nu c_{C^{\ddagger}} \tag{12.42}$$

となる．式(12.22)と式(12.23)，および式(12.42)より

$$k=\frac{v}{c_{A}c_{B}}=\frac{\nu c_{C^{\ddagger}}}{c_{A}c_{B}}=\frac{\nu K^{\ddagger}}{c^{\ominus}} \tag{12.43}$$

となる．さらに式(12.43)に式(12.40)と式(12.41)を代入して

$$k = \frac{v\delta}{hc^{\ominus}} K^{\ddagger}{}_{\mathrm{C}} \sqrt{2\pi m_{\mathrm{C}^{\ddagger}} k_{\mathrm{B}} T} \tag{12.44}$$

が得られる．式(12.44)ではまだ v と δ が曖昧であるが，その積は $\mathrm{C}^{\ddagger}$ が障壁を越える際の平均速度 $\langle v \rangle$ に等しいと考えると，1 次元のマクスウェル-ボルツマン分布(2.15 節 発展 2.3)により

$$v\delta = \langle v_x \rangle = \int_0^{\infty} v f(v) \mathrm{d}v = \sqrt{\frac{m_{\mathrm{C}^{\ddagger}}}{2\pi k_{\mathrm{B}} T}} \int_0^{\infty} v \exp\left(\frac{-m_{\mathrm{C}^{\ddagger}} v^2}{2k_{\mathrm{B}} T}\right) \mathrm{d}v = \sqrt{\frac{k_{\mathrm{B}} T}{2\pi m_{\mathrm{C}^{\ddagger}}}} \tag{12.45}$$

と与えられる．式(12.45)を式(12.44)に代入して

$$k = \frac{k_{\mathrm{B}} T}{hc^{\ominus}} K^{\ddagger}{}_{\mathrm{C}} \tag{12.46}$$

が得られる．これが分配関数から導いた遷移状態理論の反応速度定数である．$K^{\ddagger}{}_{\mathrm{C}} = \kappa K^{\ddagger}$ とおくと，式(12.29)が得られる．

分配関数から反応速度定数を求めることだけが目的ではない．例えば，金属中の水素(H)と重水素(D)の溶解度，拡散の活性化エネルギーを求める際には，水素の振動の分配関数の寄与が大きく，同位体効果が分配関数からの解析結果とよく一致する．

12.3 アレニウスの速度式

アイリングの遷移状態理論に先立ち，アレニウスは，平衡定数の温度依存性に関するファント・ホッフの式(式(7.40))と化学平衡の法則(7.2 節)から推測して，反応速度定数に対して

$$\frac{\mathrm{d}\ln(k/k^{\ominus})}{\mathrm{d}T} = \frac{E_{\mathrm{a}}}{RT^2} \tag{12.47}$$

を提案した．ここで，E_{a} を**活性化エネルギー**(activation energy)とよぶ．また $k^{\ominus}$ は速度定数の単位を消去するための標準の値である(二次反応速度定数であれば，例えば $k^{\ominus} = 1\ \mathrm{dm^3\ mol^{-1}\ s^{-1}}$).

$$\mathrm{d}\ln\left(\frac{k}{k^{\ominus}}\right) = \frac{E_{\mathrm{a}}}{R}\frac{\mathrm{d}T}{T^2} \tag{12.48}$$

として積分すると

$$\ln(k/k^{\ominus}) = -\frac{E_{\mathrm{a}}}{RT} + C = -\frac{E_{\mathrm{a}}}{RT} + \ln A \tag{12.49}$$

あるいは

$$k/k^{\ominus} = A\exp\left(-\frac{E_{\mathrm{a}}}{RT}\right) \tag{12.50}$$

が得られる．これを**アレニウスの式**(Arrhenius equation)とよぶ．ここで A は積分定数 C に由来するもので，**頻度因子**(frequency factor)あるいは**前指数因子**(pre-exponential factor)とよばれる．アレニウスの式は，実験結果をよく説明することができる(参考 12.2).

ここで，アレニウスの式とアイリングの式を比較してみる．いま，式

Svante August Arrhenius(1859−1927)
スウェーデンの物理化学者．1903 年に電解質の解離の理論に関する業績により，スウェーデン初としてノーベル化学賞を受賞．彼自身 1900 年にノーベル賞の創設に関わった．

(12.32)を T で微分し，ギブズ–ヘルムホルツの式(式(5.42))を用いると，

$$\frac{\mathrm{d}(\ln(k/k^{\ominus}))}{\mathrm{d}T}=\frac{1}{T}+\frac{\Delta^{\ddagger}H^{\ominus}}{RT^2}=\frac{\Delta^{\ddagger}H^{\ominus}+RT}{RT^2} \tag{12.51}$$

となる(参考 12.3)．これをアレニウスの式(式(12.47))と比較すると

$$E_{\mathrm{a}}=\Delta^{\ddagger}H^{\ominus}+RT \tag{12.52}$$

となる．この $\Delta^{\ddagger}H^{\ominus}$ を式(12.34)に代入すると

$$k=\frac{\kappa e k_{\mathrm{B}}T}{hc^{\ominus}}\exp\left(\frac{\Delta^{\ddagger}S^{\ominus}}{R}\right)\exp\left(\frac{-E_{\mathrm{a}}}{RT}\right) \tag{12.53}$$

となる．これを式(12.50)と比較し，

$$A=\frac{1}{k^{\ominus}c^{\ominus}}\frac{\kappa e k_{\mathrm{B}}T}{h}\exp\left(\frac{\Delta^{\ddagger}S^{\ominus}}{R}\right) \tag{12.54}$$

と表すことができる．

ここで重要なことは，アイリングの式にも，アレニウスの式にも，反応前後での標準反応ギブズエネルギー $\Delta_{\mathrm{r}}G^{\ominus}$ の項は一切現れないということである．つまり，一般的には，反応速度定数 k(あるいは活性化ギブズエネルギー $\Delta^{\ddagger}G^{\ominus}$)は全反応の平衡定数 K(あるいは $\Delta_{\mathrm{r}}G^{\ominus}$)とは関係づけることができない．

参考 12.2 活性化エネルギー

衝突理論(reaction dynamics)では，二分子反応はある活性化障壁以上の運動エネルギーをもって衝突した場合だけ，反応が進行すると考える．その場合，分子 A と B が衝突する頻度はそれぞれの濃度 c_{A}，c_{B} に比例するはずである．しかし，反応に至るだけのエネルギーをもって衝突するとは限らない．活性化障壁のエネルギー E_{a} 以上の運動エネルギーをもつものだけが反応できるのである．マクスウェル–ボルツマン分布(2.15 節 発展 2.3)によれば，温度が上がると，ある最小値($E_{\min}=E_{\mathrm{a}}$)をもつ気相分子の割合が増加する．運動エネルギーは速さの二乗に比例するから，低温の気相で大きなエネルギーをもつ分子の割合は限られ，温度が上昇すると急速に増大する(**図 12.4**)．ボルツマン分布(cf. 2.15 節)により，E_{a} 以上の運動エネルギーをもつ衝突の割合は $\exp(-E_{\mathrm{a}}/(RT))$ で与えられる．したがって，この反応速度は

$$v\propto c_{\mathrm{A}}c_{\mathrm{B}}\exp\left(-\frac{E_{\mathrm{a}}}{RT}\right) \tag{12.55}$$

と与えられることになる．このためアレニウスの式の指数項は**ボルツマン因子**(Boltzmann factor)ともよばれる．

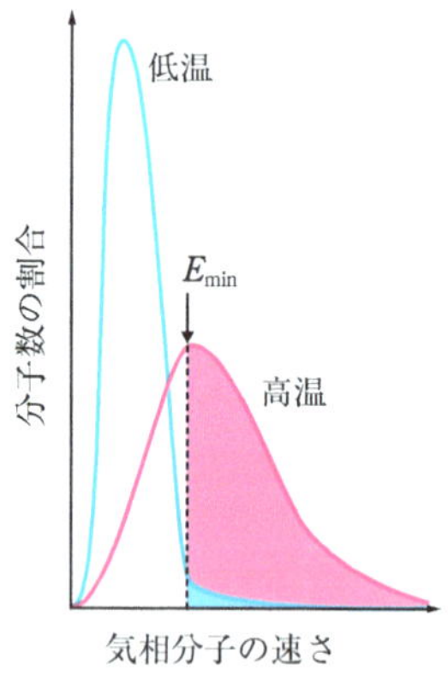

図 12.4 マクスウェル–ボルツマン分布の温度の影響と活性化エネルギー以上の分子の割合

参考 12.3 気体の二分子反応速度定数の温度依存性

式(12.29)の $K^{\ddagger}$ を，気体の濃度平衡定数という形で定義すると，式(7.42)の関係により，

$$\frac{\mathrm{d}\left[\ln\left(k/k^{\ominus}\right)\right]}{\mathrm{d}T}=\frac{1}{T}+\frac{\Delta^{\ddagger}U^{\ominus}}{RT^2} \tag{12.56}$$

となる．ここで考えている気体の二分子反応の活性錯合体生成(A + B ⟶ $C^{\ddagger}$)に関わる物質量の変化数は $\Delta^{\ddagger}n^{\ominus}=-1$ であるから，

$$\Delta^{\ddagger}U^{\ominus}=\Delta^{\ddagger}H^{\ominus}-P\Delta^{\ddagger}V^{\ominus}=\Delta^{\ddagger}H^{\ominus}-RT\Delta^{\ddagger}n^{\ominus}=\Delta^{\ddagger}H^{\ominus}+RT \tag{12.57}$$

となる．したがって，

$$\frac{\mathrm{d}\left[\ln\left(k/k^{\ominus}\right)\right]}{\mathrm{d}T}=\frac{\Delta^{\ddagger}H^{\ominus}+2RT}{RT^2} \tag{12.58}$$

が得られる．つまり，気体の二分子反応の場合には

$$E_{\mathrm{a}}=\Delta^{\ddagger}H^{\ominus}+2RT \tag{12.59a}$$

$$k=\kappa\frac{e^2k_{\mathrm{B}}T}{hc^{\ominus}}\exp\left(\frac{\Delta^{\ddagger}S^{\ominus}}{R}\right)\exp\left(\frac{-E_{\mathrm{a}}}{RT}\right) \tag{12.59b}$$

$$A=\frac{1}{k^{\ominus}c^{\ominus}}\frac{\kappa e^2k_{\mathrm{B}}T}{h}\exp\left(\frac{\Delta^{\ddagger}S^{\ominus}}{R}\right) \tag{12.59c}$$

と与えられるのである．

12.4 速度定数の温度依存性

反応速度定数は，温度に大きく依存する．平衡定数の温度依存性(7.6 節)と同様に，比較的狭い温度範囲で活性化エネルギーが温度に依存しないとするならば，式(12.48)を積分して，反応速度定数の温度依存性は

$$\ln\frac{k_2}{k_1}=-\frac{E_{\mathrm{a}}}{R}\left(\frac{1}{T_2}-\frac{1}{T_1}\right) \tag{12.60}$$

で与えられる．**図 12.5** に示すように，$\ln k$ を $1/T$ に対してプロットし，その直線の傾きから E_{a} を求めることができる．このプロットは**アレニウスプロット**とよばれ，式(12.49)の傾きから活性化エネルギー，縦軸の切片から前指数因子 A が得られ，速度定数の温度依存性を予測するうえできわめて重要である．

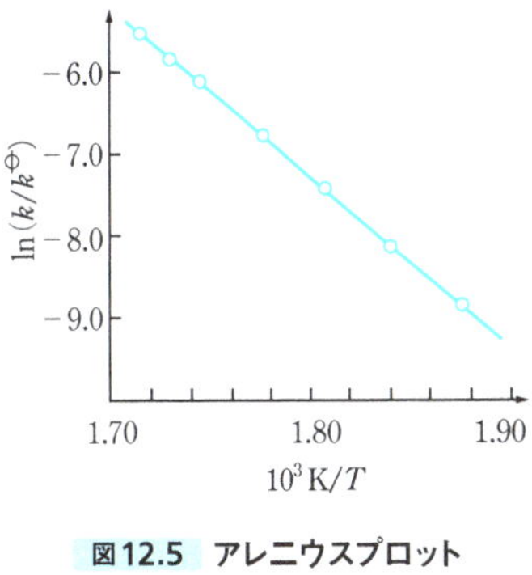

図 12.5 アレニウスプロット

12.5 自由エネルギー直線関係

速度定数と平衡定数の関係を，一般的に表すことはできないとすでに述べた．しかし，速度予測ということは非常に重要な課題であり，古来から，平衡情報から速度定数を予測しようとする試みはいくつかなされてきた．幸いなことに，置換基を替えたような一連の化合物 i, j について，同種の反応に

注目した場合だけ，その反応速度定数 k と平衡定数 K の間には，次の関係があることが経験的に知られている．

$$\log\left(\frac{k_j}{k_i}\right)=\beta\log\left(\frac{K_j}{K_i}\right) \tag{12.61}$$

これを**自由エネルギー直線関係**(linear free energy relationship, **LFER**)といい，比例係数 β は $0<\beta<1$ であるが，理想的には 0.5 となる．遷移状態理論を用いてこの関係を導いてみる．

図 12.6 には

$$\mathrm{A}_i+\mathrm{B}\longrightarrow\mathrm{P}_i+\mathrm{Q} \tag{12.62}$$

という反応のポテンシャルエネルギー図を模式的に描いている．いま，A_i の類似化合物，例えば，A_i の置換基を替えた化合物 A_j を用いたとき，標準反応ギブズエネルギー $\Delta_\mathrm{r}G^\ominus$ は，$\Delta\Delta_\mathrm{r}G^\ominus{}_{i\to j}$ だけ変化したとする．ここで，式(7.19)を用いて，$\Delta_\mathrm{r}G^\ominus$ と平衡定数 K を関係づけると

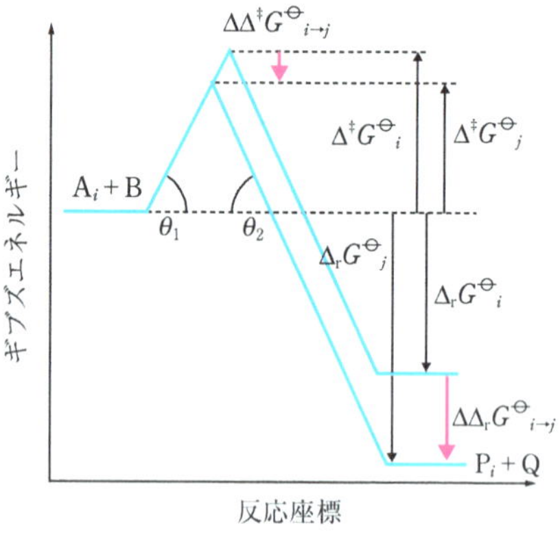

図 12.6　LFER の考え方

$$\Delta\Delta_\mathrm{r}G^\ominus{}_{i\to j}\equiv\Delta_\mathrm{r}G^\ominus{}_j-\Delta_\mathrm{r}G^\ominus{}_i=-RT\ln\left(\frac{K_j}{K_i}\right) \tag{12.63}$$

となる．一方，標準活性化ギブズエネルギー $\Delta^\ddagger G^\ominus{}_i$ と速度定数 k の関係は，式(12.32)で表されるので，$\Delta^\ddagger G^\ominus{}_i$ が $\Delta\Delta^\ddagger G^\ominus{}_{i\to j}$ に変化することにより，速度定数は次のように変化する．

$$\Delta\Delta^\ddagger G^\ominus{}_{i\to j}\equiv\Delta^\ddagger G^\ominus{}_j-\Delta^\ddagger G^\ominus{}_i=-RT\ln\left(\frac{k_j}{k_i}\right) \tag{12.64}$$

図 12.6 に示したように，類似化合物 i, j の間には，この 2 つのギブズエネルギーに直線関係がある．

$$\Delta\Delta^\ddagger G^\ominus{}_{i\to j}=\beta\Delta\Delta_\mathrm{r}G^\ominus{}_{i\to j} \tag{12.65}$$

幾何学的理由から，図 12.6 で $\theta_1=\theta_2$ のとき $\beta=0.5$ となり，$\theta_1>\theta_2$ のとき $0.5<\beta<1$，$\theta_1<\theta_2$ のとき $0<\beta<0.5$ となる．式(12.65)に式(12.63)と式(12.64)を代入することにより，式(12.61)が得られる．

LFER は**ブレンステッドの触媒法則**(catalysis law of Brønsted)(注 1)，**ハメット則**(Hammett's rule)(参考 12.4)，電極反応速度に関する**バトラー–ボルマー式**(Butler–Volmer equation)および**フルムキンの電気二重層効果**(double layer effect of Frumkin)など，化学のさまざまな場面で登場する非常に重要な概念である．

注 1）ある反応に対して，酸が触媒として働くとき，その速度定数 k_a と酸定数 K_a との間に，$\log(k_{\mathrm{a},j}/k_{\mathrm{a},i})=\alpha\log(K_{\mathrm{a},j}/K_{\mathrm{a},i})$ の関係が成り立つという法則のこと．塩基が触媒として働くときには，その速度定数 k_b と塩基定数 K_b との間に $\log(k_{\mathrm{b},j}/k_{\mathrm{b},i})=\alpha\log(K_{\mathrm{b},j}/K_{\mathrm{b},i})$ の関係が成り立つ．

参考12.4 ハメット則

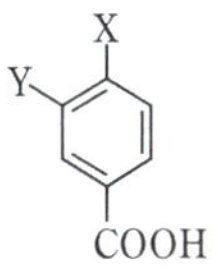

安息香酸

ハメット則は，*m*-，*p*-置換ベンゼン誘導体の酸解離反応のように，ある原子の全電子密度が重要な寄与をする電荷支配の反応に関して，平衡や反応速度に及ぼす *m*-，*p*-置換基の効果を定量的に表す法則で，薬物の構造活性相関や薬物設計などで汎用されている．この法則では，安息香酸類の酸解離反応（反応aとする）を基準に考える．具体的には，安息香酸の解離定数を $K_{a,0}$，置換基（j）をもつ安息香酸誘導体の解離定数を $K_{a,j}$ とするとき，**置換基定数**（substituent constant）σ_j は次のように定義される．

$$\sigma_j \equiv \log\left(\frac{K_{a,j}}{K_{a,0}}\right) = \frac{1}{2.303RT}\left(\Delta_r G^{\ominus}{}_{a,0} - \Delta_r G^{\ominus}{}_{a,j}\right) \tag{12.66}$$

これは，酸解離したカルボン酸イオンのカルボキシ基上の負電荷が非局在化する程度を相対的に表したもので，主に解離部位の酸素原子の電子密度の差を反映する．つまり，置換基定数は，置換基の電子求引的な効果を表しているのである．*p*-置換基を例にあげると，**電子求引性基**（electron withdrawing group）であるニトロ基は $\sigma_p = 0.81$ と正の値になり，**電子供与性基**（electron donating group）であるジメチルアミノ基では $\sigma_p = -0.63$ と負の値となる．

次に，ある平衡反応（反応1）を考える．反応1も酸解離反応と同様，電荷支配の場合には，反応1の標準反応ギブズエネルギーと酸解離の標準反応ギブズエネルギーの間に次のような比例関係が成り立つ．

$$\Delta_r G_{1,0}{}^{\ominus} - \Delta_r G_{1,j}{}^{\ominus} = \rho_{K,1}\left(\Delta_r G_{a,0}{}^{\ominus} - \Delta_r G_{a,j}{}^{\ominus}\right) \tag{12.67}$$

書き換えると

$$\log\left(K_{1,j} / K_{1,0}\right) = \rho_{K,1}\sigma_j \tag{12.68}$$

が得られる．ここで下付きの1と j は，それぞれ注目する置換基がHと j の場合を指す．これが平衡に関するハメット則である．安息香酸の解離より**電子的効果**（electronic effect）を受けやすいフェノールの解離平衡では $\rho_K = 2.11$ と大きな値となる．

この反応1に対して，式(12.61)のLFERを適用すると，より有用な速度定数に関するハメット則が得られる．

$$\log\frac{k_{1,j}}{k_{1,0}} = \beta\rho_{K,1}\sigma_j = \rho_{k,1}\sigma_j \tag{12.69}$$

$\rho_{k,1}$ は比例定数である．σ_j が電子求引的な効果を表しているので，求核反応では $\rho_{k,1} > 0$，求電子的反応では $\rho_{k,1} < 0$ となる．安息香酸エチルの加水分解反応速度を例にあげ，ハメット則の妥当性を**図12.7**に示す．このような速度定数と対数と置換基定数の関係を**ハメットプロット**という．

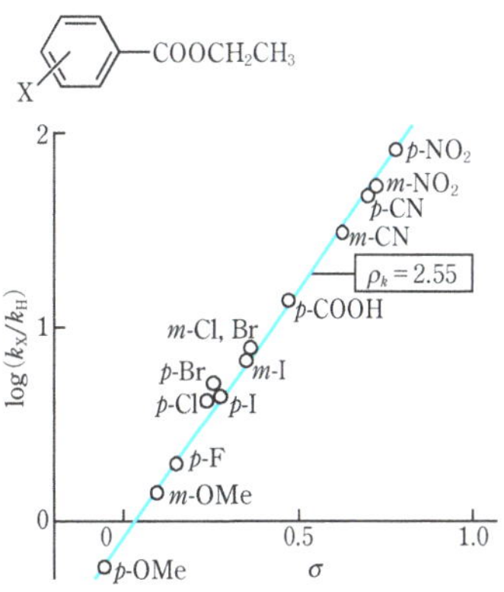

図12.7 安息香酸メチルの加水分解速度定数の置換基効果

12.6　電子移動速度

電子移動反応(electron transfer reaction)は，化学反応の中できわめて重要な役割を果たしているが，すべての生体エネルギーを生み出す必須な過程でもある．この電子移動反応速度を支配する因子についてよく理解しておく必要がある．

溶媒中での**電子供与体**(electron donor)Dから**電子受容体**(electron acceptor)Aへの電子移動を次のように考える．

$$\mathrm{D+A} \underset{k_a'}{\overset{k_a}{\rightleftarrows}} \mathrm{DA} \underset{k_{et}'}{\overset{k_{et}}{\rightleftarrows}} \mathrm{D^+A^-} \overset{k_d}{\longrightarrow} \mathrm{D^+ + A^-} \tag{12.70}$$

ここで k_a は拡散などによってDとAが出会いDA複合体を生成する速度定数(単位：s^{-1})，k_a' はその逆反応の速度定数(単位：$dm^3\ mol^{-1}\ s^{-1}$)，k_{et} はDA複合体の内部で起こる**長距離電子移動**(long range electron transfer)の速度定数(単位：s^{-1})，k_{et}' はその逆反応の速度定数(単位：s^{-1})，k_d は D^+A^{-1} が解離して，生成した D^+ と A^{-1} が，溶液中を拡散する過程の速度定数(単位：s^{-1})である．全体の反応速度定数 k_{obs}(単位：s^{-1})は，DA生成過程が律速の場合には

$$k_{obs} \simeq k_a \tag{12.71}$$

となる．D^+A^- 生成過程が律速の場合には，

$$k_{obs} \simeq \left\{k_a / \left(k_a' c^{\ominus}\right)\right\} k_{et} \tag{12.72}$$

となる．また，D^+A^- 複合体のイオンへの分裂・拡散過程が律速の場合には，

$$k_{obs} \simeq \left\{k_a / \left(k_a' c^{\ominus}\right)\right\}\left(k_{et} / k_{et}'\right) k_d \tag{12.73}$$

となる．これら3つの反応が直列につながっているので，

$$\frac{1}{k_{obs}} = \frac{1}{k_a} + \frac{1}{\left\{k_a / \left(k_a' c^{\ominus}\right)\right\} k_{et}} + \frac{1}{\left\{k_a / \left(k_a' c^{\ominus}\right)\right\}\left(k_{et} / k_{et}'\right) k_d} \tag{12.74}$$

と与えられる(13.1節 参考13.2)．一般に，第3ステップの D^+A^- 複合体のイオンへの分裂・拡散過程は他の過程に比べてはるかに速いので，

$$\frac{1}{k_{obs}} \simeq \frac{1}{k_a} + \frac{1}{\left\{k_a / \left(k_a' c^{\ominus}\right)\right\} k_{et}} \tag{12.75}$$

となる．さらに，タンパク質中の補因子間の電子移動，あるいは呼吸鎖や光合成系の電子移動は，DとAに相当するものが直接衝突するわけではないので，長距離電子移動過程が律速段階となる(式(12.72))．

DA生成過程を素反応とみなして，前駆平衡近似を用いるとDA複合体の前駆平衡結合定数 K_{DA}(単位：無次元)は

$$K_{DA} \equiv \frac{(c_{AB}/c^{\ominus})}{(c_A/c^{\ominus})(c_B/c^{\ominus})} = k_a / (k_a{}' c^{\ominus}) \tag{12.76}$$

と表される．電子移動過程に対して遷移状態理論(12.2節)を適用し，式(12.72)に式(12.76)を代入し，$k_{et} = k$ として式(12.31)を代入すると

$$k_{obs} = K_{DA} k_{et} = K_{DA} \frac{\kappa k_B T}{hc^{\ominus}} \exp\left(\frac{-\Delta^{\ddagger} G^{\ominus}}{RT}\right) = Z \exp\left(\frac{-\Delta^{\ddagger} G^{\ominus}}{RT}\right) \tag{12.77}$$

が得られる．ここで Z は次のように定義される(単位：$\mathrm{dm^3\ mol^{-1}\ s^{-1}}$)．

$$Z \equiv K_{DA} \frac{\kappa k_B T}{hc^{\ominus}} \tag{12.78}$$

12.7 マーカス理論

前節で扱ったDA複合体内部の電子移動の速度定数 k_{et} に関して，**マーカス理論**(Marcus theory)を用いて簡単に説明する．この理論によると，T および $\Delta^{\ddagger}G^{\ominus}$ が一定の場合，$\ln k_{et}$ は，DとAの距離 r とともに減少することが示され，実験的にも確かめられている．この挙動は**トンネル効果**(quantum tunnering)ともよばれている．

$$\ln(k_{et}/k^{\ominus}) \propto -\beta(r - r_0) \tag{12.79}$$

ここで r_0 はDとAの**最近接距離**(distance of closest approach である．また β は電子移動する媒質で決まる定数で，真空中で $29\ \mathrm{nm^{-1}} < \beta < 40\ \mathrm{nm^{-1}}$，水中で $16\ \mathrm{nm^{-1}} < \beta < 17\ \mathrm{nm^{-1}}$，アルケン鎖で $\beta \simeq 10\ \mathrm{nm^{-1}}$，また媒質がDとAをつなぐ分子リンカーの場合は，$\beta \simeq 9\ \mathrm{nm^{-1}}$ と報告されている．タンパク質中の電子移動では，$\beta \simeq 14\ \mathrm{nm^{-1}}$ というデータが示されている(**図12.8**)．ただし，α ヘリックスの場合 $12.5\ \mathrm{nm^{-1}} < \beta < 16.0\ \mathrm{nm^{-1}}$，$\beta$ シートの場合 $9.0\ \mathrm{nm^{-1}} < \beta < 11.5\ \mathrm{nm^{-1}}$ とする報告もある(注1，注2)．

一方，DA複合体とその周りの媒質は，電荷分布を変えて生成物 D^+ と A^- ができるように再配置しなければならない．この再配置とはDとAの相対

Rudolph Arthur Marcus (1923–)
米国の物理化学者．1992年，電子移動反応理論への貢献でノーベル化学賞を受賞．

注1) 短距離の場合は波動関数の重なりで電子移動が起こり，長距離の場合は波動関数が重ならないので，電子移動の途中の状態で長距離電子移動が起こるといわれている．したがって，電子移動速度は β 値だけで決まるわけではない．溶液中の電子移動の場合は，周りの溶媒との相互作用(電荷と双極子)が活性化エネルギーを与える．

注2) 電子だけでなく溶液中の水素イオンもトンネルし，例えば水素イオンの移動を伴う酵素反応に寄与するといわれている．

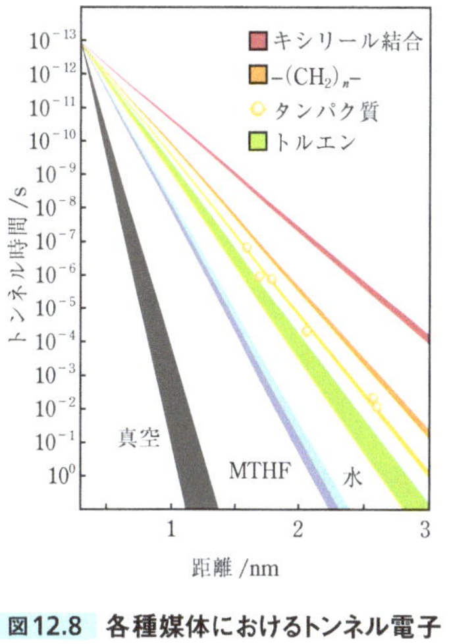

図12.8 各種媒体におけるトンネル電子移動の速度定数の距離依存性
MTHF：2-メチルテトラハイドロフラン
[H. B. Gray and J. R. Winkler, *Proc. Natl. Acad. Sci.*, **102**, 3534-3539 (2005)]

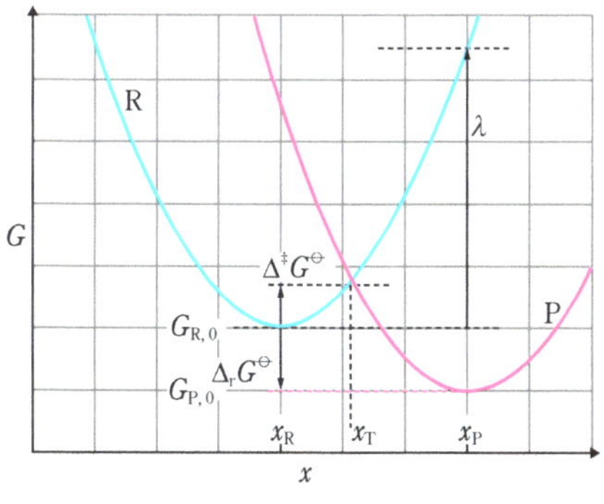

$$G_R(x) = G_{R,0} + K(x - x_R)^2$$
$$G_P(x) = G_{P,0} + K(x - x_P)^2$$
$$\Delta_r G^{\ominus} = G_{P,0} - G_{R,0}$$
$$\lambda = K(x_R - x_P)^2$$
$$\Delta^{\ddagger} G^{\ominus} = K(x_T - x_R)^2$$
$$G_R(x_T) = G_P(x_T)$$
$$x_T = \frac{\Delta_r G^{\ominus} + K(x_P{}^2 - x_R{}^2)}{2K(x_P - x_R)}$$
$$x_T - x_R = \frac{\Delta_r G^{\ominus} + \lambda}{2K(x_P - x_R)}$$
$$\Delta^{\ddagger} G^{\ominus} = K\left(\frac{\Delta_r G^{\ominus} + \lambda}{2K(x_P - x_R)}\right)^2 = \frac{(\Delta_r G^{\ominus} + \lambda)^2}{4\lambda}$$

図12.9 マーカス理論にでてくるパラメータのポテンシャルエネルギーマップ

的な再配向とDAをとりまく溶媒分子の相対的な再配向のことである．これに要するエネルギーは**再配向エネルギー**(reorganization energy)λとよばれ，ポテンシャルエネルギーマップ上では**図12.9**のように表される．そして，ポテンシャルエネルギーは反応座標に対して放物線で表されるので(2.5節)，2次関数の性質から，

$$\Delta^{\ddagger}G^{\ominus}=\frac{\left(\Delta_{r}G^{\ominus}+\lambda\right)^{2}}{4\lambda} \tag{12.80}$$

が得られる(式の誘導は，図12.9に記載)．(導出は省くが)式(12.32)，式(12.79)および式(12.80)より

$$k_{\mathrm{et}}/k_{0}=\exp\left[-\beta\left(r-r_{0}\right)\right]\exp\left[\frac{-\left(\Delta_{r}G^{\ominus}+\lambda\right)^{2}}{4\lambda RT}\right] \tag{12.81}$$

と与えられる(k_0：$r=r_0$における速度定数)．ここで重要なことの1つが，式(12.81)では速度定数k_{et}が標準反応ギブズエネルギー$\Delta_r G^{\ominus}$に関係づけられていることである．これは遷移状態理論(12.2節)との大きな相違点である．$\ln(k_{\mathrm{et}}/k_0)$の$\Delta_r G^{\ominus}$依存性は**図12.10**に示すように2次曲線型となり，$\Delta_r G^{\ominus}$が負に大きくなると(すなわち反応の駆動力が大きくなると)，$\ln(k_{\mathrm{et}}/k_0)$は増加し最大値に達する．しかし，さらに駆動力を増加させると$\ln(k_{\mathrm{et}}/k_0)$は減少してしまう．この領域を**逆転領域**(inverted region)という．この減少は，**図12.11**で理解できる．λを一定にして(つまり，図12.9の$x_{\mathrm{P}}-x_{\mathrm{R}}$を一定に保ち)，$\Delta_r G^{\ominus}$をより負にするとき，$\left|\Delta_r G^{\ominus}\right|>\lambda$となると，反応物と生成物のポテンシャルエネルギーの交点は，反応物の最小エネルギーより大きくなる．その結果，遷移状態のエネルギーが高くなるのである．生体ではできるだけ小さいλで，つまり反応物と生成物の反応座標軸の差$\left|x_{\mathrm{P}}-x_{\mathrm{R}}\right|$をできるだけ小さくし，できるだけ小さい$\left|\Delta_r G^{\ominus}\right|$で，高速長距離電子移動を実現している．

さて，ここで$\left|\Delta_r G^{\ominus}\right|\ll\lambda$のときを考えると，

$$\Delta^{\ddagger}G^{\ominus}=\frac{\left(\Delta_{r}G^{\ominus}\right)^{2}+2\lambda\Delta_{r}G^{\ominus}+\lambda^{2}}{4\lambda}\simeq\frac{\Delta_{r}G^{\ominus}}{2}+\frac{\lambda}{4} \tag{12.82}$$

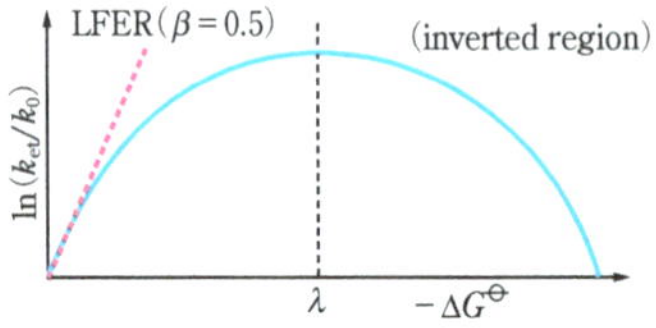

図12.10 マーカス理論で予測される電子移動速度定数とギブズエネルギーの関係

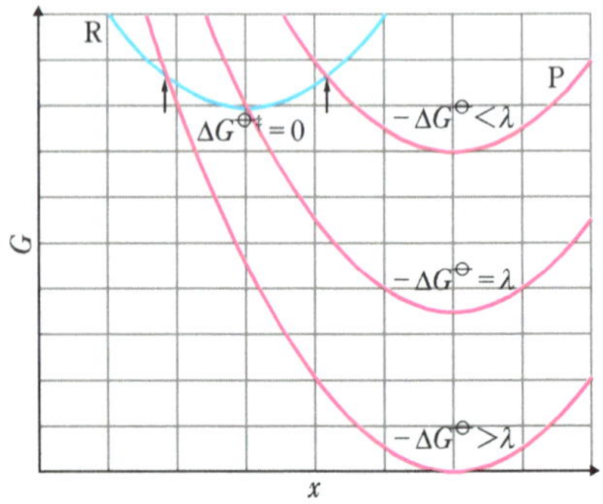

図12.11 速度の逆転領域ができることの説明図

と近似できる．ここで式(12.77)の対数表示したものに式(12.82)を代入して整理すると

$$\ln\left(k_{\mathrm{obs}}/k^{\ominus}\right)\left(=\frac{-\Delta^{\ddagger}G^{\ominus}}{RT}+\ln\left(Z/k^{\ominus}\right)\right)$$
$$\simeq-\frac{\Delta_{\mathrm{r}}G^{\ominus}}{2RT}-\frac{\lambda}{4RT}+\ln\left(Z/k^{\ominus}\right)=\frac{\ln K}{2}-\frac{\lambda}{4RT}+\ln\left(Z/k^{\ominus}\right) \tag{12.83}$$

となる．これはLFERの $\beta = 0.5$ のときの関係と類似している(式(12.61))．このことを，以下に，もう少し深く考えてみる．

まず，次の自己交換反応を考える．

$$\mathrm{D}+\mathrm{D}^{*+}\longrightarrow\mathrm{D}^{+}+\mathrm{D}^{*} \tag{12.84}$$

ここで，DとD*は自己交換反応を強調して区別して書いただけで，化学的にはまったく同一である．つまり，この反応は $\Delta_{\mathrm{r}}G^{\ominus}{}_{\mathrm{DD}}=0$ であるので，

$$\Delta^{\ddagger}G^{\ominus}{}_{\mathrm{DD}}=\frac{\lambda_{\mathrm{DD}}}{4} \tag{12.85}$$

と書くことができる．また，その反応速度定数は

$$k_{\mathrm{DD}}=Z_{\mathrm{DD}}\exp\left(\frac{-\Delta^{\ddagger}G^{\ominus}{}_{\mathrm{DD}}}{RT}\right)=Z_{\mathrm{DD}}\exp\left(-\frac{\lambda_{\mathrm{DD}}}{4RT}\right) \tag{12.86}$$

となる．同様に，自己交換反応

$$\mathrm{A}^{-}+\mathrm{A}^{*}\longrightarrow\mathrm{A}+\mathrm{A}^{*-} \tag{12.87}$$

についても考えると，

$$k_{\mathrm{AA}}=Z_{\mathrm{AA}}\exp\left(-\frac{\lambda_{\mathrm{AA}}}{4RT}\right) \tag{12.88}$$

となる．ここで，

$$\mathrm{D}+\mathrm{A}\longrightarrow\mathrm{D}^{+}+\mathrm{A}^{-} \tag{12.89}$$

の反応速度定数を考える．このとき，

$$\lambda=\frac{\lambda_{\mathrm{DD}}+\lambda_{\mathrm{AA}}}{2} \tag{12.90}$$

と仮定すると，

$$\ln\left(k_{\mathrm{obs}}/k^{\ominus}\right)=\frac{\ln K}{2}-\frac{\lambda}{4RT}+\ln\left(Z/k^{\ominus}\right)$$
$$=\frac{\ln K}{2}-\frac{\ln k_{\mathrm{DD}}+\ln k_{\mathrm{AA}}}{2}-\frac{\ln Z_{\mathrm{DD}}+\ln Z_{\mathrm{AA}}}{2}+\ln\left(Z/k^{\ominus}\right) \tag{12.91}$$

となり，書き換えると

$$k_{\mathrm{obs}}=\frac{Z}{\sqrt{Z_{\mathrm{DD}}Z_{\mathrm{AA}}}}\sqrt{k_{\mathrm{DD}}k_{\mathrm{AA}}K} \tag{12.92}$$

が得られる(ただし，通常 $\dfrac{Z}{\sqrt{Z_{\mathrm{DD}}Z_{\mathrm{AA}}}}=1$ とおく)．式(12.92)を**マーカスの交差式**(Marcus cross-relation)という．この関係は，式(12.65)における $\beta =$

0.5 の LFER に相当する．また，式(12.92)は，タンパク質間や錯体間の電子移動に関する実験結果をよく説明できる．

12.8　酸塩基触媒作用

図 12.12 に示すように，反応速度定数 k は pH に大きく依存する．図 12.12 にあるほとんどの反応の log k vs. pH のプロットの直線部分の傾きは −1，0，あるいは +1 となっている．傾きが −1 のときは，k が c_{H^+} に比例することを意味している．つまり，H^+ が触媒となる反応である．傾きが +1 のときは，k が c_{OH^-} に比例しているので OH^- が触媒となっている．こうした状況をまとめて書くと，

$$k = k_0 + k_{H^+} c_{H^+} + k_{OH^-} c_{OH^-} \tag{12.93}$$

となる．k_{H^+} と k_{OH^-} は，それぞれ，H^+ および OH^- が触媒となっているときの反応速度定数を表す．k_0 は，H_2O が**酸塩基触媒**(acid-base catalysis)となる反応速度定数であり，$\log(k/k^{\ominus})$ vs. pH のプロットでは傾き 0 の部分に相当する．式(12.93)の右辺の 3 項の大小関係で，反応により，図 12.12 に示すようないろいろな pH 依存性のパターンが現れる(注 1)．

一般に，酸触媒反応とは，反応物 A への H^+ 移動(あるいは水素結合)によって反応が促進される反応である．逆に，塩基触媒反応とは，反応物 A からの H^+ 移動(あるいは水素結合)によって反応が促進される反応である．**ブレンステッド–ローリーの酸塩基理論**(Brønsted−Lowry acid-base theory)(注 2)を用いると，すべての酸と塩基は触媒として働く．これはブレンステッドの触媒法則としても知られている．

大部分の有機化学反応，生化学(酵素)反応はこの触媒反応である．酸触媒としては，pK_a の小さい共役酸がより強い触媒能を示す．アミノ酸を例にあげると，

$$\begin{aligned} &H_3O^+ > \cdots > \mathrm{Asp} > \mathrm{Glu} > \mathrm{HisH}^+ > \mathrm{Cys} > \mathrm{Tyr} > \mathrm{LysH}^+ \\ &\quad > \mathrm{ArgH}^+ > \cdots > H_2O \end{aligned} \tag{12.94}$$

となる．逆に塩基触媒としては，pK_a の大きい共役塩基がより強い触媒能を示すので，

$$\begin{aligned} &OH^- > \cdots > \mathrm{Arg} > \mathrm{Lys} > \mathrm{Tyr}^- > \mathrm{Cys}^- > \mathrm{His} > \mathrm{Glu}^- \\ &\quad > \mathrm{Asp}^- > \cdots > H_2O \end{aligned} \tag{12.95}$$

となる．

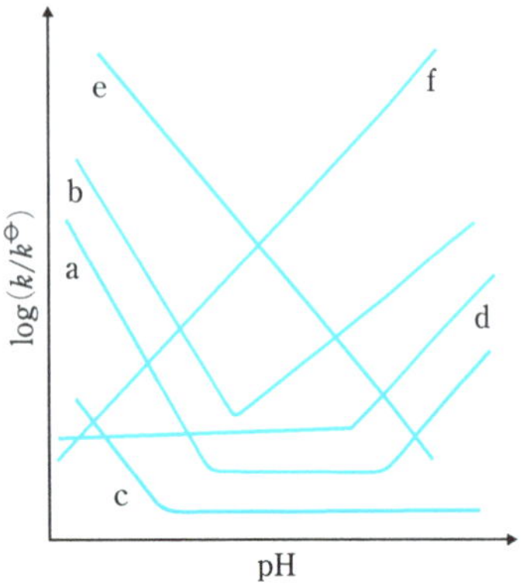

図12.12　反応速度定数のpH依存性
a)グルコースの変旋光
b)アミド・γ-ラクトン・エステルの加水分解
c)オルト酢酸アルキルの加水分解
d)β-ラクトンの加水分解，ニトロアミドの分解
e)糖の転化，ジアゾ酢酸エステル・アセタールの加水分解
f)ジアセトンアルコールの解重合，ニトロソアセトンアミン
［物理化学(上)，Water J. Moore(著)，藤代亮一(訳)，東京化学同人(1974)］

注 1) $k_0 \gg k_{H^+}c_{H^+} + k_{OH^-}c_{OH^-}$ のとき $\log k \simeq \log k_0$，$k_{H^+}c_{H^+} \gg k_{OH^-}c_{OH^-}$, k_0 のとき $\log(k_j/k_i) \simeq \log(c_{H^+,j}/c_{H^+,i}) = -(\mathrm{pH}_j - \mathrm{pH}_i)$，そして，$k_{OH^-}c_{OH^-} \gg k_{H^+}c_{H^+}$, k_0 のとき $\log(k_j/k_i) \simeq \log(c_{OH^-,j}/c_{OH^-,i}) = \mathrm{pH}_j - \mathrm{pH}_i$ となる．

注 2) プロトン移動説とよばれる．H^+ を出すものを酸といい，H^+ を受け取るものを塩基という．

12.9 イオン反応速度の塩効果

図 12.13 に示すように，イオンが関与する反応速度定数 k は，イオン強度 I に大きく依存することが，ブレンステッドの研究により知られている．価数 Z_A のイオン A と価数 Z_B のイオン B の反応において，$Z_AZ_B > 0$ の場合，k は $\sqrt{I}$ とともに増加し，$Z_AZ_B < 0$ の場合，k は $\sqrt{I}$ とともに減少する．また，$Z_AZ_B = 0$ の場合，k は I に依存しない．さらに，図 12.13 に示したように，$\log(k/k_0)$ を $\sqrt{I}$ に対してプロットしたとき，その傾きは，律速段階の反応物質の Z_AZ_B に比例する．図中の(3)の反応ではモノアニオンとモノアニオンの反応で正の傾きをもつ．(2)の反応は(3)の反応に比べて 2 倍の傾きとなる．つまり，律速段階は $S_2O_8^{2-}$ と I^- である．(4)のスクロースは電荷がなく，傾きゼロとなる．(5)の H_2O_2 による Br^- の酸化反応の律速段階は H_2O_2 と Br^- の反応ではなく，H^+ 付加した過酸化水素 $H_3O_2^+$ と Br^- の反応であり，傾きは負となり，その絶対値は(3)のそれと等しい(注 1)．このような**速度論的塩効果**(kinetic salt effect)は，遷移状態理論(12.2 節)と，デバイ–ヒュッケルの極限法則(5.10 節)を組み合わせて説明できる．

注 1) このように実験で得られる反応速度式は，化学反応式から予想されるものとは異なる場合が多い(11.1節)．

A^{Z_A} と B^{Z_B} のイオン反応の活性錯合体を $C^{(Z_A+Z_B)\ddagger}$ とする．

$$A^{Z_A} + B^{Z_B} \longrightarrow C^{(Z_A+Z_B)\ddagger} \longrightarrow P + Q \tag{12.96}$$

活量は式(5.87)で表されることを考慮して，式(12.29)を書き換えると

$$k\left(=\kappa\frac{k_BT}{hc^{\ominus}}K^{\ddagger} = \kappa\frac{k_BT}{h}\frac{c_{C^\ddagger}}{c_Ac_B}\right) = \kappa\frac{k_BT}{hc^{\ominus}}\frac{a_{C^\ddagger}}{a_Aa_B}\frac{\gamma_A\gamma_B}{\gamma_{C^\ddagger}}$$
$$= \kappa\frac{k_BT}{hc^{\ominus}}K^{\ominus\ddagger}\frac{\gamma_A\gamma_B}{\gamma_{C^\ddagger}} = \frac{k^{\oplus}}{c^{\ominus}}\frac{\gamma_A\gamma_B}{\gamma_{C^\ddagger}} \tag{12.97}$$

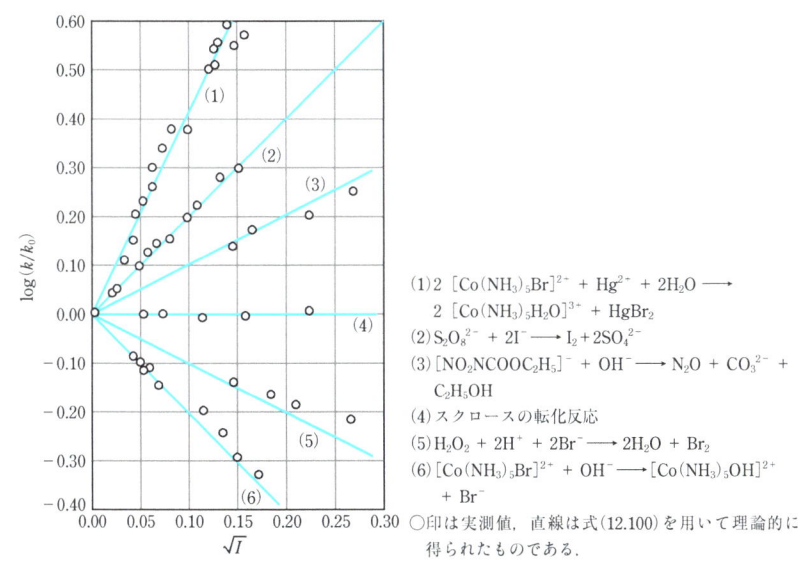

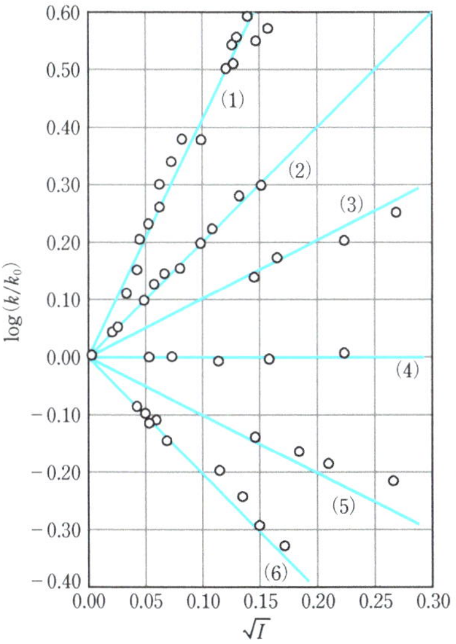

(1) 2 $[Co(NH_3)_5Br]^{2+}$ + Hg^{2+} + $2H_2O \longrightarrow$ 2 $[Co(NH_3)_5H_2O]^{3+}$ + $HgBr_2$
(2) $S_2O_8^{2-} + 2I^- \longrightarrow I_2 + 2SO_4^{2-}$
(3) $[NO_2NCOOC_2H_5]^- + OH^- \longrightarrow N_2O + CO_3^{2-} + C_2H_5OH$
(4) スクロースの転化反応
(5) $H_2O_2 + 2H^+ + 2Br^- \longrightarrow 2H_2O + Br_2$
(6) $[Co(NH_3)_5Br]^{2+} + OH^- \longrightarrow [Co(NH_3)_5OH]^{2+} + Br^-$

○印は実測値，直線は式(12.100)を用いて理論的に得られたものである．

図 12.13 反応速度定数のイオン強度依存性
[V. K. LaMer, *Chem. Rev.*, **10**, 179-212(1932)]

となる．ここで，$K^{\ominus\ddagger}\left(\equiv\frac{a_{C^\ddagger}}{a_A a_B}\right)$は活性錯合体生成に関する熱力学的な前駆平衡定数(単位：無次元)で，$k^{\oplus}$は

$$k^{\oplus}\equiv\kappa\frac{k_B T}{h}K^{\ominus\ddagger} \tag{12.98}$$

と与えられる熱力学的な二次反応速度定数(単位：s^{-1})で，どちらもIには依存しない．式(12.97)を無次元化して，常用対数表示して，デバイ−ヒュッケルの極限法則(式(5.102))を用いると，次のように書き換えることができる．

$$\begin{aligned}\log[kc^{\ominus}/(k^{\oplus})]&=-A\sqrt{I}\left[(z_A)^2+(z_B)^2-(z_A+z_B)^2\right]\\&=2Az_A z_B\sqrt{I}\end{aligned} \tag{12.99}$$

$k^{\oplus}/c^{\ominus}$の代わりに，Iをゼロに外挿したときのkをk_0とすると式(12.99)は

$$\log(k/k_0)=2Az_A z_B\sqrt{I} \tag{12.100}$$

となる．25 °C で A = 0.509 $mol^{-1/2}\,kg^{1/2}$ であるので(cf. 5.10 節)，$2A$ = 1.02 $mol^{-1/2}\,kg^{1/2}$ となる．図 12.12 のプロットの傾きは，式(12.100)でよく説明できることがわかる．

速度論的塩効果は，タンパク質のような多価高分子の反応速度にも観測される．その場合には，高分子の正味の全電荷を考えるのではなく，反応部位の局所的電荷が速度論的塩効果を与える．この速度論的塩効果は，生化学分野で静電相互作用が関与するかどうかを調べるときに用いる代表的方法でもある．

説明問題

12.1 拡散律速反応速度定数と溶媒の粘度の関係を説明しなさい.

12.2 遷移状態理論の速度定数とアレニウスの速度定数の温度依存性の違いについて説明しなさい.

12.3 活性化エネルギーの求め方について説明しなさい.

12.4 ハメット則を自由エネルギー直線関係の観点で説明しなさい.

12.5 遷移状態理論, アレニウスの速度式, 自由エネルギー直線関係, マーカス理論において, 平衡定数をまったく考えないものはどれか.

12.6 長距離電子移動を距離とギブズエネルギーの関数とした場合, 速度定数はそれぞれどのような依存性を示すか説明しなさい.

12.7 酸塩基触媒反応において, $\log k$ と pH の関係で, どのような傾きが予想されるか答えなさい.

12.8 イオンの反応速度定数のイオン強度依存性について説明しなさい.

演習問題

12.9 過酸化水素の不均化反応 : $2H_2O_2 \longrightarrow 2H_2O + O_2$ の活性化エネルギーは 76 kJ mol^{-1} である. この反応を触媒するカタラーゼを加えたら, 反応速度定数は 296 K で 10^{12} 倍に増加した. この酵素反応の活性化エネルギーはいくらになるか.

12.10 25 °C における食品の腐敗速度は 4 °C のそれに比べて約 40 倍である. この腐敗の全過程のみかけの活性化エネルギーを計算しなさい.

12.11 水素結合による安定化エネルギーは 10 ~ 40 kJ mol^{-1} といわれている. ある触媒と活性錯合体との間に水素結合ができて, 活性錯合体のエネルギーが 20 kJ mol^{-1} 減少したとしたら, 反応速度定数は 25 °C で何倍になると期待できるか.

12.12 次のような, 前駆平衡反応とそれに続く反応からなる複合反応を考える.

$$\mathrm{A+B} \underset{k_{-1}}{\overset{k_1}{\rightleftarrows}} \mathrm{I} \xrightarrow{k_2} \mathrm{P+Q}$$

前駆平衡が成り立つということは, $k_{-1} \gg k_2$ であることを意味している. また, 前駆平衡過程を素反応としたら, 前駆結合定数は, $K \equiv \dfrac{(c_\mathrm{I}/c^\ominus)}{(c_\mathrm{A}/c^\ominus)(c_\mathrm{B}/c^\ominus)} = \dfrac{k_1 c^\ominus}{k_{-1}}$ となる. したがって, 全体の二次反応速度定数は $k = \dfrac{Kk_2}{c^\ominus} = \dfrac{k_1 k_2}{k_{-1}}$ で与えられる(式(11.75)). このとき, 反応全体の活性化エネルギー E_a はどのように表されるか.

12.13 不可逆一次反応 $\mathrm{A} \longrightarrow \mathrm{B}$ の活性化エネルギーが 60 kJ mol^{-1} のとき, 反応温度を 25 °C から 10 °C 上昇させると, 反応速度定数は何倍増加するか. また, この反応を 25 °C で 20 min 進行させたときと同じだけの割合反応させるのに, 35 °C ではどれだけかかるか.

12.14 遷移状態に関して, 活性化体積 $\Delta^\ddagger V^\ominus \equiv \bar{V}_{\mathrm{C}^\ddagger} - (\bar{V}_\mathrm{A} + \bar{V}_\mathrm{B})$ を定義することができる. 遷移状態理論をもとに, $\Delta^\ddagger V^\ominus$ を用いて, 反応速度定数の圧力依存性に関する式を導きなさい(ここでは溶質を念頭におき, 遷移状態の $\Delta^\ddagger G^\ominus$ は T だけでなく P の関数であるとする(7.5 節)). また, 298 K で 1 atm から 3000 atm まで圧力を上げたとき, 反応速度定数は 2 倍増加したとする. このとき, $\Delta^\ddagger V^\ominus$ はいくらか.

12.15 右の図は，ニトロアミドの分解反応

$$NH_2NO_2 \longrightarrow H_2O + N_2O$$

の一次反応速度定数 k_b に及ぼす塩基の影響を示したものである（K_a は酸定数）．この結果をもとに，反応機構について考察せよ．

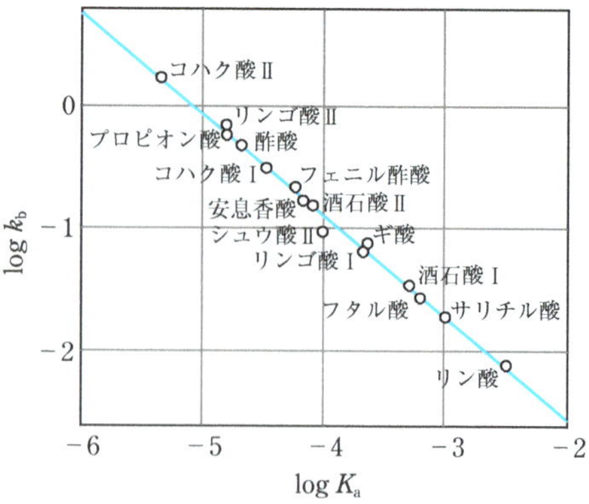

12.16 右の図はアセトン–水混液中におけるエタンジオールの脱水反応速度に及ぼす脂肪酸の影響について示したものである．この反応機構について考察しなさい．

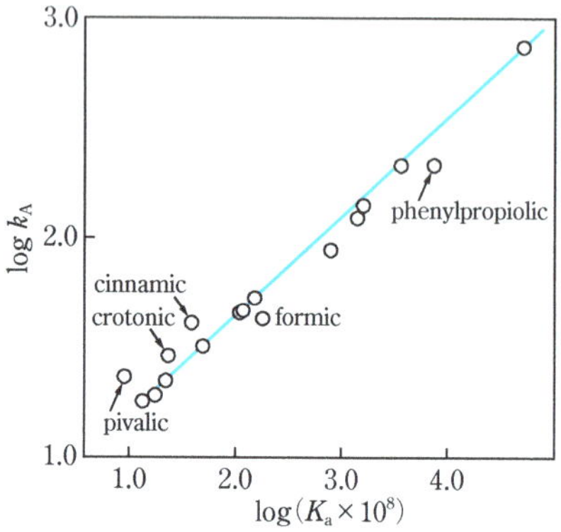

12.17 A + B ⟶ C の反応速度定数 k を種々のイオン強度 I で調べたところ，k は I の増加とともに減少する傾向がみられた．このとき，この現象をどのようなプロットで解析するか考えを述べなさい．またその結果どのようなことがわかるか説明しなさい．

12.18 2 価のカチオン同士の反応が律速となる反応の 25 °C における反応速度定数は，イオン強度を I = 0.0241 mol kg^{-1} からゼロに減少したら，何倍になるか．

12.19 右の図は，種々の酸溶液中における酢酸エチルの加水分解反応（$CH_3COOC_2H_5 + H_2O \longrightarrow CH_3COOH + C_2H_5OH$）の反応速度定数を酸の相対的電気伝導率に対してプロットしたものである．この結果について解釈しなさい．

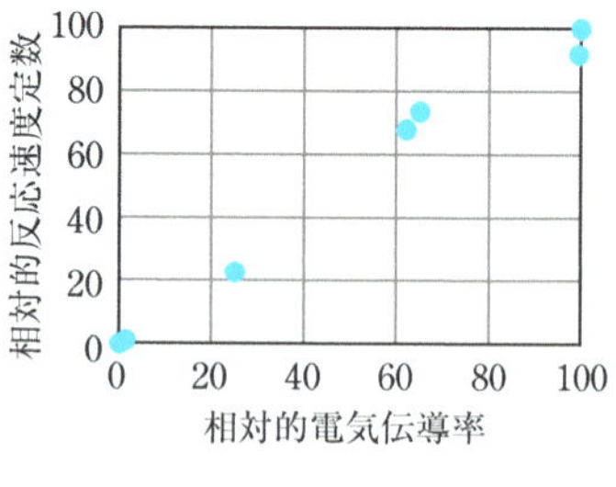

12.20 $H_2(g) + I_2(g) \longrightarrow 2HI(g)$ の反応の律速段階は $H_2(g) + 2I(g) \longrightarrow 2HI(g)$ と考えられており，その三次反応速度定数は 400 °C で k = 0.0234 dm^3 mol^{-1} s^{-1} で，活性化エネルギーは E_a = 22.2 kJ mol^{-1} である．標準活性化エンタルピー $\Delta^{\ddagger}H^{\ominus}$ と標準活性化エントロピー $\Delta^{\ddagger}S^{\ominus}$ を求めなさい．ただし，透過係数は $\kappa = 1$ と近似できるものとする．

12.21 尿素の加水分解反応（$NH_2CONH_2 + 2H_2O \longrightarrow 2NH_4^+ + CO_3^{2-}$）は尿素に対して一次反応で進行する．この反応速度定数 k は 61.0 °C で k = 7.13 × 10^{-6} min^{-1}，71.2 °C で k = 2.77 × 10^{-5} min^{-1} となった．この活性化エネルギー E_a と前指数因子 A を求めなさい．また，これより，標準活性化エンタルピー $\Delta^{\ddagger}H^{\ominus}$ と標準活性化エントロピー $\Delta^{\ddagger}S^{\ominus}$ を求めなさい．ただし，透過係数は $\kappa = 1$ と近似できるものとする．

12.22 Ali さんは，アリの平均速度 v が気温 θ に依存するという仮説をたて，以下の観測結果を得た．この結果を反応速度論的に考察しなさい．

$v/\mathrm{m\ h^{-1}}$	150	160	230	295	370
$\theta/\ °\mathrm{C}$	13	16	22	24	28

12.23 右の図はシッフ塩基である *N*-1-ジフェニールメタンイミンの加水分解の反応速度定数のハメットプロットを示したものである．この反応は図中に示した反応機構で進行するとして，ハメットプロットを説明しなさい．

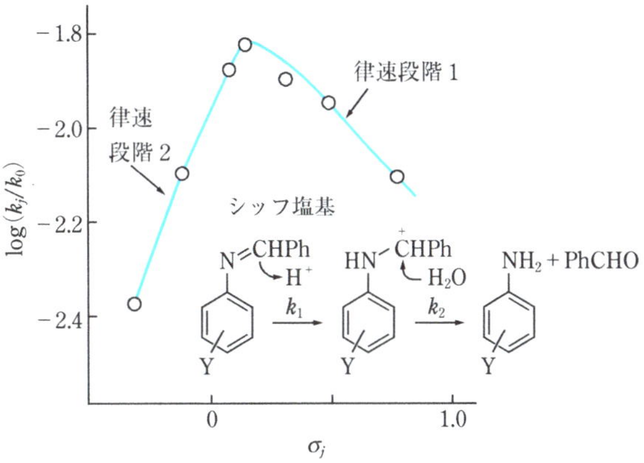

12.24 次の表に，ヘムタンパク質であるシトクロム c とシトクロム c_{551}，ブルー銅タンパク質であるプラストシアニンとアズリンの 25 °C における生化学的標準酸化還元電位 $E^{\oplus}$ と自己交換反応速度定数 k_{ii} をまとめた．**問 1**～**問 2** に答えなさい．

タンパク質	シトクロム c	シトクロム c_{551}	アズリン	プラストシアニン
酸化還元中心	$Fe^{3+/2+}$	$Fe^{3+/2+}$	$Cu^{2+/+}$	$Cu^{2+/+}$
$E^{\oplus}/\mathrm{V}$	+ 0.260	+ 0.286	+ 0.304	+ 0.350
$k_{ii}/\mathrm{dm^3\ mol^{-1}\ s^{-1}}$	1.5×10^2	4.6×10^7		6.6×10^2

問 1 次の反応の標準起電力 $E^{\ominus}_{\mathrm{cell}}$，生化学的標準反応ギブズエネルギー $\Delta_r G^{\oplus}$ および電子移動速度定数 k_{obs} を求めなさい．また，その逆反応についても考察しなさい．

i) シトクロム c(Red) + シトクロム c_{551}(Ox) ⟶ シトクロム c(Ox) + シトクロム c_{551}(Red)

ii) シトクロム c(Red) + プラストシアニン(Ox) ⟶ シトクロム c(Ox) + プラストシアニン(Red)

問 2 アズリン(Red) + シトクロム c(Ox) ⟶ アズリン(Ox) + シトクロム c(Red) の電子移動の場合，$k_{\mathrm{obs}} = 1.6 \times 10^3\ \mathrm{dm^3\ mol^{-1}\ s^{-1}}$ とすると，アズリンの k_{ii} はいくらか．

第13章 酵素反応速度論

The unstoppable Maud Menten never really ceased her studies.

Rebecca Skloot, PittMed

She didn't stop at just one famous equation.

Douglas Winship, 175 Faces of Chemistry, RSC

酵素(enzyme)は，触媒活性が非常に高い活性**部位**(active site)をもつタンパク質で，反応物と結合し生成物に変える．酵素反応の反応物のことを**基質**(substrate)という．酵素反応は，酵素の活性部位と基質が互いを補うような三次元構造で合体し進行するという鍵と**鍵穴モデル**(lock-and-key model)で説明されることが多い．しかし基質が結合するとき活性部位の構造が変化し合体するという**誘導適合モデル**(induced-fit model)の方が適切であることが実験的に示されている．本章では，定常的な酵素反応速度の基礎的な考え方について述べる．

左　Maud Leonora Menten (1879–1960)
カナダ出身．カナダで M.D. を取得したはじめの女性の1人．しかし，当時カナダでは女性が研究に携わることが許されず，学位論文はシカゴで書いた．その後，ベルリンに移り，ミカエリスと共同で研究し Ph.D. を取得．その後，病理学，組織化学，電気泳動など多彩な基礎医学研究を行った．絵画の才も秀でて，展覧会に何度も出展している．
右　Leonor Michaelis (1875–1949)
ドイツ生まれの生理化学者．ベルリン大学を卒業後，初期発生学や免疫学を研究．その後，生物物理化学に転じた．1922年来日し，名古屋の医学専門学校の生化学教授に就任．1926年からはアメリカに渡って研究した．

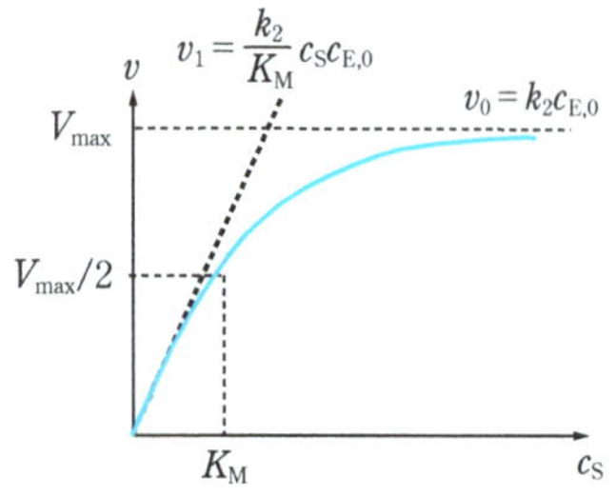

図13.1　酵素反応速度の基質濃度依存性

13.1　酵素反応速度論

酵素反応速度(enzyme reaction kinetics)を調べる場合，通常は基質Sの濃度 c_S に比べて，酵素Eははるかに低い分析濃度 $c_{E,0}$ に設定する場合が多い．**図13.1** に示すように，酵素反応速度 v は c_S が低いときはSに対して一次反応であるが，c_S が大きくなるとSに対して**ゼロ次反応**(zero order reaction)となり(参考13.1)，最大値 V_{max}(最大速度，maximum velocity)に達する．一方，Eに対しては c_S に依存せず一次反応となる．ミカエリスとメンテンは，この挙動に対して，EとSが結合した**ES複合体**(ES complex)とよばれる中間体を経由して進行するというモデルを提案した．

$$\mathrm{E} + \mathrm{S} \underset{k_{-1}}{\overset{k_1}{\rightleftharpoons}} \mathrm{ES} \xrightarrow{k_2} \mathrm{E} + \mathrm{P} \tag{13.1}$$

いま，ES複合体生成過程に対して，前駆平衡(11.7節)を仮定すれば，ES複合体の前駆解離定数として K_d(単位：無次元)を定義できる．

$$K_d \equiv \frac{\left(c_S / c^{\ominus}\right)\left(c_E / c^{\ominus}\right)}{c_{ES} / c^{\ominus}} \tag{13.2}$$

生化学的には，**ミカエリス定数**(Michaelis constant) K_M(単位：mol dm^{-3})が汎用される．

$$K_M \left(= K_d c^{\ominus}\right) \equiv \frac{c_S c_E}{c_{ES}} \tag{13.3}$$

以後は，K_M を使って話を進めることにする．まず，化学平衡の法則(7.2節)を適用できると仮定すれば，平衡とは $k_1 c_S c_E = k_{-1} c_{ES}$ と書けるので，K_M は速度論的には次のように表すことができる．

$$K_M = \frac{k_{-1}}{k_1} \tag{13.4}$$

一方，K_M を用いて速度表現をすると，次のようになる．まず，酵素の全濃度 $c_{E,0}$ は

$$c_{E,0} = c_E + c_{ES} \tag{13.5}$$

で与えられる．式(13.3)と式(13.5)で c_E を消去して整理すると

$$\frac{c_{ES}}{c_{E,0}} = \frac{1}{1 + K_M / c_S} \tag{13.6}$$

となる．したがって，酵素反応速度式は

$$v \equiv \frac{dc_P}{dt} = k_2 c_{ES} = \frac{k_2 c_{E,0}}{1 + K_M / c_S} = \frac{V_{max}}{1 + K_M / c_S} \tag{13.7}$$

と与えられる．これを**ミカエリス–メンテンの式**(Michaelis–Menten equation)とよぶ．k_2 は**触媒定数**(catalytic constant，k_c とも書く)とよばれる．また，最大速度は

$$V_{max} \equiv k_2 c_{E,0} \tag{13.8}$$

と定義される．式(13.7)より，$K_M/c_S \gg 1$ では，Sに対して一次反応となる(注1)．

$$v_1 = \frac{k_2}{K_M} c_S c_{E,0} = \frac{V_{max}}{K_M} c_S \tag{13.9}$$

ここで，$\frac{k_2}{K_M}$ はEとSの二次反応速度定数に相当する重要なパラメータで，**触媒効率**(catalytic efficiency)ともよばれる．$K_M/c_S = 1$ のとき，

$$v = V_{max} / 2 \tag{13.10}$$

となる．さらに，$K_M/c_S \ll 1$ では，

$$v_0 = V_{max} = k_2 c_{E,0} \tag{13.11}$$

となり，Sに対してゼロ次反応となる(注1)．式(13.7)を逆数表示すると

$$\frac{1}{v} = \frac{K_M}{k_2 c_{E,0}} \frac{1}{c_S} + \frac{1}{k_2 c_{E,0}} = \frac{1}{v_1} + \frac{1}{v_0} \tag{13.12}$$

となる．したがって，**図13.2** に示すように，$\frac{1}{v}$ を $\frac{1}{c_S}$ に対してプロットしたとき，その直線関係が得られ，その傾きと切片から，k_2 と K_M を別々に求めることができる(注2)．これを**ラインウィーバー–バークプロット**(Lineweaver–Burk plot)という．ラインウィーバー–バークプロットは，線形解析法としての意味だけではなく，逐次反応の律速段階の物理化学的表現としても重要である(参考13.2)．

ところで，酵素反応によっては，必ずしも迅速平衡の仮定を適用できない場合があることもわかってきた．そこで，ブリッグス(George Briggs, 1893–

注1) v_1，v_0 の下付きの1と0は，それぞれ速度がSに対して一次およびゼロ次であることを強調している．

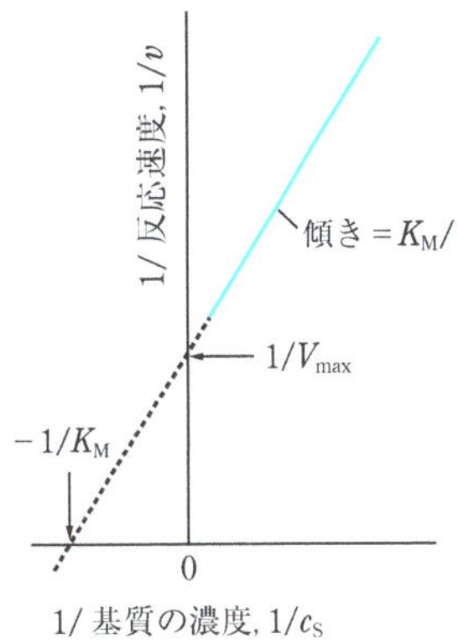

図13.2　ラインウィーバー–バークプロット

注2) こうした逆数プロットでは，各点の重みが大きく異なるので，(重み付きなしの)単純な線形最小二乗法を適用してはならない．各点でのデータのエラーバーを算出した重み付き線形最小二乗法を適用するか，式(13.7)をそのまま用いた非線形最小二乗法を適用すべきである．$1/v$ の誤差 $\delta(1/v)$ は v の誤差を δv とすると，式(14.37)より，$\delta(1/v) = \sqrt{[d(1/v)/dv]^2 (\delta v)^2} = \delta v / v^2$ となる．

1985)とホールデン(John Burdon Sanderson Haldane, 1892–1964)は，ES中間体に対して定常状態近似を適用することにより，式(13.7)と同じ形の速度式を導いた．

$$\frac{dc_{ES}}{dt} = k_1 c_E c_S - (k_{-1} + k_2) c_{ES} = 0 \tag{13.13}$$

$$K_M \equiv \frac{c_E c_S}{c_{ES}} = \frac{k_{-1} + k_2}{k_1} \tag{13.14}$$

これを**ブリッグス–ホールデンの速度論**(Briggs–Haldane kinetics)とよぶ．式(13.14)のK_Mは平衡定数ではなく，定常状態での反応商(7.2節)である．$k_{-1} \gg k_2$の場合には，式(13.14)は式(13.4)に等しくなる．式(13.4)と式(13.14)のK_Mは，反応速度式を導く際の仮定が異なるので，物理的意味もまったく異なる．しかし，生化学分野では双方を区別することなく，ミカエリス定数とよんでいる．一般的には，K_Mは条件に依存する値であり，定常状態での反応商と考えるべきである．

参考 13.1　ゼロ次反応

物質Aがゼロ次反応で進行する場合，その濃度は時間に比例して減少する．

$$c_A = c_{A,0} - k_0 t \tag{13.15}$$

ここでk_0はゼロ次反応速度定数で，その単位は mol dm^{-3} s^{-1}である．式(13.15)より$t_c = c_{A,0}/k_0$で$c_A/c_{A,0} \simeq 0$となるため，**時計反応**(clock reaction)とよばれることもある．最も有名なものはヨウ素デンプン時計反応である．これは，過酸化水素(H_2O_2)を含む希硫酸水溶液に，ヨウ化カリウム(KI)とチオ硫酸ナトリウム($Na_2S_2O_3$)とデンプンを含む溶液を加えて反応させるものである．この反応式は下記のように書くことができる．

$$H_2O_2 + 3I^- + 2H^+ \longrightarrow I_3^- + 2H_2O \text{（律速段階）} \tag{13.16}$$

$$I_3^- + 2S_2O_3^{2-} \longrightarrow 3I^- + S_4O_6^{2-} \quad \text{（速い反応）} \tag{13.17}$$

ここで，$S_2O_3^{2-}$が存在する間は，三ヨウ化物イオン(I_3^-)の濃度はほぼゼロの定常状態となっており，$S_2O_3^{2-}$はゼロ次反応で消滅する．$S_2O_3^{2-}$が完全に枯渇するとI_3^-が現れ，デンプンと錯体を作り青色を呈する．よって，$Na_2S_2O_3$の初濃度$c_{A,0}$で発色時間t_cを調整できる．

参考 13.2 逐次定常反応の反応速度の逆数表現の物理的意味

ここでは全逐次反応は先行反応 1 と後続反応 2 から成り立っているとして話を進める．全反応のギブズエネルギーの変化速度は，式(7.13)と式(11.4)から，

$$\frac{\mathrm{d}G}{\mathrm{d}t}=\sum \nu_i\mu_i\frac{\mathrm{d}\xi}{\mathrm{d}t}=\sum \nu_i\mu_i Vv=Rv \tag{13.18a}$$

と書くことができる．ここで $R\left(\equiv \sum \nu_i\mu_i V\right)$ は反応抵抗とよぶことにする．反応 1，2 についても同様に表現できる．

$$\frac{\mathrm{d}G_1}{\mathrm{d}t}=\sum \nu_i\mu_i\frac{\mathrm{d}\xi}{\mathrm{d}t}=\sum \nu_i\mu_i Vv=R_1 v \tag{13.18b}$$

$$\frac{\mathrm{d}G_2}{\mathrm{d}t}=\sum \nu_i\mu_i\frac{\mathrm{d}\xi}{\mathrm{d}t}=\sum \nu_i\mu_i Vv=R_2 v \tag{13.18c}$$

逐次反応であるから，

$$\mathrm{d}G=\mathrm{d}G_1+\mathrm{d}G_2 \tag{13.19}$$

となる．式(13.19)に，式(13.18a, b, c)を代入して $v\mathrm{d}t$ で割ると，

$$R=R_1+R_2 \tag{13.20}$$

となります．式(13.20)は直列回路の抵抗の関係である．ここで反応 1 が律速段階で，全反応の駆動力を反応 1 の駆動に使ったとしたときの速度 v_1 は

$$\frac{\mathrm{d}G}{\mathrm{d}t}=R_1 v_1 \tag{13.21a}$$

となり，反応 2 が律速段階で，全反応の駆動力を反応 2 の駆動に使ったとしたときの速度 v_2 は

$$\frac{\mathrm{d}G}{\mathrm{d}t}=R_2 v_2 \tag{13.21b}$$

となる．式(13.21a, b)を式(13.20)に代入して整理すると，逐次定常反応速度と律速反応速度の関係が得られる．

$$\frac{1}{v}=\frac{1}{v_1}+\frac{1}{v_2}\qquad\left(v=\frac{v_1v_2}{v_1+v_2}\right) \tag{13.22}$$

式(13.22)は直列回路のコンダクタンスの関係と同じである．この考え方は，3 つ以上の逐次定常反応や一次逐次反応速度定数 k に対しても有効である．例えば，3 つの一次反応が逐次に進行する場合の全体の反応速度定数は $\frac{1}{k}=\frac{1}{k_1}+\frac{1}{k_2}+\frac{1}{k_3}$ と表せる．ただし，例えば，先行反応過程 1 だけは逆反応もあるとき，その反応速度定数を k_{-1} とすると，k_2 は $(k_1/k_{-1})k_2$ に置き換えられる．このような逆数の表現形は化学反応の記述や反応解析に頻繁に現れる Web．

13.2 酵素反応阻害

13.2.1 拮抗阻害

酵素の活性中心に対して，基質 S と**阻害剤**(inhibitor)I が競合的に反応し，酵素反応を阻害する様式を**拮抗阻害**あるいは**競合阻害**(competitive inhibition)とよぶ．**図 13.3** に模式的な拮抗阻害様式を示す．典型的な拮抗阻害剤の例として，TCA サイクル(tricarboxylic acid cycle)あるいはクエン酸サイクル(citric acid cycle)のコハク酸脱水素酵素(succinate dehydrogenase)(注 1，**図 13.4**)に対するマロン酸(malonic acid)がある．

拮抗阻害の酵素反応様式に対して，**阻害定数**(inhibition constant)K_I を以下のように定義する．単位は mol dm^{-3} となる．

$$K_I \equiv \frac{c_E c_I}{c_{EI}} \left(= \frac{k_{-3}}{k_3} \right) \tag{13.23}$$

ここで c_I と c_{EI} は I と EI の濃度を表す．また**図 13.5** に示すように反応速度定数をおくとき，定常状態近似すれば，式(13.23)のかっこ内に示したような関係となる．このとき，K_I は平衡定数というより，定常状態の反応商となる．

この反応において酵素の分析濃度 $c_{E,0}$ は

$$c_{E,0} = c_{ES} + c_E + c_{EI} \tag{13.24}$$

と表される．式(13.24)に式(13.14)と式(13.23)を代入すると，

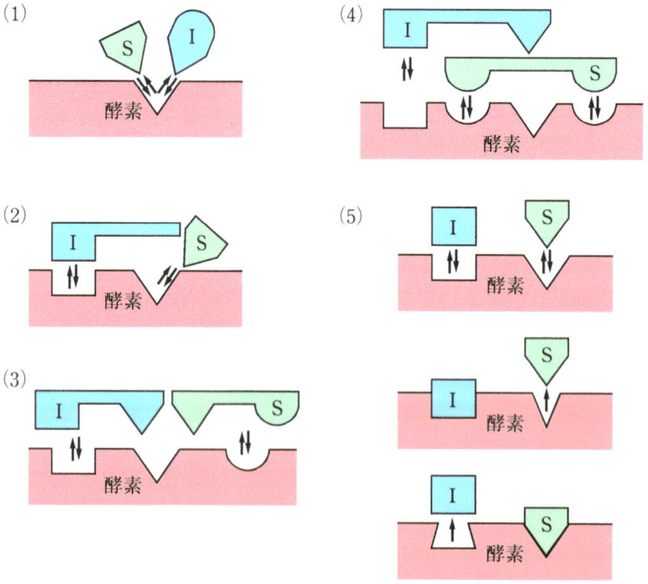

図 13.3 拮抗阻害様式
(1)S と I が同一の結合部位を拮抗的に奪い合う場合．(2)S と I が，立体障害により競合する場合．(3)S と I が共通の結合部位を有する場合．(4)S と I の結合部位は異なるが，重なっている場合．(5)I の結合により，別の位置にある S 結合部位の構造変化を引き起こす場合．いずれの場合も I は遊離の酵素だけに結合する．

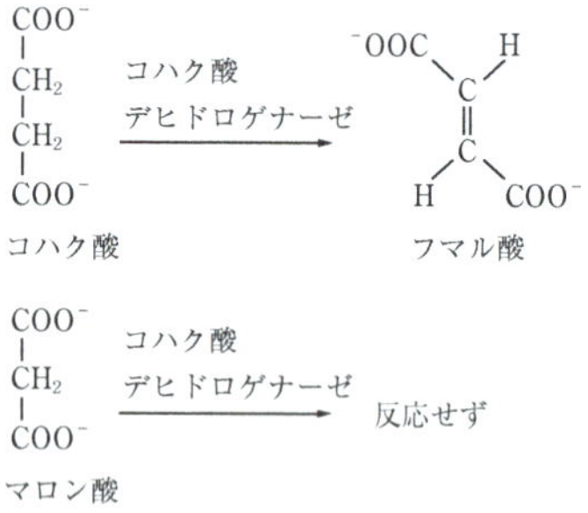

図 13.4 コハク酸脱水素酵素の反応

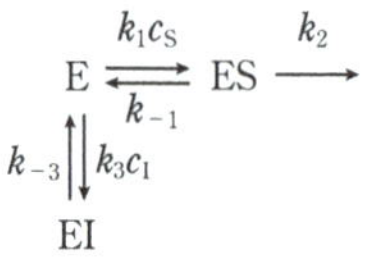

図 13.5 拮抗阻害の速度定数

$$c_{E,0} = c_{ES} + c_E\left(1+\frac{c_I}{K_I}\right) = c_{ES}\left[1+\left(1+\frac{c_I}{K_I}\right)\frac{K_M}{c_S}\right] \tag{13.25}$$

となる．したがって酵素反応速度式は，

$$v \equiv k_2 c_{ES} = \frac{k_2 c_{E,0}}{1+\left(1+\frac{c_I}{K_I}\right)\frac{K_M}{c_S}} \tag{13.26}$$

となる．ここで，みかけのミカエリス定数を次のように定義すると，

$$K'_M \equiv \left(1+\frac{c_I}{K_I}\right)K_M \tag{13.27}$$

式(13.26)は式(13.7)の基本形と同様の形に単純化できる．

$$v = \frac{V_{max}}{1+\frac{K'_M}{c_S}} \tag{13.28}$$

拮抗阻害様式では，式(13.27)からわかるように，K'_M が c_I とともに増加するが，V_{max} は変わらないのが特徴である(**図 13.6**)．また，触媒効率(E と S の二次反応速度定数)は c_I の増加とともに減少する．

$$\frac{k_2}{K'_M}\left(=\frac{V_{max}/c_{E,0}}{K'_M}\right) = \frac{k_2}{K_M\left(1+\frac{c_I}{K_I}\right)} \tag{13.29}$$

これは，拮抗阻害様式の阻害剤 I が遊離状態の酵素に対してだけ働くので，$\frac{c_S}{K_M}$ が小さいときに阻害の影響が現れやすくなるからである．図 13.6 には，ラインウィーバー–バークプロットにおける変化の様子も示している．

注 1) これは**呼吸鎖**(respiratory chain)の複合体 II(complex II)に相当する．また，この阻害反応が TCA サイクルの発見につながったことは有名である．なお，本酵素は，その活性中心が His 残基に結合した FAD(flavin adenine dinucleotide)(8-*N*-His-FAD)であることも特徴的である．

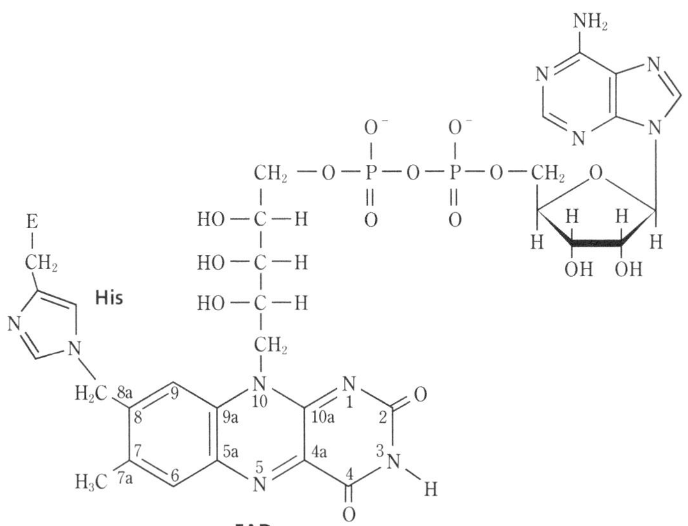

FAD

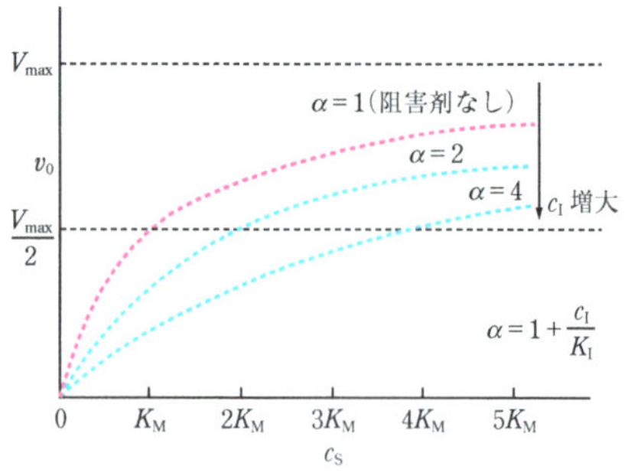

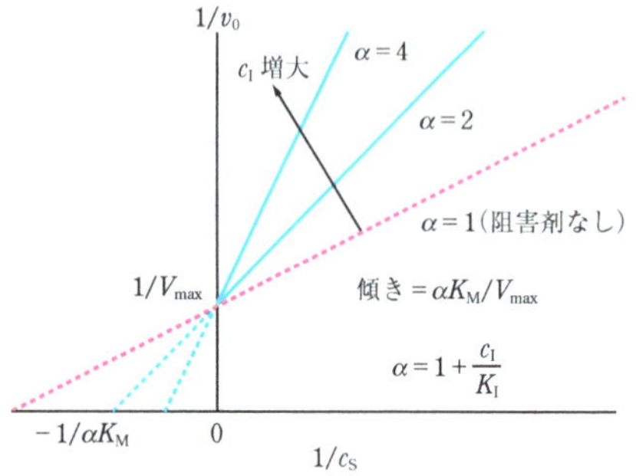

図 13.6 阻害剤濃度を変化させたときの拮抗阻害の反応速度の変化の様子(上)と，ラインウィーバー–バークプロット(下)

13.2.2 不拮抗阻害

阻害剤 I が ES 複合体に対してのみ働く阻害様式を**不拮抗阻害**あるいは**反競合阻害**(uncompetitive inhibition)とよぶ．**図 13.7** に阻害様式を模式的に示す．この阻害様式に対して，阻害定数 K_{SI} を次のように定義する．単位は mol dm^{-3} となる．

$$K_{SI} \equiv \frac{c_{ES} c_I}{c_{ESI}} \left(= \frac{k_{-4}}{k_4} \right) \tag{13.30}$$

図 13.8 に示すように反応速度定数をおくとき，定常状態の反応商として表現すれば，式(13.30)のかっこ内のようになる．式(13.14)と式(13.30)を用いると酵素の分析濃度 $c_{E,0}$ は次のようになる．

$$c_{E,0} = c_{ES} + c_E + c_{ESI} = c_{ES} \left(1 + \frac{K_M}{c_S} + \frac{c_I}{K_{SI}} \right) \tag{13.31}$$

式(13.31)を用いると，酵素反応速度式は，

$$v \equiv k_2 c_{ES} = \frac{k_2 c_{E,0}}{1 + \frac{K_M}{c_S} + \frac{c_I}{K_{SI}}} = \frac{V_{max} \Big/ \left(1 + \frac{c_I}{K_{SI}} \right)}{1 + \frac{K_M}{c_S} \Big/ \left(1 + \frac{c_I}{K_{SI}} \right)} \tag{13.32}$$

となる．ここで，みかけの最大速度 V'_{max} とみかけのミカエリス定数 K'_M をそれぞれ次のように定義する．

$$V'_{max} = V_{max} \Big/ \left(1 + \frac{c_I}{K_{SI}} \right) \tag{13.33}$$

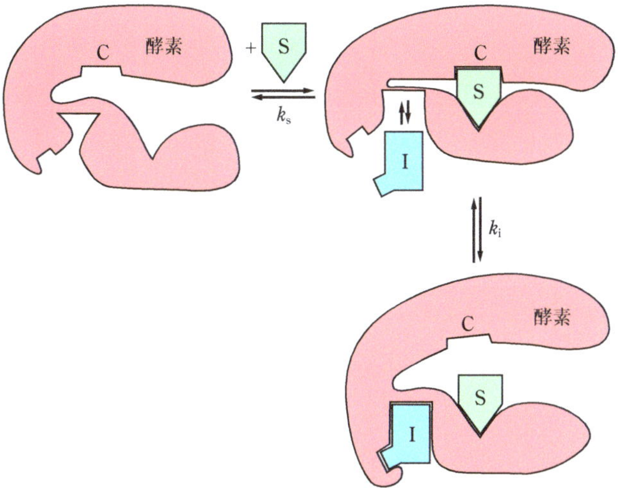

図 13.7　不拮抗阻害様式
Sが結合することにより，酵素の構造変化が起こり，Iの結合部位を形成する．このためIはES複合体だけに結合する．Iの結合によりさらに構造変化が起こり，ESI複合体は不活性となる．図中，Cは触媒部位を示す．

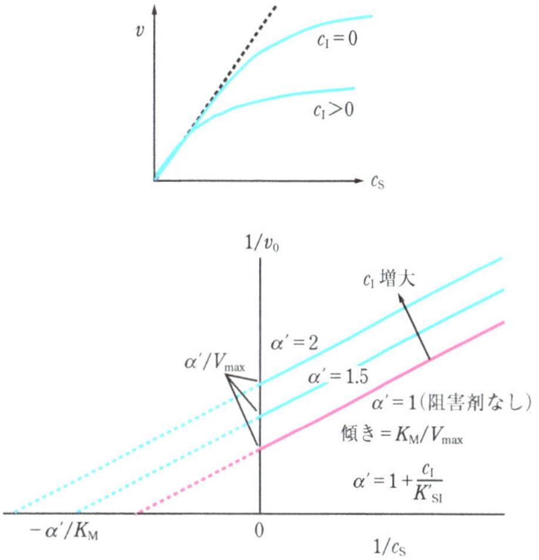

図 13.9　阻害剤濃度を変化させたときの不拮抗阻害の反応速度の変化の様子(上)と，ラインウィーバー–バークプロット(下)

$$K'_M = K_M \Big/ \left(1 + \frac{c_I}{K_{SI}}\right) \tag{13.34}$$

式(13.33)と式(13.34)を式(13.32)に代入して，基本形に単純化できる．

$$v = \frac{V'_{max}}{1 + \dfrac{K'_M}{c_S}} \tag{13.35}$$

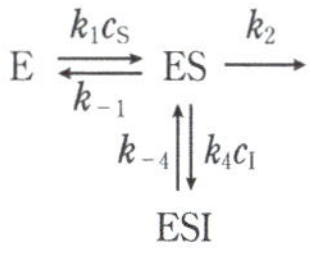

図 13.8　不拮抗阻害の速度定数

この場合の触媒効率(EとSの二次反応速度定数)は，

$$\frac{k'_2}{K'_M}\left(= \frac{V'_{max}/c_{E,0}}{K'_M}\right) = \frac{V_{max}/c_{E,0}}{K_M} = \frac{k_2}{K_M} \tag{13.36}$$

となり，c_I に影響されることはない．つまり，**図 13.9** のようにSに対して一次反応領域の v vs. c_S の傾き(破線)は変わらない．一方，式(13.33)に示すように V'_{max} は c_I の増加とともに減少する．これは，ES複合体だけが阻害を受けるので，$\dfrac{c_S}{K_M}$ が大きい領域で，阻害の影響が現れることを示している．図13.9には，ラインウィーバー–バークプロットにおける変化の様子も示している．

酵素反応速度論では，このように反応様式が複雑になっても，1つの基質に注目し，それ以外を定数項として扱い，みかけのミカエリス定数あるいはみかけの最大速度を定義して，式(13.7)の基本形に単純化する手法が用いられる．

13.2.3　混合阻害

阻害剤IがEとES複合体の双方に働く阻害様式を**混合阻害**(mixed non-competitive inhibition)とよぶ．この阻害様式はいろいろ考えられるが，模式

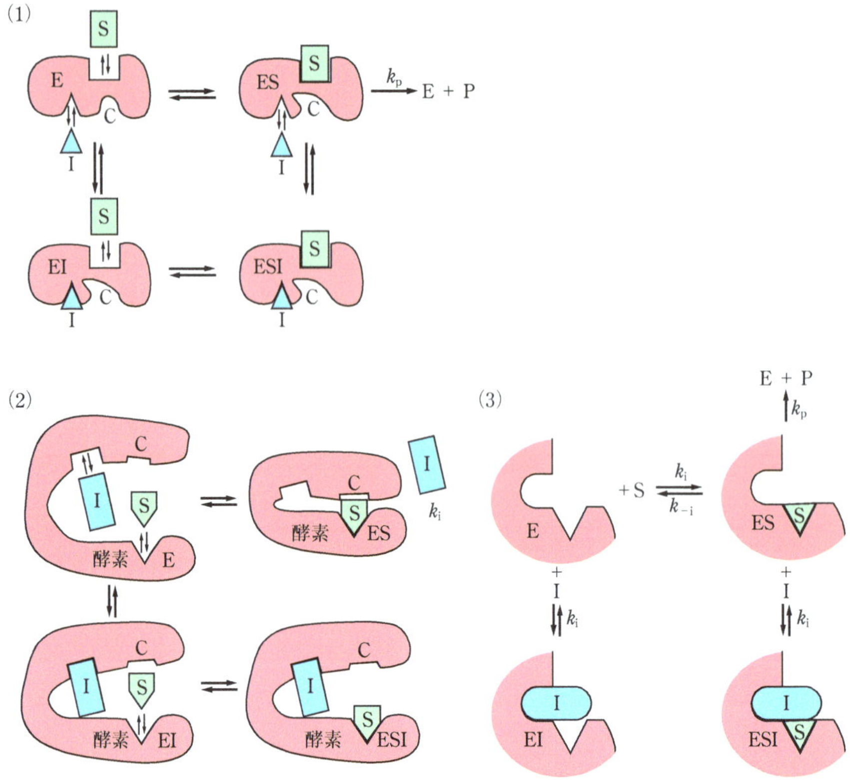

図13.10　混合阻害様式

(1)Sの結合により触媒部位(C)の構造変化が起こり，酵素反応が進行する．IはSとは競争的に結合するわけではないが，Iの結合により酵素反応に必要な構造変化を阻害する場合．(2)IはES複合体に結合するわけではない．しかし，(1)の性質と類似の性質がある場合．(3)Iの結合によりSが立体障害を受け，結合できなくなる場合．

的に書くと**図13.10**のようになる．酵素自体を不活性化してしまうような場合は$K_I = K_{SI}$となり，これを**非拮抗阻害**(non-competitive inhibition)とよぶ．非拮抗阻害には次のような阻害剤がある．

a)酵素のもつ金属イオンと錯塩を形成するもの：カタラーゼ，ペルオキシダーゼ，シトクロム類などのFeイオンに作用するCN^-，H_2S，CO，ポリフェノールオキシダーゼのCuイオンに作用するCl^-など．

b)SH基と反応する重金属イオン：ウレアーゼ，パパインに対するHg, Agなど．

c)SH酵素のSH基を−S−S−に酸化して不活性化する酸化剤．

d)酵素の疎水性表面や活性部位近辺に吸着して不活性化する界面活性剤など．

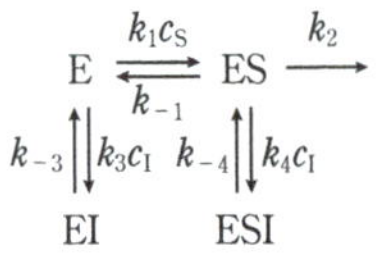

図13.11　混合阻害の速度定数

この酵素反応様式に対して，式(13.23)のK_Iと式(13.30)のK_{SI}の2つの阻害定数を用いる(**図13.11**)．酵素の分析濃度を考えると，式(13.14)，式(13.23)，式(13.30)を用いて

$$c_{E,0} = c_{ES} + c_{ESI} + c_E + c_{EI} = c_{ES}\left[1 + \frac{c_I}{K_{SI}} + \left(1 + \frac{c_I}{K_I}\right)\frac{K_M}{c_S}\right] \tag{13.37}$$

となる．そこで酵素反応速度式は，次のように書き表すことができる．

$$v \equiv k_2 c_{\mathrm{ES}} = \frac{k_2 c_{\mathrm{E},0}}{1+\dfrac{c_{\mathrm{I}}}{K_{\mathrm{SI}}}+\left(1+\dfrac{c_{\mathrm{I}}}{K_{\mathrm{I}}}\right)\dfrac{K_{\mathrm{M}}}{c_{\mathrm{S}}}} = \frac{V_{\max}\Big/\left(1+\dfrac{c_{\mathrm{I}}}{K_{\mathrm{SI}}}\right)}{1+\dfrac{K_{\mathrm{M}}}{c_{\mathrm{S}}}\left(1+\dfrac{c_{\mathrm{I}}}{K_{\mathrm{I}}}\right)\Big/\left(1+\dfrac{c_{\mathrm{I}}}{K_{\mathrm{SI}}}\right)} \tag{13.38}$$

ここで，みかけのミカエリス定数 K'_{M} を次のように定義する．

$$K'_{\mathrm{M}} \equiv K_{\mathrm{M}}\left(1+\frac{c_{\mathrm{I}}}{K_{\mathrm{I}}}\right)\Big/\left(1+\frac{c_{\mathrm{I}}}{K_{\mathrm{SI}}}\right) \tag{13.39}$$

この場合も，式(13.39)の K'_{M} と式(13.33)の $V'_{\max}$ を用いると，式(13.38)は

$$v = \frac{V'_{\max}}{1+\dfrac{K'_{\mathrm{M}}}{c_{\mathrm{S}}}} \tag{13.40}$$

と書き表すことができる．触媒効率(EとSの二次反応速度定数)は式(13.33)と式(13.39)より

$$\frac{k'_2}{K'_{\mathrm{M}}}\left(=\frac{V'_{\max}/c_{\mathrm{E},0}}{K'_{\mathrm{M}}}\right) = \frac{k_2}{K_{\mathrm{M}}\left(1+\dfrac{c_{\mathrm{I}}}{K_{\mathrm{I}}}\right)} \tag{13.41}$$

となり，一般の混合阻害様式では，c_{I} の増加により減少する．また式(13.33)より，$V'_{\max}$ も減少する(**図 13.12**)．図 13.12 には，ラインウィーバー–バークプロットにおける変化の様子も示している．

ただし，非拮抗阻害の場合，$K_{\mathrm{I}} = K_{\mathrm{SI}}$ であり，これを式(13.39)，式(13.40)に代入して，

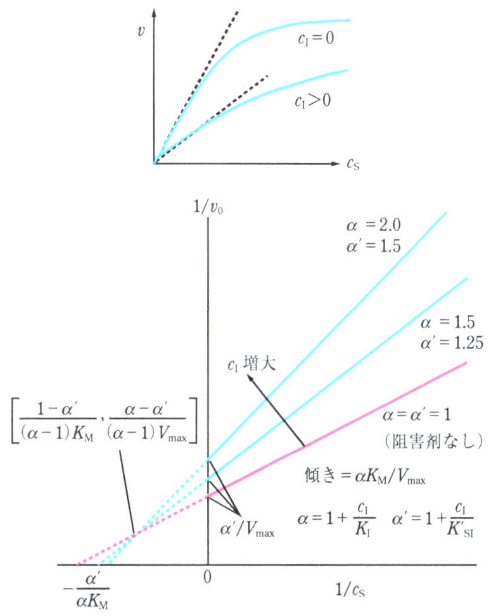

図 13.12 阻害剤濃度を変化させたときの混合阻害の反応速度の変化の様子(上)と，ラインウィーバー–バークプロット(下)

$$v = \frac{V'_{\max}}{1 + \dfrac{K_M}{c_S}} \tag{13.42}$$

となる．$V'_{\max}$ だけが減少し，K_M は変わらない．つまり $c_{E,0}$ が減少したことと同じ挙動となる．

13.3 多基質酵素反応

加水分解反応であっても基質と H_2O の反応であることからわかるように，酵素反応は基質と生成物が単一であることはほとんどない．こうした反応を区別する方法として，クリーランド(William Wallace Cleland, 1930−2013)は以下のように提案した．

1)基質は酵素に結合する順に A，B，C，D と表す．
2)生成物は酵素を離れる順に P，Q，R，S と表す．
3)酵素は基質との反応によって変化する状態を E，F，G と表す．
4)基質と生成物の数によって，1：Uni(ユニ)，2：Bi(バイ)，3：Ter(ター)，4：Quard(カド)と命名する．

以下に，いくつかの例をあげて説明する．

13.3.1 逐次反応

酵素の活性部位に，関係する 2 種以上の基質がすべて結合してから，生成物ができる反応を**逐次反応**(sequential reaction)という．

多くの NAD(P)依存性酵素，例えばアルコール脱水素酵素(alcohol dehydrogenase)の反応

$$CH_3CH_2OH + NAD^+ \longrightarrow CH_3CHO + NADH + H^+ \tag{13.43}$$

は，**定序バイバイ機構**(ordered Bi Bi mechanism)で進行する．酵素 E に先行基質 A のエタノールが結合し EA を生成し，さらに後続基質 B の NAD^+ が結合し EAB を生成する．この状態において活性中心内で上記の酸化還元反応が進行し，EPQ に変わる．そこから，先行生成物 P であるアセトアルデヒドが離れ EQ を生成する．最後に後続生成物 Q である NADH が離れ，元の E に戻る．この様子を**図 13.13** のように図示する．定常状態近似で正方向だけに対して反応速度式を導くと

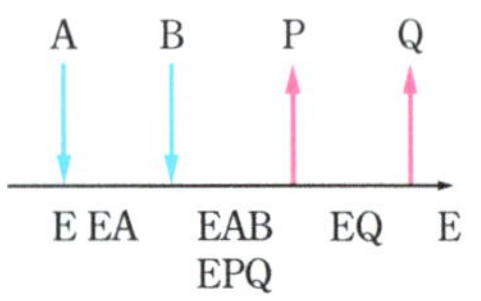

図13.13 定序バイバイ機構

$$v \equiv \frac{dc_Q}{dt} = \frac{k_c c_{E,0}}{1 + \dfrac{K_M^A}{c_A} + \dfrac{K_M^B}{c_B} + \dfrac{K_I^A K_M^B}{c_A c_B}} \tag{13.44}$$

となる(cf. 演習問題 13.14)．k_c は触媒定数，K_M^A と K_M^B はそれぞれ A と B のミカエリス定数である．

このように基質や生成物の数が増えると速度式は複雑になる．しかし，いまの例で，例えば，c_B を定数として，式(13.44)を式(13.7)の形に書き換えると

$$v = \frac{V_{max} \bigg/ \left(1 + \dfrac{K_M^B}{c_B}\right)}{1 + \dfrac{K_M^A + K_I^A K_M^B / c_B}{1 + K_M^B / c_B} \dfrac{1}{c_A}} = \frac{V'_{max}}{1 + \dfrac{K_M^{A'}}{c_A}} \tag{13.45}$$

となり，$\dfrac{K_M^B}{c_B}$ が増大(c_B が減少)すると，みかけの最大速度 V'_{max} が減少することがわかる．ここで V'_{max} は次のように定義される．

$$V'_{max} \equiv V_{max} \bigg/ \left(1 + \frac{K_M^B}{c_B}\right) \equiv k_c c_{E,0} \bigg/ \left(1 + \frac{K_M^B}{c_B}\right) \tag{13.46}$$

また，みかけのAに対するミカエリス定数 $K_M^{A'}$ は $\dfrac{K_M^B}{c_B}$ が増大(c_B が減少)すると，K_I^A にちかづく．

$$K_M^{A'} = \frac{K_M^A + K_I^A K_M^B / c_B}{1 + K_M^B / c_B} \tag{13.47}$$

その他の逐次反応としては，基質の結合の順序や，生成物の解離の順序を問わない**ランダムバイバイ機構**(random Bi Bi mechanism)などがある．キナーゼ類はランダムバイバイ機構に分類される．

13.3.2 ピンポンバイバイ反応

ピンポンバイバイ機構(ping-pong Bi Bi mechanism)を，2 基質，2 生成物の場合を例にあげて説明する．先行基質Aが結合したのち，後続基質Bが結合する前に，先行基質の生成物Pが離れる．このとき，酵素は化学的に変化してFになる．これが，BをQに変化させ，Eに戻る(**図 13.14**)．酸化還元酵素を例にあげると，例えば還元体のAがEを還元し，P(Aの酸化体)とF(Eの還元体)になるということである．後続反応で，FはBを還元しEに戻り，第二基質の還元体Qが生成物として与えられる．定常状態近似を採用し，正方向だけに対して反応速度式を導くと

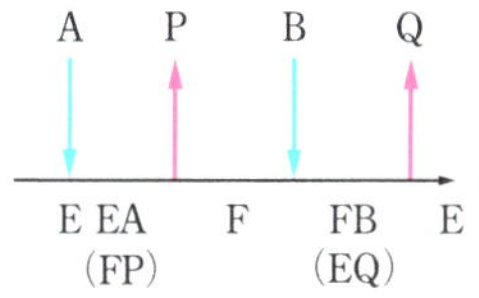

図 13.14 ピンポンバイバイ機構

$$v \equiv \frac{dc_Q}{dt} = \frac{k_c c_{E,0}}{1 + \dfrac{K_M^A}{c_A} + \dfrac{K_M^B}{c_B}} = \frac{V_{max} \bigg/ \left(1 + \dfrac{K_M^B}{c_B}\right)}{1 + \dfrac{K_M^A}{c_A} \bigg/ \left(1 + \dfrac{K_M^B}{c_B}\right)} \tag{13.48}$$

となる(cf. 演習問題 13.13)．ここで c_B を定数として V'_{max} と $K_M^{A'}$ を

$$V'_{max} \equiv V_{max} \bigg/ \left(1 + \frac{K_M^B}{c_B}\right) \tag{13.49}$$

$$K_M^{A'} \equiv K_M^A \Big/ \left(1+\frac{K_M^B}{c_B}\right) \tag{13.50}$$

と定義すると，式(13.48)は

$$v = \frac{V'_{max}}{1+\dfrac{K_M^{A'}}{c_S}} \tag{13.51}$$

となる．V'_{max} は式(13.49)に示したように c_B の減少とともに減少する．触媒効率は式(13.49)と式(13.50)より

$$\frac{V'_{max}/c_{E,0}}{K_M^{A'}} = \frac{V_{max}/c_{E,0}}{K_M^A} = \frac{k_c}{K_M^A} \tag{13.52}$$

となり，c_B に依存しない．式(13.51)の反応速度式の形は不拮抗阻害(式(13.35))と同じになる．A から P への反応が進行しても，B がなければ完結しないから，あたかも B の減少が ES 複合体を阻害しているかのように振る舞う．この分類には，フラボプロテイン，キノプロテイン，セリンプロテアーゼ(キモトリプシンなど)，トランスアミナーゼなどが含まれる．

13.4 酵素活性の pH 依存性

図 13.15 に示すように，活性な遊離型酵素 EH はプロトン解離(E^-)しても，プロトン付加(EH_2^+)しても不活性化するものとする．また，活性な ES 複合体(EHS)も，プロトン解離(ES^-)しても，プロトン付加(ESH_2^+)しても不活性化するものとする．ここでは，このような状況における酵素反応速度の pH 依存性を考える．

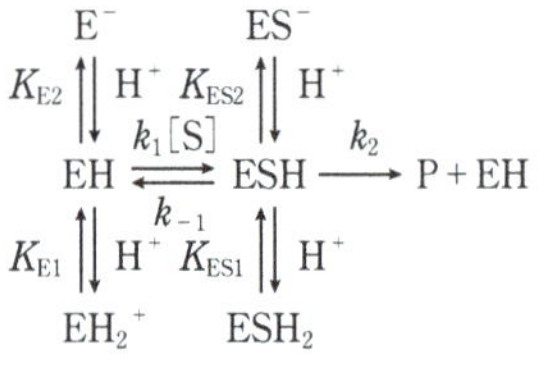

図 13.15 酵素の酸塩基反応と活性

注 1) ここでは酸定数は 5.1 節で定義したように無次元量とした．ただし，濃度で表現しているので，活量係数比を含む条件に依存する定数となっている(cf. 7.1 節)．

まず，EH に関する酸定数を次のように定義する(注 1)．

$$K_{E1} \equiv \frac{(c_{EH}/c^{\ominus})(c_{H^+}/c^{\ominus})}{c_{EH_2^+}/c^{\ominus}} \tag{13.53}$$

$$K_{E2} \equiv \frac{(c_{E^-}/c^{\ominus})(c_{H^+}/c^{\ominus})}{c_{EH}/c^{\ominus}} \tag{13.54}$$

ここで，EH の全濃度 $c_{EH,t}$ に対する EH の濃度比を f_1 として定義する．

$$c_{EH,t} \equiv c_{EH_2^+} + c_{EH} + c_{E^-} \tag{13.55}$$

$$f_1 \equiv \frac{c_{EH}}{c_{EH,t}} \tag{13.56}$$

式(13.53)と式(13.54)を式(13.56)に代入すると

$$\frac{1}{f_1} = \frac{c_{EH_2^+} + c_{EH} + c_{E^-}}{c_{EH}} = \frac{c_{H^+}}{K_{E1}c^{\ominus}} + 1 + \frac{K_{E2}c^{\ominus}}{c_{H^+}} \tag{13.57}$$

同様に，ESH に対して，酸定数と f_2 を定義する．

$$K_{\mathrm{ES1}} \equiv \frac{\left(c_{\mathrm{ESH}} / c^{\ominus}\right)\left(c_{\mathrm{H^+}} / c^{\ominus}\right)}{c_{\mathrm{ESH_2^+}} / c^{\ominus}} \tag{13.58}$$

$$K_{\mathrm{ES2}} \equiv \frac{\left(c_{\mathrm{ES^-}} / c^{\ominus}\right)\left(c_{\mathrm{H^+}} / c^{\ominus}\right)}{c_{\mathrm{ESH}} / c^{\ominus}} \tag{13.59}$$

$$c_{\mathrm{ESH,t}} \equiv c_{\mathrm{ESH_2^+}} + c_{\mathrm{ESH}} + c_{\mathrm{ES^-}} \tag{13.60}$$

$$f_2 \equiv \frac{c_{\mathrm{ESH}}}{c_{\mathrm{ESH,t}}} \tag{13.61}$$

$$\frac{1}{f_2} = \frac{c_{\mathrm{ESH_2^+}} + c_{\mathrm{ESH}} + c_{\mathrm{ES^-}}}{c_{\mathrm{ESH}}} = \frac{c_{\mathrm{H^+}}}{K_{\mathrm{ES1}} c^{\ominus}} + 1 + \frac{K_{\mathrm{ES2}} c^{\ominus}}{c_{\mathrm{H^+}}} \tag{13.62}$$

また,

$$c_{\mathrm{E,0}} = c_{\mathrm{ESH,t}} + c_{\mathrm{EH,t}} \tag{13.63}$$

となる.さらに,みかけのミカエリス定数K'_{M}を次のように定義し,式(13.56)と式(13.61)を用いて変形すると

$$K'_{\mathrm{M}} \equiv \frac{c_{\mathrm{EH,t}} c_{\mathrm{S}}}{c_{\mathrm{ESH,t}}} = \frac{\left(c_{\mathrm{EH}} / f_1\right) c_{\mathrm{S}}}{c_{\mathrm{ESH}} / f_2} = \frac{f_2}{f_1} K_{\mathrm{M}} \tag{13.64}$$

となる.式(13.61)~式(13.64)より

$$c_{\mathrm{ESH}} = f_2 c_{\mathrm{ESH,t}} = f_2 c_{\mathrm{E,0}} \Big/ \left(1 + \frac{K'_{\mathrm{M}}}{c_{\mathrm{S}}}\right)$$

となる.したがって酵素反応速度式は

$$v \equiv k_2 c_{\mathrm{EHS}} = \frac{k_2 f_2 c_{\mathrm{E,0}}}{1 + K'_{\mathrm{M}} / c_{\mathrm{S}}} = \frac{V'_{\mathrm{max}}}{1 + K'_{\mathrm{M}} / c_{\mathrm{S}}} \tag{13.65}$$

と与えられる.ここでみかけの最大速度V'_{max}は

$$V'_{\mathrm{max}} \equiv k_2 f_2 c_{\mathrm{E,0}} = f_2 V_{\mathrm{max}} \tag{13.66}$$

と定義した.この場合の触媒効率(EとSの二次反応速度定数)は式(13.60)と式(13.62)より

$$\frac{k'_2}{K'_{\mathrm{M}}} \left(= \frac{V'_{\mathrm{max}} / c_{\mathrm{E,0}}}{K'_{\mathrm{M}}}\right) = f_1 \frac{k_2}{K_{\mathrm{M}}} \tag{13.67}$$

と与えられる.式(13.66)は,活性なESHに対する酸解離やプロトン付加により,最大速度がf_2倍(≤ 1)に減少することを示している.また式(13.67)は,遊離の活性種EHに対する酸解離やプロトン付加により,触媒効率がf_1倍(≤ 1)に減少することを示している.これらの特性は混合阻害(13.2.3節)のそれと同じである.

図13.16は,V'_{max}と$\dfrac{V'_{\mathrm{max}}}{K'_{\mathrm{M}}}$の対数をpHに対してプロットしたものである.$\dfrac{V'_{\mathrm{max}}}{K'_{\mathrm{M}}}$については,式(13.67)より,$f_1$だけを考えればよいことになる.つまり

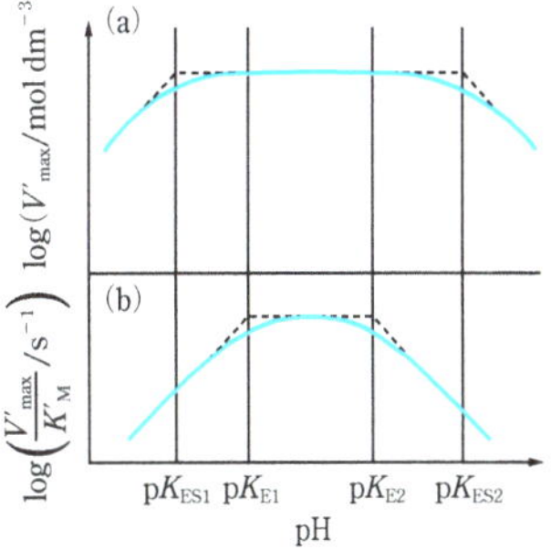

図13.16 pHに対してプロット

$$\log\left(\frac{V'_{max}}{K'_M}/s^{-1}\right) = \log f_1 + C \tag{13.68}$$

となる（C：定数）．図 13.16 の pH < pK_{E1}(< pK_{E2})では式(13.57)より

$$f_1 \simeq \frac{K_{E1}c^{\ominus}}{c_{H^+}} \tag{13.69}$$

$$\log\left(\frac{V'_{max}}{K'_M}/s^{-1}\right) = pH + C_1 \tag{13.70}$$

となり（C_1：定数），塩基触媒の特性を示す(12.8 節)．もちろん，この塩基は酵素活性中心近傍にある塩基性アミノ酸残基に帰属される．図 13.16(b)の pK_{E1} < pH < pK_{E2} では

$$f_1 \simeq 1 \tag{13.71}$$

となるから，$\dfrac{V'_{max}}{K'_M}$ は pH に依存しなくなる．さらに，図 13.16(b)の(pK_{E1} <)pK_{E2} < pH では

$$f_1 \simeq \frac{c_{H^+}}{K_{E2}c^{\ominus}} \tag{13.72}$$

となるから，

$$\log\left(\frac{V'_{max}}{K'_M}/s^{-1}\right) = -pH + C_2 \tag{13.73}$$

となり（C_2：定数），酸触媒の特性を示す(12.8 節)．この酸は酵素活性中心近傍にある酸性アミノ酸残基に帰属される．8.2 節で説明したように，図 13.16 の 3 つの直線の外挿値の 2 つの交点の pH が EH の pK_a(pK_{E1} と pK_{E2})に相当する．

一方，V'_{max} については，式(13.66)より，f_2 だけを考えればよいことになる．つまり

$$\log\left(V'_{max}/\mathrm{mol\,dm^{-3}\,s^{-1}}\right) = \log f_2 + C \tag{13.74}$$

となる（C：定数）．式(13.62)より，図 13.16(a)の pH < pK_{ES1}(< pK_{ES2})では

$$f_2 \simeq \frac{K_{ES1}c^{\ominus}}{c_{H^+}} \tag{13.75}$$

pK_{ES1} < pH < pK_{ES2} では

$$f_2 \simeq 1 \tag{13.76}$$

(pK_{E1} <)pK_{E2} < pH では

$$f_2 \simeq \frac{c_{H^+}}{K_{ES2}c^{A}} \tag{13.77}$$

となる．この場合も $\log\left(V'_{max}/\mathrm{mol\,dm^{-3}\,s^{-1}}\right)$ と pH の関係は，図 13.16 に示すように，3 つの直線で近似できる．そしてその交点の pH が EHS の pK_a (pK_{ES1} と pK_{ES2})に相当する．pK_{ES1} と pK_{ES2} が，それぞれ pK_{E1} と pK_{E2} とは異なるのは，S の結合による．

ここでは，酵素活性の pH 依存性を，酵素のアミノ酸残基の酸解離で説明したが，現実的には，基質の酸塩基特性も関与する．また，酸化還元酵素では，活性中心の酸化還元電位の pH 依存性も関与することを忘れてはならない．

説明問題

13.1 ミカエリス–メンテンの式とは何か．

13.2 酵素反応速度と基質に対して，一次反応からゼロ次反応まで変化することを説明しなさい．

13.3 酵素活性は $K_M/c_S \gg 1$ のとき，あるいは $K_M/c_S \ll 1$ のときで比較するのが好ましく，$K_M/c_S \simeq 1$ での比較は避けるべきである．その理由を示しなさい．また，$K_M/c_S \gg 1$ のときと $K_M/c_S \ll 1$ のときで，それぞれどの反応速度を比較しているか説明しなさい．

13.4 拮抗阻害，不拮抗阻害，混合阻害の区別を説明しなさい．

13.5 定序バイバイ反応とピンポンバイバイ反応を説明しなさい．

13.6 酵素反応の pH 依存性を，縦軸を速度定数の対数，横軸を pH としてプロットすると物理的意味が明確になることを説明しなさい．

演習問題

13.7 アルコール脱水素酵素が触媒するエタノール酸化反応の研究で，1.00×10^{-8} mol dm^{-3} の酵素を使ったとき，エタノールは一次反応で減少し，その濃度が 2.20×10^{-4} mol dm^{-3} から 6.00×10^{-5} mol dm^{-3} まで減少するのに，1.23×10^3 s を要した．この酵素の k_c/K_M はいくらか．また，K_M は 2.5×10^{-4} mol dm^{-3} より大きいか小さいか．

13.8 定常的酵素反応において，基質濃度 c_S と酵素反応時間 t の関係を式で表しなさい．また，$V_{max}=1.0\times10^{-6}$ s^{-1}，$K_M=1.0\times10^{-5}$ mol dm^{-3}，基質初濃度 $c_{S,0}=4.0\times10^{-5}$ mol dm^{-3} として，基質濃度 c_S および $c_{ES}/c_{E,0}$ 比の時間依存性を図示しなさい．

13.9 式(13.1)の反応で，$k_1=5.00\times10^7$ dm^3 mol^{-1} s^{-1}，$k_{-1}=2.00\times10^4$ s^{-1}，$k_2=4.00\times10^2$ s^{-1} のとき，定常状態的ミカエリス定数はいくらになるか．この状況では，前駆平衡近似が成り立つか．また，基質濃度を c_S とするとき，$K_M/c_S \gg 1$ のときと $K_M/c_S \ll 1$ のとき，酵素反応のポテンシャルエネルギー曲線の概略を示しなさい．

13.10 インベルターゼは，スクロースの加水分解を触媒する．この反応速度を旋光度計で調べた．旋光度 α の変化速度を初速度 $v(\equiv d\alpha/dt)$ として，種々の基質濃度 c_S で v を測定した．また，インベルターゼは尿素により可逆的に阻害される．2 mol dm^{-3} の尿素が存在するときの初速度 v_I も測定した．インベルターゼのミカエリス定数 K_M を求めなさい．また，尿素の阻害反応様式について考察しなさい．

c_S/mol dm^{-3}	0.0292	0.0584	0.0876	0.117	0.175	0.234
v/s^{-1}	0.182	0.265	0.311	0.330	0.372	0.371
v_I/s^{-1}	0.083	0.119	0.154	0.167	0.192	0.188

13.11 カルボキシペプチダーゼは，基質 A に対して，ミカエリス定数は $K_{M,A}=2.00\times10^{-6}$ mol dm^{-3}，触媒定数は $k_{c,A}=150$ s^{-1} である．これに関して次の**問 1**～**問 3** について答えなさい．

問 1 基質濃度が $c_A=5.00\times10^{-6}$ mol dm^{-3}，全酵素濃度が $c_{E,0}=1.00\times10^{-8}$ mol dm^{-3} のときの初速度 v_A を求めなさい．

問 2 問 1 の条件で，拮抗阻害剤 I を $c_I=5.00\times10^{-3}$ mol dm^{-3} 加えたときの初速度 $v_{A,I}$ は $v_{A,I}=v_A/2$ となった．阻害定数 K_I を求めなさい．

問 3　基質 B に対するミカエリス定数は $K_{M,B} = 10.00 \times 10^{-6}\,\mathrm{mol\,dm^{-3}}$，触媒定数は $k_{c,B} = 100\,\mathrm{s^{-1}}$ である．$c_A = c_B \ll K_{M,A}(< K_{M,B})$ の条件で，酵素反応を行ったとき，A に対する反応速度 v_A と B に対する反応速度 v_B の比を求めなさい．

13.12　右の図は，ウレアーゼによる尿素の分解速度と尿素濃度の関係を示したものである．この結果からどのような現象が推測されるか述べよ．また，その酵素反応速度式を導け．

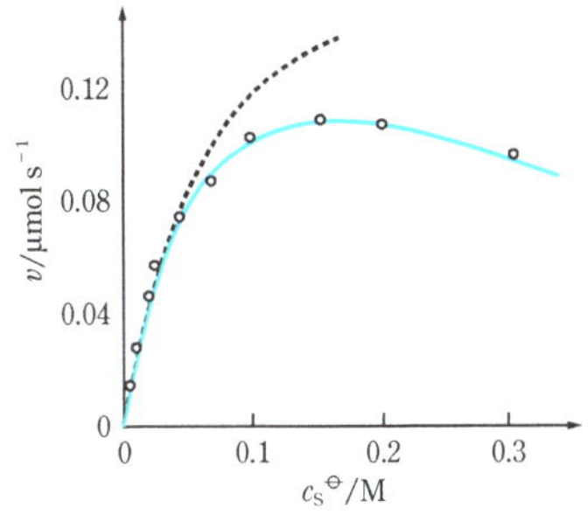

13.13　定常状態近似を用いて，式(13.48)を導きなさい．

13.14　定常状態近似を用いて，式(13.44)を導きなさい．

13.15　**図 1** は RNase の反応速度の pH 依存性を示す．次の**問 1**～**問 5** に答えなさい．

問 1　V'_{max}/K'_M は，ES 複合体生成反応の速度定数を表すのか？　あるいは ES 複合体から生成物への変換過程を表すのか？

問 2　酸性側での傾きから，この領域での反応の律速過程は，酸触媒か塩基触媒か？

問 3　アルカリ性側での pH 依存性について説明せよ．

問 4　2 つの折れ曲がりが His12 か His119 の pK_a に相当するとしたら，どちらの His か．**図 2** の反応機構をもとに考察しなさい．

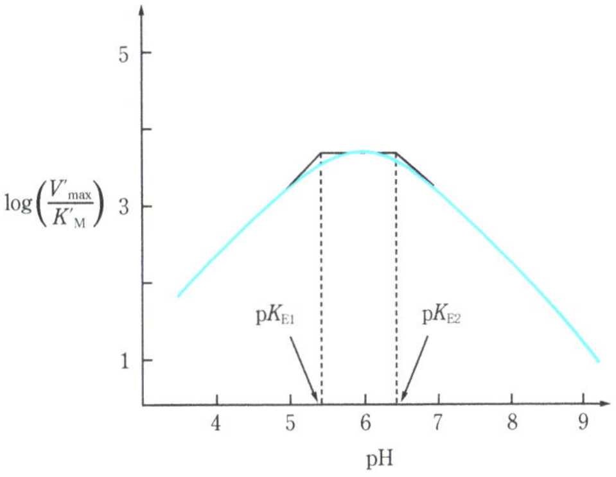

図 1

問 5　log (V'_{max}) の pH 依存性のデータが図 1 のようにベル型をしていたとしたら，ミカエリス複合体の pK_a はどの His に相当するか．

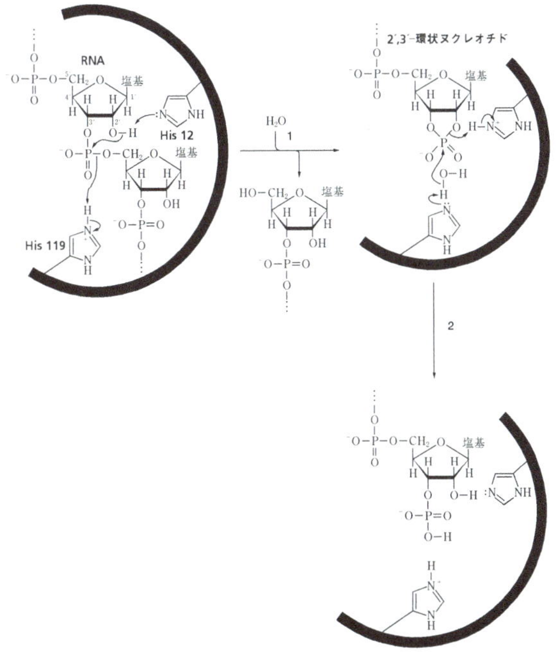

図 2

13.16 次の表は，ある酵素反応の初速度 v を各基質濃度 c_S で測定した結果である．このデータを線形解析および非線形解析し，解析結果について統計的に考察しなさい．

c_S/mmol dm^{-3}	2.5	5.0	7.5	10.0	15.0	20.0
v/mmol dm^{-3} s^{-1}	0.027	0.034	0.045	0.053	0.057	0.064

第14章 物質移動と物質輸送

The atomic theory has triumphed. Its opponents, which until recently were numerous, have been convinced and have abandoned one after the other the sceptical position that was for a long time legitimate and likely useful.

"Atoms" Jean Baptiste Perrin

物質は濃度勾配に従って動く．これを**拡散**(diffusion)という．同一分子(原子)の拡散の場合には，特に**自己拡散**(self-diffusion)という．また，イオンのように電荷をもつ物質は電場に従って動く．これを**電気泳動**(electrophoresis)という．さらに，重力や遠心力に従って動く**沈降**(sedimentation)という現象もある．こうした物質移動の現象は比較的身近に経験しているが，その本質を理解しようとすると分子論まで深めた考察が必要になる．本章ではこれらの物質の動きについて考えてみる．

14.1 物質移動の駆動力

ある物質(分子)に力f(単位：kg m s^{-2})を与えるとその物質は加速される．物質が媒体中を動くと，速度v(単位：m s^{-1})に比例する摩擦力が力の方向と逆方向に働く．物質に対する正味の力は$f-\xi v$となる(**図14.1**)．ここでξは摩擦係数で，単位はkg s^{-1}である．ニュートンの運動の法則(2.4節)により

図14.1 物質にかかる力と摩擦力

$$f-\xi v=m\frac{\mathrm{d}v}{\mathrm{d}t} \tag{14.1}$$

となる(m：質量)．fがtに依存しないとして積分すると

$$\int_0^t \mathrm{d}t=m\int_0^v \frac{\mathrm{d}v}{f-\xi v}=-\frac{m}{\xi}\int_{\ln f}^{\ln(f-\xi v)}\mathrm{d}(f-\xi v) \tag{14.2}$$

$$t=-\frac{m}{\xi}\left[\ln\left(\frac{f-\xi v}{f}\right)\right] \tag{14.3}$$

$$\exp\left(-\frac{\xi t}{m}\right)=1-\frac{\xi v}{f} \tag{14.4}$$

$$v=\frac{f}{\xi}\left[1-\exp\left(-\frac{\xi t}{m}\right)\right] \tag{14.5}$$

となり，vは時間に対して指数関数的な挙動を示し，時間が十分経過すると，

$$f=\xi v_\infty \tag{14.6}$$

を満たす定常状態となる(**図14.2**)．定常状態に達する緩和時間はm/ξである．分子オーダーの粒子では$\tau=m/\xi\approx10^{-12}$s程度であり，すぐに定常状態になる．

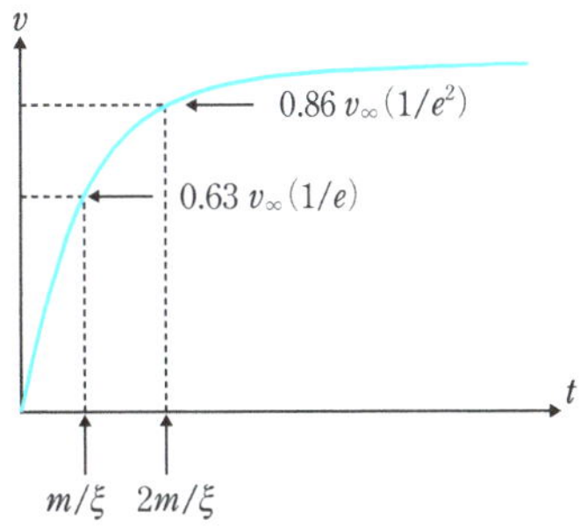

図14.2 物質が移動する際，摩擦抵抗により，定常状態に至る過程

ここで，**流束**(flux)Jを次のように定義する．

$$J \equiv vc \tag{14.7}$$

単位は mol $\mathrm{m^{-2}\,s^{-1}}$ である．式(14.6)と式(14.7)より定常状態の流束は

$$J = fc/\xi \tag{14.8}$$

と表される．

14.2 拡散

不均一な濃度の静止溶媒中で，その物質は拡散する．拡散の駆動力は，物質の化学ポテンシャル $\mu = \mu^{\ominus} + RT\ \ln c$ の距離に対する勾配として表される．1 mol の粒子が受ける力 F は

$$F = -\frac{\mathrm{d}\mu}{\mathrm{d}x} = -RT\frac{\mathrm{d}\left[\ln\left(c/c^{\ominus}\right)\right]}{\mathrm{d}x} = -RT\frac{\mathrm{d}\left[\ln\left(c/c^{\ominus}\right)\right]}{\mathrm{d}c}\frac{\mathrm{d}c}{\mathrm{d}x} = -\frac{RT}{c}\left(\frac{\mathrm{d}c}{\mathrm{d}x}\right) \tag{14.9}$$

と与えられ，濃度勾配 $\frac{\mathrm{d}c}{\mathrm{d}x}$ に比例することがわかる．また，$-R\frac{\mathrm{d}\left[\ln\left(c/c^{\ominus}\right)\right]}{\mathrm{d}x}$ 項は距離あたりのエントロピーの増大を示している．つまり，拡散とはエントロピーの増大に起因する現象(場合の数の多い方に向かって変化する現象)である．

ここで1分子あたりの力 f は，

$$f \equiv F/N_{\mathrm{A}} \tag{14.10}$$

で与えられる(N_{A}：アボガドロ数)．式(14.8)〜式(14.10)より

$$J = -\frac{RT}{\xi N_{\mathrm{A}}}\frac{\mathrm{d}c}{\mathrm{d}x} = -D\frac{\mathrm{d}c}{\mathrm{d}x} \tag{14.11}$$

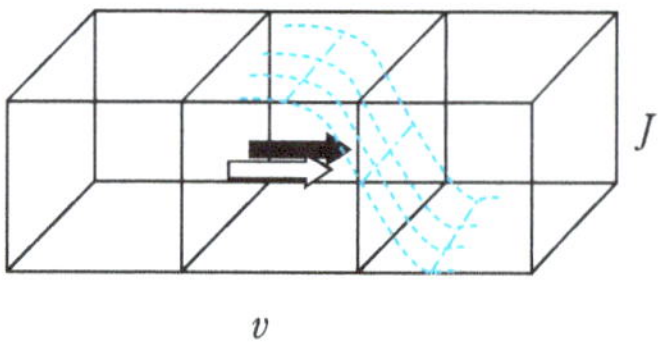

図14.3 フィックの第一法則

と与えられる．これを**フィックの第一法則**(Fick's first law)とよぶ(**図14.3**)．また，

$$D \equiv \frac{RT}{\xi N_{\mathrm{A}}} = \frac{k_{\mathrm{B}}T}{\xi} \tag{14.12}$$

を**拡散係数**(diffusion coefficient)とよび，単位は $\mathrm{m^2\,s^{-1}}$ である(注1)．

一方，球形物質の比較的遅い動きに対しては，**ストークスの法則**(Stokes' law)により

$$\xi = 6\pi\eta r \tag{14.13}$$

と表される(注2)．ここで，r は粒子の半径，η は媒体の粘度で，単位は $\mathrm{N\,s\,m^{-2}} = \mathrm{Pa\,s}$ である．式(14.13)を式(14.12)に代入すると

注1) 溶液中での拡散係数を考える場合，溶液の組成にも依存するものであり，**相互拡散係数**(mutual diffusion coefficient)とよばれる．

注2) ストークスの法則を導くには，流体力学の基礎方程式であるナビィエ-ストークス方程式をある条件で解く必要がある．筆者の場合，丁寧に導いたところA4ノート12ページを要した．

$$D = \frac{RT}{6\pi\eta r N_A} = \frac{k_B T}{6\pi\eta r} \tag{14.14}$$

と与えられる．これを**ストークス–アインシュタインの式**(Stokes–Einstein relation)とよぶ．**粘性率**(coefficient of viscosity)ηが小さいほど，また粒子半径rが小さいほど拡散係数Dが大きくなる．水のηを25 °Cで0.89×10^{-3} N s m^{-2}とすると，$r = 1$ nmのタンパク質の拡散係数は

$$D = \frac{(8.314 \text{ J mol}^{-1} \text{ K}^{-1}) \times (298.15 \text{ K})}{6\pi \times (0.89 \times 10^{-3} \text{ N s m}^{-2}) \times (10^{-9} \text{ m}) \times (6.314 \times 10^{23} \text{ mol}^{-1})}$$
$$= 2.34 \times 10^{-10} \text{ m}^2 \text{ s}^{-1} = 2.34 \times 10^{-6} \text{ cm}^2 \text{ s}^{-1} \tag{14.15}$$

と予想される．

固体の場合でも，高温では内部の原子は格子点を移動・拡散する．その拡散の様子を，結晶模型を使って考えてみると，不純物原子が1つの格子点から山を越して隣の格子点に移る可能性は，統計力学でのボルツマン因子$\exp\left(-\frac{\varepsilon^*}{k_B T}\right)$に比例すると考えられるので，拡散係数の温度依存性は次で与えられる．

$$D = D_0 \exp\left(\frac{-E_a}{RT}\right) \tag{14.16}$$

ここでD_0は**頻度因子**(frequency factor)とよばれる．またE_aは1 molあたりの拡散の活性化エネルギーである．つまり，このランダムな固体中の運動の頻度はアレニウス型の温度依存性(12.3節)に従うと考えられる．式(14.16)は実験的にも確かめられている．ηも温度に依存し，溶液内の拡散も，式(14.16)で表すことができる．

このような拡散が起こると，ある時点の濃度は時間とともに変化する．この濃度変化は距離あたりの流束違いに起因するので，

$$\left(\frac{\partial c}{\partial t}\right)_x = -\left(\frac{\partial J}{\partial x}\right)_t = D\left(\frac{\partial\left(\frac{\partial c}{\partial x}\right)}{\partial x}\right)_t = D\left(\frac{\partial^2 c}{\partial x^2}\right)_t \tag{14.17}$$

と表される．これを**フィックの第二法則**(Fick's second law)とよぶ(**図14.4**)．これは拡散だけでなく熱伝導(注1)をも含めた流体の物理化学を扱ううえで，きわめて重要な式で，**拡散方程式**(diffusion equation)とよばれる．

式(14.17)の意味を差分で考えてみる．濃度の時間依存性$\frac{\Delta c}{\Delta t}$とは，断面積$A$のある微小空間$\Delta V$へ流入する濃度量$AJ_{in}$と流出する量$AJ_{out}$の差である．これを式(14.11)を使って書き直すと，

$$\frac{\Delta c}{\Delta t} = \frac{A(J_{in} - J_{out})}{\Delta V} = \frac{\left(-D\frac{\partial c}{\partial x}\right)_{in} - \left(-D\left(\frac{\partial c}{\partial x} + \Delta\left(\frac{\partial c}{\partial x}\right)\right)\right)_{out}}{\Delta x}$$
$$= D\frac{\Delta\left(\frac{\partial c}{\partial x}\right)}{\Delta x} \tag{14.18}$$

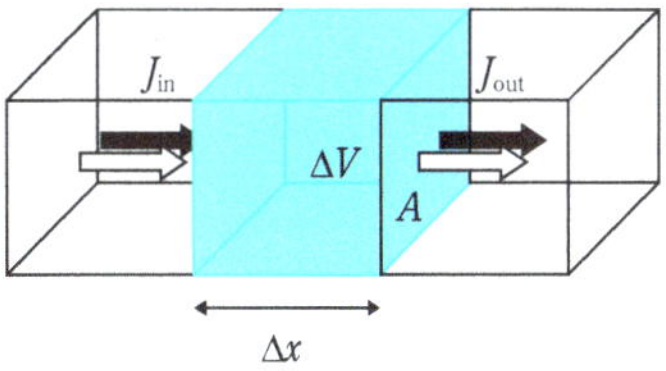

図14.4 フィックの第二法則

注1) **熱伝導**(thermal conductivity)の偏微分方程式は$\left(\frac{\partial T}{\partial t}\right)_x = \beta\left(\frac{\partial^2 T}{\partial x^2}\right)_t$で与えられる．ここで，$\beta$は**熱拡散率**(thermal diffusivity)とよばれ，熱伝導率を単位容積あたりの熱量で割ったものである．いろいろな形の境界条件で得られている熱伝導の問題の解はすべて，拡散の問題の解に適用できる．

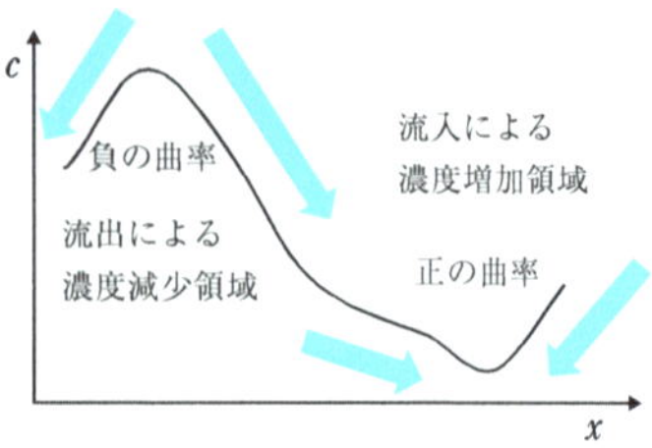

図14.5　フィックの第二法則の曲率による解釈

となる．

式(14.17)に現れる $\dfrac{\partial^2 c}{\partial x^2}$ は，濃度の**曲率**(curvature)と考えることもできる．つまり**図14.5**に示すように，濃度分布が上に凸で，負の曲率をもつとき濃度が減少し，逆に濃度分布が下に凸で，正の曲率をもつとき濃度は増加する．そして，濃度勾配がゼロになるように物質が拡散する．ただし，物質の拡散速度は必ずしも速くなく，撹拌とか対流のような巨視的な力で濃度が均一化することが多い．

14.3　平均拡散距離

式(14.17)の拡散方程式に対して，最も簡単な境界条件は，拡散が起こる領域の境界で，濃度を指定し，初期条件を $t=0$ で指定することである．例えば，一次元拡散の場合には，濃度を面密度 ρ に置き換え，$t\to 0$ のとき，$x=0$ を除くすべての点で $\rho=0$ となるような条件であること，また，$t=0$ である初期面密度の瞬間的な薄膜状の拡散源(直線で考えるならば点源)があるという状況に相当する．これを満たす式として

$$\rho(t,x)=\frac{a}{\sqrt{t}}\exp\left(\frac{-x^2}{4Dt}\right) \tag{14.19}$$

が与えられる(a：定数)．これが拡散方程式の解になっていることは，式(14.17)に代入することにより確かめられる．$t=0$ のときの瞬間的な拡散源にあった分子の総数 N は，任意の t において拡散した分子の面密度 ρ の総和に等しいので

$$\begin{aligned}N&=\int_{-\infty}^{+\infty}\rho(x)\mathrm{d}x=\frac{a}{\sqrt{t}}\int_{-\infty}^{+\infty}\exp\left(\frac{-x^2}{4Dt}\right)\mathrm{d}x\\&=\frac{a}{\sqrt{t}}\int_{-\infty}^{+\infty}\exp\left(-X^2\right)\frac{\mathrm{d}x}{\mathrm{d}X}\mathrm{d}X=\frac{a}{\sqrt{t}}\times 2\sqrt{Dt}\times\sqrt{\pi}=2a\sqrt{\pi D}\end{aligned} \tag{14.20}$$

となる(注1)．式(14.20)の a を式(14.19)に代入して次が得られる．

$$\rho(t,x)=\frac{N}{\sqrt{4\pi Dt}}\exp\left(\frac{-x^2}{4Dt}\right) \tag{14.21}$$

ここで，分子が時間 t に距離 x を拡散する確率 $p(x)$ を考える．これは，x と $x+\mathrm{d}x$ の間にある分子の面密度を最初の拡散源にあった総数 N で割ったものであるから，

$$p(x)\equiv\frac{\rho(x)}{N}=\frac{1}{\sqrt{4\pi Dt}}\exp\left(\frac{-x^2}{4Dt}\right) \tag{14.22}$$

と与えられる．**図14.6**は3つの Dt 値に対して $p(x)$ をプロットしたもので，拡散によって時間とともに x 軸方向に分子が広がる様子がわかる．ここでさらに，分子が時間 t の間に拡散した二乗平均距離を $\langle x^2\rangle$ とすると(注2)，

$$\langle x^2\rangle=\int_{-\infty}^{+\infty}x^2p(x)\mathrm{d}x=2Dt \tag{14.23}$$

という非常に簡単でかつ重要な関係式が得られる(注3，注4)．式(14.23)を**ア**

注1) この式変形では $X=x/\left(2\sqrt{Dt}\right)$ とおき $\left(\mathrm{d}x/\mathrm{d}X=2\sqrt{Dt}\right)$，ガウス関数 $\exp(-X^2)$ の積分の性質 $\int_{-\infty}^{+\infty}\exp\left(-X^2\right)\mathrm{d}x=\sqrt{\pi}$ を用いている(1.7節)．

注2) 正方向と負方向は同じ確率をもっているので，平均値は $\bar{x}=0$ となるため，$\bar{x}$ を平均の移動距離に用いることはできない．

注3) この式変形では，多変数ガウス積分の公式の1つである $\int_{-\infty}^{+\infty}x^2\exp\left(-ax^2\right)\mathrm{d}x=\dfrac{\sqrt{\pi/a}}{2a}$ という関係を用いている(1.7節)．

注4) タンパク質の拡散係数を $D\simeq 10^{-6}\,\mathrm{cm^2\,s^{-1}}$ とすると，これが長さ1 μmのバクテリアの細胞内を動くのに要する時間は，$t=\langle x^2\rangle/D=(10^{-4}\,\mathrm{cm})^2/[2\times(10^{-6}\,\mathrm{cm^2\,s^{-1}})]=5\times10^{-3}\,\mathrm{s}$ より，たった5 msしかかからないことがわかる．

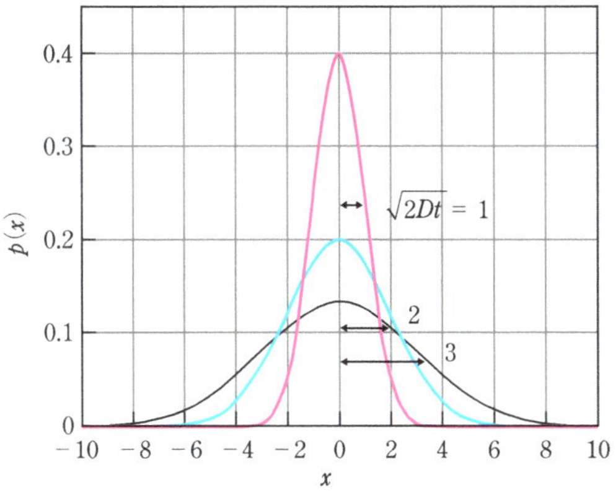

図 14.6　一次元自己拡散

インシュタイン-スモルコフスキーの式(Einstein-Smoluchowski's equation)とよぶ.

図 14.6 に示すように，自己拡散の様子はベル型の**正規分布**(normal distribution)あるいは**ガウス分布**(Gauss distribution)とよばれる分布になっている．ここで，この変曲点の位置 x を考える．まず，式(14.22)を x で微分して

$$\frac{\mathrm{d}p(x)}{\mathrm{d}x}=\left(-\frac{x}{2Dt}\right)p(x) \tag{14.24}$$

となる．変曲点では，二階微分がゼロとなるので，式(14.24)をさらに x で微分して，

$$\frac{\mathrm{d}^2p(x)}{\mathrm{d}x^2}=\left(\frac{x}{2Dt}\right)^2p(x)-\frac{p(x)}{2Dt}=0 \tag{14.25}$$

を満たす点は

$$x^2=2Dt \tag{14.26}$$

となる．つまり変曲点は

$$x=\pm\sqrt{2Dt}=\pm\sqrt{\langle x^2\rangle} \tag{14.27}$$

で与えられる(発展 14.1).

発展 14.1　一次元のランダムウォーク

直径 1 μm 程度の微粒子(注 1)が，溶媒中で不規則に運動することをブラウン(Robert Brown，1773–1858)が発見した(1827 年)．これを発見者にちなんで**ブラウン運動**(Brown motion)とよぶ．この運動の原因が，熱運動している溶媒分子との衝突のゆらぎによるものであることを明らかにしたのは 26 歳のアインシュタインであり，その内容はのちに“奇跡の物理年”といわれる 1905 年の 5 大論文の 1 つとして発表され，統計物理学の幕開けとなった(他は，特殊相対性理論とノーベル賞受賞対象となった光量子仮説による光の粒子と波動の二重性に関する論文など)(注 2)．この説明には，**ランダムウォーク**(random walk，乱歩あるいは酔歩)のモデルが使われている．

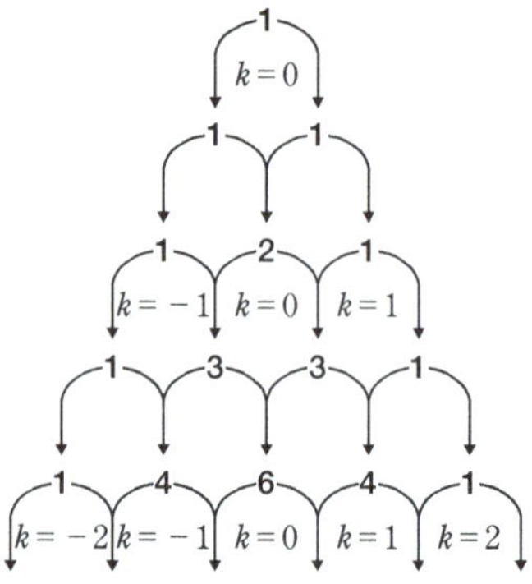

図 14.7 ランダムウォーク

例えば，1 次元のランダムウォークでは，**図 14.7** のような二項展開の**パスカルの三角形**(Pascal's triangle)において，ある粒子が原点から 1 ステップごとに正(右)または負(左)方向に 1/2 単位進むものとする．正と負の確率は 1/2 とする．$2n$ ステップ後($2n$ 時間経過後)までに距離 k にいる確率は二項分布 $b(k)$で与えられる(注 3，注 4)．

$$b(k)=\frac{2n!}{(n+k)!(n-k)!}\left(\frac{1}{2}\right)^{2n} \tag{14.28}$$

スターリングの公式($n!\simeq\sqrt{2\pi n}\,(n/e)^n$，1.9 節)により，

$$b(k)\simeq\frac{1}{\sqrt{2\pi}}\left(\frac{1}{2}\right)^{2n}2^{2n}\sqrt{\frac{2n}{(n+k)(n-k)}}\left(\frac{n}{n+k}\right)^{n+k}\left(\frac{n}{n-k}\right)^{n-k} \tag{14.29}$$

となり，ここで $k\ll n$ で

$$\sqrt{\frac{2n}{(n+k)(n-k)}}\simeq\sqrt{\frac{2}{n}} \tag{14.30}$$

またテイラー級数展開($\ln(1+x)\simeq x-x^2/2\quad(|x|\ll 1)$，1.8 節)により

$$\ln\left[\left(\frac{n}{n+k}\right)^{n+k}\left(\frac{n}{n-k}\right)^{n-k}\right]\simeq-(n+k)\left(\frac{k}{n}-\frac{k^2}{2n^2}\right)-(n-k)\left(-\frac{k}{n}-\frac{k^2}{2n^2}\right)=-\frac{k^2}{n} \tag{14.31}$$

と近似できるので，

$$b(k)\simeq\frac{1}{\sqrt{2\pi}}\sqrt{\frac{2}{n}}\exp\left(-\frac{k^2}{n}\right) \tag{14.32}$$

が得られる．ここで，

$$n/2=2Dt \tag{14.33}$$

とおくと，これは，薄膜状拡散源の場合の拡散方程式の解(式(14.22))と同じであることがわかる(注 5)．これより，一次元自己拡散としてブラウン運動する粒子の二乗平均距離は

$$\langle x^2\rangle=2Dt \tag{14.34}$$

となる．これを1次元の**ランダムウォークに関するアインシュタインの式**(Einstein equation on the random walk)とよぶ．2次元の場合，$\langle r^2 \rangle_{2D} = \langle x^2 + y^2 \rangle = 2\langle x^2 \rangle = 4DT$，3次元の場合，$\langle r^2 \rangle_{3D} = 6DT$となる．

このステップごとで左右に動く原動力は，粒子と溶媒の衝突のゆらぎに起因する．直径1 μmの粒子に直径約3 Åの水分子が衝突するということは，20万トンのタンカーに1円玉があたるような状況であり，とても微粒子は動きそうにないように思える．しかし，アボガドロ数レベルの溶媒が一度に粒子に衝突すれば，当然，粒子は動く．ところが，もう1つ考えねばならないことがある．(以下は，1次元で話を進めるとして)粒子に対して左右均等に溶媒が衝突するのであれば，粒子は動くことはない．ところが，アボガドロ数の世界で，左右の衝突回数に$1/10^6$程度のゆらぎがあれば，溶媒分子(1円玉)の衝突で微粒子(タンカー)を動かすことができるのである．アインシュタインは，このゆらぎは衝突の正(右)か負(左)の確率であるとして，ブラウン運動の本質を明らかにした．この考えに基づき，それまで懐疑的に考えられていた分子・原子の存在が実証され，さらにアボガドロ数の概数をも知ることができるようになったのである(コラム14.1)．ここで用いた確率論は，ボルツマン分布の考え方と本質的には同じもので，エントロピーの解釈にも使われている．当時の科学者はこの確率論を嫌って激しい論争があったが，この確率論は量子論へと発展し，現在では宇宙はこの確率論で支配されていることがわかっている．

確率論といえば統計となる．実際，

$$n/2 = \sigma^2 \tag{14.35}$$

とすると，平均値0の正規分布(ガウス分布)曲線は

$$G_{0,\sigma}(x) = \frac{1}{\sqrt{2\pi}\sigma}\exp\left(\frac{-x^2}{2\sigma^2}\right) \tag{14.36}$$

となる(注6)．σ^2は正規分布の**分散**(dispersion)に相当し，σは変曲点までの距離で，**標準偏差**(standard deviation)に相当している．ここでさらに$\sigma=1$とすると標準正規分布関数が得られる．このように，ランダムウォークという確率論(注7)は，拡散や統計を考える基礎を築いただけでなく，エントロピーの解釈そして量子論の展開とも密接に関係しているのである．

注1)日本の書物の一部には“花粉”という記載があるが，誤訳に起因するものであり，実際には花粉内部の直径1 μm程度の微粒子である．

注2)アインシュタインの奇跡の物理年から100年にあたる2005年は，World Year of Physicsとよばれた．

注3)一般に，成功する確率をp，失敗する確率を$q(=1-p)$とするとき，n回の試行のうちk回成功する確率は$p^k q^{n-k}$となる．さらに，n回のうちk回現れる組合せは${}_nC_k = \frac{n!}{k!(n-k)!}$となるので，$n$回の独立の試行を行った場合，成功する確率は$b(n,k) = \frac{n!}{k!(n-k)!}p^k q^{n-k}$と表される(1.10節)．

注4)図14.7の二項分布で，$k=0$の値をつくるためには，場合の種類を奇数とすればよい．そのために，全ステップ数を偶数とした．

注5)ここで出てくる$n/2$は，この二項分布の分散(=(N：試行回数)×(p：正方向の確率)×(q：負方向の確率)=$2n$×(1/2)×(1/2))に由来する．

注6)統計学で頻出する，平均値μの一般的な正規分布は$G_{\mu,\sigma}(x) = \frac{1}{\sqrt{2\pi}\sigma}\exp\left(\frac{-(x-\mu)^2}{2\sigma^2}\right)$で与えられる．

注7)「1次元，2次元の対称なランダムウォークでは，粒子が遅かれ早かれ初めの位置に戻る確率は1である．しかし，3次元の場合はその確率はおよそ0.35にすぎない」ことに注意しよう！ (確率論とその応用I(下)，W.フェラー(著)，河田龍夫(監訳)，現代経営科学全集，紀伊國屋書店，1961，p.453)

コラム14.1 奇跡のブラウン運動とその解明により勝利を得た原子論

1 μm の粒子を観測して，ブラウン運動が観測できた理由については，10 ns スケールでの位置(Å レベル)・速度(最大 350 μm s^{-1})の測定が最近報告された(S. Kheifets *et al. Science*, **343**, 149(2014))．詳細は原著を参照されたい．ここでは簡単に説明する．1 μm の粒子を静止状態から粒子が移動する速度まで，10 ns(ストークスの法則での速度の減速時間 0.1 μs の 1/10 程度として見積もった)で加速するには，2×10^{-10} N の力が必要となる．1 次元で考えるとして，水分子の運動量と密度を考え，10 ns の間に 1 μm の微粒子の片面に 10^{11} 個の水分子が衝突し，それにより働く力は 2×10^{-4} N となる．したがって，左右で 1 ppm がゆらげば粒子は移動できることになる．簡単な統計によると，ゆらぎは分子数の平方根に反比例するので 3 ppm で粒子は運動することになるのである．粒子が，10 倍の直径 10 μm となると，衝突する分子数は 100 倍となり，ゆらぎは 1/10 となり，粒子が動くための力は 1/10 に減少し，さらに粒子の質量も 1000 倍となり加速度は $1/10^4$ になるので，ブラウン運動は観測しづらくなる．1 μm より小さな微粒子は光学顕微鏡で観測できない．また後述するように，これより大きいと微粒子はほとんど動かせない．つまり 1 μm の粒子の運動が観測されたのは，ある意味奇跡だったのかもしれない．

ところで，式(14.23)により，ブラウン運動の二乗平均距離から拡散係数を求めることができる．拡散係数にストークス–アインシュタインの式(式(14.14))を適用するとアボガドロ数 N_A を算出できる．ペランはこの考えに基づいて $N_A = 6.88\times10^{23}$ mol^{-1} と報告し，分子の存在を証明したのである．そしてこの業績がドルトンの原子説の提唱から約 100 年間続いてきた原子論の論争に終止符をうつことになったのである．

さて，ブラウン運動の二乗平均距離から自己拡散による(位置に関する)誤差，つまり分散と考えることができる．誤差の伝播の法則により，ある物理量 q が $q = q(x_1, x_2, ..., x_n)$ と表せる場合，q の誤差量 δq は次で表される(注 1)．

$$\delta q^2 = \left(\frac{\partial q}{\partial x_1}\right)^2_{x_2,\ldots,x_n} \delta x_1^{\,2} + \left(\frac{\partial q}{\partial x_2}\right)^2_{x_1,x_3,\ldots,x_n} \delta x_2^{\,2} + \cdots + \left(\frac{\partial q}{\partial x_n}\right)^2_{x_1,\ldots,x_{n-1}} \delta x_n^{\,2} \tag{14.37}$$

よって，2 つの分子が自己拡散する場合，その分子間の二乗平均距離は次のように与えられる．

$$\langle x_{12}^{\,2}\rangle = \langle x_1^{\,2}\rangle + \langle x_2^{\,2}\rangle = 2t(D_1 + D_2) \tag{14.38}$$

誤差の話をしたので，ついでに，**有効数字**の最も適切な表記法を書いておく．それは例えば質量 m に対して次のように書く．注意点は，①～③のとおりである．

$$m = (\underbrace{2.485}_{①} \pm \underbrace{0.005}_{②}) \times \underbrace{10^3\ \text{kg}}_{③}$$

①の部分は，1 以外の数字で，小数点前の数字は 1 桁．

②の部分の小数点以下の桁数は，①のそれとあわせ，最後のゼロ以外の数値は 1 桁(1 に近ければ 2 桁にすることもある)．

③物理量を表すときは数値 + スペース + 単位．

よって，$m = (0.2485 \pm 0.0004)\times10^4$ kg，$m = 24850 \pm 40$ kg，$m = (2.485 \pm 0.043)\times10^3$ kg，$m = (2.485 \pm 0.0043)\times10^3$ kg，$m = (2.485 \pm 0.004)\times10^3$ k のいずれの表記も好ましくない．

注 1) **ピタゴラスの定理**(Pythagorean theorem)として知られているように，2次元では直角三角形の斜辺の長さを c，他の2辺の長さを a，b とすると $c^2 = a^2 + b^2$ と与えられる．式(14.37)は n 次元の場合に相当する．

14.4 電気泳動

電気泳動の駆動力は，電場の中で電荷が受ける力として表される．したがって，電位勾配のある領域内における物質の電気化学ポテンシャル（$\tilde{\mu} = \mu^{\ominus} + RT\ln\left(c/c^{\ominus}\right) + zF\phi$，9.4 節）の変化量を考えればよい．電場がある静止溶媒中 1 mol の荷電粒子が受ける力 $\boldsymbol{F}$ は

$$\boldsymbol{F} = -\left(\frac{\partial\tilde{\mu}}{\partial x}\right)_c = -zF\left(\frac{\mathrm{d}\phi}{\mathrm{d}x}\right) = q\boldsymbol{E} \tag{14.39}$$

と表される（**図 14.8**）．ここで，z は粒子の電荷数，ϕ は内部電位，F はファラデー定数，q は荷電粒子の 1 mol あたりの電気量を表している．

$$q \equiv zF \tag{14.40}$$

また $\boldsymbol{E}$ は**電場**（electric field）で単位は $\mathrm{V\,m^{-1}}$ である．

$$\boldsymbol{E} \equiv -\mathrm{d}\phi/\mathrm{d}x \tag{14.41}$$

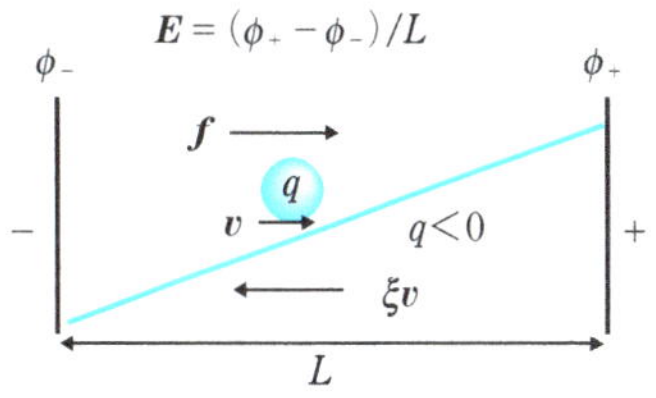

図 14.8 電気泳動

力 $\boldsymbol{F}$ や電場 $\boldsymbol{E}$ は濃度勾配と同様，ベクトル量である．本節では，ファラデー定数 F や電位 E と区別するために，ベクトル量であることを強調して書くこととする．

1 分子あたりの定常状態速度 $\boldsymbol{v}$ を考えると，式(14.6)より

$$\boldsymbol{f} \equiv \boldsymbol{F}/N_{\mathrm{A}} = \xi\boldsymbol{v} \tag{14.42}$$

となるので，式(14.39)と式(14.42)より

$$\boldsymbol{v} = \frac{q\boldsymbol{E}}{\xi N_{\mathrm{A}}} = u\boldsymbol{E} \tag{14.43}$$

が得られる．ここで，

$$u = \left|\frac{v}{E}\right| \tag{14.44}$$

は**イオン移動度**（ion mobility）とよばれる．

$$u \equiv \frac{|q|}{\xi N_{\mathrm{A}}} = \frac{|z|F}{\xi N_{\mathrm{A}}} \tag{14.45}$$

25 °C での水中での u は $10^{-4}\,\mathrm{cm^2\,V^{-1}\,s^{-1}}$ を単位として，H^+：36，OH^-：20，他の低分子イオン：4～9，タンパク質 0.1～1 程度である（**表 14.1**）．$u = 1\times10^{-4}\,\mathrm{cm^2\,V^{-1}\,s^{-1}}$ とは，電場が $\boldsymbol{E} = 10\,\mathrm{V\,cm^{-1}}$ のとき，$\boldsymbol{v} = 10^{-3}\,\mathrm{cm\,s^{-1}} =$

表 14.1 25 °C における水溶液中のイオン移動度

カチオン	イオン移動度 /$10^{-4}\,\mathrm{cm^2\,V^{-1}\,s^{-1}}$	アニオン	イオン移動度 /$10^{-4}\,\mathrm{cm^2\,V^{-1}\,s^{-1}}$
H^+	36.30	OH^-	20.52
K^+	7.62	SO_4^{2-}	8.27
Ba^{2+}	6.59	Cl^-	7.91
Na^+	5.19	NO_3^-	7.40
Li^+	4.01	HCO_3^-	4.61

0.6 mm min^{-1} に相当する移動度である．

H^+ と OH^- の u は，他のイオンに比べて異常に大きい．この原因として，**グロッタス（グロータス）機構**が提唱されている（注 1）．これは，ある H_2O 分子のプロトンが隣の分子に移動し，その H_2O に属していたプロトンはまた隣の分子に移動するというものである（**図 14.9**）．このようにちょうど鎖に沿って次々に移動するというような仕組みで，みかけ上速く移動できることになる．

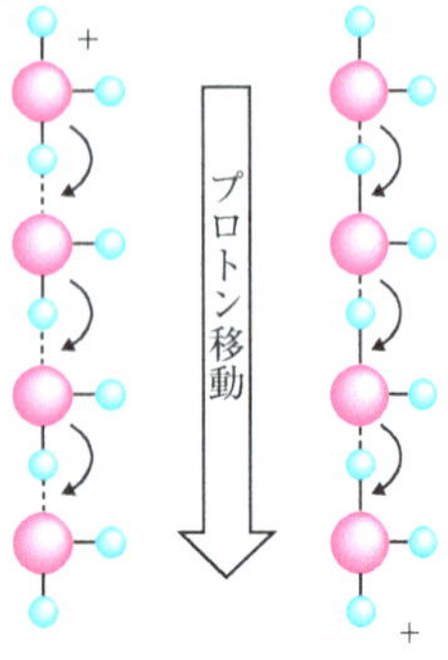

図 14.9　グロッタス（グロータス）機構

イオンが動くと電荷も移動するので，**電気伝導性**（electric conductivity）が現れる．この特性を示したものを**モルイオン伝導率**（molar ionic conductivity）λ とよび，次のように定義される．

$$\lambda \equiv |z| F u \tag{14.46}$$

また，式（14.12）と式（14.45）から，ξN_A を消去し，さらに式（14.46）を代入すると

$$D = \frac{RTu}{|z|F} = \frac{RT\lambda}{z^2 F^2} \tag{14.47}$$

が得られる．これを**ネルンスト–アインシュタインの式**（Nernst–Einstein equation）とよぶ．このように，D, u, λ は互いに密接な関係を有しているので，イオンの場合，この 3 つのどれかがわかれば，他の量もわかる．

電気泳動法は，タンパク質や DNA の研究に頻繁に用いられる．特にゲル電気泳動法はタンパク質の分離，サブユニット構造の推定，あるいは分子質量の推定などに汎用される．DNA の分離や特定に対してもゲル電気泳動法を用いられているが，最近ではキャピラリー電気泳動法を用いることによって DNA 塩基配列を高速に読み取ることができるようになっている（参考 14.1，参考 14.2）．

注 1）1806 年にグロッタス（Theodor Grottuss, 1785–1822）が水素結合系におけるプロトン移動の考え方を提唱したもので，OH^- の移動も同様に説明できる．近年，量子力学計算によりグロッタス機構によるプロトン移動のダイナミクスを目で見たように示すことができる（M. Tuckerman, K. Laasonen, M. Sprik, and M. Parrinello, *J. Phys. Chem.* **99**, 5749–5752 (1995), *J. Chem. Phys.*, **103**, 150–161 (1995)）．また，大谷らによる白金電極近傍での第一原理計算（*J. Phys. Soc. Jpn.*, **77**, 024802 (2008)）の動画をダウンロードして見ることができる（http://sugino.issp.u-tokyo.ac.jp/ESM_paper/movie1.mpg）．また，2016 年までの実験および理論計算については，詳しく総説されている（N. Agmon *et al.*, Protons and Hydroxide Ions in Aqueous Systems, *Chem. Rev.*, **116**, 7642–7672 (2016)）．

参考 14.1　ポリアクリルアミドゲル電気泳動法

ポリアクリルアミドゲル電気泳動（polyacrylamide gel electrophoresis, PAGE）は，**図 14.10** のような反応でポリアクリルアミドゲルを作成し，このゲルを電気泳動の支持体とするものである．ゲル中の細孔径は密なため分子質量 100 ～ 200 kDa 以下のタンパク質やポリペプチド，DNA 断片を分離するのに適している．タンパク質とゲル支持体との衝突を考えたとき，イオン移動度 u は

$$\log(u / u_0) = -KT \tag{14.48}$$

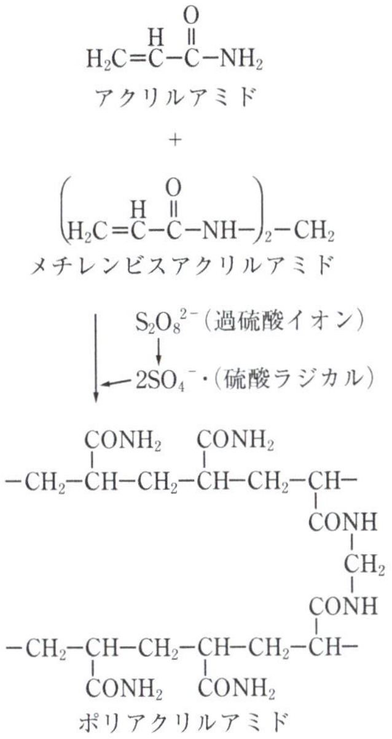

図 14.10　ポリアクリルアミドゲルの生成反応

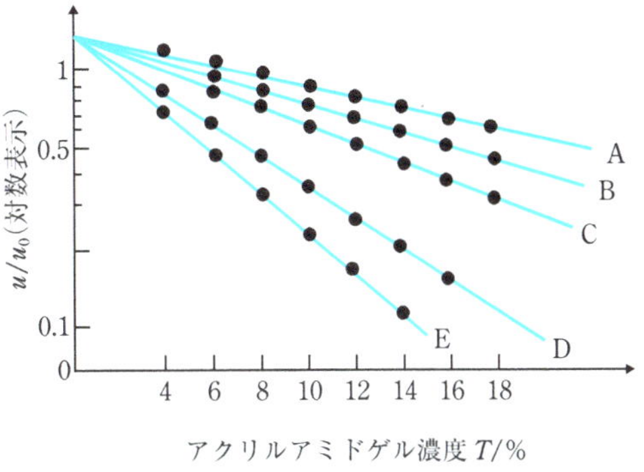

図 14.11　ファーガソンプロット

A：シトクロム c，B：ミオグロビン，C：キモトリプシノーゲン A，
D：卵白アルブミン，E：ウシ血清アルブミン．
［D. Tietz and A. Chrambach, *Electrophoresis*, **7**, 241（1986）］

で表される．この関係を図示したもの（**図 14.11**）を**ファーガソンプロット**（Ferguson plot）とよぶ．また，K はタンパク質の大きさと形状に依存するパラメータで**遅延定数**（retardation coefficient）とよぶ．T は

$$T \equiv \frac{w_{AA}}{w_{AA} + w_{BIS}} \times 100 \tag{14.49}$$

と定義され，ゲル支持体の細目度を表す（w_{AA} と w_{BIS} はゲル作成時の原料の仕込み重量，T が大きいほど，細かい網目のゲル）．この関係は，ゲル支持体の**分子ふるい効果**（molecular sieving effect）として理論的に説明できる．

生化学分野では，しばしば，SDS（sodium dodecyl sulfonate，ドデシル硫酸ナトリウム）でタンパク質を変性しランダムコイルとしたのちに，PAGE を行う．これを **SDS–PAGE** とよぶ．操作が簡便で再現性が高いので，タンパク質の電気泳動では最もよく用いられている手法である．これに対して，未変性での PAGE を native PAGE とよぶ．SDS–PAGE では経験的にタンパク質の分子質量 m_f と u の関係は

$$\log\left(m_{f,a}/m_{f,b}\right) = A\left(u_a - u_b\right) \tag{14.50}$$

で表されることが知られている．A は直線の傾きを表す（**図 14.12**）．したがって，分子量マーカーとよばれる，分子質量 m_f 既知のタンパク質と目的タンパク質を同条件で PAGE することにより，目的タンパク質の m_f を推定することができる．

支持体をアガロースにすると，細孔径が大きくなり 300 ～ 10,000 塩基の DNA を分離することができる．

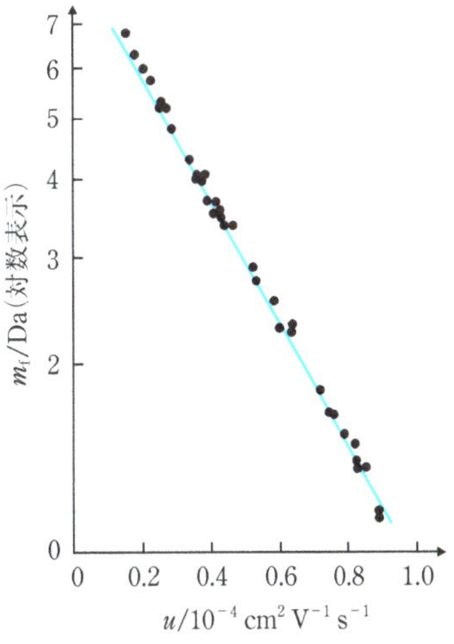

図 14.12　タンパク質の分子質量 m_f の対数とイオン移動度 u の関係

参考14.2 等電点電気泳動

タンパク質を構成しているアミノ酸側鎖やアミノ末端，カルボキシル末端の電荷は pH 条件によって変化し，電荷の総和がゼロになる pH の値を**等電点**(isoelectric point)pI とよぶ．電荷を帯びたタンパク質は電場の中で電気泳動するが，等電点にあるタンパク質は電気泳動力もゼロとなり動かない．そこで，泳動ゲル中に pH 勾配を作り，そこでタンパク質を電気泳動すると，タンパク質は等電点に収束する．このようにタンパク質の等電点の違いを利用して分離し，目的タンパク質の等電点測定や分析を行う泳動手法のことを**等電点電気泳動**(isoelectric point electrophoresis)とよぶ．泳動用のゲルは，通常，さまざまな pK_a の側鎖をもつアクリルアミド誘導体(Immobiline DryStrip Gel®)を用いて pH 勾配を形成する手法がよく用いられる(**図 14.13**)．等電点電気泳動は，分子質量が同じで等電点が異なるアイソザイムの検定や，タンパク質の分取に利用される．

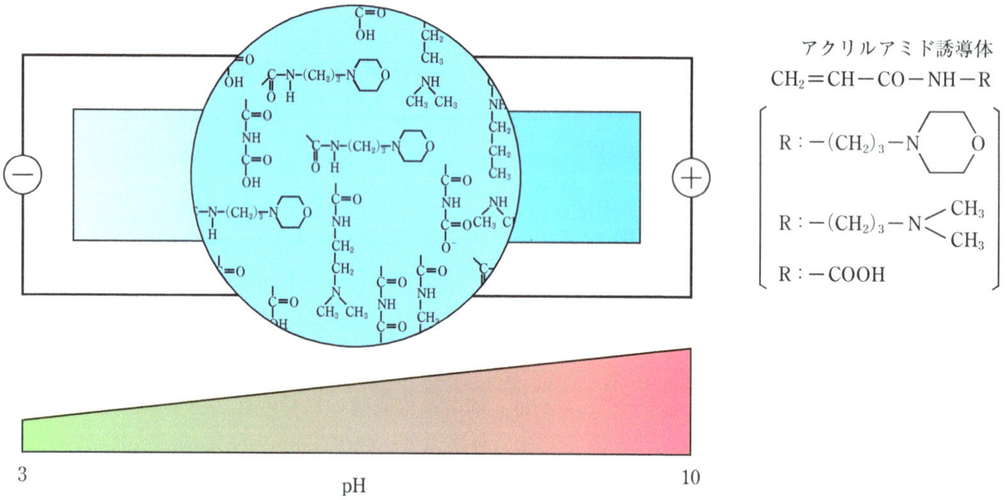

図 14.13 等電点電気泳動法の原理と支持体

14.5 ネルンスト–プランクの式

前節までは，拡散を議論するうえでは電場はないものとし，電気泳動を議論するうえでは濃度勾配はないものとして，話を進めた．しかし，より一般的には，拡散と電気泳動が同時に進行するはずである．濃度勾配と電場がある静止溶媒中の 1 mol の荷電粒子が受ける $\boldsymbol{F}$ は

$$\boldsymbol{F} = -\frac{\mathrm{d}\tilde{\mu}}{\mathrm{d}x} = -\left(\frac{\partial \tilde{\mu}}{\partial x}\right)_{\phi} - \left(\frac{\partial \tilde{\mu}}{\partial x}\right)_{c} = -RT\frac{\mathrm{d}[\ln(c/c^{\ominus})]}{\mathrm{d}x} - zF\left(\frac{\mathrm{d}\phi}{\mathrm{d}x}\right)$$
$$= -\frac{RT}{c}\left(\frac{\mathrm{d}c}{\mathrm{d}x}\right) + zF\boldsymbol{E} \qquad (14.51)$$

となる．1 分子あたりで考え，粒子が速度 $\boldsymbol{v}$ で定常状態となったとき

$$\boldsymbol{f} \equiv \frac{\boldsymbol{F}}{N_A} = \xi \boldsymbol{v} \qquad (14.52)$$

となるから，式(14.51)と式(14.52)を用いると，流速は次式で与えられる．

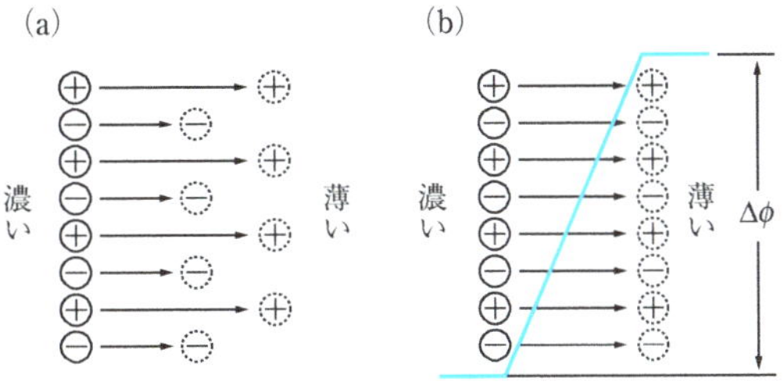

図14.14 液間電位の発生機構

$$
\boldsymbol{J} \equiv c\boldsymbol{v} = -\frac{RT}{\xi N_{\mathrm{A}}}\left(\frac{\mathrm{d}c}{\mathrm{d}x}\right) + \frac{zFc}{\xi N_{\mathrm{A}}}\boldsymbol{E} = -D\frac{\mathrm{d}c}{\mathrm{d}x} + \frac{z}{|z|}uc\boldsymbol{E}
$$

$$
= -wRT\frac{\mathrm{d}c}{\mathrm{d}x} + zFwc\boldsymbol{E} \tag{14.53}
$$

式(14.53)を**ネルンスト−プランクの式**(Nernst−Planck equation)とよび，定常的物質移動に関する一般式となる．ここで

$$
w \equiv 1/\xi N_{\mathrm{A}} \tag{14.54}
$$

をイオンの**モル移動度**(molar mobility)という．

式(14.48)はイオンの移動や膜透過を考察するうえできわめて重要である．例えば，カチオンとアニオンが濃度勾配によって移動しようとする場合，その拡散係数が等しければ，拡散過程で電気的中性条件が成り立つので，電気的にはあたかも中性分子が拡散するように考えることができる．しかし，カチオンとアニオンの拡散係数が異なると，拡散速度の差で電荷分離が起こり，拡散過程で電位差が発生することになる．これを**拡散電位**(diffusion potential)あるいは**液間電位**(junction potential)とよぶ．**図14.14**に示すように，カチオンの拡散係数の方がアニオンのそれより大きいとすると，移動方向に対して正の電場ができ，カチオンの移動が抑えられ，アニオンのそれが促進される．結果として，巨視的には大きな電荷分離を引き起こすことなく，カチオンとアニオンは一緒に移動することになる．こうした状況は式(14.53)を解くことで説明できる．しかし，式(14.53)には $\frac{\mathrm{d}c}{\mathrm{d}x}$ と $\frac{\mathrm{d}\phi}{\mathrm{d}x}$ の2つの微分項があるため，一般解を得ることは困難である(注1)．そこで，どちらか一方を一定にした条件で解いた式がよく使われる．

式の導出の詳細は省くが，電場が距離に依存しないと仮定した場合は

$$
E = -\frac{\mathrm{d}\phi}{\mathrm{d}x} = -\frac{\Delta\phi}{d} \tag{14.55}
$$

を定数として扱い($\Delta\phi$：液液界面電位差，d：液液界面の厚さ)，式(14.53)を解くと，

$$
J = \frac{zF\omega\Delta\phi}{d}\left[\frac{c_d - c_0\exp\left(-\frac{zF\Delta\phi}{RT}\right)}{\exp\left(-\frac{zF\Delta\phi}{RT}\right) - 1}\right] \tag{14.56}
$$

となる(c_d：$x=d$ の濃度，c_0：$x=0$ の濃度)．ここで，界面に電流は流れない

注1)電気二重層の理論であるポアソン−ボルツマン方程式とネルンスト−プランク方程式を数値的に解いて，濃度と電位の時間変化を求めることができる．しかし，非線形な連立偏微分方程式なので不安定な数値解にならないように注意する必要がある Web．

場合には，$J=0$ となり，界面電位差は

$$\Delta\phi = -\frac{RT}{F}\ln\left[\frac{\sum_j (w_j c_{j,d}) + \sum_k (w_k c_{k,0})}{\sum_j (w_j c_{j,0}) + \sum_k (w_k c_{k,d})}\right] \tag{14.57}$$

と与えられる（下付き j はカチオンを，k はアニオンを表す）．この式を**ゴールドマンの式**（Goldman equation）とよぶ Web．

一方，濃度勾配が距離に依存しないと仮定した場合は，それを定数として解くと，

$$J = -RT\sum_i -\omega_i \frac{c_{i,d}-c_{i,0}}{d} - F\sum_i z_i\omega_i \left(c_{i,0} + \frac{c_{i,d}-c_{i,0}}{d}x\right)\frac{\mathrm{d}\phi}{\mathrm{d}x} \tag{14.58}$$

となる．ここで，$J=0$ のときの界面電位差は

$$\Delta\phi = -\frac{\sum_i |z_i| \frac{u_i}{z_i}(c_{i,d}-c_{i,0})}{\sum_i |z_i| u_i (c_{i,d}-c_{i,0})}\frac{RT}{F}\ln\left[\frac{\sum_i (|z_i| u_i c_{i,d})}{\sum_i (|z_i| u_i c_{i,0})}\right] \tag{14.59}$$

と与えられる Web．これは**ヘンダーソンの式**（Henderson equation）とよばれる．式(14.59)は式(14.57)と異なり，1：1 電解質に対しても適用できるうえ，実測値とも比較的よい一致が得られる．

14.6 電気伝導率

電解質溶液は，その溶液中で解離したイオンの移動により電気伝導性を示す．この電解質溶液の**電気伝導率**（conductance）L の単位は S あるいは Ω^{-1}（注 1）であり，**溶液抵抗**（resistance）R（単位は Ω（$\equiv$ V A^{-1}）の逆数である（S $\equiv$ Ω^{-1} $\equiv$ A V^{-1}）．L は，電極表面積 A の電極間距離 d の伝導率測定セルを用いて測定され，次のように与えられる．

$$L \equiv \frac{1}{R} = \kappa\frac{A}{d} = \frac{\kappa}{K_{\mathrm{cell}}} \tag{14.60}$$

ここで定数 κ を**比伝導率**（conductivity）（単位は S m^{-1}）とよび，単位長さあたりの電気伝導率である．また

$$K_{\mathrm{cell}} \equiv d / A \tag{14.61}$$

は，伝導率測定セル（**図 14.15**）に固有な値であり，**セル定数**（cell constant）とよぶ（単位は m^{-1}）．

電気伝導率は，濃度によって変化するので，単位電解質濃度あたりの比伝導率を**モル伝導率**（molar conductivity）Λ といい，単位は S m^2 mol^{-1} である．モル濃度 c を用いるとき次式で表される（注 2）．

$$\Lambda = \frac{\kappa}{c} = \frac{K_{\mathrm{cell}}L}{c} \tag{14.62}$$

電解質は無限に希釈した極限では完全に解離した状態となり，またイオン間の相互作用は無視できるほど小さくなるので，強電解質，弱電解質を問わず，その Λ は電解質固有のある値をとることになる．この値を**無限希釈モ**

注 1）S と Ω^{-1} はそれぞれジーメンスまたはモー［mho（ohm の反対）］とよぶ．

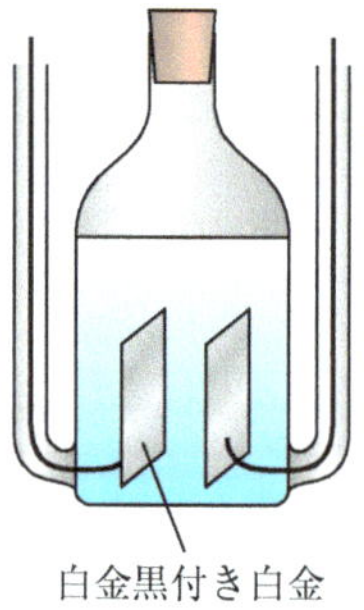

図 14.15 電気伝導率測定セル

注 2）電気伝導率に関係する物理量で，距離の単位は m とする場合と cm とする場合がある．数値だけの計算をするのではなく，数値と単位を含めた物理量で計算し，単位換算で生じる数値を適切に扱うことに留意されたい．

ル伝導率(molar conductivity at infinite dilution)といい Λ^{∞} で表す．この極限における Λ^{∞} は電解質を構成するイオン種の**無限希釈モルイオン伝導率** λ^{∞}(単位は $\mathrm{S\,m^2\,mol^{-1}}$)の和として次のように表すことができる．

$$\Lambda^{\infty}=\sum_j \lambda_j^{\infty} \tag{14.63}$$

これを**イオン独立移動の法則**(law of independent migration of ions)とよぶ．**表 14.2** に，いくつかのアニオンとカチオンについて λ^{∞} をまとめた．

電解質溶液の Λ は，電解質濃度が高くなるにつれて減少する．この要因としては，電解質濃度の増大に伴い，①イオン間の相互作用が強くなることと，②電解質の解離度 α が減少することの2つが考えられる．**強電解質**(strong electrolyte)の場合は①が主要因となり，濃度依存性は次のように示される(**図 14.16**)．

$$\Lambda=\Lambda^{\infty}+b\sqrt{c} \tag{14.64}$$

この関係は**コールラウシュの平方根則**(Kohlrausch's square root law)とよばれる(参考 14.3)．

弱電解質(weak electrolyte)では②が重要な要因となる．例えば，弱電解質 AB が

$$\mathrm{AB} \rightleftharpoons \mathrm{A^-}+\mathrm{B^+} \tag{14.65}$$

と**電離**(electrolytic dissociation)する場合を考える．AB が(無限希釈で)完全解離したときのモル伝導率を Λ^{∞}，溶液中での解離度を α，モル伝導率を Λ とすると，

$$\alpha=\frac{c_{\mathrm{A^-}}}{c_{\mathrm{AB,0}}}=\frac{c_{\mathrm{B^+}}}{c_{\mathrm{AB,0}}}=\frac{\Lambda}{\Lambda^{\infty}} \tag{14.66}$$

表 14.2　25 °C における水溶液中におけるカチオンとアニオンの λ^{∞}

カチオン	$10^4\lambda^{\infty}/\mathrm{S\,m^2\,mol^{-1}}$	アニオン	$10^4\lambda^{\infty}/\mathrm{S\,m^2\,mol^{-1}}$
H^+	349.82	OH^-	198.0
Li^+	38.69	Cl^-	76.34
Na^+	50.11	Br^-	78.4
K^+	73.52	I^-	76.8
NH_4^+	73.4	NO_3^-	71.44
Ag^+	61.92	CH_3COO^-	40.9
$\frac{1}{2}Ca^{2+}$	59.50	ClO_4^-	68.0
$\frac{1}{2}Ba^{2+}$	63.64	$\frac{1}{2}SO_4^{2-}$	79.8
$\frac{1}{2}Sr^{2+}$	59.46		
$\frac{1}{2}Mg^{2+}$	53.06		
$\frac{1}{2}La^{3+}$	69.6		

[D. MacInnes, Principles of Electrochemistry, Reinhold Publishing (1939)]

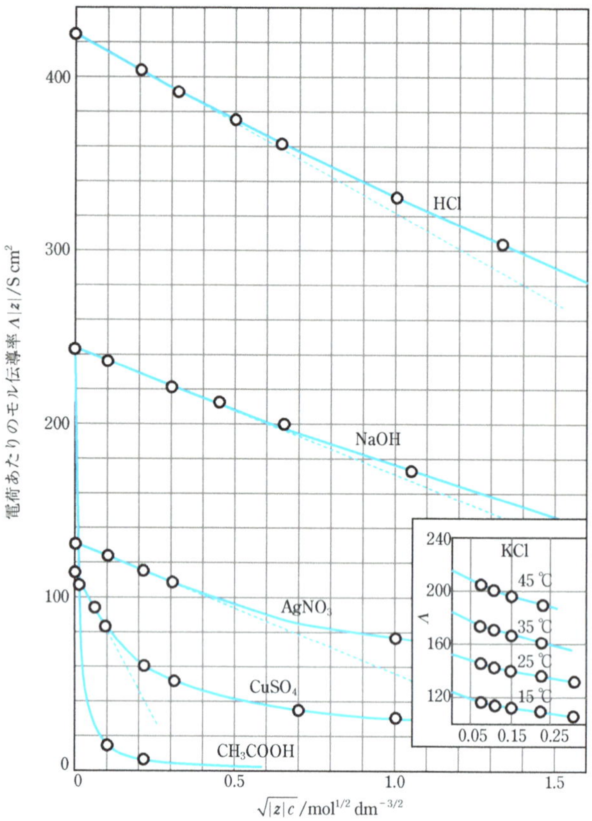

図 14.16 さまざまなイオンのモル伝導率の濃度依存性
［Walter J. Moore, Physical Chemistry, 4th ed, Prentice-Hall (1972)］

注 1）弱酸のように酸塩基反応で解離する場合には，水の解離の影響があると，$c_{A^-}=c_{B^+}$ が成立せず，この式は成り立たない．

と与えられる（注 1）．ここで，$c_{AB,0}$ は AB の分析濃度である．

$$c_{AB,0} \equiv c_{A^-} + c_{AB} = c_{B^+} + c_{AB} \tag{14.67}$$

弱電解質の解離定数(K_d)は次のように表される．

$$K_d \equiv \frac{\left(c_{A^-}/c^{\ominus}\right)\left(c_{B^+}/c^{\ominus}\right)}{\left(c_{AB}/c^{\ominus}\right)} = \frac{\alpha^2}{(1-\alpha)}\frac{c_{AB,0}}{c^{\ominus}} \tag{14.68}$$

式(14.66)～式(14.68)より

$$K_d = \frac{\Lambda^2}{\Lambda^{\infty}\left(\Lambda^{\infty}-\Lambda\right)}\frac{c_{AB,0}}{c^{\ominus}} \tag{14.69}$$

が得られる．これを整理して

$$\frac{c_{AB,0}}{c^{\ominus}}\Lambda^2 + K_d\Lambda^{\infty}\Lambda - K_d\left(\Lambda^{\infty}\right)^2 = 0 \tag{14.70}$$

となる．$\Lambda > 0$ であるので

$$\Lambda = \frac{-K_d\Lambda^{\infty} + \sqrt{\left(K_d\Lambda^{\infty}\right)^2 + 4\left(c_{AB,0}/c^{\ominus}\right)K_d\left(\Lambda^{\infty}\right)^2}}{2\left(c_{AB,0}/c^{\ominus}\right)} \tag{14.71}$$

となり，Λ は $c_{AB,0}$ に対して放物線型になる．図 14.16 には弱電解質の Λ の $\sqrt{c_{AB,0}}$ 依存性も示している．また，式(14.69)を線形に書き換えると

参考 14.3　コールラウシュの平方根則の解釈

強電解質のΛが濃度とともに減少する理由として，オンサーガーは，次の2つの効果を考慮し，デバイ-ヒュッケルの理論を用いて説明した(**図 14.17**)．すなわち，イオンが移動すると，①その周りに形成されていたイオン雰囲気が後に残され，非対称に歪む効果と，②イオン雰囲気は溶媒を伴って反対方向に移動しようとするとき粘性抵抗を受ける効果である Web.

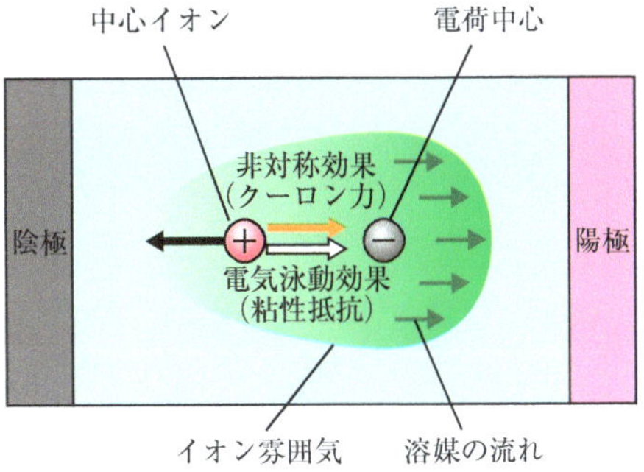

図 14.17　強電解質の移動に関するオンサーガーの説明

$$\Lambda\left(c_{\mathrm{AB},0}/c^{\ominus}\right) = K_{\mathrm{d}}\left(\Lambda^{\infty}\right)^2\left(\frac{1}{\Lambda}-\frac{1}{\Lambda^{\infty}}\right) \tag{14.72}$$

となるので，**図 14.18** のように解析することにより，K_{d} と Λ^{∞} を求めることができる．

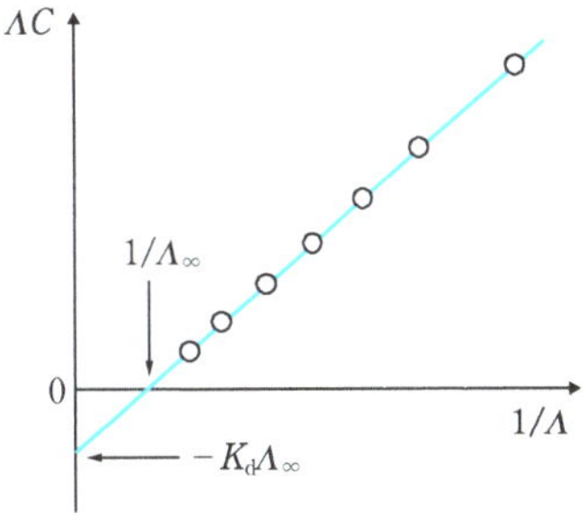

図 14.18　弱酸のモル伝導率Λの濃度依存性の線形解析

線形最小二乗法を適用する場合は，重み付きにすること．

14.7　遠心沈降

物質は重力の方向に移動する．もちろん溶質も同様の力を受ける．しかし，溶質は浮力も受けるうえ，質量が小さく沈降する力以上に，熱運動による拡散の力の方が大きく，溶液は均一のままである．しかし，大きな遠心力を与えると，溶質でも沈降することがある．これを**遠心沈降**(centrifugal sedimentation)という．

遠心加速度は，回転半径をx，角速度をω($\omega = 2\pi\nu$(ν：回転数))とするとき，

$$a = x\omega^2 \tag{14.73}$$

で与えられる(2.6節)．超遠心分離機の例として$x = 6$ cm，$\nu = 50000$ rpm(= 833 rps)のとき，$a = [2\pi\times(833\ \mathrm{s^{-1}})]^2\times(0.06\ \mathrm{m}) = 1.64\times10^6\ \mathrm{m\ s^{-2}}$となり，重力加速度$g = 9.8\ \mathrm{m\ s^{-2}}$の$1.7\times10^5$倍になる．この遠心力を受ける質量$m$(分子の場合，分子質量$m_{\mathrm{f}}$)の粒子1個が受ける力$f$は

$$f = m\phi x\omega^2 \tag{14.74}$$

となる．ここでϕは浮力補正項である(参考 14.4)．定常状態での沈降速度をv_{s}とすると，

$$\xi v_{\mathrm{s}} = m\phi x\omega^2 \tag{14.75}$$

となる(**図 14.19**)．したがって

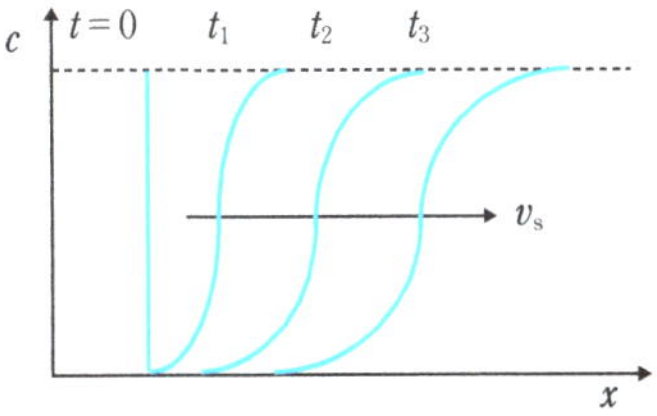

図 14.19　沈降面の移動の様子

$$v_s = \frac{m\phi}{\varsigma} x\omega^2 = \frac{M\phi}{\xi N_A} x\omega^2 = sx\omega^2 \tag{14.76}$$

となる．Mはモル質量で，sは**沈降係数**(sedimentation coefficient)で，次のように定義される．単位はsである(参考14.5)．

$$s \equiv \frac{m\phi}{\xi} = \frac{M\phi}{\xi N_A} \tag{14.77}$$

ここで，さらに球状粒子の場合には，ストークスの法則(式(14.13))を考慮し

$$s = \frac{m\phi}{6\pi\eta r} = \frac{M\phi}{6\pi\eta r N_A} \tag{14.78}$$

が得られる．また，式(14.77)と式(14.12)の拡散係数と関係づけることにより

$$M = \frac{RTs}{D\phi} \tag{14.79}$$

が得られる．タンパク質などの高分子溶液に対して沈降係数sと拡散係数Dを測定することにより，モル質量M(高分子の場合には重量平均モル質量)を求めることができる．

一方，拡散速度v_dは式(14.11)と式(14.7)と式(14.12)より

$$v_d = -\frac{RT}{c\xi N_A}\frac{dc}{dx} \tag{14.80}$$

と与えられる．この拡散速度v_dと沈降速度v_sの和，つまり正味の速度が$v=0$となり，物質はある場所にとどまる．これを**沈降平衡**(sedimentation equilibrium)という．この条件では

$$v_s + v_d = \frac{M\phi x\omega^2}{\xi N_A} - \frac{RT}{c\xi N_A}\frac{dc}{dx} = 0 \tag{14.81}$$

$$M\phi\omega^2 x dx = RT\frac{dc}{c} \tag{14.82}$$

これを積分して

$$\frac{M\phi\omega^2\left(x_2^{\,2} - x_1^{\,2}\right)}{2} = RT\ln\frac{c_2}{c_1} \tag{14.83}$$

が得られる．したがって，沈降平衡に達した後，2つの位置(x_1, x_2)における溶質濃度(c_1, c_2)を測定すれば，拡散係数を測定しなくても，溶質のMを求めることができる．ただし，平衡に達する時間がかかる欠点がある．

参考 14.4　浮力補正項

アルキメデス(Archiimedes)によれば，浮力は粒子が占める体積 V と同じ体積の溶媒の重さ($m_s g$)に等しい．遠心沈降の場合，加速度は式(14.73)で与えられる．溶媒の密度 ρ_s とし，質量 m の粒子の密度 $\rho(=m/V)$ の場合，その粒子が受ける浮力 f_b は，

$$f_b = V\rho_s a = V\rho_s x\omega^2 = m\frac{\rho_s}{\rho}x\omega^2 \tag{14.84}$$

となる Web．したがって，粒子が実際に受ける力 f は

$$f = mx\omega^2 - m\frac{\rho_s}{\rho}x\omega^2 = m\phi x\omega^2 \tag{14.85}$$

となり，浮力により質量がみかけ上減ることになる．この ϕ を**浮力補正項**とよぶ．

$$\phi \equiv 1 - \frac{\rho_s}{\rho} \tag{14.86}$$

ここで，**部分比容**(partial specific volume)を

$$v \equiv \left(\frac{\partial V}{\partial m}\right)_{T,P,m_s} \tag{14.87}$$

と定義すると，$\left(\frac{\partial V}{\partial m}\right)_{T,P,m_s} = \left(\frac{\partial(m/\rho)}{\partial m}\right)_{T,P,m_s}$ となり，さらに $v = \frac{1}{\rho}$ となる．したがって，

$$\phi = 1 - v\rho_s \tag{14.88}$$

と与えられる．

参考 14.5　生化学で重要なスベドベリー単位

沈降係数 s は 10^{-13} s オーダーであることから 10^{-13} s ≡ 1 S として，この単位 S は，この分野の先駆的な生物物理化学研究者である Theodor Svedberg(1884−1971)にちなんで，スベドベリー(Svedverg)とよばれる．血清アルブミンとウレアーゼの s はそれぞれ 4.3 S と 18.6 S である．リボソーム(ribosome)は遺伝情報を読み取ってタンパク質に変換する場であり，大小 2 つの巨大な rRNA(ribosomal ribonucleic acid)・タンパク複合体(サブユニット)をもつ．rRNA はタンパク質合成の活性中心を形成している．リボソームや rRNA は沈降係数によって区別される．原核生物の大サブユニット(50 S サブユニット)には 23 S と 5 S rRNA，小サブユニット(30 S サブユニット)には 16 S rRNA が存在する．一方，真核生物の大サブユニット(60 S サブユニット)には 28 S，5.8 S，および 5 S rRNA，小サブユニット(30 S サブユニット)には 18 S rRNA が存在する．

説明問題

14.1 拡散の本質について説明しなさい．

14.2 平均拡散距離について説明しなさい．

14.3 電気泳動の本質について説明しなさい．

14.4 摩擦係数と，次の物理量との関係を示しなさい．拡散係数，イオン移動度，沈降係数，球形物質の半径．

14.5 ネルンスト–アインシュタインの式を説明しなさい．

14.6 ネルンスト–プランクの式を説明しなさい．

14.7 タンパク質の沈降係数からモル質量 M を求める方法を説明しなさい．

14.8 タンパク質の分子質量を求める方法について述べなさい．

演習問題

14.9 ある球状タンパク質の水中での拡散係数は 20 °C で，$D = 1.31 \times 10^{-10}\ \mathrm{m^2\ s^{-1}}$ である．摩擦係数 ξ を求めなさい．また，流体力学的半径 r を求めなさい．20 °C の水の粘度を $\eta_{20,\mathrm{W}} = 1.002$ mPa s とする．

14.10 水溶液中における SO_4^{2-} イオンの 25 °C におけるイオン移動度を $8.29 \times 10^{-8}\ \mathrm{m^2\ V^{-1}\ s^{-1}}$ とするとき，SO_4^{2-} の拡散係数，モル伝導率，およびストークス半径(流体力学的半径) r を求めよ．ただし，水の粘度は 1.002 cP(= $1.002 \times 10^{-3}\ \mathrm{kg\ m^{-1}\ s^{-1}}$ = 1.002 mPa s)とする．

14.11 25 °C の純水に AgCl を飽和になるまで溶かしたら，溶液の比伝導率 κ が $1.26 \times 10^{-4}\ \mathrm{S\ m^{-1}}$ 増加した．この温度における AgCl の溶解度を求めなさい．ただし，Ag^+ と Cl^- の無限希釈モルイオン伝導率は，$\lambda^{\infty}_{\mathrm{Ag^+}} = 6.192 \times 10^{-3}\ \mathrm{S\ m^2\ mol^{-1}}$，$\lambda^{\infty}_{\mathrm{Cl^-}} = 7.634 \times 10^{-3}\ \mathrm{S\ m^2\ mol^{-1}}$ とする．

14.12 伝導率測定用セルに，比伝導率 κ_{KCl} が 1.1639 S m^{-1} の KCl 標準溶液($1.000 \times 10^{-1}\ \mathrm{mol\ dm^{-3}}$)を満たしたとき，25 °C での抵抗 R_{KCl} は 24.36 Ω であった．このセルに $1.000 \times 10^{-2}\ \mathrm{mol\ dm^{-3}}$ の酢酸溶液を満たしたときの 25 °C での抵抗 R_{Ac} は 1982 Ω であった．$1.000 \times 10^{-2}\ \mathrm{mol\ dm^{-3}}$ の酢酸のモル伝導率 Λ_{Ac} を求めよ．25 °C における酢酸の無限希釈モル伝導率 $\Lambda^{\infty}_{0,\mathrm{Ac}}$ を $390.7\ \mathrm{S\ cm^2\ mol^{-1}}$ とするとき，酢酸の酸定数 K_{a} はいくらになるか．

14.13 298 K における純水の比伝導率は $\kappa_0 = 6.20 \times 10^{-6}\ \mathrm{S\ m^{-1}}$ である．20 Torr の CO_2(g) と平衡にある水溶液の比伝導率は $\kappa = 7.09 \times 10^{-4}\ \mathrm{S\ m^{-1}}$ である．$H_2O(l) + CO_2(aq) \longrightarrow H^+(aq) + HCO_3^-(aq)$ の平衡定数 K を求めなさい．ただし，CO_2(g) の水への溶解はヘンリーの法則に従い，その定数は $K_{\mathrm{H}} = 0.0290\ \mathrm{mol\ dm^{-3}\ atm^{-1}}$ とする．また，水の自己解離が電気伝導率に与える影響はこの条件で無視できるものとする．また，H^+(aq) と HCO_3^-(aq) の無限希釈モルイオン伝導率は $\lambda^{\infty}_{\mathrm{H^+}} = 349.82 \times 10^{-4}\ \mathrm{S\ m^2\ mol^{-1}}$，$\lambda^{\infty}_{\mathrm{HCO_3^-}} = 44.5 \times 10^{-4}\ \mathrm{S\ m^2\ mol^{-1}}$ とする．

14.14 式(14.47)は 1 つのイオン種の拡散にのみ適用できる．ネルンストは，CA 型電解質については，カチオンとアニオンの平均的な値として，次式で与えられることを示した．

$$D = \frac{2D_{\mathrm{C}}D_{\mathrm{A}}}{D_{\mathrm{C}} + D_{\mathrm{A}}}$$

表 14.2 の K^+ と Cl^- の無限希釈モル伝導率から，KCl の拡散係数 D を求め，25 °C における希薄溶液中での実測値($1.962 \times 10^{-5}\ \mathrm{cm^2\ s^{-1}}$)と比較しなさい．

14.15 超遠心分離で回転軸から 6.5 cm，回転数 60,000 rpm のときに粒子にかかる遠心加速度を重力加速度 g=

$9.81\ m\ s^{-2}$を用いて表しなさい．

14.16 20 °C における水中でのあるタンパク質は，沈降係数 $s = 82.6$ S，拡散係数 $D = 1.52 \times 10^{-11}\ m^2\ s^{-1}$，部分比容 $v = 0.61\ cm^3\ g^{-1}$ である．このタンパク質のモル質量はいくらか．

14.17 バクテリオファージは 1 個あたり 1 本の DNA を含む．バクテリオファージ T7 の DNA は質量比 $r = 51.2$ % である．バクテリオファージ T7 の 20 °C，水中における沈降係数は $s = 453$ S，拡散係数は $D = 6.03 \times 10^{-12}\ m^2\ s^{-1}$，部分比容は $v = 0.639\ cm^3\ g^{-1}$ であった．このバクテリオファージ T7 の DNA のモル質量を求めなさい．

14.18 KCl 水溶液に挿入した陰極と陽極の間に，①電圧を 1 V 印加したときと② 100 V 印加したときの溶液内の電位プロファイルを考えなさい．

14.19 ウシ血清アルブミンを一定電場 $\boldsymbol{E}$ のもとで，電気泳動したときの速さ v を測定した結果を次の表にまとめた．このタンパク質の等電点を求めなさい．

pH	4.18	4.56	5.10	5.65	6.30	6.95
$v/\mu m\ s^{-1}$	0.50	0.18	−0.25	−0.65	−0.90	−1.25

14.20 図 14.19 は分析用超遠心機で観測した溶質／溶媒界面の様子を表している．遠心力により，界面が外側に移動するとき，拡散の影響を受けて，当初の鋭い界面がしだいに穏やかになる．近似的には変曲点 $x_{1/2}$（溶質濃度が母液中の半分の値となる位置）は拡散現象の影響を受けない．したがって，式(14.76)より $s = \dfrac{v_s}{\omega^2 x_{1/2}} = \dfrac{dx_{1/2}}{\omega^2 x_{1/2} dt} = \dfrac{d \ln x_{1/2}}{\omega^2 dt}$ となる．この関係式から沈降係数 s を求める方法を**境界沈降法**（boundary sedimentation）という．

1 mol dm^{-3} NaCl 中，20 °C，$\nu = 25000$ rpm の条件で，ある DNA についての境界沈降法の結果が次のように得られた．

t/min	16	32	48	64	80	96
$x_{1/2}$/cm	6.2687	6.3507	6.4380	6.5174	6.6047	6.6814

このとき，**問 1** ～**問 3** に答えなさい．

問 1　この DNA の沈降係数 s を求めなさい．

問 2　沈降係数 s は粘度 η や密度 ρ に依存する．一般に生化学では，20 °C の純水を基準状態として $s_{20,W}$（粘度 $\eta_{20,W}$，密度 $\rho_{20,W}$）として表す．式(14.77)に基づいて，s と $s_{20,W}$ の関係を η_W，$\eta_{20,W}$，ρ_W，$\rho_{20,W}$ を用いて表しなさい．

問 3　DNA・Na 塩の部分比容を $v = 0.556\ cm^3\ g^{-1}$，20 °C，1 mol dm^{-3} NaCl 溶液の粘度を $\eta_W = 1.104$ mPa s，密度を $\rho_W = 1.040\ g\ cm^{-3}$，20 °C の水の粘度を $\eta_{20,W} = 1.002$ mPa s，密度を $\rho_{20,W} = 0.9982\ g\ cm^{-3}$ とするとき，$s_{20,W}$ を求めなさい．

14.21 イオン交換クロマトグラフィーはタンパク質の精製の汎用される．次の表はその交換体を示す．DEAE（ジエチルアミノエチル）セルロースと CM（カルボキシメチル）セルロースはそれぞれ，どのようなタンパク質の精製に向いているか．また，このとき，塩のグラジエント溶離法（溶離液の塩濃度を溶離時間とともに増加していく方法）を用いることが多い．その理由を考えなさい．

イオン交換体	型	イオン交換基	用途
DEAE セルロース	弱塩基性	ジエチルアミノエチル $-CH_2CH_2N(C_2H_5)_2$	中性～酸性タンパクの分画
CM セルロース	弱酸性	カルボキシメチル $-CH_2COOH$	中性～塩基性タンパクの分画
P セルロース	強酸性と弱酸性	リン酸 $-PO_3H_2$	二塩基酸：塩基性タンパクと強く結合
Bio-Rex 70	弱酸性ポリスチレンビーズ	カルボン酸 $-COOH$	塩基性タンパクとアミンの分画
DEAE-Sephadex	弱塩基性架橋デキストランゲル	ジエチルアミノエチル $-CH_2CH_2N(C_2H_5)_2$	中性～酸性タンパクのゲルろ過とクロマトグラフィー
SP-Sepharose	強酸性架橋アガロースゲル	メチルスルホン酸 $-CH_2SO_3H$	塩基性タンパクのゲルろ過とクロマトグラフィー
CM Bio-Gel A	弱酸性架橋アガロースゲル	カルボキシメチル $-CH_2COOH$	中性～塩基性タンパクのゲルろ過とクロマトグラフィー

Sephadex と Sepharose は Amersham Pharmacia Biotech Piscataway, New Jersey の商品名，Bio-Rex と Bio-Gel は BioRad Laboratories, Hercules, California の商品名.

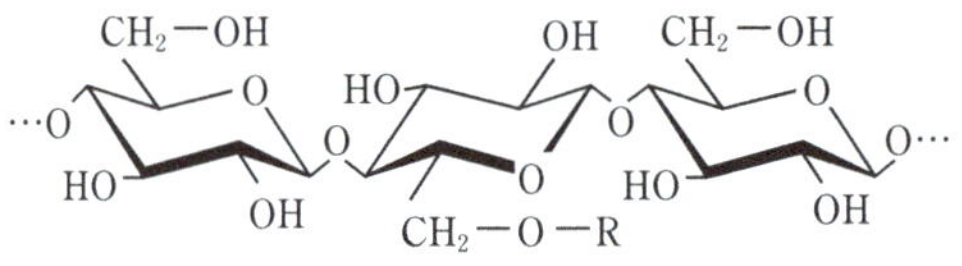

DEAE : R = $-CH_2-CH_2-\overset{+}{N}H(CH_2CH_3)_2$

CM : R = $-CH_2-COO^-$

セルロースイオン交換体

参考文献

1) マッカーリ・サイモン　物理化学(上)(下)——分子論的アプローチ，D. A. McQuarrie, J. D. Simon(著)，千原秀昭，江口太郎，齋藤一弥(訳)，東京化学同人，2000.

2) アトキンス　生命科学のための物理化学　第2版，Peter Atkis, Julio Paula(著)，稲葉 章，中川敦史(訳)，東京化学同人，2014.

3) 生命科学のための物理化学(上)(下)，D. Eisenberg, D. Crothers(著)，西本吉助，影本彰弘，馬場義博，田中秀次(訳)，培風館，1988.

4) ライフサイエンスのための物理化学，J. R. Barrante(著)，清水 博，山本晴彦，桐野 豊(訳)，東京化学同人，1983.

5) IUPAC 物理化学で用いられる量・単位・記号　第3版，F. G. Frey, H. L. Strauss(著)，日本化学会(監修)，産業技術総合研究所計量標準総合センター(訳)，講談社，2009.

6) 分析化学の基礎——定量的アプローチ，岡田哲男，垣内 隆，前田耕治，化学同人，2012.

7) 量子革命，M. Kumar(著)，青木 薫(訳)，新潮社，2013.

8) エントロピーをめぐる冒険，鈴木 炎，講談社ブルーバックス，2014.

表1　無機化合物の熱力学データ(298.15 K)

［アトキンス 生命科学のための物理化学 第2版，Peter Atkins, Julio Paula(著)，稲葉 章，中川敦史(訳)，東京化学同人，2014より抜粋］
より詳しい熱力学データは以下のNIST-JANAF Thermochemical Tablesにあるので参照されたい。
http://kinetics.nist.gov/janaf/

	M g mol^{-1}	$\Delta_f H^\ominus$ kJ mol^{-1}	$\Delta_f G^\ominus$ kJ mol^{-1}	$\bar{S}^\ominus$ J K^{-1} mol^{-1}	$\bar{C}_P^\ominus$ J K^{-1} mol^{-1}
水素					
H_2(g)	2.016	0	0	130.684	28.824
H(g)	1.008	+ 217.97	+ 203.25	114.71	20.784
H^+(aq)	1.008	0	0	0	0
H^+(g)	1.008	+ 1536.20			
H_2O(l)	18.015	− 285.83	− 237.13	69.91	75.291
H_2O(g)	18.015	− 241.82	− 228.57	188.83	33.58
H_2O_2(l)	34.015	− 187.78	− 120.35	109.6	89.1
重水素					
D_2(g)	4.028	0	0	144.96	29.20
HD(g)	3.022	+ 0.318	− 1.464	143.80	29.196
D_2O(g)	20.028	− 249.20	− 234.54	198.34	34.27
D_2O(l)	20.028	− 294.60	− 243.44	75.94	84.35
HDO(g)	19.022	− 245.30	− 233.11	199.51	33.81
HDO(l)	19.022	− 289.89	− 241.86	79.29	
ヘリウム					
He(g)	4.003	0	0	126.15	20.786
リチウム					
Li(s)	6.94	0	0	29.12	24.77
Li(g)	6.94	+ 159.37	+ 126.66	138.77	20.79
Li^+(aq)	6.94	− 278.49	− 293.31	+ 13.4	68.6
ベリリウム					
Be(s)	9.01	0	0	9.50	16.44
Be(g)	9.01	+ 324.3	+ 286.6	136.27	20.79
炭素(有機化合物は表2を参照)					
C(s)(グラファイト)	12.011	0	0	5.740	8.527
C(s)(ダイヤモンド)	12.011	+ 1.895	+ 2.900	2.377	6.113
C(g)	12.011	+ 716.68	+ 671.26	158.10	20.838
C_2(g)	24.022	+ 831.90	+ 775.89	199.42	43.21
CO(g)	28.011	− 110.53	− 137.17	197.67	29.14
CO_2(g)	44.010	− 393.51	− 394.36	213.74	37.11
CO_2(aq)	44.010	− 413.80	− 385.98	117.6	
H_2CO_3(aq)	62.03	− 699.65	− 623.08	187.4	
HCO_3^-(aq)	61.02	− 691.99	− 586.77	+ 91.2	
CO_3^{2-}(aq)	60.01	− 677.14	− 527.81	− 56.9	
CCl_4(l)	153.82	− 135.44	− 65.21	216.40	131.75
CS_2(l)	76.14	+ 89.70	+ 65.27	151.34	75.7
HCN(g)	27.03	+ 135.1	+ 124.7	201.78	35.86
HCN(l)	27.03	+ 108.87	+ 124.97	112.84	70.63
CN^-(aq)	26.02	+ 150.6	+ 172.4	+ 94.1	

表 1（つづき）

	M g mol^{-1}	$\Delta_f H^\ominus$ kJ mol^{-1}	$\Delta_f G^\ominus$ kJ mol^{-1}	$\bar{S}^\ominus$ J K^{-1} mol^{-1}	$\bar{C}_P^\ominus$ J K^{-1} mol^{-1}
窒素					
N_2(g)	28.013	0	0	191.61	29.125
N(g)	14.007	+ 472.70	+ 455.56	153.30	20.786
NO(g)	30.01	+ 90.25	+ 86.55	210.76	29.844
N_2O(g)	44.01	+ 82.05	+ 104.20	219.85	38.45
NO_2(g)	46.01	+ 33.18	+ 51.31	240.06	37.20
N_2O_4(g)	92.01	+ 9.16	+ 97.89	304.29	77.28
N_2O_5(s)	108.01	− 43.1	+ 113.9	178.2	143.1
N_2O_5(g)	108.01	+ 11.3	+ 115.1	355.7	84.5
HNO_3(l)	63.01	− 174.10	− 80.71	155.60	109.87
HNO_3(aq)	63.01	− 207.36	− 111.25	146.4	− 86.6
NO_3^-(aq)	62.01	− 205.0	− 108.74	+ 146.4	− 86.6
NH_3(g)	17.03	− 46.11	− 16.45	192.45	35.06
NH_3(aq)	17.03	− 80.29	− 26.50	111.3	
NH_4^+(aq)	18.04	− 132.51	− 79.31	+ 113.4	+ 79.9
NH_2OH(s)	33.03	− 114.2			
HN_3(l)	43.03	+ 264.0	+ 327.3	140.6	
HN_3(g)	43.03	+ 294.1	+ 328.1	238.97	43.68
N_2H_4(l)	32.05	+ 50.63	+ 149.43	121.21	98.87
NH_4NO_3(s)	80.04	− 365.56	− 183.87	151.08	139.3
NH_4Cl(s)	53.49	− 314.43	− 202.87	94.6	84.1
酸素					
O_2(g)	31.999	0	0	205.138	29.355
O(g)	15.999	+ 249.17	+ 231.73	161.06	21.912
O_3(g)	47.998	+ 142.7	+ 163.2	238.93	39.20
OH^-(aq)	17.007	− 229.99	− 157.24	− 10.75	− 148.5
フッ素					
F_2(g)	38.00	0	0	202.78	31.30
F(g)	19.00	+ 78.99	+ 61.91	158.75	22.74
F^-(aq)	19.00	− 332.63	− 278.79	− 13.8	− 106.7
HF(g)	20.01	− 271.1	− 273.2	173.78	29.13
ネオン					
Ne(g)	20.18	0	0	146.33	20.786
ナトリウム					
Na(s)	22.99	0	0	51.21	28.24
Na(g)	22.99	+ 107.32	+ 76.76	153.71	20.79
Na^+(aq)	22.99	− 240.12	− 261.91	+ 59.0	+ 46.4
NaOH(s)	40.00	− 425.61	− 379.49	64.46	59.54
NaCl(s)	58.44	− 411.15	− 384.14	72.13	50.50
NaBr(s)	102.90	− 361.06	− 348.98	86.82	51.38
NaI(s)	149.89	− 287.78	− 286.06	98.53	52.09
マグネシウム					
Mg(s)	24.31	0	0	32.68	24.89

表1(つづき)

	M g mol^{-1}	$\Delta_f H^\ominus$ kJ mol^{-1}	$\Delta_f G^\ominus$ kJ mol^{-1}	$\bar{S}^\ominus$ J K^{-1} mol^{-1}	$\bar{C}_P^\ominus$ J K^{-1} mol^{-1}
マグネシウム(つづき)					
Mg(g)	24.31	+ 147.70	+ 113.10	148.65	20.786
Mg^{2+}(aq)	24.31	− 466.85	− 454.8	− 138.1	
MgO(s)	40.31	− 601.70	− 569.43	26.94	37.15
$MgCO_3$(s)	84.32	− 1095.8	− 1012.1	65.7	75.52
$MgCl_2$(s)	95.22	− 641.32	− 591.79	89.62	71.38
$MgBr_2$(s)	184.13	− 524.3	− 503.8	117.2	
アルミニウム					
Al(s)	26.98	0	0	28.33	24.35
Al(l)	26.98	+ 10.56	+ 7.20	39.55	24.21
Al(g)	26.98	+ 326.4	+ 285.7	164.54	21.38
Al^{3+}(g)	26.98	+ 5483.17			
Al^{3+}(aq)	26.98	− 531	− 485	− 321.7	
Al_2O_3(s, α)	101.96	− 1675.7	− 1582.3	50.92	79.04
$AlCl_3$(s)	133.24	− 704.2	− 628.8	110.67	91.84
ケイ素					
Si(s)	28.09	0	0	18.83	20.00
Si(g)	28.09	+ 455.6	+ 411.3	167.97	22.25
SiO_2(s, α)	60.09	− 910.93	− 856.64	41.84	44.43
リン					
P(s, 黄リン)	30.97	0	0	41.09	23.840
P(g)	30.97	+ 314.64	+ 278.25	163.19	20.786
P_2(g)	61.95	+ 144.3	+ 103.7	218.13	32.05
P_4(g)	123.90	+ 58.91	+ 24.44	279.98	67.15
PH_3(g)	34.00	+ 5.4	+ 13.4	210.23	37.11
PCl_3(g)	137.33	− 287.0	− 267.8	311.78	71.84
PCl_3(l)	137.33	− 319.7	− 272.3	217.1	
PCl_5(g)	208.24	− 374.9	− 305.0	364.6	112.8
PCl_5(s)	208.24	− 443.5			
H_3PO_3(s)	82.00	− 964.4			
H_3PO_3(aq)	82.00	− 964.8			
H_3PO_4(s)	94.97	− 1279.0	− 1119.1	110.50	106.06
H_3PO_4(l)	94.97	− 1266.9			
H_3PO_4(aq)	94.97	− 1277.4	− 1018.7	− 222	
PO_4^{3-}(aq)	94.97	− 1277.4	− 1018.7	− 222	
P_4O_{10}(s)	283.89	− 2984.0	− 2697.0	228.86	211.71
P_4O_6(s)	219.89	− 1640.1			
硫黄					
S(s, α)(斜方)	32.06	0	0	31.80	22.64
S(s, β)(単斜)	32.06	+ 0.33	+ 0.1	32.6	23.6
S(g)	32.06	+ 278.81	+ 238.25	167.82	23.673
S_2(g)	64.13	+ 128.37	+ 79.30	228.18	32.47
S^{2-}(aq)	32.06	+ 33.1	+ 85.8	− 14.6	
SO_2(g)	64.06	− 296.83	− 300.19	248.22	39.87

表1(つづき)

	M g mol^{-1}	$\Delta_f H^\ominus$ kJ mol^{-1}	$\Delta_f G^\ominus$ kJ mol^{-1}	$\bar{S}^\ominus$ J K^{-1} mol^{-1}	$\bar{C}_P^\ominus$ J K^{-1} mol^{-1}
硫黄(つづき)					
SO_3(g)	80.06	− 395.72	− 371.06	256.76	50.67
H_2SO_4(l)	98.08	− 813.99	− 690.00	156.90	138.9
H_2SO_4(aq)	98.08	− 909.27	− 744.53	20.1	− 293
SO_4^{2-}(aq)	96.06	− 909.27	− 744.53	+ 20.1	− 293
HSO_4^-(aq)	97.07	− 887.34	− 755.91	+ 131.8	− 84
H_2S(g)	34.08	− 20.63	− 33.56	205.79	34.23
H_2S(aq)	34.08	− 39.7	− 27.83	121	
HS^-(aq)	33.072	− 17.6	+ 12.08	+ 62.08	
SF_6(g)	146.05	− 1209	− 1105.3	291.82	97.28
塩素					
Cl_2(g)	70.91	0	0	223.07	33.91
Cl(g)	35.45	+ 121.68	+ 105.68	165.20	21.840
Cl^-(g)	35.45	− 233.13			
Cl^-(aq)	35.45	− 167.16	− 131.23	+ 56.5	− 136.4
HCl(g)	36.46	− 92.31	− 95.30	186.91	29.12
HCl(aq)	36.46	− 167.16	− 131.23	56.5	− 136.4
アルゴン					
Ar(g)	39.95	0	0	154.84	20.786
カリウム					
K(s)	39.10	0	0	64.18	29.58
K(g)	39.10	+ 89.24	+ 60.59	160.336	20.786
K^+(g)	39.10	+ 514.26			
K^+(aq)	39.10	− 252.38	− 283.27	+ 102.5	+ 21.8
KOH(s)	56.11	− 424.76	− 379.08	78.9	64.9
KF(s)	58.10	− 576.27	− 537.75	66.57	49.04
KCl(s)	74.56	− 436.75	− 409.14	82.59	51.30
KBr(s)	119.01	− 393.80	− 380.66	95.90	52.30
KI(s)	166.01	− 327.90	− 324.89	106.32	52.93
カルシウム					
Ca(s)	40.08	0	0	41.42	25.31
Ca(g)	40.08	+ 178.2	+ 144.3	154.88	20.786
Ca^{2+}(aq)	40.08	− 542.83	− 553.58	− 53.1	
CaO(s)	56.08	− 635.09	− 604.03	39.75	42.80
$CaCO_3$(s)(方解石)	100.09	− 1206.9	− 1128.8	92.9	81.88
$CaCO_3$(s)(アラレ石)	100.09	− 1207.1	− 1127.8	88.7	81.25
CaF_2(s)	78.08	− 1219.6	− 1167.3	68.87	67.03
$CaCl_2$(s)	110.99	− 795.8	− 748.1	104.6	72.59
$CaBr_2$(s)	199.90	− 682.8	− 663.6	130	

表2　有機化合物の熱力学データ(298.15 K)

［アトキンス 生命科学のための物理化学 第2版，Peter Atkins, Julio Paula(著)，稲葉 章，中川敦史(訳)，東京化学同人，2014より引用］

	M g mol^{-1}	$\Delta_f H^\ominus$ kJ mol^{-1}	$\Delta_f G^\ominus$ kJ mol^{-1}	$\bar{S}^\ominus$ J K^{-1} mol^{-1}	$\bar{C}_P^\ominus$ J K^{-1} mol^{-1}	$\Delta_c H^\ominus$ kJ mol^{-1}
C(s)(グラファイト)	12.011	0	0	5.740	8.527	−393.51
C(s)(ダイヤモンド)	12.011	+1.895	+2.900	2.377	6.113	−395.40
CO_2(g)	44.010	−393.51	−394.36	213.74	37.11	
炭化水素						
CH_4(g)，メタン	16.04	−74.81	−50.72	186.26	35.31	−890
CH_3(g)，メチル	15.04	+145.69	+147.92	194.2	38.70	
C_2H_2(g)，エチン	26.04	+226.73	+209.20	200.94	43.93	−1300
C_2H_4(g)，エテン	28.05	+52.26	+68.15	219.56	43.56	−1411
C_2H_6(g)，エタン	30.07	−84.68	−32.82	229.60	52.63	−1560
C_3H_6(g)，プロペン	42.08	+20.42	+62.78	267.05	63.89	−2058
C_3H_6(g)，シクロプロパン	42.08	+53.30	+104.45	237.55	55.94	−2091
C_3H_8(g)，プロパン	44.10	−103.85	−23.49	269.91	73.5	−2220
C_4H_8(g)，1-ブテン	56.11	−0.13	+71.39	305.71	85.65	−2717
C_4H_8(g)，*cis*-2-ブテン	56.11	−6.99	+65.95	300.94	78.91	−2710
C_4H_8 (g)，*trans*-2-ブテン	56.11	−11.17	+63.06	296.59	87.82	−2707
C_4H_{10}(g)，ブタン	58.13	−126.15	−17.03	310.23	97.45	−2878
C_5H_{12}(g)，ペンタン	72.15	−146.44	−8.20	348.40	120.2	−3537
C_5H_{12}(l)	72.15	−173.1				
C_6H_6(l)，ベンゼン	78.12	+49.0	+124.3	173.3	136.1	−3268
C_6H_6(g)	78.12	+82.93	+129.72	269.31	81.67	−3302
C_6H_{12}(l)，シクロヘキサン	84.16	−156	+26.8		156.5	−3920
C_6H_{14}(l)，ヘキサン	86.18	−198.7		204.3		−4163
$C_6H_5CH_3$(g)，メチルベンゼン(トルエン)	92.14	+50.0	+122.0	320.7	103.6	−3910
C_7H_{16}(l)，ヘプタン	100.21	−224.4	+1.0	328.6	224.3	
C_8H_{18}(l)，オクタン	114.23	−249.9	+6.4	361.1		−5471
C_8H_{18}(l)，イソオクタン	114.23	−255.1				−5461
$C_{10}H_8$(s)，ナフタレン	128.18	+78.53				−5157
アルコール，フェノール						
CH_3OH(l)，メタノール	32.04	−238.66	−166.27	126.8	81.6	−726
CH_3OH(g)	32.04	−200.66	−161.96	239.81	43.89	−764
C_2H_5OH(l)，エタノール	46.07	−277.69	−174.78	160.7	111.46	−1368
C_2H_5OH(g)	46.07	−235.10	−168.49	282.70	65.44	−1409
C_6H_5OH(s)，フェノール	94.12	−165.0	−50.9	146.0		−3054
カルボン酸，ヒドロキシ酸，エステル						
HCOOH(l)，ギ酸	46.03	−424.72	−361.35	128.95	99.04	−255
CH_3COOH(l)，酢酸	60.05	−484.3	−389.9	159.8	124.3	−875
CH_3COOH(aq)	60.05	−485.76	−396.46	178.7		
$CH_3CO_2^-$(aq)	59.05	−486.01	−369.31	86.6	−6.3	
CH_3(CO)COOH(l)，ピルビン酸	88.06					−950
$CH_3(CH_2)_2COOH$(l)，酪酸	88.10	−533.8				
$CH_3COOC_2H_5$(l)，酢酸エチル	88.10	−479.0	−332.7	259.4	170.1	−2231
$(COOH)_2$(s)，シュウ酸	90.04	−827.2			117	−254
$CH_3CH(OH)COOH$(s)，乳酸	90.08	−694.0	−522.9			−1344
$HOOCCH_2CH_2COOH$(s)，コハク酸	118.09	−940.5	−747.4	153.1	167.3	

表2(つづき)

	M g mol^{-1}	$\Delta_f H^\ominus$ kJ mol^{-1}	$\Delta_f G^\ominus$ kJ mol^{-1}	$\bar{S}^\ominus$ J K^{-1} mol^{-1}	$\bar{C}_P^\ominus$ J K^{-1} mol^{-1}	$\Delta_c H^\ominus$ kJ mol^{-1}
カルボン酸，ヒドロキシ酸，エステル(つづき)						
C_6H_5COOH(s)，安息香酸	122.13	− 385.1	− 245.3	167.6	146.8	− 3227
$CH_3(CH_2)_8COOH$(s)，デカン酸	172.27	− 713.7				
$C_6H_8O_6$(s)，アスコルビン酸	176.12	− 1164.6				
$HOOCCH_2C(OH)(COOH)CH_2COOH$(s)，クエン酸	192.12	− 1543.8	− 1236.4			− 1985
$CH_3(CH_2)_{10}COOH$(s)，ドデカン酸(ラウリン酸)	200.32	− 774.6			404.8	
$CH_3(CH_2)_{14}COOH$(s)，ヘキサデカン酸(パルチミン酸)	256.41	− 891.5				
$C_{18}H_{36}O_2$(s)，ステアリン酸	284.48	− 947.7			501.5	
アルカナール，アルカノン						
HCHO(g)，ホルムアルデヒド	30.03	− 108.57	− 102.53	218.77	35.40	− 571
CH_3CHO(l)，アセトアルデヒド	44.05	− 192.30	− 128.12	160.2		− 1166
CH_3CHO(g)	44.05	− 166.19	− 128.86	250.3	57.3	− 1192
CH_3COCH_3(l)，プロパノン	58.08	− 248.1	− 155.4	200.4	124.7	− 1790
糖類						
$C_5H_{10}O_5$(s)，D−リボース	150.1	− 1051.1				
$C_5H_{10}O_5$ (s)，D−キシロース	150.1	− 1057.8				
$C_6H_{12}O_6$(s)，α−D−グルコース	180.16	− 1273.3	− 917.2	212.2		− 2808
$C_6H_{12}O_6$(s)，β−D−グルコース	180.16	− 1268				
$C_6H_{12}O_6$(s)，β−D−フルクトース	180.16	− 1265.6				− 2810
$C_6H_{12}O_6$(s)，α−D−ガラクトース	180.16	− 1286.3	− 918.8	205.4		
$C_{12}H_{22}O_{11}$(s)，スクロース	342.30	− 2226.1	− 1543	360.2		− 5645
$C_{12}H_{22}O_{11}$(s)，ラクトース	342.30	− 2236.7	− 1567	386.2		
アミノ酸*						
L−グリシン						
固体	75.07	− 528.5	− 373.4	103.5	99.2	− 969
水溶液	75.07	− 469.8	− 315.0	111.0		
L−アラニン	89.09	− 604.0	− 369.9	129.2	122.2	− 1618
L−セリン	105.09	− 732.7	− 508.8	149.2	135.6	− 1455
L−プロリン	115.13	− 515.2		164.0	151.2	
L−バリン	117.15	− 617.9	− 359.0	178.9	168.8	− 2922
L−トレオニン	119.12	− 807.2	− 550.2	152.7	147.3	− 2053
L−システイン	121.16	− 534.1	− 340.1	169.9	162.3	− 1651
L−ロイシン	131.17	− 637.4	− 347.7	211.8	200.1	− 3582
L−イソロイシン	131.17	− 637.8	− 347.3	208.0	188.3	− 3581
L−アスパラギン	132.12	− 789.4	− 530.1	174.5	160.2	− 530
L−アスパラギン酸	133.10	− 973.3	− 730.1	170.1	155.2	− 1601
L−グルタミン	146.15	− 826.4	− 532.6	195.0	184.2	− 2570
L−グルタミン酸	147.13	− 1009.7	− 731.4	188.2	175.0	− 2244
L−メチオニン	149.21	− 577.5	− 505.8	231.5	290.0	− 2782
L−ヒスチジン	155.16	− 466.7				
L−フェニルアラニン	165.19	− 466.9	− 211.7	213.6	203.0	− 4647
L−チロシン	181.19	− 685.1	− 385.8	214.0	216.4	− 4442

*特に断らない限り，アミノ酸のデータは固体状態のものである．

表2（つづき）

	M g mol^{-1}	$\Delta_f H^\ominus$ kJ mol^{-1}	$\Delta_f G^\ominus$ kJ mol^{-1}	$\bar{S}^\ominus$ J K^{-1} mol^{-1}	$\bar{C}_P^\ominus$ J K^{-1} mol^{-1}	$\Delta_c H^\ominus$ kJ mol^{-1}
アミノ酸（つづき）						
L-トリプトファン	204.23	− 415.3	− 119.2	251.0	238.1	− 5628
L-シスチン	240.32	− 1032.7	− 685.8	280.6	261.9	− 3032
ペプチド						
$NH_2CH_2CONHCH_2COOH$(s)，グリシルグリシン	132.12	− 747.7	− 487.9	180.3	164.0	− 1972
$NH_2CH(CH_3)CONHCH_2COOH$，アラニルグリシン	146.15		− 489.9	213.4	182.4	− 2619
他の窒素酸化物						
CH_3NH_2(g)，メチルアミン	31.06	− 22.97	+ 32.16	243.41	53.1	− 1085
$CO(NH_2)_2$(s)，尿素	60.06	− 333.51	− 197.33	104.60	93.14	− 632
$C_6H_5NH_2$(l)，アニリン	93.13	+ 31.1				− 3393
$C_4H_5N_3O$(s)，シトシン	111.10	− 221.3			132.6	
$C_4H_4N_2O_2$(s)，ウラシル	112.09	− 429.4				
$C_5H_6N_2O_2$(s)，チミン	126.11	− 462.8			150.8	
$C_5H_5N_5$(s)，アデニン	135.14	+ 96.9	+ 299.6	151.1	147.0	
$C_5H_5N_5O$(s)，グアニン	151.13	− 183.9	+ 47.4	160.3		

＊特に断らない限り，アミノ酸のデータは固体状態のものである．

表3　酸定数（298.15 K）

［分析化学の基礎――定量的アプローチ，岡田哲男，垣内 隆，前田耕治，化学同人，2012より引用］

酸	化学式	pK_a
ヨウ素酸（Iodic acid）	HIO_3	0.8
硫酸水素イオン（Hydrogen sulfate ion）	HSO_4^-	1.99 ± 0.01
クロロ酢酸（Chloroacetic acid）	$ClCH_2COOH$	2.265 ± 0.004
フッ化水素酸（Hydrofluoric acid）	HF	3.17 ± 0.004
亜硝酸（Nitrous acid）	HNO_2	3.15
ギ酸（Formic acid）	HCOOH	3.745 ± 0.007
乳酸（Lactic acid）	$CH_3CHOHCOOH$	3.860 ± 0.002
アニリニウムイオン（Anilinium ion）	$C_6H_5NH_3^+$	4.601 ± 0.005
1H-トリアジリン（Hydrazoic acid）	HN_3	4.65 ± 0.02
酢酸（Acetic acid）	CH_3COOH	4.757 ± 0.002
プロピオン酸（Propionic acid）	CH_3CH_2COOH	4.487 ± 0.001
ピリジニウムイオン（Pyridinium ion）	$C_5H_5NH^+$	5.229
イミダゾリウムイオン（Imidazolium ion）	$C_3H_4N_2H^+$	6.993
次亜塩素酸（Hypochlorous acid）	HOCl	7.53 ± 0.02
次亜臭素酸（Hypobromous acid）	HOBr	8.63 ± 0.03
ホウ酸（Boric acid）	$B(OH)_3$	9.236 ± 0.001
アンモニウムイオン（Ammonium ion）	NH_4^+	9.244 ± 0.005
シアン化水素酸（Hydrocyanic acid）	HCN	9.21 ± 0.01
トリメチルアンモニウムイオン（Trimethylammonium ion）	$(CH_3)_3NH^+$	9.80 ± 0.05
エチルアンモニウムイオン（Ethylammonium ion）	$C_2H_5NH^+$	10.636
メチルアンモニウムイオン（Methylammonium ion）	$(CH_3)NH^+$	10.64 ± 0.02
トリエチルアンモニウムイオン（Triethylammonium ion）	$(C_2H_5)_3NH^+$	10.715

表4　標準酸化還元電位(298.15 K，電気化学系列順)

[マッカーリ・サイモン 物理化学(上)(下)――分子論的アプローチ，D.A. McQuarrie, J. D. Simon(著)，千原秀昭，江口太郎，齋藤一弥(訳)，東京化学同人，2000より引用]

酸化還元反応	$E^{\ominus}$/V vs. SHE	酸化還元反応	$E^{\ominus}$/V vs. SHE
$H_4XeO_6 + 2H^+ + 2e^- \rightleftharpoons XeO_3 + 3H_2O$	+ 3.0	$Cu^{2+} + e^- \rightleftharpoons Cu^+$	+ 0.16
$F_2 + 2e^- \rightleftharpoons 2F^-$	+ 2.87	$Sn^{4+} + 2e^- \rightleftharpoons Sn^{2+}$	+ 0.15
$O_3 + 2H^+ + 2e^- \rightleftharpoons O_2 + H_2O$	+ 2.07	$AgBr + e^- \rightleftharpoons Ag + Br^-$	+ 0.07
$S_2O_8^{2-} + 2e^- \rightleftharpoons 2SO_4^{2-}$	+ 2.05	$Ti^{4+} + e^- \rightleftharpoons Ti^{3+}$	0.00
$Ag^{2+} + e^- \rightleftharpoons Ag^+$	+ 1.98	$2H^+ + 2e^- \rightleftharpoons H_2$	0，定義により
$Co^{3+} + e^- \rightleftharpoons Co^{2+}$	+ 1.81	$Fe^{3+} + 3e^- \rightleftharpoons Fe$	− 0.04
$H_2O_2 + 2H^+ + 2e^- \rightleftharpoons 2H_2O$	+ 1.78	$O_2 + H_2O + 2e^- \rightleftharpoons HO_2^- + OH^-$	− 0.08
$Au^+ + e^- \rightleftharpoons Au$	+ 1.69	$Pb^{2+} + 2e^- \rightleftharpoons Pb$	− 0.13
$Pb^{4+} + 2e^- \rightleftharpoons Pb^{2+}$	+ 1.67	$In^+ + e^- \rightleftharpoons In$	− 0.14
$2HClO + 2H^+ + 2e^- \rightleftharpoons Cl_2 + 2H_2O$	+ 1.63	$Sn^{2+} + 2e^- \rightleftharpoons Sn$	− 0.14
$Ce^{4+} + e^- \rightleftharpoons Ce^{3+}$	+ 1.61	$AgI + e^- \rightleftharpoons Ag + I^-$	− 0.15
$2HBrO + 2H^+ + 2e^- \rightleftharpoons Br_2 + 2H_2O$	+ 1.60	$Ni^{2+} + 2e^- \rightleftharpoons Ni$	− 0.23
$MnO_4^- + 8H^+ + 5e^- \rightleftharpoons Mn^{2+} + 4H_2O$	+ 1.51	$Co^{2+} + 2e^- \rightleftharpoons Co$	− 0.28
$Mn^{3+} + e^- \rightleftharpoons Mn^{2+}$	+ 1.51	$In^{3+} + 3e^- \rightleftharpoons In$	− 0.34
$Au^{3+} + 3e^- \rightleftharpoons Au$	+ 1.40	$Tl^+ + e^- \rightleftharpoons Tl$	− 0.34
$Cl_2 + 2e^- \rightleftharpoons 2Cl^-$	+ 1.36	$PbSO_4 + 2e^- \rightleftharpoons Pb + SO_4^{2-}$	− 0.36
$Cr_2O_7^{2-} + 14H^+ + 6^- \rightleftharpoons 2Cr^{3+} + 7H_2O$	+ 1.33	$Ti^{3+} + e^- \rightleftharpoons Ti^{2+}$	− 0.37
$O_3 + H_2O + 2e^- \rightleftharpoons O_2 + 2OH^-$	+ 1.24	$Cd^{2+} + 2e^- \rightleftharpoons Cd$	− 0.40
$O_2 + 4H^+ + 4e^- \rightleftharpoons 2H_2O$	+ 1.23	$In^{2+} + e^- \rightleftharpoons In^+$	− 0.40
$ClO_4^- + 2H^+ + 2e^- \rightleftharpoons ClO_3^- + H_2O$	+ 1.23	$Cr^{3+} + e^- \rightleftharpoons Cr^{2+}$	− 0.41
$MnO_2 + 4H^+ + 2e^- \rightleftharpoons Mn^{2+} + 2H_2O$	+ 1.23	$Fe^{2+} + 2e^- \rightleftharpoons Fe$	− 0.44
$Br_2 + 2e^- \rightleftharpoons 2Br^-$	+ 1.09	$In^{3+} + 2e^- \rightleftharpoons In^+$	− 0.44
$Pu^{4+} + e^- \rightleftharpoons Pu^{3+}$	+ 0.97	$S + 2e^- \rightleftharpoons S^{2-}$	− 0.48
$NO_3^- + 4H^+ + 3e^- \rightleftharpoons NO + 2H_2O$	+ 0.96	$In^{3+} + e^- \rightleftharpoons In^{2+}$	− 0.49
$2Hg^{2+} + 2e^- \rightleftharpoons Hg_2^{2+}$	+ 0.92	$U^{4+} + e^- \rightleftharpoons U^{3+}$	− 0.61
$ClO^- + H_2O + 2e^- \rightleftharpoons Cl^- + 2OH^-$	+ 0.89	$Cr^{3+} + 3e^- \rightleftharpoons Cr$	− 0.74
$Hg^{2+} + 2e^- \rightleftharpoons Hg$	+ 0.86	$Zn^{2+} + 2e^- \rightleftharpoons Zn$	− 0.76
$NO_3^- + 2H^+ + e^- \rightleftharpoons NO_2 + H_2O$	+ 0.80	$Cd(OH)_2 + 2e^- \rightleftharpoons Cd + 2OH^-$	− 0.81
$Ag^+ + e^- \rightleftharpoons Ag$	+ 0.80	$2H_2O + 2e^- \rightleftharpoons H_2 + 2OH^-$	− 0.83
$Hg_2^{2+} + 2e^- \rightleftharpoons 2Hg$	+ 0.79	$Cr^{2+} + 2e^- \rightleftharpoons Cr$	− 0.91
$Fe^{3+} + e^- \rightleftharpoons Fe^{2+}$	+ 0.77	$Mn^{2+} + 2e^- \rightleftharpoons Mn$	− 1.18
$BrO^- + H_2O + 2e^- \rightleftharpoons Br^- + 2OH^-$	+ 0.76	$V^{2+} + 2e^- \rightleftharpoons V$	− 1.19
$Hg_2SO_4 + 2e^- \rightleftharpoons 2Hg + SO_4^{2-}$	+ 0.62	$Ti^{2+} + 2e^- \rightleftharpoons Ti$	− 1.63
$MnO_4^{2-} + 2H_2O + 2e^- \rightleftharpoons MnO_2 + 4OH^-$	+ 0.60	$Al^{3+} + 3e^- \rightleftharpoons Al$	− 1.66
$MnO_4^- + e^- \rightleftharpoons MnO_4^{2-}$	+ 0.56	$U^{3+} + 3e^- \rightleftharpoons U$	− 1.79
$I_2 + 2e^- \rightleftharpoons 2I^-$	+ 0.54	$Mg^{2+} + 2e^- \rightleftharpoons Mg$	− 2.36
$I_3^- + 2e^- \rightleftharpoons 3I^-$	+ 0.53	$Ce^{3+} + 3e^- \rightleftharpoons Ce$	− 2.48
$Cu^+ + e^- \rightleftharpoons Cu$	+ 0.52	$La^{3+} + 3e^- \rightleftharpoons La$	− 2.52
$NiOOH + H_2O + e^- \rightleftharpoons Ni(OH)_2 + OH^-$	+ 0.49	$Na^+ + e^- \rightleftharpoons Na$	− 2.71
$Ag_2CrO_4 + 2e^- \rightleftharpoons 2Ag + CrO_4^{2-}$	+ 0.45	$Ca^{2+} + 2e^- \rightleftharpoons Ca$	− 2.87
$O_2 + 2H_2O + 4e^- \rightleftharpoons 4OH^-$	+ 0.40	$Sr^{2+} + 2e^- \rightleftharpoons Sr$	− 2.89
$ClO_4^- + H_2O + 2e^- \rightleftharpoons ClO_3^- + 2OH^-$	+ 0.36	$Ba^{2+} + 2e^- \rightleftharpoons Ba$	− 2.91
$[Fe(CN)_6]^{3-} + e^- \rightleftharpoons [Fe(CN)_6]^{4-}$	+ 0.36	$Ra^{2+} + 2e^- \rightleftharpoons Ra$	− 2.92
$Cu^{2+} + 2e^- \rightleftharpoons Cu$	+ 0.34	$Cs^+ + e^- \rightleftharpoons Cs$	− 2.92
$Hg_2Cl_2 + 2e^- \rightleftharpoons 2Hg + 2Cl^-$	+ 0.27	$Rb^+ + e^- \rightleftharpoons Rb$	− 2.93
$AgCl + e^- \rightleftharpoons Ag + Cl^-$	+ 0.22	$K^+ + e^- \rightleftharpoons K$	− 2.93
$Bi^{3+} + 3e^- \rightleftharpoons Bi$	+ 0.20	$Li^+ + e^- \rightleftharpoons Li$	− 3.05

＊ SHE は**標準水素電極**(standard hydrogen electrode)

表4　標準酸化還元電位(298.15 K，アルファベット順)

［マッカーリ・サイモン 物理化学(上)(下)――分子論的アプローチ，D.A. McQuarrie, J. D. Simon(著)，千原秀昭，江口太郎，齋藤一弥(訳)，東京化学同人，2000より引用］

酸化還元反応	$E^\ominus$/V vs. SHE
$Ag^{+} + e^{-} \rightleftharpoons Ag$	+ 0.80
$Ag^{2+} + e^{-} \rightleftharpoons Ag^{+}$	+ 1.98
$AgBr + e^{-} \rightleftharpoons Ag + Br^{-}$	+ 0.0713
$AgCl + e^{-} \rightleftharpoons Ag + Cl^{-}$	+ 0.22
$Ag_2CrO_4 + 2e^{-} \rightleftharpoons 2Ag + CrO_4^{2-}$	+ 0.45
$AgF + e^{-} \rightleftharpoons Ag + F^{-}$	+ 0.78
$AgI + e^{-} \rightleftharpoons Ag + I^{-}$	− 0.15
$Al^{3+} + 3e^{-} \rightleftharpoons Al$	− 1.66
$Au^{+} + e^{-} \rightleftharpoons Au$	+ 1.69
$Au^{3+} + 3e^{-} \rightleftharpoons Au$	+ 1.40
$Ba^{2+} + 2e^{-} \rightleftharpoons Ba$	− 2.91
$Be^{2+} + 2e^{-} \rightleftharpoons Be$	− 1.85
$Bi^{3+} + 3e^{-} \rightleftharpoons Bi$	+ 0.20
$Br_2 + 2e^{-} \rightleftharpoons 2Br^{-}$	+ 1.09
$BrO^{-} + H_2O + 2e^{-} \rightleftharpoons Br^{-} + 2OH^{-}$	+ 0.76
$Ca^{2+} + 2e^{-} \rightleftharpoons Ca$	− 2.87
$Cd(OH)_2 + 2e^{-} \rightleftharpoons Cd + 2OH^{-}$	− 0.81
$Cd^{2+} + 2e^{-} \rightleftharpoons Cd$	− 0.40
$Ce^{3+} + 3e^{-} \rightleftharpoons Ce$	− 2.48
$Ce^{4+} + e^{-} \rightleftharpoons Ce^{3+}$	+ 1.61
$Cl_2 + 2e^{-} \rightleftharpoons 2Cl^{-}$	+ 1.36
$ClO^{-} + H_2O + 2e^{-} \rightleftharpoons Cl^{-} + 2OH^{-}$	+ 0.89
$ClO_4^{-} + 2H^{+} + 2e^{-} \rightleftharpoons ClO_3^{-} + H_2O$	+ 1.23
$ClO_4^{-} + H_2O + 2e^{-} \rightleftharpoons ClO_3^{-} + 2OH^{-}$	+ 0.36
$Co^{2+} + 2e^{-} \rightleftharpoons Co$	− 0.28
$Co^{3+} + e^{-} \rightleftharpoons Co^{2+}$	+ 1.81
$Cr^{2+} + 2e^{-} \rightleftharpoons Cr$	− 0.91
$Cr^{3+} + 3e^{-} \rightleftharpoons Cr$	− 0.74
$Cr^{3+} + e^{-} \rightleftharpoons Cr^{2+}$	− 0.41
$Cr_2O_7^{2-} + 14H^{+} + 6e^{-} \rightleftharpoons 2Cr^{3+} + 7H_2O$	+ 1.33
$Cs^{+} + e^{-} \rightleftharpoons Cs$	− 2.92
$Cu^{+} + e^{-} \rightleftharpoons Cu$	+ 0.52
$Cu^{2+} + 2e^{-} \rightleftharpoons Cu$	+ 0.34
$Cu^{2+} + e^{-} \rightleftharpoons Cu^{+}$	+ 0.16
$F_2 + 2e^{-} \rightleftharpoons 2F^{-}$	+ 2.87
$Fe^{2+} + 2e^{-} \rightleftharpoons Fe$	− 0.44
$Fe^{3+} + 3e^{-} \rightleftharpoons Fe$	− 0.04
$Fe^{3+} + e^{-} \rightleftharpoons Fe^{2+}$	+ 0.77
$[Fe(CN)_6]^{3-} + e^{-} \rightleftharpoons [Fe(CN)_6]^{4-}$	+ 0.36
$2H^{+} + 2e^{-} \rightleftharpoons H_2$	0，定義により
$2H_2O + 2e^{-} \rightleftharpoons H_2 + 2OH^{-}$	− 0.83
$2HBrO + 2H^{+} + 2e^{-} \rightleftharpoons Br_2 + 2H_2O$	+ 1.60
$2HClO + 2H^{+} + 2e^{-} \rightleftharpoons Cl_2 + 2H_2O$	+ 1.63
$H_2O_2 + 2H^{+} + 2e^{-} \rightleftharpoons 2H_2O$	+ 1.78
$H_4XeO_6 + 2H^{+} + 2e^{-} \rightleftharpoons XeO_3 + 3H_2O$	+ 3.0
$Hg_2^{2+} + 2e^{-} \rightleftharpoons 2Hg$	+ 0.79
$Hg_2Cl_2 + 2e^{-} \rightleftharpoons 2Hg + 2Cl^{-}$	+ 0.27
$Hg^{2+} + 2e^{-} \rightleftharpoons Hg$	+ 0.86
$2Hg^{2+} + 2e^{-} \rightleftharpoons Hg_2^{2+}$	+ 0.92
$Hg_2SO_4 + 2e^{-} \rightleftharpoons 2Hg + SO_4^{2-}$	+ 0.62
$I_2 + 2e^{-} \rightleftharpoons 2I^{-}$	+ 0.54
$I_3^{-} + 2e^{-} \rightleftharpoons 3I^{-}$	+ 0.53
$In^{+} + e^{-} \rightleftharpoons In$	− 0.14
$In^{2+} + e^{-} \rightleftharpoons In^{+}$	− 0.40
$In^{3+} + 2e^{-} \rightleftharpoons In^{+}$	− 0.44
$In^{3+} + 3e^{-} \rightleftharpoons In$	− 0.34
$In^{3+} + e^{-} \rightleftharpoons In^{2+}$	− 0.49
$K^{+} + e^{-} \rightleftharpoons K$	− 2.93
$La^{3+} + 3e^{-} \rightleftharpoons La$	− 2.52
$Li^{+} + e^{-} \rightleftharpoons Li$	− 3.05
$Mg^{2+} + 2e^{-} \rightleftharpoons Mg$	− 2.36
$Mn^{2+} + 2e^{-} \rightleftharpoons Mn$	− 1.18
$Mn^{3+} + e^{-} \rightleftharpoons Mn^{2+}$	+ 1.51
$MnO_2 + 4H^{+} + 2e^{-} \rightleftharpoons Mn^{2+} + 2H_2O$	+ 1.23
$MnO_4^{-} + 8H^{+} + 5e^{-} \rightleftharpoons Mn^{2+} + 4H_2O$	+ 1.51
$MnO_4^{-} + e^{-} \rightleftharpoons MnO_4^{2-}$	+ 0.56
$MnO_4^{2-} + 2H_2O + 2e^{-} \rightleftharpoons MnO_2 + 4OH^{-}$	+ 0.60
$Na^{+} + e^{-} \rightleftharpoons Na$	− 2.71
$Ni^{2+} + 2e^{-} \rightleftharpoons Ni$	− 0.23
$NiOOH + H_2O + e^{-} \rightleftharpoons Ni(OH)_2 + OH^{-}$	+ 0.49
$NO_3^{-} + 2H^{+} + e^{-} \rightleftharpoons NO_2 + H_2O$	+ 0.80
$NO_3^{-} + 4H^{+} + 3e^{-} \rightleftharpoons NO + 2H_2O$	+ 0.96
$NO_3^{-} + H_2O + 2e^{-} \rightleftharpoons NO_2^{-} + 2OH^{-}$	+ 0.10
$O_2 + 2H_2O + 4e^{-} \rightleftharpoons 4OH^{-}$	+ 0.40
$O_2 + 4H^{+} + 4e^{-} \rightleftharpoons 2H_2O$	+ 1.23
$O_2 + e^{-} \rightleftharpoons O_2^{-}$	− 0.56
$O_2 + H_2O + 2e^{-} \rightleftharpoons HO_2^{-} + OH^{-}$	− 0.08
$O_3 + 2H^{+} + 2e^{-} \rightleftharpoons O_2 + H_2O$	+ 2.07
$O_3 + H_2O + 2e^{-} \rightleftharpoons O_2 + 2OH^{-}$	+ 1.24
$Pb^{2+} + 2e^{-} \rightleftharpoons Pb$	− 0.13
$Pb^{4+} + 2e^{-} \rightleftharpoons Pb^{2+}$	+ 1.67
$PbSO_4 + 2e^{-} \rightleftharpoons Pb + SO_4^{2-}$	− 0.36
$Pt^{2+} + 2e^{-} \rightleftharpoons Pt$	+ 1.20
$Pu^{4+} + e^{-} \rightleftharpoons Pu^{3+}$	+ 0.97
$Ra^{2+} + 2e^{-} \rightleftharpoons Ra$	− 2.92
$Rb^{+} + e^{-} \rightleftharpoons Rb$	− 2.93
$S + 2e^{-} \rightleftharpoons S^{2-}$	− 0.48
$S_2O_8^{2-} + 2e^{-} \rightleftharpoons 2SO_4^{2-}$	+ 2.05
$Sn^{2+} + 2e^{-} \rightleftharpoons Sn$	− 0.14
$Sn^{4+} + 2e^{-} \rightleftharpoons Sn^{2+}$	+ 0.15
$Sr^{2+} + 2e^{-} \rightleftharpoons Sr$	− 2.89
$Ti^{2+} + 2e^{-} \rightleftharpoons Ti$	− 1.63
$Ti^{3+} + e^{-} \rightleftharpoons Ti^{2+}$	− 0.37
$Ti^{4+} + e^{-} \rightleftharpoons Ti^{3+}$	0.00
$Tl^{+} + e^{-} \rightleftharpoons Tl$	− 0.34
$U^{3+} + 3e^{-} \rightleftharpoons U$	− 1.79
$U^{4+} + e^{-} \rightleftharpoons U^{3+}$	− 0.61
$V^{2+} + 2e^{-} \rightleftharpoons V$	− 1.19
$V^{3+} + e^{-} \rightleftharpoons V^{2+}$	− 0.26
$Zn^{2+} + 2e^{-} \rightleftharpoons Zn$	− 0.76

表5　生化学的標準酸化還元電位（298.15 K）

［マッカーリ・サイモン 物理化学(上)(下) ——分子論的アプローチ，D.A. McQuarrie, J. D. Simon（著），千原秀昭，江口太郎，齋藤一弥（訳），東京化学同人，2000より引用］

酸化還元反応	$E^{\ominus}$/ V vs. SHE
$O_2 + 4H^+ + 4e^- \rightleftharpoons 2H_2O$	+ 0.82
$NO_3^- + 2H^+ + 2e^- \rightleftharpoons NO_2^- + H_2O$	+ 0.42
Fe^{3+} (cyt *f*) + e^- ⇌ Fe^{2+} (cyt *f*)	+ 0.36
Cu^{2+}(プラストシアニン) + e^- ⇌ Cu^+(プラストシアニン)	+ 0.35
Cu^{2+}(アズリン) + e^- ⇌ Cu^+(アズリン)	+ 0.30
$O_2 + 2H^+ + 2e^- \rightleftharpoons H_2O_2$	+ 0.30
Fe^{3+}(cyt c_{551}) + e^- ⇌ Fe^{2+}(cyt c_{551})	+ 0.29
Fe^{3+}(cyt *c*) + e^- ⇌ Fe^{2+}(cyt *c*)	+ 0.25
Fe^{3+}(cyt *b*) + e^- ⇌ Fe^{2+}(cyt *b*)	+ 0.08
デヒドロアスコルビン酸 + $2H^+$ + $2e^-$ ⇌ アスコルビン酸	+ 0.08
補酸素 Q + $2H^+$ + $2e^-$ ⇌ 補酸素 QH_2	+ 0.04
フマル酸$^{2-}$ + $2H^+$ + $2e^-$ ⇌ コハク酸$^{2-}$	+ 0.03
ビタミン K_1(ox) + $2H^+$ + $2e^-$ ⇌ ビタミン K_1(red)	− 0.05
オキサロ酢酸$^{2-}$ + $2H^+$ + $2e^-$ ⇌ リンゴ酸$^{2-}$	− 0.17
ピルビン酸$^-$ + $2H^+$ + $2e^-$ ⇌ 乳酸	− 0.18
アセトアルデヒド + $2H^+$ + $2e^-$ ⇌ エタノール	− 0.20
リボフラビン(ox) + $2H^+$ + $2e^-$ ⇌ リボフラビン(red)	− 0.21
FAD + $2H^+$ + $2e^-$ ⇌ $FADH_2$	− 0.22
グルタチオン(ox) + $2H^+$ + $2e^-$ ⇌ グルタチオン(red)	− 0.23
リポ酸(ox) + $2H^+$ + $2e^-$ ⇌ リポ酸(red)	− 0.29
NAD^+ + H^+ + $2e^-$ ⇌ NADH	− 0.32
シスチン + $2H^+$ + $2e^-$ ⇌ 2 システイン	− 0.34
アセチル補酵素 A + $2H^+$ + $2e^-$ ⇌ アセトアルデヒド + CoA	− 0.41
$2H_2O + 2e^- \rightleftharpoons H_2 + 2OH^-$	− 0.42
フェレドキシン(ox) + e^- ⇌ フェレドキシン(red)	− 0.43
$O_2 + e^- \rightleftharpoons O_2^-$	− 0.45

cyt：シトクロム

基本的な物理・化学の定数

[2014 CODATAを参考に作成. An abbreviated list of the CODATA recommended values of the fundamental constants of physics and chemistry based on the 2014 adjustment.]

物理量	記号	数値	単位	相対標準不確かさ
真空中での光速	c, c_0	299 792 458	$\mathrm{m\ s^{-1}}$	exact
真空の透磁率	μ_0	$4\pi \times 10^{-7}$	$\mathrm{N\ A^{-2}}$	
		$= 12.566\ 370\ 614... \times 10^{-7}$	$\mathrm{N\ A^{-2}}$	exact
真空の誘電率 $1/(\mu_0 c^2)$	ε_0	$8.854\ 187\ 817... \times 10^{-12}$	$\mathrm{F\ m^{-1}}$	exact
万有引力定数	G	$6.674\ 08(31) \times 10^{-11}$	$\mathrm{m^3\ kg^{-1} s^{-2}}$	4.7×10^{-5}
プランク定数	h	$6.626\ 070\ 040(81) \times 10^{-34}$	$\mathrm{J\ s}$	1.2×10^{-8}
$h/(2\pi)$	$\hbar$	$1.054\ 571\ 800(13) \times 10^{-34}$	$\mathrm{J\ s}$	1.2×10^{-8}
電気素量	e	$1.602\ 176\ 6208(98) \times 10^{-19}$	C	6.1×10^{-9}
磁束量子 $h/(2e)$	Φ_0	$2.067\ 833\ 831(13) \times 10^{-15}$	Wb	6.1×10^{-9}
コンダクタンス量子 $2e^2/h$	G_0	$7.748\ 091\ 7310(18) \times 10^{-5}$	S	2.3×10^{-10}
電子質量	m_e	$9.109\ 383\ 56(11) \times 10^{-31}$	kg	1.2×10^{-8}
プロトン質量	m_p	$1.672\ 621\ 898(21) \times 10^{-27}$	kg	1.2×10^{-8}
プロトン電子質量比	m_p/m_e	1836.152 673 89(17)		9.5×10^{-11}
微細構造定数 $e^2/(4\pi\varepsilon_0\hbar c)$	α	$7.297\ 352\ 5664(17) \times 10^{-3}$		2.3×10^{-10}
微細構造定数の逆数	α^{-1}	137.035 999 139(31)		2.3×10^{-10}
リュードベリ定数 $\alpha^2 m_e c/(2h)$	R_∞	10 973 731.568 508(65)	$\mathrm{m^{-1}}$	5.9×10^{-12}
アボガドロ定数	N_A, L	$6.022\ 140\ 857(74) \times 10^{23}$	$\mathrm{mol^{-1}}$	1.2×10^{-8}
ファラデー定数 $N_A e$	F	96 485.332 89(59)	$\mathrm{C\ mol^{-1}}$	6.2×10^{-9}
気体定数	R	8.314 4598(48)	$\mathrm{J\ mol^{-1}\ K^{-1}}$	5.7×10^{-7}
ボルツマン定数 R/N_A	k_B	$1.380\ 648\ 52(79) \times 10^{-23}$	$\mathrm{J\ K^{-1}}$	5.7×10^{-7}
シュテファン-ボルツマン定数 $(\pi^2/60)k_B{}^4/(\hbar^3 c^2)$	σ	$5.670\ 367(13) \times 10^{-8}$	$\mathrm{W\ m^{-2}\ K^{-4}}$	2.3×10^{-6}
非SI単位であるが，SI単位とともに使用を認められている				
エレクトロンボルト (e/C) J	eV	$1.602\ 176\ 6208(98) \times 10^{-19}$	J	6.1×10^{-9}
(統一)原子質量単位 $m(^{12}\mathrm{C})/12$	m_u	$1.660\ 539\ 040(20) \times 10^{-27}$	kg	1.2×10^{-8}

＊ exactの意味

真空中での光速(c, c_0)は，測定値をもとに$c \equiv 299792458\ \mathrm{m\ s^{-1}}$と定義されている(「にく(憎)くなく(29979)二人(2)寄れば(4)いつも(5)ハッピー(8)」と覚える！)．1983年には，国際度量衡総会により，長さ(メートル)を光速によって定義することになり，これにより真空中での光速が誤差を伴う測定値ではなく定義値となった．ここでは，こうした値を“exact”と表記している．

真空の透磁率μ_0と真空の誘電率ε_0はそれぞれ$\mu_0 \equiv 4\pi \times 10^{-7}$，$\varepsilon_0 \equiv 1/(\mu_0 c^2)$と与えられ，これらも誤差を伴う測定値ではなく定義されている．

元素の周期表(2016)

原子番号	元素名
	元素記号[注1]
	原子量[注2]

周期＼族	1	2	3	4	5	6	7	8	9	10	11	12	13	14	15	16	17	18
1	水素 1 H 1.008																	ヘリウム 2 He 4.003
2	リチウム 3 Li 6.941	ベリリウム 4 Be 9.012											ホウ素 5 B 10.81	炭素 6 C 12.01	窒素 7 N 14.01	酸素 8 O 16.00	フッ素 9 F 19.00	ネオン 10 Ne 20.18
3	ナトリウム 11 Na 22.99	マグネシウム 12 Mg 24.31											アルミニウム 13 Al 26.98	ケイ素 14 Si 28.09	リン 15 P 30.97	硫黄 16 S 32.07	塩素 17 Cl 35.45	アルゴン 18 Ar 39.95
4	カリウム 19 K 39.10	カルシウム 20 Ca 40.08	スカンジウム 21 Sc 44.96	チタン 22 Ti 47.87	バナジウム 23 V 50.94	クロム 24 Cr 52.00	マンガン 25 Mn 54.94	鉄 26 Fe 55.85	コバルト 27 Co 58.93	ニッケル 28 Ni 58.69	銅 29 Cu 63.55	亜鉛 30 Zn 65.38	ガリウム 31 Ga 69.72	ゲルマニウム 32 Ge 72.63	ヒ素 33 As 74.92	セレン 34 Se 78.97	臭素 35 Br 79.90	クリプトン 36 Kr 83.80
5	ルビジウム 37 Rb 85.47	ストロンチウム 38 Sr 87.62	イットリウム 39 Y 88.91	ジルコニウム 40 Zr 91.22	ニオブ 41 Nb 92.91	モリブデン 42 Mo 95.95	テクネチウム 43 Tc* (99)	ルテニウム 44 Ru 101.1	ロジウム 45 Rh 102.9	パラジウム 46 Pd 106.4	銀 47 Ag 107.9	カドミウム 48 Cd 112.4	インジウム 49 In 114.8	スズ 50 Sn 118.7	アンチモン 51 Sb 121.8	テルル 52 Te 127.6	ヨウ素 53 I 126.9	キセノン 54 Xe 131.3
6	セシウム 55 Cs 132.9	バリウム 56 Ba 137.3	57～71 ランタノイド	ハフニウム 72 Hf 178.5	タンタル 73 Ta 180.9	タングステン 74 W 183.8	レニウム 75 Re 186.2	オスミウム 76 Os 190.2	イリジウム 77 Ir 192.2	白金 78 Pt 195.1	金 79 Au 197.0	水銀 80 Hg 200.6	タリウム 81 Tl 204.4	鉛 82 Pb 207.2	ビスマス 83 Bi* 209.0	ポロニウム 84 Po* (210)	アスタチン 85 At* (210)	ラドン 86 Rn* (222)
7	フランシウム 87 Fr* (223)	ラジウム 88 Ra* (226)	89～103 アクチノイド	ラザホージウム 104 Rf* (267)	ドブニウム 105 Db* (268)	シーボーギウム 106 Sg* (271)	ボーリウム 107 Bh* (272)	ハッシウム 108 Hs* (277)	マイトネリウム 109 Mt* (276)	ダームスタチウム 110 Ds* (281)	レントゲニウム 111 Rg* (280)	コペルニシウム 112 Cn* (285)	ウンウントリウム 113 Uut* (284)	フレロビウム 114 Fl* (289)	ウンウンペンチウム 115 Uup* (288)	リバモリウム 116 Lv* (293)	ウンウンセプチウム 117 Uus* (293)	ウンウンオクチウム 118 Uuo* (294)

ランタノイド	ランタン 57 La 138.9	セリウム 58 Ce 140.1	プラセオジム 59 Pr 140.9	ネオジム 60 Nd 144.2	プロメチウム 61 Pm* (145)	サマリウム 62 Sm 150.4	ユウロピウム 63 Eu 152.0	ガドリニウム 64 Gd 157.3	テルビウム 65 Tb 158.9	ジスプロシウム 66 Dy 162.5	ホルミウム 67 Ho 164.9	エルビウム 68 Er 167.3	ツリウム 69 Tm 168.9	イッテルビウム 70 Yb 173.0	ルテチウム 71 Lu 175.0
アクチノイド	アクチニウム 89 Ac* (227)	トリウム 90 Th* 232.0	プロトアクチニウム 91 Pa* 231.0	ウラン 92 U* 238.0	ネプツニウム 93 Np* (237)	プルトニウム 94 Pu* (239)	アメリシウム 95 Am* (243)	キュリウム 96 Cm* (247)	バークリウム 97 Bk* (247)	カリホルニウム 98 Cf* (252)	アインスタイニウム 99 Es* (252)	フェルミウム 100 Fm* (257)	メンデレビウム 101 Md* (258)	ノーベリウム 102 No* (259)	ローレンシウム 103 Lr* (262)

注 1：元素記号の右肩の*は，その元素には安定同位体が存在しないことを示す．そのような元素については放射性同位体の質量数の一例を（ ）に示す．
注 2：元素の原子量は，質量数 12 の炭素(^{12}C)を 12 とし，これに対する相対値を示す．
注 3：原子番号 104 番以降の超アクチノイドの周期表の位置は暫定的である．

©2016 日本化学会 原子量専門委員会

索　引

タ

ナ

ハ

著者紹介

加納　健司　農学博士

1982年　京都大学大学院農学研究科博士後期課程修了
現　在　京都大学名誉教授
著　書　『ベーシック電気化学』化学同人(2000)
　　　　『実験データを正しく扱うために』化学同人(2007)

山本　雅博　工学博士

1985年　京都大学大学院工学研究科修士課程修了
現　在　甲南大学理工学部機能分子化学科 教授
著　書　『実験データを正しく扱うために』化学同人(2007)

NDC 431　　271p　　26 cm

たのしい物理化学1
化学熱力学・反応速度論

2016年11月21日　第1刷発行
2025年 2月20日　第7刷発行

著　者　加納健司・山本雅博
発行者　篠木和久
発行所　株式会社　講談社
　〒112-8001　東京都文京区音羽 2-12-21
　　販　売　(03)5395-5817
　　業　務　(03)5395-3615
編　集　株式会社　講談社サイエンティフィク
　代表　堀越俊一
　〒162-0825　東京都新宿区神楽坂 2-14　ノービィビル
　　編　集　(03)3235-3701

本文データ制作　株式会社双文社印刷
印刷・製本　株式会社ＫＰＳプロダクツ

落丁本・乱丁本は，購入書店名を明記のうえ，講談社業務宛にお送りください．送料小社負担にてお取替えします．なお，この本の内容についてのお問い合わせは講談社サイエンティフィク宛にお願いいたします．
定価はカバーに表示してあります．

© K. Kano and M. Yamamoto, 2016

本書のコピー，スキャン，デジタル化等の無断複製は著作権法上での例外を除き禁じられています．本書を代行業者等の第三者に依頼してスキャンやデジタル化することはたとえ個人や家庭内の利用でも著作権法違反です．

Printed in Japan
ISBN 978-4-06-154395-9